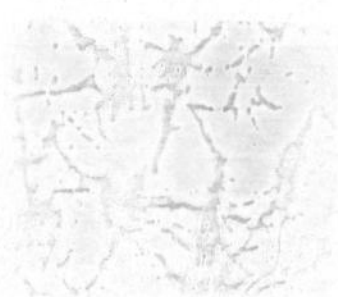

【李鹏论科教兴国】

李鹏论科教兴国

中国电力出版社
中央文献出版社

作者近影

前　　言

《李鹏论科教兴国》一书收录了我在一九八三年至二〇〇八年间，关于科技和教育工作的报告、讲话、文章、答记者问等有关文稿，共计二百三十四篇，约四十八万字，其中部分文稿是首次公开发表。文稿在收入本书时作了少量的文字订正和整理。为便于读者阅读，作了必要的注释。

我在中央工作期间，兼任过国家教育委员会主任和国家科技领导小组组长，分管过这两方面的工作，一直关注着科技和教育事业的改革与发展，并参与了科教兴国战略的决策和实施过程。书中收录的文稿，客观展现了我国实施科教兴国战略的历程和成果，见证了广大科学和教育工作者在邓小平同志“实现四个现代化，科学技术是关键，基础是教育”的思想指引下取得的伟大成就。

我十分感谢有关部门和同志为本书收集和提供了大量资料，特别要感谢中共中央文献研究室、中央文献出版社和中国电力出版社为本书的编辑、刊印所做的认真工作。衷心希望本书的出版，能对进一步贯彻实施科教兴国战略，起到一定的促进作用。衷心祝愿广大科学和教育工作者不断创造辉煌业绩，为建设富强民主文明和谐的社会主义现代化国家作出更大的贡献。

李　鹏

二〇一〇年十月八日

目　　录

发展电力工业要依靠科学技术进步*

（一九八三年九月一日）

我国电力科技战线有一支力量相当雄厚的队伍，过去这支队伍为电力生产建设的发展作出了很大的贡献，随着电力科技事业的发展，应逐步充实和壮大这支队伍。今后电力科研部门的工作重点应该放在应用科学的研究上，为解决电力工业生产建设中提出的具有重大经济效益的关键性课题服务。要组织电力部门内外各方面的科技力量对关键课题进行攻关，掌握和消化从国外引进的先进技术。这方面工作的重点：一是掌握建设一千万千瓦级大型水电厂或梯级电厂的技术，二是掌握建设二百万到三百万千瓦级大型火电厂的综合技术，三是掌握建设单机容量为九十万千瓦级的核电站技术，四是掌握建设送电距离在一千公里以上的交、直流送变电技术，五是掌握城市电网供电设备的小型化、系列化和用电负荷自动控制技术。

提高电力科学技术水平，必须十分重视知识，重视智力开发，充分发挥科技人员的作用。电力工业是一个技术性、专业性很强的行业，在电力生产建设关键岗位上的职工，都应该受过专门的培训。所有发电厂、供电局、设计院和施工

---

* 这是李鹏同志在《红旗》杂志一九八三年第十八期上发表的文章《经济要振兴，电力必须先行》的一部分。李鹏同志当时任国务院副总理。

企业领导人，都要具备大专文化水平，主要技术工种的工人要达到本专业的中专水平。

要重视经济管理人才的培训，不然无法提高电力工业的经营管理水平。对政治工作人员，也要重视培训，使之能有成效地进行思想政治工作。我们还应该发扬电业职工的优良作风和传统，电业职工队伍除了应具备有理想、有文化、有道德、有纪律的基本素质外，还应具有适合电业工作特点的严格、细致和踏实的作风。我们实现发电量翻两番以上的任务，应该主要靠提高职工的文化技术水平以及设备的自动化程度，以此来大幅度提高劳动生产率，所以，一定要牢牢抓住科学和教育这两个根本环节。

气象工作要实现现代化*

（一九八四年一月十日）

第一个问题，对三十多年来我国气象工作的评价。

国家气象局党组已向大会提出了《建国以来气象工作基本经验总结》的文件。我认为这个文件写得好，符合建国以来气象工作的实际情况，符合《关于建国以来党的若干历史问题的决议》和党的十二大文件精神。回顾三十多年来的历史，气象部门和我们国家三十多年来的社会主义革命、社会主义建设所走过的艰难曲折的道路是一致的。气象工作三十多年来，从无到有、从小到大、从上到下地建立了一个比较完整的体系，为我国的经济建设和国防建设作出了重要的贡献，成绩是主要的。但是，我们的气象工作在“文化大革命”期间同样受到了林彪、江青两个反革命集团的干扰和破坏，遭受了很大损失。同时，由于受“左”的错误思想的影响，在“文化大革命”以前的十年，气象工作中也有不少的错误和失误。当然，林彪、江青反革命集团的破坏和我们自己工作中的失误、错误，这是两种完全不同性质的问题，不能混淆。党的十一届三中全会以后，广大气象工作者、新的局党组，执行十一届三中全会以来的路线、方针、政策，拨乱反正，逐步纠正了过去“左”的错误及其影响，使气象工

* 这是李鹏同志在全国气象局长会议上讲话的主要部分。

作又回到了毛泽东思想的正确路线上来。这样一个说法是符合实际情况的。那么，问题在什么地方呢？我觉得问题在于肃清“左”的思想的流毒，要真正从思想上都认识到这一点。思想上的拨乱反正还是一个长期的、艰巨的过程。这一课不补不行，不搞清楚不行。如果不搞清楚，我们的气象事业是不可能得到顺利发展的。如何评价一九五八年到“文化大革命”前这一段工作呢？有很大的成绩，也有不少的错误和失误。这一段的失误，我看主要是尊重科学不够，尊重气象工作的客观规律不够，发挥技术人员在气象工作中的作用不够。气象工作基本是科学技术工作，是和自然作斗争的，工作的对象是自然界。我们要认识自然，利用自然，以后还要逐步改造自然。认识自然，利用自然，就要利用气象规律，掌握气象规律，为国民经济和国防建设服务。那时不适当地提出了一些口号，比如“以土为主，以群为主，以小为主”。这种错误倾向不是一种偶然的现象，也不能够把责任简单地归咎于哪一个同志，因为当时我们整个党都在犯这个错误。不尊重科学，不尊重客观规律性，挫伤科技人员的积极性，几乎各条战线上都有。所不同的是，像这样的错误在其他战线上早就清理了，早就认账了，而在你们这里还有人不认账。这次会议统一了思想，是一个很大的进步，这就可以使广大干部和群众统一思想，统一意志，团结一致地去完成党和国家交给的任务。

第二个问题，气象工作的对象问题。

在解放区时我们就有了自己的气象事业，那时候是为了打仗的。一九五三年毛主席、周总理在发布气象局转建命令时，确定了气象工作为国民经济和国防建设服务的方针，这个方针是正确的。气象工作的对象要以农业为重点，我认为这个提法也是正确的。中国是一个农业大国，有百分之八十以上的人口在农村，农业生产的好坏决定我们整个经济状况。农村的安定，决定我们整个国家的安定。十一届三中全会以来，首先是农村形势好了，农村的生产力得到了解放，农民富裕起来了，这就带动了全国的好形势。

农业生产当然要靠科学种田，要靠党的政策调动人的积极性，但有一条也是不可忽视的，就是看气象情况怎么样。气象服务工作的重点，首先是为农业服务，要为农业增产提供比较准确的预报。这样的例子很多。去年气象台预报黑龙江主要自然灾害是夏季低温。广大农村根据这个预报，少种了一些喜温的作物，多种了一些小麦。后来确实遇到了夏季低温，农业生产没有受到很大的影响，反而丰收了。湖南有个县本来早稻准备在清明以后插秧，后来得到清明以前有几天好天气的预报，于是整个动员起来，清明前就插了秧，清明以后虽遇到了冷天，但秧已成活，加上采取了保苗措施，获得了大丰收。去年九月份我到东北去，气象部门准确作出了霜降期在中秋节以后的预报，农村就没有提前收割。据说玉米、高粱多晒上一天，东北就多打几亿斤粮食，东北话叫做“紫老山”，所以去年东北普遍丰收。这些例子说明气象预报在指导农业生产上起到了很大的作用。因此，我们确定以为农业服务作为气象工作的重点是正确的。这方面做得不够，今后还要努力。

但是，气象也不能单纯只为农业服务，而忽视其他方面的服务。应该是以农业服务为重点，兼顾国民经济各方面的服务，譬如说为防汛、防洪服务，包括为人民生活服务。中国经常发生灾害性天气，如暴雨、台风、大风、冰雹，不仅对农业，而且对大江大河的安全，城市的安全，都有很大的影响。这就离不开你们的气象预报。防洪防汛是气象部门要服务的一个重要方面，准确的预报往往对防洪防汛工作起到很大的作用。去年在汉江上游发生了一次特大的洪水，安康县城遭到了灭顶之灾，整个县城都被水淹了。但是由于气象部门及时发布了天气预报，水文部门也作了洪水预报，及时动员安康县城人民安全撤走，县城大部分人都撤到安全的地方去了。如果没有及时的气象预报和水文预报，这一次灾害的后果是不堪设想的。我再举一个荆江分洪区的例子，前年由于气象上作出了正确的判断，在长江水位非常高的情况下，没有动用荆江分洪区，避免了很大的损失，这个决定是正确的。去年十月份，汉江再一次出现了很大的洪水，而且预报后期还有降水。在这种情况下，汉江上游采取了分洪的措施。这个决定也是正确的，牺牲了局部，保全了整体。气象部门要服务的另一个方面就是交通运输。铁路运输、海运、航运等都需要准确的天气预报。除此而外，我们现在在海上勘探石油，在我国的南海、渤海、东海都和外国人进行合作，均需要及时提供准确的天气预报。去年爪哇号在南海莺歌海失事，我国气象部门事先及时向他们提供了预报，证明这次失事如果没有别的原因，就是船的指挥上的错误。另外，气象部门还要为基本建设项目提供气象资料。现在进行一些大的基本建设的时候，地质资料、地震资料、气象资料都是不可缺少的。我对电力部门比较熟悉，进行电力铁塔设计的时候，就需要风力资料，要按建塔地点的风力进行设计，决定铁塔强度、吨位、高度等，这些都直接影响到建设的造价和工期，影响到电网的安全。在正确运用水库方面，也需要天气预报。当我们知道要降一场大暴雨，可能产生多少洪水的时候，可以提前放流发电，加大库容，给国家增加财富，减少损失。还可以抓住最后一次洪水的尾巴，多蓄一些水，以备冬季多发电。在日常生活中，气象也是人人都关心的问题，气象和人们的衣食住行都有关系，应该向人民提供及时、准确的预报。现在中央电视台除了每天播放气象要素预报图以外，还播放一些城市的天气预报，大家普遍反映很好，能不能发展到三十一个城市都有。至于说国防方面，除了我们打仗的时候、战备的时候需要提供准确的预报外，飞机的航行、军舰出航等都与气象有关，火箭发射、卫星上天都和气象部门有很大的关系。可以说，现在气象工作已渗透到了各个方面。有些灾害性天气带来的影响非常巨大，这个时候就要以灾害性天气作为工作的重点，一定要因时因地制宜。工作的重点是可以变化的，到了台风季节，上海、广东、福建等沿海地区的气象台站，就要紧紧抓住台风不放。这个时候，做好台风的预报服务就是工作的重点。

第三个问题，服务的方针问题。

服务的方针，前年万里同志讲了“迅速、准确、经济”这六个字。气象工作经过三十多年的努力，工作有很大成绩，也能够作出比较好的气象预报。但是和现在世界上的先进水平比较，应该说在某些方面还有一些差距。短期预报，特别是二十四小时预报，一般地讲还是比较及时、准确的。中央气象台发布全国性的天气预报，在总的大的天气形势的指导下，各省、地区、县结合自己的特点，再发布地区的天气预报。这是较好地将现代科学技术和各个地区的经验、地区的特点结合起来。所以，我们并不是一概反对运用农民的经验。一些天象、物象、谚语与气象台运用现代科学技术发布的总的趋势结合起来，就会产生更好的效果。运用这两个结合，再加上现在已经有的先进手段，比如气象雷达、气象卫星等探测手段，短期预报就做得比较好。至于说到长期预报，给我们使用部门的印象是不大准确，是仅供参考的。长期预报还有很大的主观因素在里面，一般地讲水平不大高。当然，也有报得准的，比如去年东北地区的夏季低温报出来了。我认为现在最大的差距是中期预报，和国外差距比较大。据介绍，国外现在已经能够发布中期数值预报。国外发布的中期数值预报比较准确，温度、风力、风向都比较准确。一九八二年，我到匈牙利、罗马尼亚参观考察，看铁门水电站。铁门水电站能得到五天以后的气象预报和流量预报。现在看来及时性和准确性的关键是提高和改进中期数值预报水平。

关于经济效益有两个方面，一个方面是气象部门能够对国民经济建设产生重大影响，对一些关键性的气候如果能够及时发出预报，抓住关键，就能保护生产力；另一方面，是使用部门要善于利用气象预报。这是一个问题的两个方面。一九八一年黄河上游发生了百年一遇的大洪水，青海龙羊峡水库还没修好，围堰以上的水库，有十亿立方米水。面对这样的形势，如果把围堰扒开，把十亿立方米水放下去，势必造成从龙羊峡到刘家峡黄河两岸的土地被淹，工期还要拖长好几年，但比较安全。如果不扒，水憋在那个地方，后期再降大雨，围堰就会倒塌，洪水以每秒几万立方米的流量下去，发生连锁反应，下游刘家峡水库可能就挡不住了。刘家峡大坝如果垮掉，沿河青海、甘肃、宁夏、内蒙古四个省区将是一片汪洋。我们去时带的任务是千方百计保住围堰。但是去了以后，情况发生了变化。在那次洪水以后，还有一次大的天气过程，后面可能降水，洪峰可能还要增加，时间可能还要延长。我们是继续保还是放？在这关键的时候，中央气象台和青海气象台把龙羊峡地区作为当时全国的预报重点，及时进行天气分析、会商。首先是青海省气象台向我们提出了气象分析，说是气团已经北上，黄河上游形势好转，后期不会下雨。这样一来，指挥部坚定了信心，下定决心保坝。实践证明这个决断是正确的。从这件事可以看出，正确的气象预报在那种情况下产生了多大的经济效益。不仅是经济效益，还有很大的政治影响，因为沿河有一亿人口。指挥员作出正确判断，依靠的首先就是气象预报，还有水文分析。去年三月一日在广东佛山地区，红星三一二号船于凌晨遇到一场飑线大风，翻船了，船上二百多人有一百四十七人遇难。据说这场风从形成到消失共八个小时，船遇到大风，前后不过八分钟就翻了。这个事情看起来好像是一次不可避免的自然灾害。但是，实际上佛山气象台的气象雷达在事前七十五分钟就发现了，但没有严密的信息传递系统，信息传不到船上，使人民生命财产遭受了重大损失。这说明做好气象服务工作，特别是对于关键性的、能够产生巨大影响的天气变化的及时、准确预报，是十分重要的。

第四个问题，关于实现气象工作现代化的问题。

气象现代化包括探测、传输、处理、预报、服务五个系统的现代化。气象工作现代化是符合党的十二大精神的，也合乎气象工作的实际规律。十二大就是要我们各个行业要向现代化进军，如果气象工作不搞现代化，就不可能提高气象工作质量，就不可能做到及时、准确和经济，就不能开创新局面。气象这种自然现象是全球范围的，十分复杂，变化多端的。天气变化，打破了地区的界线、省的界线、国的界线、洲的界线。要研究中国的气象，就得研究影响我国的超过国界的大气环流。只有从整个世界的宏观整体来考察，才能够掌握气象的规律。从一个局部、一个地区是不可能掌握整个大气变化发展规律的。靠物象、天象、谚语，以及多年积累下来的经验，靠一些比较普通的观察手段，只能观测局部的现象，不可能掌握事物的全貌。要深刻认识气象现象，就要运用现代化的科学技术手段，首先是通过卫星和其他一些手段获取天气变化的数据；再用现代化的传输手段，及时地把数据传输到我们的中心；然后，用大型计算机对这些数据进行处理和制作预报。在预报的制作过程中，要牵扯到许多学科，空气动力学、热力学、天文学，还有统计学，等等。预报总的目的是服务于国民经济和国防建设，要有一套现代化的服务系统，做到及时、准确、经济。这是一个系统工程，要把这五个系统有机地联系起来。所以，要开创气象工作的新局面，就要搞现代化，要用现代化的科学技术理论和现代化的手段来武装。现在国际上很多科学家预言，世界上正处于第四次技术革命的前夕。第四次技术革命将给人类带来生产力的大飞跃，我们要利用这个有利形势，把国家搞上去。信息革命、信息现代化，气象部门是要走在前的，你们要在第四次技术革命中间起先锋作用。

下面再讲几个具体问题。

（一）关于气象卫星问题。要想及时取得全球的气象资料的数据，发射气象卫星是关键。一九七〇年周总理在那样困难的条件下，在林彪、江青两个反革命集团干扰破坏的情况下，做了英明决策，决定要发射我们自己的气象卫星。当然，那时候不可能有很大的进展。打倒“四人帮”以后，加快了研制工作。据了解，研制工作已经取得很大进展，目前处在样品阶段。气象卫星工程分为五个系统，气象部门负责接收处理部分。气象卫星我们是下决心要搞下去的，我们中国要有自己的气象卫星。中国是一个大国，从长远的发展观点看，人家有的我们也应该有。为了取得完整的气象资料，为了国防建设的需要，我们也应该有这个东西，不能受制于人。但是，同志们还要估计到，从我们国家现在的财力、物力的实际情况出发，还要有一个相当的过程，还要几年的时间。现在我们国家集中力量在搞通信卫星和准备发射广播电视卫星。第一颗电视卫星可能还要买国外的。气象卫星现在还处在研制阶段，但我们又迫切需要。我向气象局党组的同志提这么一个建议，要利用我们对外开放的有利条件，利用我们和国际上各个方面都有良好的合作关系，按照计划进行接收处理系统的建设。因为有兼容性，我们可以接收人家的，这样我们就能早一点，要把范围搞得更广一点，面积更大一点，应用这些资料来进行数值预报。要早一点把这些工作抓起来，不要等我们卫星上去以后再搞，而应该把这个工作做到前头去。

（二）关于体制问题。全国气象体制经过下放、上收、合并，也像其他很多部门一样有好多反复。气象部门是个科学技术部门，是一个整体，地方的预报要在中央气象台的预报指导之下进行，还要及时会商，及时传递。这样一些工作特点，要求气象部门有一个比较集中统一的管理体制。实行集中统一的管理体制、垂直领导，这合乎气象工作的特点，合乎气象工作客观规律。这样一个体制，以后不要再折腾了，应该长期地稳定下去。但是，由国家气象局统一管理以后，各级地方党委、地方政府，不应该放弃对气象部门的领导和支持，不能撒手不管。因为地方的气象台站还是为地方服务的，它的服务对象是地方的农业、地方的国民经济各个方面。因此，要求各级地方政府要加强对气象部门的领导、支持和关心，包括帮助他们解决应该解决的一些生活问题。这个体制还是双重领导的，以气象部门为主，地方党委管党的工作，管思想工作。

（三）关于领导班子问题。国家气象局和各省、自治区、直辖市气象局的领导班子已经按照干部“四化”的要求，初步进行了调整。班子总的人数有了精简，平均年龄有所下降，知识化、专业化的程度有了提高，向“四化”迈进了一步。工作能不能做好，广大群众、广大用户在看着你们。新班子组成了不等于工作就做好了，工作要做好，还要作出艰苦的努力。我对新班子的同志提出这么几条要求，第一条是谦虚谨慎，第二条是大胆工作，第三条是班子团结协作。光有谦虚谨慎是谨小慎微，那就寸步难行了。要有所作为，要大胆地工作，敢管、敢为，正确的东西要坚持，错误的东西要批评，不要斤斤计较小事，计较个人得失。在一个班子里面，大家要互相支持，互相谅解。老同志对新同志要满腔热忱，耐心帮助，搞好传帮带。新的班子应该有新气象、新作风，工作要做出成绩来。过去是不犯错误不下台，我看以后没有工作成绩也下台。如果三年之内还无所作为，新班子应当自动下台。

（四）关于培养人才问题。要搞现代化，关键是人才。气象部门基本上是一个科学技术部门，是和自然现象作斗争的。你们提供的产品就是气象预报、气象资料，或者是论文、分析，这种产品和国民经济有密切的关系，它可以保护生产力，也可以创造生产力。过去气象部门工作中，如果说有缺点和错误，就在于发挥、重视知识分子的作用不够。气象部门已经有一支好的队伍，听说这支队伍，现在直属部分的人数是六万多人。专业队伍将近六万人，技术人员占了将近三分之一，这个比例是很大的。气象部门出过像雷雨顺这样又红又专的优秀代表。雷雨顺同志不仅业务上有成就，对预报灾害性天气有独到之处，他的思想也很好，精神很感人，在处于逆境的时候，他的意志没消沉，这很不简单，是我国知识分子的优秀代表。我们气象队伍是一支好的队伍，有了这样一支队伍，就能够完成党交给的实现气象事业现代化的任务。但是还有一个问题，老一辈的技术人员有许多东西没学过，有些知识老化了，要努力掌握新技术，学习新知识。比如电子计算机、系统工程，现在没有这方面的知识，要很好地从事气象工作，提高预报质量是很困难的。你们有相当大的一部分预报员没有学历，文化程度比较低，没有经过很好的训练。我们不应该嫌弃他们，而应该组织业余学习，或者是在职学习，或者是脱产学习，办电大班、中专班、函授大学等，通过补课把这些同志中的大部分人培养成为合格的气象工作人员。今后气象部门按精简的原则，不要大量地进人了。今后进来的大部分人应经过专业训练，至少要受过中专以上的专门训练。像气象预报员，需要有大学的水平。我国的大学为培养气象干部作出了很大的贡献，有好多大学有气象系或气象专业，要设置一些能够促进实现气象现代化方面的课程。大学教育的好坏，对我们培养人才有很大的关系，希望继续努力，培养出合格的人才。

企业要舍得在智力开发上下本钱*

（一九八四年三月六日）

核工业职工队伍有一个提高技术水平的问题。核工业部的技术队伍是个好队伍，技术人员的比重比较大，但这个技术队伍也开始出现老化现象。队伍中新的一代要跟上来，事业要发展，不能后继无人。怎样解决？当然国家逐年要分配一些大学毕业生，参加到这个队伍里来，作为补充。但是光依靠国家不行，你们应该从你们职工队伍中，从你们待业的子女中间，选择那些有培养前途的人，自己进行培养，让他们受高等教育，通过电化教育、电视大学、业余大学，用各种各样的方式来培养人才。各个企业自己培养出来的人才，在水平方面不一定低，因为他们有一定的实践经验，他们对于本单位很有感情，事业心很强，一般都能安心工作。所以应该用这两种办法，一种是大专院校，一种是自己培养，要抽一些年轻的工人来学习。我们有一些领导干部往往目光短浅，只顾眼前，说工作忙，抽不开，舍不得下本钱抽人去学习。一个好的领导者，一个企业家必须有这样的眼光，在智力开发上舍得下本钱，这是壮大我们的领导和技术队伍的一条重要途径。

---

* 这是李鹏同志在核工业部工作会议上讲话的一部分。

我国必须建立自己的完整的核循环系统*

(一九八四年四月十七日)

我国能源发展的步骤是：近期大力发展煤炭，逐步把重点转到水电方面来，适当地发展核能。我国发展核电有很多条件：第一，有一定储量的核资源；第二，有发展核能的基础，包括技术、装备和经验等，有一支强大的核技术队伍；第三，有发展核电的需要，煤和水电分布在不发达地区，而沿海发达地区缺少能源，需要发展核电；第四，核电是一种先进能源。虽然目前我国由于物力、财力的限制还不能大规模发展，但要着眼于二十一世纪，逐步使核电在电力工业中的比例上升。我们起步晚了，现在要不失时机地迎头赶上。在核电站建设上，要克服各自为政的状况，必须由国家统筹安排。国务院已经成立核电领导小组，统一领导核电站建设以及和平利用核技术工作，使有限的人力、物力和财力获得最大的效益。

党中央、国务院已确定了发展核能的方针：在自力更生的同时，充分利用实行开放政策的有利条件，既引进设备，也引进技术，加快技术上的发展速度，逐步做到自行设计建造。我国必须建立自己的完整的核循环系统，核燃料必须立

---

* 这是李鹏同志在中国核学会第二次全国代表大会闭幕式上讲话的要点。

足国内，不能长期依赖从国外进口。我国已经加入国际原子能机构。这便于我们进行国际技术交流合作。目前，我国正在与联邦德国、日本、美国等国进行核技术合作协定的谈判。广东核电站已经开工建设，它不仅标志着我国大型核电站的起步，也是中外合资经营的一个项目。它将成为实行对外开放政策的典型。

中国核学会的工作重点是和平利用核技术，为四化建设服务。要从我国国情出发，解决经济建设和人民生活中的具体问题。核学会要在普及宣传核技术知识、培养核科技人才等方面发挥更大作用。

中国核学会是一个跨部门跨行业的学术性组织，它为核科技工作者提供了一个集思广益、各抒己见的场所和讲台。它的两万多名会员，是对我国核科技作过卓越贡献的人。希望大家今后在讨论时各抒己见，在工作中团结协作，为发展我国核科学技术作出更大贡献。

要为技术发明提供法律保护*

（一九八四年十二月十日）

全国人大常委会通过的《中华人民共和国专利法》是新中国历史上第一个专利法，是社会主义建设史上的一件大事。实施专利法可以保护技术发明创造者的合法权益，推动技术进一步繁荣兴旺，调动广大科技人员的积极性。在社会主义条件下建立专利制度是符合经济体制改革的精神的。承认发明是脑力劳动成果，而且是一种商品。商品就有价值和使用价值，可以转化为生产力，就不能无偿占有。专利法就是为这种无形商品提供保护的。

从承认知识分子是工人阶级的一部分，到从法律上承认他们的脑力劳动成果是商品，这又是一次大的社会进步。实施专利法有利于促进技术交流和人才成长。

专利工作做得好坏，第一，要看是否有利于鼓励创造发明；第二，要看是否有利于先进技术的推广；第三，要看是否有利于引进国外的先进技术。从长远来看，从整体的观点来看，实施专利法，能打破部门所有制对技术成果的限制，形成技术市场，形成信息，大家都可以更方便地使用技术成果，必将有利于新技术的推广。专利法实施以后，引进的先进技术受到我国专利法的保护，会有更多的先进技术输入

---

* 这是李鹏同志在第一次全国专利工作会议上讲话的要点。

我国。

专利工作是一项新的事业，各部门、各地区的领导同志要全力支持这项工作，并逐步建立一支专利工作队伍。希望各地专利工作者树立为人民服务的思想，努力提高专利工作效率，为专利工作的兴旺发达多作贡献。

要狠抓气象现代化建设*

（一九八四年十二月十一日）

气象部门的工作是有成绩的。统一了搞现代化建设的思想，统一了对管理体制改革的认识，树立了为四化服务的思想，认识到气象不仅要为农业服务，也要为国民经济其他部门服务，这样服务面就更宽了，经济效益也提高了。气象部门强调了要发挥知识分子的作用，树立起尊重知识、尊重人才的观念。这些都是做得对的，证明你们年初局长会议上提出来的那些提法是正确的，要以锲而不舍的精神，作为一项长远的方针，在今后长期坚持下去。

气象事业是公益事业，它的作用主要看社会效果。气象事业要搞上去，国家要把它作为一项事业来发展，不能全部企业化。为了调动气象部门广大职工的积极性，可以围绕气象事业本身发展的需要来搞第二行业，以增加收入，增强活力。气象部门有了发明创造，可以申请专利。像广东等开放地区的一些气象台站，可以更灵活一些，县气象站也可以搞有偿服务，增加收入，也可以接受地方的定期补助、奖励。

要狠抓气象现代化建设，可以分几个层次来进行。在大尺度气象方面要加强和国外的科技合作，引进先进的技术，在和美、苏的交往上要有突破，要集中力量搞中期数值预报

---

* 这是李鹏同志听取国家气象局工作汇报时讲话的要点。

业务系统的建设，以更好地为国民经济服务。吉林搞现代化建设的经验要好好总结推广。搞微机化，花钱不多，可以明显提高业务质量和服务效益。

有偿服务可以搞得活一些，你们付出了额外的劳动和费用，流了汗，增加一些收入是应该的、允许的。要在加强公众服务，把公众服务搞得越来越好的前提下，积极开展有偿服务。还是过去我讲过的两点：一是两厢情愿，二是公众服务不但不能削弱，还要加强。

“六五”科技攻关务期必成*

（一九八五年一月九日）

“六五”科技攻关在两年中取得很大成绩，但任务还很艰巨，大部分项目需要在今年取得成果，所有参加攻关的单位和人员要再接再厉，加倍努力，务期必成。

不但要完成攻关任务，更要重视抓好推广应用工作，使攻关成果转化为生产力。要通过改革，使推广工作得到应有的报酬。今后，对攻关任务，不仅用行政办法分配和管理，而且可采用某种形式的招标办法，明确攻关单位的经济责任，以期更快更好地攻下难关，为四化建设作出更大贡献。

---

* 这是李鹏同志在“六五”国家科技攻关经验交流会闭幕式上讲话的要点。

为人类和平利用南极作出更大贡献*

（一九八五年五月六日）

我国首次赴南极考察编队，在中国人民解放军海军的配合下，于去年十一月二十日从上海启程，历时四个多月，横跨太平洋，穿越南北半球，航行两万六千余海里，在南极建立了我国第一个南极科学考察基地——中国南极长城站[1]，圆满地完成了建站和南极考察任务，于今年四月十日回到祖国。从你们离开祖国的第一天起，全国各族人民就以极大的热情注视着你们的行动，为你们取得的每一个成绩感到高兴，也为你们遇到的每一个困难而担心，全国人民的心和你们是连在一起的。你们的胜利极大地鼓舞着正在为四化建设奋斗的全国各族人民。你们的开拓精神和克服困难的勇气更为我国青年一代树立了学习的榜样。我代表党中央、国务院，向南极考察编队的全体同志，向所有为这次考察建站作出贡献的有关部门，省、自治区、直辖市的同志，向中国人民解放军海军有关指战人员，致以热烈的祝贺和亲切的慰问！

中国是一个大陆国家，也是一个海洋国家，我国有一万八千多公里的海岸线，有六千多个岛屿和广阔的海域。在这些地方，有优越的自然地理条件，有丰富的能源、矿产和生

---

* 这是李鹏同志在我国首次南极考察庆功授奖大会上的讲话。

物资源。它是我国开发海洋事业中一笔尚未被充分利用的宝贵财富，在我国四个现代化建设中它将占有越来越重要的地位。开发利用海洋，大有可为，我们希望沿海各省、自治区、直辖市政府和人民，全国各海洋开发利用部门和单位，都要从南极考察编队的事迹中得到启发，学习他们的顽强拼搏精神和严格科学态度，有组织、有计划地在石油开发、水产养殖、海洋运输、能源、化工以及海洋管理等各个领域中，把开发海洋和利用海洋的工作积极地开展起来。

南极洲及其附近的水域是一块至今尚未被人类开发、利用的宝地，它不仅蕴藏着丰富的矿产资源和生物资源，而且在地理上对许多科学实验与研究具有得天独厚的条件。世界上许多国家在南极开展科学考察与实验工作已经有许多年了。我国于一九八三年正式成为南极条约参加国。在这前后，在友好国家的协助下，我国也多次派遣科学工作人员参加了南极科学考察。但依靠我国自己的力量在南极建站并进行科学考察，这还是第一次。因此，南极科学考察事业对我国来说还是刚刚起步，和有些国家比较起来，我们还有很大的差距。摆在我们面前的，有许多工作，也有许多困难，要真正做出新的成绩还要付出更大的努力。我希望我国科学工作者再接再厉、踏踏实实、奋发努力，使我国的海洋开发利用和极地考察事业有一个较快的发展。我们愿意与世界上一切从事南极考察的国家和科学工作者进行广泛合作，为我国的繁荣富强，为人类和平利用南极作出更大的贡献。

注　释

〔1〕中国南极长城站，是中国在南极建立的第一个科学考察站，一九

八五年二月二十日建成，位于南极洲南设得兰群岛的乔治王岛西部的菲尔德斯半岛上。中国南极长城考察站是在李鹏同志的积极协调和推动下批准建设的。一九八四年五月三日，李鹏同志在一份有关南极考察的报告上批示：据说海洋局有一个方案，搞个无人站，争取一个立足之地，花钱在两千万元之内，建议让他们报方案来，再定。

加强对教育工作的宏观指导和管理*

（一九八五年六月十三日）

经济建设，社会发展，科学进步，都取决于人才，而解决人才问题必须在经济发展的基础上，使教育事业有一个大的发展。人才的极端重要性决定了教育在社会主义物质文明和精神文明建设中的极其重要的地位。最近，中共中央作出了关于教育体制改革的决定，为我国教育事业的发展和教育体制的改革制定了一个纲领。现在的问题在于组织实施。

建国三十五年来，我国教育事业有了很大发展。但是，教育不适应社会主义现代化建设需要的状况尚未根本改变。发展教育事业，改革教育体制，不仅涉及基础教育、高等教育，而且涉及职业教育、成人教育；不仅要调动教育部门的积极性，而且要调动各部门、各地区、各行各业办教育的积极性。

为了保证和推动教育事业的健康发展，统一部署和指导教育体制的改革，国务院需要有一个主管教育工作的综合部门。在简政放权的同时，保证党和政府对教育工作的统一领导，加强宏观指导和管理，加强与有关方面的协调。为此国务院提请全国人大常委会批准设立国家教育委员会。国家教育委员会设立后，教育部即予撤销。

---

* 这是李鹏同志在六届全国人大常委会第十一次会议上就设立国家教育委员会和撤销教育部的议案所作简要说明的要点。

国家教育委员会的任务和职能*

（一九八五年六月二十二日）

教育委员会的机构设置、人员编制都要党组经过充分的调查研究，提出方案，加以决定。在此以前，教育部所有的机构、所有的人员、所有的事业单位全部划入国家教委。所有干部都要坚守工作岗位，工作要做到不断、不乱。

国家教委和原教育部的职能毕竟有所不同，工作范围也有所不同，教育机构改革势在必行，但我建议党组不要匆忙行事，要经过充分的调查，来决定机构设置和人员编制。有三个原则要考虑。

第一，今后的教委主要应管全国的教育方面的事情，管方针、政策，管协调，协调各部门和各地方之间有关教育的工作，有大量的工作要做。我国很多学校都是由中央各部委和地方教育主管部门管理，原教育部直属的高校只不过是三十多所。因此，今后国家教委主要工作是管立法，管计划和规划。换句话说，教委主要做一些宏观方面的工作。

第二，国家教委不能够像过去教育部对院校管得那样多，那样死，那样具体。要把一部分权力下放，让大专院校有更多的自主权。教育改革的核心就是要让大专院校能够决定自己的事情，很多事情让它们自己去办。要给各省市教育

---

* 这是李鹏同志在国家教育委员会第一次全体干部职工大会上讲话的一部分。

部门下放更多的权力。还要调动中央各部委管教育的积极性。如果我们把中央各部委的学校都收上来，收到教委，或下放到地方去，那中央各部委办教育的积极性就没有了。

第三，国家教委的机构应该是精干的。对过去教育部多年形成的好传统、好作风都应该发扬光大。但是，今后应该更讲究工作效率，克服官僚主义。国家教委既是一个管方针政策的部门，也是一个服务部门，为基层的教育事业服务。

教委成立的主要目的就是推动教育改革，所以各级干部对于改革抱什么态度，是衡量其称职不称职的一个重要标准。这一次教育体制改革和经济体制改革、科技体制改革是配套的，缺一不可。没有教育体制和科技体制的改革，经济体制改革不可能顺利地实现。

在一个有着十亿人口、经济发展又非常不平衡的国家进行教育改革，不可能不出一点问题，但是，我认为党中央能够及时发现问题、及时纠正问题。

我们每一个从事教育工作的同志都应该从思想上认识到教育体制改革的重要性，自觉地投身到教育改革工作中去。同时，我们不希望匆忙行事，不经过调查研究，就一哄而起。看准了的就及时办；看不准的，经过调查研究，经过试点，取得经验，然后全面推广，用实践的标准来检验我们的工作是正确的还是错误的。

各部委要继续办好各行业的教育事业*

（一九八五年七月四日）

第一点，教育委员会目前的一项中心任务，就是贯彻执行中央关于教育体制改革的决定，把这个决定付诸实现。这个决定和经济体制改革的决定、科技体制改革的决定是配套工程。邓小平同志讲了，经济体制改革决定中的第九条，人才这一条是关键。如果没有教育体制改革的决定或决定没有得到很好的贯彻，那么经济体制改革的决定也不会得以顺利实现。

第二点，教育委员会成立以后，撤销了教育部。教育委员会和教育部有三个方面的区别。第一，教育委员会比教育部的职责范围有所扩大。第二，教育委员会作为国务院的一个综合部门，和国家计委、经委、科委一样在各自的业务领域里对各部、委的工作实施指导，权力有所扩大。第三，从教育委员会的组成来讲，领导力量有所加强。新党组中，既有从事教育工作时间较长、经验丰富的老同志，又有一些年富力强、在基层主管过教育方面工作的或主管过一所高等学校的同志。另外，经过国务院同意，决定聘请五位兼职委员

* 这是李鹏同志在中央和国务院各部委主管教育工作的负责人会议上讲话的主要部分。

参加教育委员会的工作。

教育委员会成立以后开了三个会。第一个会是教育委员会的全体干部职工大会，主要是出了一个安民告示：原教育部的机构和人员全部纳入教育委员会，工作要不断、不乱，今后机关的工作还要有计划有步骤地进行改革。第二个会是教育委员会第一次全体委员会议，主要是确定了领导的分工和当前要抓的几项工作。一项最主要的工作就是进一步督促和检查教育体制改革决定在各单位的落实情况。也确定了要抓教育立法。有些法可能还不成熟，一时还不能提交全国人大常委会讨论，有可能作为国务院的条例和规定先行下达。再比如，国务院已经决定在城市要征收一部分附加税，专门发展教育事业，这一条在中央关于教育体制改革的决定中已有了，也需要把条文具体化。还有一个问题就是放权，使高等院校有充分的自主权。还谈到了根据胡耀邦同志的倡议，抽调三千人到下面去推动教育改革工作，这件工作正在抓。第三次会议就是今天召集的这个会，部署如何抓国务院各部委的教育工作，同时也邀请了中央和解放军的有关单位出席。

第三点，国务院的各个部委间接管或直接管了相当一部分教育事业，有一部分大专院校是国务院各部委自己办的，除此之外还有技工学校、中等专业学校和各种各样的训练班。我国现有九百所大学，中央各部委管了将近三分之一。因此，教育工作在中央各部委、各系统、各行业中也是一条重要的战线。这一部分怎么办，今天也给你们出一个安民告示：教育委员会成立以后，并不是把各部委的学校收上来。我们的方针是各部委要继续管下去，而且要管好。还要进一步调动你们的直属企业、事业、科研单位的积极性，办好各行业的教育事业。教育委员会只是从方针政策方面加以指导。但是，有两件事要说一说。第一件事是，学校大家办，但颁发文凭的资格教育委员会要审查。现在社会上有的学校质量不高，文凭发了，学生却达不到大专、中专的水平。我们对大家办学一是积极支持，二是要保证质量。对颁发文凭的资格审查，教育委员会要立一个章程，够哪些条件的学校可以承认是大专，够哪些条件的可以承认是中专，这件事要管起来。除了军队直属院校我们不去审查，其余所有的学校，都要进行资格审查。对社会办的大学，我们是支持的，但也要进行资格审查。第二件事是，希望不要形成大而全、小而全的局面。各部委办学校，是不是就要把各自所管行业范围的所有专业都办了呢？不能样样自己包起来，只能有重点地办与自己有关的专业，互相利用现有的教学力量。有的单位是不是一定要自己办一个学校？我看不一定，可以采取委托培养的方法，充分发挥现有学校的力量。不一定重视教育就非得自己办一个学校，你自己办的学校将来可能得拿出一部分学生由国家统一分配，国家也可能分配给你一些你所需要的学生，或者学校、部委之间互相调剂，具体方法将来再作规定。

第四点，要求各部委重视教育工作。邓小平同志说过一句话，意思是重不重视教育是领导者成不成熟的一个标志。我想这句话是对中央一级干部，对省长、省委书记讲的，同样也是对各部委首长讲的。因为，你领导管理一个行业，你这个行业不出人才，生产暂时也可以搞上去，但从长远来看，你这个行业肯定要落后的。今后大学生来源是三个渠道，一个是靠自己办学，一个是委托培养，第三个是国家分配一部分。这就要求各个部委必须重视教育，重视人才的培养，不能完全伸手向国家要大学生。为了加强对教育工作的领导，对各部委提出三个要求。第一，要求国务院各部、委、办党组在最近一段时间，要对教育工作进行一些研究，学习一下教育体制改革的决定，结合具体情况，规划一下怎样进行所属部门的教育改革。第二，各部、委、办的党组中要有一名副书记或者一名党组成员主管本系统的教育工作。第三，关于教育经费的问题。我国现在的教育经费，在世界各国来讲，尤其是比一些发达国家，比例是偏小的。今后，随着财政收入的增长，教育经费不仅要同步增长，而且要增长得快一点。今年各部委花在教育事业方面的钱，包括人头费、基本建设费用、自筹资金、买设备的钱等，要作为一个基数，以后不准比一九八五年的基数少，还要随着事业的发展，按比例增加，甚至超过现在的比例。

第五点，最近邓小平同志在和彭真同志谈论立法问题时讲到，在经济战线上工作的许多领导干部不懂经济，没有受到经济管理的训练。他让我们教育委员会认真抓一下经济和法律的教育，把财经学院办好，把经济管理学院办好，把政法学院办好。法制教育，我体会不仅指要办好政法学院，还应普遍对全民进行法制教育。我们教育委员会要讨论一下邓小平同志这个指示。前一段，各个部委对办经济管理学院有积极性。关于这个问题，一是要认识到它的重要性，同意大家来考虑这个问题，另一方面也不要一哄而起。办学还得有条件，比如师资、教材。应该有一套关于经济管理方面的基础教材，这可能由教育委员会统一来搞。剩下来的本行业的管理，如电力管理、铁路管理，这些教材由你们自己编。有了基础教材，加上专业教材，又有一定的师资，就可以开办一批经济管理学院，只要求达到单科的大专水平。这样有计划地把我们的领导干部训练一遍，也是各部委提高管理水平一个很重要的途径。现在中央关于改革的正确政策之所以在有些单位的执行过程中走了样子，与我们领导干部的素质不高是有关系的，当然还有党风问题，所以要加强这方面的教育工作。

第六点，根据胡耀邦同志的倡议，中直机关和国务院机关要抽调三千人下去推动教育改革工作。有些单位进展情况还是不错的，党组抓得很积极。我们要求各部委要继续把这个工作做好。

致 教 师*

（一九八五年八月二十日）

尊敬的中小学教师同志们：

值此教师节之际，谨向你们表示热烈的祝贺和崇高的敬意！

教师是一种既辛苦又光荣的职业，应当受到全国各族人民的尊敬和爱戴。培养“有理想，有道德，有文化，守纪律”新的年青一代，是关系到提高民族素质，国家兴盛，四化大业的成功的百年大计，而振兴教育的关键又在于教育改革。这一光荣而艰巨的任务将落在你们的肩上，望你们为此而贡献自己的力量。

李 鹏

一九八五年八月二十日

* 这是李鹏同志在第一个教师节前夕致全国中小学教师的信。

残疾人有受教育的权利*

（一九八五年八月二十日）

大家都来关心残疾人，他们有受教育的权利，学习知识，掌握技能，不仅要做到自谋其生，还要为祖国社会主义建设作出贡献。

* 这是李鹏同志给《三月风》杂志的题词。

发展西藏教育*

（一九八五年八月三十一日）

总的说来，西藏的教育事业是有成绩的，但是还远远不能适应西藏两个文明建设的需要。各类人才的缺乏，是西藏一个十分突出的问题。解决人才问题的根本途径是办好教育。因此，西藏的同志一定要把办好教育事业提到重要的议事日程上来。办好西藏教育，要结合西藏具体情况贯彻中共中央关于教育体制改革的决定，重点抓好中小学教育，特别是小学教育。为了保证中小学的教学质量，要努力办好寄宿制学校。现在西藏自治区有七十多个县、四百四十多个区，要求每个区先办好一所重点小学，有条件的县办好一所重点中学。所有这些重点中小学都不要追求学生的数量，而要在保证教学质量的前提下，实行寄宿制。要采取实实在在的措施，重视藏语文课的教学。

发展西藏教育的关键，在于建设一支适合西藏建设需要的合格的教师队伍。因此，西藏的各级领导一定要注意师资的培养和教师队伍的建设。为了发挥优秀教师的作用，提高教学质量，扩大教育面，还应当积极开展电化教育，把广播、电视、录像等现代化工具应用到教学中来。从今年九月

* 这是李鹏同志在拉萨举行的庆祝西藏自治区成立二十周年干部大会上的讲话《发展经济，培养人才，繁荣西藏》的一部分。

起，全国十九个省市还要专门开办几所西藏学校和在一些办得好的中学开设西藏班，帮助西藏培养人才。采取这些措施是必要的。但是，西藏的教育事业，从根本上讲还要靠西藏的同志自己来办。

造成尊师重教风气，培养四化建设人才*

（一九八五年九月九日）

首先代表国家教育委员会向全国一千万人民教师和全体教育工作者致以节日的祝贺和亲切的问候。

在我国四个现代化建设中人才是关键，人才的培养要依靠教育，而教育的质量又决定于教师。所以广大教师身上担负着十分光荣而艰巨的任务。教师的工作与四化建设的成败、民族的兴旺发达都是休戚相关的，教师的辛勤劳动理应受到全国人民的尊敬和爱戴。

我国是一个有悠久历史的文明古国，尊敬教师本来就是中华民族的优良传统。但是这种好传统在“文化大革命”中遭到了严重的破坏，它的恶劣影响至今尚未完全消除。建立教师节的根本目的在于提高全社会对教育事业重要性的认识，提高教师应有的社会地位，恢复和发扬我国尊敬教师的优良传统，同时也鼓励教师全心全意献身于人民的教育事业。

对各级领导来说，就是要进一步重视教育工作，认真贯彻中央关于教育体制改革的决定，少讲空话，多干实事，为

* 这是李鹏同志在第一个教师节前夕会见中央电视台、中央人民广播电台记者时谈话的要点。

你领导下的地区和部门的学校和教师办几件实事，为他们创造起码的和较好的工作条件和生活条件，给他们解除一些后顾之忧，用实际行动关心教育、关心教师。

为了庆祝教师节，搞一些有意义的庆祝活动是必要的。但一定要防止和克服那种图虚名、讲排场、铺张浪费、搞形式主义的做法。对广大学生来说，应该以良好的学习成绩和使自己成为有理想、有道德、有文化、有纪律的一代新人的决心和实际行动庆祝教师节，这也是广大学生在教师节献给教师的最好礼物。

在过教师节的时候，社会各方面、各单位和广大学生为学校和教师做一些力所能及的、有实际意义的好事，也是值得鼓励和提倡的。

希望广大教师和教育工作者用实际行动来庆祝自己的节日，要进一步认识自己肩负的重任，树立远大的理想和崇高的职业道德，以“俯首甘为孺子牛”的精神，献身于人民的教育事业，要不断学习和创造先进的教学方法，开展科学研究工作，努力提高自己的业务水平。只有这样，才能为四化建设培养出合格的人才。

教师不但是知识的传播者，而且是精神文明的建设者。教师的言行、思想和作风，往往对学生产生深刻的影响。特别是中小学教师和幼儿教师，对儿童少年的身心健康成长，往往起到决定性的作用。希望广大教师和教育工作者从各方面严格要求自己，不愧“为人师表”的崇高称号！

希望教育战线的同志们要和各条战线的同志们紧密团结、同心协力，为开创我国社会主义教育事业的新局面作出更大的贡献。

加强学校思想政治工作，维护安定团结政治局面*

（一九八五年九月二十八日）

中国共产党全国代表会议刚刚开过，现在全国的形势确实很好。政治上安定团结，工农业生产得到了持续发展，人民生活有了不同程度的提高，这是有目共睹、举世公认的。要继续发展这种大好形势，还需要做许多艰苦工作，而其中最重要的就是要坚持四项基本原则，坚持对内搞活、对外开放的政策，坚持经济体制、科学技术、教育的改革，走出一条有中国特色的建设社会主义的路子来。实践证明，我们这样做是符合人民的根本利益的，是得到广大人民群众，也包括我们高等院校的绝大多数师生的拥护的。如果有人要想扭转这个方向、改变这个政策，那是不得人心的，也是不会成功的。

要使全国上下集中精力搞好改革，进行四化建设，就需要在外部有一个和平的国际环境，在内部有一个安定团结的政治局面。

能不能争取到一个和平的国际环境，一是看世界形势是否存在着这种可能性；二是看国内是否有一条正确的政策。

---

* 这是李鹏同志在国家教委、中宣部、团中央、北京市委联合召开的会议上讲话的主要部分。李鹏同志当时任中共中央政治局委员、中央书记处书记、国务院副总理。

从世界形势上看，战争的危险依然存在。有资格打世界战争的是美苏两家，他们在互相争夺，进行军备竞赛，尽管都说自己是防御性的，但都在大力扩军备战。之所以现在没有打起来，一是他们没有准备好；二是世界人民包括美苏两国人民反对，反对世界战争的力量在增长，有条件争取比较长时间的和平。基于这个分析和认识，党中央制定了独立自主的和平外交政策。

在国内能否创造一个安定团结的局面，也是至关重要的。要创造安定团结的政治局面，除了需要有共同的理想、宪法准则和四项基本原则作基础，还要有严格的纪律和不断完善的社会主义民主和法制。民主和法制是结合在一起的。中央要求各级领导深入实际、深入群众，倾听群众意见，切实解决问题，以调动各方面的积极因素；这次党的代表会议一条重要的精神就是要下决心公开揭露和惩处党内和社会上实际存在的违法乱纪、贪污腐化现象，纠正党内和社会上的不正之风，包括查处对外活动中损害国家权益和民族尊严的行为；我们坚持打击各种经济犯罪和刑事犯罪分子，以消除社会上的腐败、丑恶行为。所有这些，都是为了创造一个安定团结的局面，以保证我们对外开放、对内搞活经济的政策和各项改革能沿着正确的轨道前进，使我国的四化建设能够健康地发展。

但是，在这里我们要明确指出：中央不支持搞所谓的大民主，不支持搞所谓的“四大”，即大鸣、大放、大字报、大辩论。党和政府代表人民利益，倾听群众意见。同学们提出批评意见，我们是支持的。对正确的意见，我们真诚地欢迎，督促各级检查纠正缺点。对不正确的意见，要通过民主讨论，教育解释，达到协调一致、加强团结的目的。历史的教训告诉我们，不能再在中国搞政治运动、搞阶级斗争，也不能搞资产阶级自由化，不能做违反四项原则的事。之所以不支持搞大民主，因为这不是社会主义的民主。稍微年长一些的人，亲身经历过“文化大革命”的人，都知道所谓“四大”是怎么回事。因为这种形式可能给那些少数别有用心的、反对四项基本原则的人以可乘之机。他们可以利用大字报、小字报歪曲事实真相，进行造谣、污蔑、煽惑和捣乱，而他们却不负任何责任。这种“四大”可能发生对公民人身权利的侵犯，对国家利益的损害，对社会主义民主生活的破坏。这次北京大学部分学生发生的事又一次证明了这一点。北大领导的处置是慎重、妥当、完全合法的。当然，大多数人动机不是坏的，但由于使用的方法不对，不但不会得到好的结果，而且适得其反。同志们可以想象一下，如果北大发生的事情任其继续发展下去，我们将怎样保持北大安定团结的局面，进而又怎样保持全市、全国安定团结的局面呢？北大一向有光荣的传统。什么是北大光荣的传统？在今天，应该是全心全意献身于党领导的四化建设，为振兴中华作出贡献。如果在今天还在形式上继续采取“五四”、“一二九”运动的做法，那就不是发扬光荣传统，而是站到了时代的对立面，不是爱国，而是损国。希望全体同学有个正确的认识，要认真地分析形势。要知道，现在举国上下，人心思定。破坏安定团结局面的言行，是不得人心的，是会遭到广大人民反对的。政府也不会听任这种事情发展的。

我们现在进行的各项改革是前人所没有进行过的。在一个有十亿人口的、经济和文化发展又极不平衡的国家进行改革，一帆风顺、不遇到困难和挫折，是不可想象的。对此要有充分的准备。我们在执行开放政策的过程中，遇到的最大问题是：一方面要学习、引进资本主义国家和工业发达国家的先进科学技术和管理经验；一方面又要抵制资本主义的意识形态及一些腐朽丑恶的东西。难就难在这里。这在共产主义运动史上也是史无前例的。要做到这一点，马克思列宁主义的基本原则不能动摇，党的优良传统和作风不能丢掉，思想政治工作不能削弱。

过去，在战争年代，我们党是依靠强大的思想政治工作，保持旺盛的战斗力。现在，我们党还是要靠思想政治工作为改革开路，保持社会主义的正确方向。我们对党的政策要有坚定的信心，对复杂的事物要有分辨能力，对不同的问题要有恰当的措施和办法。为此，就必须学好马列主义理论，加强思想政治工作。

今后，在学校里要加强马列主义理论和时事政策教育，建立严格的考核制度，不能使马列主义教育成为可有可无的课程。同时，也要大力改进教学方法，教学内容要联系中国的实际，教学方式要生动活泼。

要加强思想政治工作，在大学里必须建立一支好的思想政治工作队伍，逐步总结出一套适合现在形势的思想政治工作方法，要真正掌握青年的思想动态，创造一套适合现代青年特点的思想政治工作形式。我们的教师，不但要教书，而且要育人；不但在学术上、科学知识上为人师表，而且要在理想、情操上，道德品质上，执行党的方针政策上成为学生的楷模。两个方面都要做到为人师表。培养有理想、有道德、有文化、有纪律的一代新人，是广大教师义不容辞的光荣责任。

这次党的代表会议的一个主题，就是解决好老一辈无产阶级革命家所开创的事业后继有人的问题。现在，我们党不但要搞第三梯队，还要搞第四梯队、第五梯队。党和国家对现在的青年学生寄予厚望，希望他们能接好这个班，把中国的伟大社会主义建设事业继续下去。要接好这个班，不仅仅要有现代科学文化知识，最重要的是把老一辈坚持革命斗争方向、英勇奋斗的精神、传统和作风接过来，并发扬光大。在今后要进行的教育改革中，高等学校必须把德育放在重要地位，从招生到毕业都要把学生的思想品德作为考核的一项重要内容，使我们的学校真正成为培养社会主义事业接班人的基地。

我相信，具有光荣传统的北京大学一定能给自己的光荣传统赋予新时代的内容，广大教师、干部和同学，一定能无愧于伟大的社会主义祖国。

扎实工作，为南极考察打好基础*

（一九八五年十一月七日）

我国首次组队赴南极考察，建站成功，极大地鼓舞了全国人民进行四化建设的积极性。今年又第二次组队去南极考察，我们感到很高兴。我代表国务院，代表全国人民欢送大家去南极。同志们到南极后，一定要团结奋斗，做有理想、有道德、守纪律的队员，遇到困难要互相帮助。其次，这次考察工作要为以后在南极继续进行考察打好基础，把工作做得扎实些。希望每个考察队员身体健康，祖国人民期待着你们胜利归来。

---

* 这是李鹏同志会见即将远征南极的中国第二次南极考察队员时讲话的要点。

贯彻落实教育体制改革的决定*

（一九八五年十一月二十日）

当前教育战线出现了前所未有的好形势。这仅仅是起步，要继续抓好《中共中央关于教育体制改革的决定》的贯彻落实。

教育战线形势好主要表现在两个方面，一是中央的《决定》发布以来，各省、市加强了对教育工作的领导，教育工作被列入了各级领导的议事日程，学校和教师的地位提高了；二是各省、市在贯彻决定中作了大量的调查研究，制定了贯彻《决定》的规划和实施计划及措施。但是，要清醒地看到，这仅仅是起步，贯彻《决定》是一个长期的任务，各级领导还要认真抓好。

近几年高等教育发展速度是快的，目前全国已有一千多所高等学校。现在主要不是办更多新的学校，而是巩固现有的院校，提高质量，补充教师，增添设备。要大力发展成人高等教育，尤其是电视大学。国家将在明年专门开设一个电视教育频道。电视大学也应当招收应届高中毕业生。

普及九年制义务教育，一定要实事求是地从各地实际

* 这是李鹏同志与参加十二省贯彻《中共中央关于教育体制改革的决定》汇报会和全国中小学师资工作会议代表座谈时讲话的要点。

出发去进行，既要克服畏难情绪，又要防止追求高指标，不要互相攀比。普及九年制义务教育，核心问题是师资问题。

做我们伟大时代的建设者[*]

（一九八五年十二月八日）

同学们，同志们：

今天，我们在这里召开庄严隆重的大会，共同纪念“一二九”运动五十周年。

“一二九”运动是在中国共产党领导下的爱国学生运动。一九三五年，日本帝国主义加紧对中国扩张侵略，国民党政府对内镇压人民，对外妥协退让，使中华民族濒临亡国的危险。当时，代表民族根本利益的中国共产党，克服重重困难，率领工农红军北上抗日，肩负起挽救民族危亡的重任，在长征途中发表了有名的“八一宣言”，发出了建立全民族的抗日统一战线的号召。在党的北方组织的领导下，富于爱国热情的北平青年学生率先行动起来，于当年的十二月九日，冲破国民党政府的白色恐怖，勇敢地走上街头，举行了声势浩大的示威游行，并迅速得到天津、上海等全国各大城市的积极响应，随后又发展成为全国各阶层要求停止内战、一致抗日的强大政治运动。这个运动不仅深入地宣传了共产党的抗日主张，广泛地发动了群众，为伟大的抗日战争作了思想动员和舆论准备，而且为抗日战争准备了一大批干部。很多参加“一二九”运动的优秀青年，积极投入了长期艰苦

---

* 这是李鹏同志在首都青年纪念“一二九”运动五十周年大会上的讲话。

的抗日战争，在革命实践中学习并接受了马克思列宁主义，从爱国主义走向共产主义，锻炼成为无产阶级的政治家、军事家、经济家、教育家、文艺家，不仅对抗日战争的胜利作出了巨大的贡献，而且成为新中国各条战线的领导骨干。今天参加纪念大会的，就有不少“一二九”的老战士。在这里，我谨代表党中央、国务院向全国各地所有参加过“一二九”运动的老同志，致以崇高的敬意。

“一二九”的历史经验说明，青年运动只有顺应时代的潮流，合乎人民的愿望，在共产党的领导下，形成一支有组织有纪律的力量，同人民群众团结一致，才能对历史的发展作出贡献。今天同“一二九”相比，时代不同了，任务也不同了。“一二九”时代的中心任务是抗日救国，这个任务经过老一辈革命家和全国人民的共同努力早已实现。中国人民推倒三座大山，建立了新中国，走上了社会主义道路，帝国主义在中国人民头上作威作福的时代一去不复返了，中华民族已经昂然屹立于世界民族之林。现在，摆在我们面前的中心任务是建设祖国，就是要把我们的祖国建设成为一个繁荣富强的，既有高度物质文明，又有高度精神文明的社会主义强国。为了实现这个目标，就需要维护社会的安定团结，大力发展社会生产力，实现四个现代化。这就是当今时代的潮流，人民的愿望和要求。我国广大青年学生一定要同全国人民一道，紧紧抓住建设祖国这个中心任务不放，现在为建设祖国努力学习，以后为建设祖国努力工作。

当前我国的形势很好，政治上安定团结，经济上已进入一个持续稳定协调发展的时期，人民生活有了不同程度的改善，这都是举世公认、有目共睹的事实。在我国进行的各项改革势头也是好的：农村改革已取得显著的成效，城市改革迈出了重要的步伐，科技和教育改革也开始进行。当然我们也应该清醒地看到，在一个十亿人口的大国，经济和文化发展又十分不平衡，进行一场全面而深刻的改革不可能只有光明没有黑暗，只有成绩没有缺点，不可能不出现问题和困难，甚至还可能出现某些失误。党中央和国务院采取的态度是坚定不移、慎重从事，及时发现问题，及时解决问题，使我们的经济建设和改革沿着健康的道路前进。应当指出：我们的改革目的是摸索出一条适合中国国情的建设社会主义新路子。

我们之所以实行对外开放、对内搞活的政策，一方面是为了调动广大工人、农民、知识分子建设社会主义的积极性和创造性；另一方面是为了引进国外先进技术和某些先进管理方法，以加快四化的速度和增强自力更生的能力。我们是社会主义国家，我们的社会主义经济是以公有制为基础的。由于世界上社会化大生产和商品经济方面有着某些共同的规律，因此我们可以结合自己的实际情况，借鉴和吸收世界各国包括资本主义国家的某些管理方法，为发展我国社会主义经济服务。但是我们不能引进资本主义的经济制度和政治制度，不能引进资本主义的价值观念和腐朽的生活方式，因为这与我们的社会制度是背道而驰的。所以，我们的改革一定要坚持社会主义方向。企图走资本主义道路，在中国是行不通的，搞资产阶级自由化，只能把中国的事情搞乱，也是行不通的。

我们应该正确估价当代的青年学生，他们当中的绝大多数热爱社会主义祖国，拥护共产党的领导，愿意学习马列主义，坚决拥护和支持改革。当代青年思想敏锐，求知欲强，文化科学知识比较丰富，这都是十分可贵的。但是青年学生也有自己不可避免的弱点，主要是脱离实际，缺乏实践的锻炼。而只有书本知识，轻视实践，是不可能正确认识和解决社会生活中任何复杂的实际问题的。“一二九”时代的青年学生之所以能成为有用之才，就是因为他们投身到抗日斗争的洪流中去，同工农大众相结合，经受了考验和锻炼。当代的青年学生在完成学业之后，也必须投身到建设祖国的实践中去，到基层去，与工农群众相结合，经受长期的锻炼和考验，才能成为各条战线上的有用之才。要知道，文凭和学位，只能代表一个人的学历，而不能完全代表一个人的实际工作能力和水平。青年学生不但要学习文化专业知识，还要努力学习社会主义建设的基本知识，学习中国现代革命史和马列主义的基本原理，学习现行的党的方针政策，努力把自己锻炼成为有理想、有道德、有文化、有纪律的一代新人。为了更多地给各条战线、各行各业培养出千百万具有高度政治觉悟和精湛技术、业务能力的专门人才，我们不但要发展正规的高等教育，也要十分重视职业技术教育，还要大力发展各类成人教育，鼓励自学成才，努力创造各种学习条件，开辟多种途径，使各条战线上更多的青年获得学习深造的机会。

我们说青年学生现在的主要任务是学习，这决不是要求学生只埋头读书，不关心国家大事。恰恰相反，党和政府将创造各种机会，使青年学生在学习期间就能够广泛地了解和参加社会实际生活，并且欢迎大家对现在的建设、改革和其他各项工作，对党风和社会风气中存在的问题，提出意见、批评和建议，特别是对自己接触最多、关系最密切的教育改革，更希望同学们积极支持和参加。最近从中央到地方，各级领导同志到学生和教师中去，到工人和农民中去，直接倾听群众意见和批评，讲解当前的形势，宣传党的方针政策，沟通了思想，密切了党和群众的关系，收到很好的效果。今后，领导与群众通过各种方式直接见面，应该形成一项制度，长期坚持下去。这种做法，对于改善学校教育的现状有更为重要的意义。

建设祖国，实现四化，对外需要有一个和平的国际环境，对内需要有一个安定团结的政治局面。我们国家近几年来所取得的一切成就，都是与来之不易的安定团结局面分不开的。我们所进行的改革任重而道远。改革不但使国家富强、人民生活改善，而且也为青年学生提供了一个发挥聪明才智的广阔天地。未来是属于青年一代的，党和政府对青年寄予殷切的希望。我们相信广大青年学生一定能发扬“一二九”的光荣传统，准备为祖国的现代化事业作出比前人更大的贡献，做我们伟大时代的建设者。

执行专利法，保护专利权人合法权益*

（一九八五年十二月二十八日）

我国实施专利法，是以法律保护和鼓励发明创造、促进科学技术进步、加快我国经济发展速度的大事。实现四化，一靠政策，二靠科学，就非要调动广大群众包括科技人员的积极性不可。今年四月一日，我国专利法开始实施，受到国内外各界热烈响应，说明我们的专利工作有了良好的开端。

搞好专利工作，应当本着从严掌握的方针，保证专利申请和审批的质量。我们授予专利权的目的，是为了将发明创造迅速转化为生产力，加快四化建设速度。有的专利技术可以直接用于生产；有的则需要进一步进行技术开发，还有大量的生产前期准备工作，应当引起我们的足够重视。

技术发明一般都具有价值和使用价值，进入流通后就是一种特殊的商品。如果没有专利法保护，发明成果被无偿使用，或者为少数人封锁，都不利于发挥其效益。我国已颁布并实施了专利法，我国政府将认真严肃地执行专利法。专利权人的合法权益受法律保护，对取得我国专利权的外国专利权人也给予同样的保护。

---

* 这是李鹏同志在中国专利局颁发首批中华人民共和国专利证书大会上讲话的要点。

在保证质量的前提下，我国今后将加快专利的审批速度。各级政府、各个部门、各个单位和司法部门都来支持专利工作，抓专利法的宣传和实施。

学校的各项工作要为培养人才服务*

（一九八六年一月七日）

一

工科大学科研要以开发研究养基础研究，基础研究不可丢，丢了就没有后劲了。在目前国家还拿不出更多经费的情况下，学校可以用大部分力量搞技术开发，解决经济建设中的问题，而集中一些力量搞基础研究，并以科技开发所得的收入支持基础研究，充实教学设备，使高校教学、科研跟上世界先进水平。

二

学校要对学生加强共产主义理想教育，要让学生到艰苦的地方去考察，使学生既有理想，又了解中国的国情，树立正确的政治方向。学校要建设好一支年轻的思想政治工作队伍，这也是培养好人才的重要渠道。

我们的办学方针，是为中国四化建设培养一大批有理想、有道德、有科学文化技术的人才。学校的各项工作，都要为这一目标服务。

---

* 这是李鹏同志考察上海期间与上海交通大学和复旦大学领导、教师座谈时讲话的节录。

高等教育自学考试是鼓励自学成才的好制度*

（一九八六年一月十三日）

全国人民正在党的领导下进行规模宏大的四化建设，摆在我们面前的任务繁重，困难较多，但是一个很大的困难还是人才缺乏。我们必须造就大批受过高等、中等教育的专门人才，才能完成四化大业。然而只走办正规大学的路子，远远不能适应四化的需要，还会使许多走上工作岗位的人失去学习机会。实践证明，高等教育自学考试作为鼓励自学成才的学力检验制度是成功的，建立这项制度不是权宜之计，要长期坚持下去。各级地方、部门都要支持这个制度，并在总结经验的基础上使这个制度更加完善。

个人自学、社会助学、国家考试相结合的新型高等教育形式，是适合我国情况的社会主义教育体系的一个组成部分。它比较灵活，人们可以自学，并通过考试保证质量。北京实行的集中组织考试的办法，有利于保证质量。

我们培养学生的目的是学以致用，考试要严格，要考察受教育者是否学到了基本知识，但不要出偏题、怪题。个别地方一度出现了重文凭、轻能力的现象，党中央已经注意了这个倾向，正在纠正。但又不能不重视文凭，因为它代表了

---

* 这是李鹏同志在北京市高等教育自学考试颁发毕业证书大会上讲话的要点。

一个人的学历，各单位也应用其所学。

希望获得文凭的同志，要继续发扬理论联系实际的好学风，把学到的知识用到四化建设中去，要活到老，学习到老，知识永远是无穷无尽的。

气象现代化要走少花钱多办事的路子*

（一九八六年一月十四日）

第一，一九八五年，气象战线的六万多名职工，在国家气象局和各级组织的领导下，在地方各级党政领导部门的领导和支持之下，做了大量工作，成绩是显著的，国务院是满意的，各省、自治区、直辖市也是满意的。

去年，我国自然灾害比较严重，南旱北涝。从来不怎么发大水的地方发了大水。长江、黄河、淮河基本安然无事。辽河流域却发了大水，造成了比较严重的灾害。台风九次登陆。各级气象部门在和自然灾害作斗争和为工农业生产的服务工作中，预报比较准确，服务比较及时，受到了十七个省市的表扬。特别是在辽河抗洪中，气象部门发挥了关键性的作用。在汛情最严重的阶段，威胁盘锦市和辽河油田的水库的水究竟放不放？这取决于后面还有没有降雨。当时，我要求气象部门认真负责地对这个问题作出回答。当然，我也知道天气预报还不可能做到百分之百的准确，只是要求你们多方面会商，尽可能地预报得准确一些。后来你们的答复说，估计雨区基本上过去了。据此，省市和中央防汛指挥部下决心不放水，减少了损失。否则，盘锦市就保不住了，辽河油

* 这是李鹏同志在全国气象局长会议上讲话的主要部分。

田的损失会很大。因为亲身经历了这件事，我感到气象部门去年在和洪水作斗争中，在为发展工农业生产服务方面，确实发挥了很好的作用。借今天开会这个机会，我代表国务院向全体气象人员，特别向战斗在高山、海岛、边远地区、比较艰苦地方的气象人员，表示衷心的感谢和亲切的问候。

第二，去年，气象部门和全国各行业一样面临着改革。气象部门在改革方面也迈出了比较大的步伐。其中一项比较重要的是开展有偿专业气象服务。气象部门是国家的事业单位，开展有偿专业气象服务，目的不仅是为了增加一些收入，而且还要在搞好公益气象服务的基础上，开拓服务领域，更好地为国民经济各部门、为工农业生产、为各行各业服务。去年以来，你们在交通运输、海上石油勘探、保险业务、森林防火、港口建设等方面都开拓了不少新的服务领域，效果是好的。好处可以归纳为五条：一是开拓了服务领域；二是进一步加强了工作责任心；三是加强了服务的针对性，促进了业务技术水平的提高；四是提高了气象预报的质量；五是增加了一部分收入。

我们认为技术在一定意义上讲也是一种商品，技术成果是可以有偿转让的。在完成国家交给的本职工作任务的大前提下，开展专业气象服务，付出了额外劳动，收取一些费用是理所当然的，也是应该的。而且，据说你们这部分收入在气象总经费中比例很小，是百分之一二，和它所产生的经济效益比较起来也是很小的。将来你们可以在总结经验的基础上，和科委、计委一起制定一些服务收费标准。服务收费不能过高，要合理。这部分收入可以用作气象行业技术改造的一些补充。国家虽然很重视气象部门，但由于经济条件有限，要拿出更多的钱是不可能的，只能够抓几个大的项目，如发射气象卫星、购买大型电子计算机、建设中期数值预报系统等，这笔钱国家是要出的。但是全国各个省台的建设，特别是各个地县气象台站的建设全靠中央财政拿钱就有困难了，要请地方给予帮助，关键是你们要做好气象服务。同时，你们也要依靠自己的力量，开展有偿专业气象服务，增强一些自我发展的能力。实践经验也证明了这一点。你们现在大概有四千多台微机，有些微机已经联网。这与地方支持是分不开的，和你们自己有一部分机动财力也分不开。如果都等国家拨款，就绝对不会达到今天这样好的情况。

改革中还有一条就是搞一些综合经营。这也是无可非议的。气象台站，特别是边远地区的气象台站，利用自己的条件种点菜，种点粮，养点猪，养点鸡，解决一些生活问题，这有什么不好？至于搞个小招待所，像黄山、长白山气象站那样，搞三五个房间接待游客，收点费，更是无可非议。这些地方要旅游部门去办，他们就很困难。但是，开展综合经营要注意一条，不要纯粹为了赚钱、为了经商，倒买倒卖的事情更不能干，这一点我们领导头脑要清醒。

综合经营我们是提倡的，应当是气象部门改革的一个内容。在开展综合经营过程中会出现一些不好的事情，各级气象部门的党委要根据中央的精神认真进行检查改正。各级领导一定要带头纠正不正之风。但是改革中该干的事，实践证明是正确的，还要继续干下去。

第三，讲讲现代化问题。气象部门两年多来，在采用电子技术方面大大地前进了一步，而且具有自己的特点。你们现在有些数据的收集、处理、传输已经开始自动化了。在开发利用微机方面，我们认为气象部门在全国各行业中是走在前列的。现在，我们生产的微机不少，还从国外引进了不少生产线。微机产品现在已经出现仓库积压、市场滞销。是不是我们国家的微机多了呢？不是。我们国家按现代化建设的需要，微机的数量还差得很远。主要是由于开发应用跟不上去，很多微机都成了花架子，能做一些管理方面的工作就很不错了。像气象部门这样开发应用微机，真正把它用到业务工作上，并提高了工作质量、工作效率，还是比较少的。你们在全国是领先的。你们的经验值得各个系统学习。

微机联网也是个很大的问题。现在一说微机联网，就要光纤，至少要铺设电缆。你们采取了比较简易可行的甚高频办法。我原来担心它不大稳定，但使用结果证明还是比较稳定的。去年辽宁、福建在抗洪中，邮电部门有些系统不行了，就利用了你们气象系统的通道指挥全省的防汛工作。当然，气象台站得天独厚，一般地势比较高。你们走出了一条路子，就是少花钱多办事，讲究经济效益。这是中国式的气象现代化的路子。还有一个特点，就是你们已经把气象部门的历史经验、若干典型的灾害性天气过程的资料存入了微机，编了预报程序，你们叫“专家系统”。在制作天气预报时，就可以充分利用这些经验。过去，作预报时也要查阅历史相似天气过程资料，但要费很长时间查档案，翻历史天气图，每次天气会商都要经过很长时间的准备。现在这些资料已经存入微机，要用时很快就调出来了。我国还没有建立起中期数值预报，这是当前的一个薄弱环节。这个问题的解决，要有大容量、高速度的电子计算机，还要有气象卫星。这是气象部门今后现代化的奋斗目标。

实现气象现代化的奋斗目标，可从两个方面发展，一方面要进一步完善基层台站的微机系统，积累更多的软件，积累更多的经验，不断完善通道；另一方面要加快气象中心的建设。目前，在不能很快发射自己的气象卫星的情况下，要尽可能地利用国际上能够提供的卫星气象资料。我们的现代化还是刚刚开始，但是你们已经走出了可喜的一步。喜就喜在一边搞现代化建设，一边就发挥了效益，训练了人才。

第四，关于体制问题。气象部门的体制经中央批准，实行了双重领导，以气象业务系统为主。几年来实践证明，这样的体制是合适的。大气环流不仅超越行政区划的范围，也超越了国家范围。作好气象预报，不掌握大的天气趋势是不行的，气象部门建立垂直系统是正确的。但是，我们不应该忘记，各地台站的服务对象是地方，是当地的工农业生产部门。一定要作好当地的灾害性天气预报和日常天气预报，为抗御自然灾害和趋利避害服务。只要能够处理好这两者之间的关系，保持这样的垂直系统就不会发生什么不协调情况。如果有了一些不协调，国家气象局应该及时帮助协调好。

现在，有些地方的行政区划有了变化，地方往往要求按变化了的区划设置气象台站。我认为：不能完全按行政区划设置气象台站，应该既要考虑行政区划，又要考虑经济区划，还要考虑自然天气、气候区划，要把这几方面结合起来考虑。一个站可以为几个行政区服务，如果大家都在一个自然天气、气候范围内，都在一个经济区范围之内，有什么必要再重复设站呢？但是，这一个站要为几家都服务好，对各方面都一视同仁。是否可以根据服务需要订立服务合同，请国家气象局考虑。这种问题多半发生在省以下，请各省按照这个原则协调。

在第七个五年计划期间，我们当然希望各项事业都能有较大的发展，但是气象方面项目、经费都不会太多。气象事业一方面靠国家，更多的要靠气象部门六万多职工的改革精神。做好气象服务，既做好公益服务，也做好有偿专业气象服务，把有偿专业气象服务进一步开展起来，做到大家都离不开你们，喜欢你们，支持你们，再加上现代化建设的逐步深入和发挥效能，我国的气象事业一定会更快地发展起来。在“七五”期间要继续注意队伍的建设，培养更多的专业人才，还要思想一致，团结奋斗，两个文明一起抓。相信气象部门在一九八六年的工作中和在整个“七五”期间，一定能够取得更大的成绩，不辜负党中央、国务院和全国人民对你们的期望。

办好国防大学，造就高级人才*

（一九八六年一月十五日）

国防大学的成立，不仅是军队建设的一件大事，也是教育战线的一件大事。办好国防大学，对于造就一大批能够驾驭和指挥现代战争的高级军事人才，以及提高地方省级以上有关部门领导干部的宏观决策能力，必将发挥重要作用。

当前我国的形势很好。政治上安定团结，经济上已进入持续稳定协调发展的时期，人民生活有了一定程度的改善，我国已开始摸索出一条建设有中国特色的社会主义的路子。

与此同时，我国教育战线也出现了前所未有的好形势。中央关于教育体制改革的决定正在贯彻执行。尊重知识，尊重人才，重视发挥教育在社会主义物质文明和精神文明建设中的作用，是中央的重要决策。各地党政领导机关和领导同志对教育工作引起了重视，加强了领导。教育战线出现了蓬勃发展的好势头。

搞好军队现代化建设，关键在于人才。军队院校是培养人才的基地。从红军时期到今天，我军教育事业走过了半个多世纪的历程，培养了大批军事人才，为赢得革命战争的胜利、保卫祖国的安全和社会主义建设作出了重大贡献。同时，在长期的办学实践中积累了丰富的经验，形成了我军院

---

* 这是李鹏同志在国防大学成立大会上讲话的主要部分。

校所特有的优良传统。今年是中国人民抗日军政大学成立五十周年，“抗大”精神是我们的宝贵财富，我们一定要很好地继承和发扬。同时，也应该看到，由于科学技术和军事科学的飞速发展，国际和国内形势的变化，军队院校在教育体制、教学思想、教学内容和教学方法等方面也需要进行相应的发展和改革。希望在中央关于教育体制改革的决定精神指引下，以“面向现代化，面向世界，面向未来”为指引，以培养我军现代化建设所需要的人才为着眼点，从实际出发，把军队院校建设不断推向前进。国防大学筹建领导小组在中央军委的领导下，认真总结国内外办好军事教育的经验，从我国我军实际出发，本着“着眼改革，理顺关系”的指导思想，在筹建国防大学的方案中提出了一系列改革设想，国务院和中央军委已经批准了这个方案。现在的问题，是要“坚韧不拔、埋头苦干、锲而不舍、知难而进”，全力落实这个方案。我军院校历来是政治思想强、学风好、出人才的地方，希望国防大学在新形势下，能在全国教育战线特别是高教战线带个头。今后，你们有什么困难，党中央、国务院、国家教育委员会将给予力所能及的支持。这里，我想着重谈几个问题。

一、要重视学习马克思主义理论和端正政治方向。

邓小平同志在党的全国代表会议上要求新老干部都要加强对马克思主义理论的学习。最近，胡耀邦同志在中央书记处会议上专门讲了理论工作问题，认为：理论工作的根本方向就是要理论联系实际，同实际密切结合。现在我们正处于我国社会主义现代化建设的关键性时期，要进行各方面的探索和改革，建设有中国特色的社会主义，比以往任何时期都更加需要马克思主义。同样，建设革命化、现代化、正规化的军队和社会主义现代化国防，研究解决我国国防战略问题和我军战役指挥问题，也离不开马克思主义的指导。不能把学习各种现代科技知识、业务知识，解决新时期的新问题同学习马克思主义对立起来。从另一个方面讲，在当前对外开放、对内搞活经济的形势下，西方资本主义的文化和思潮必然传播进来，未免良莠相兼，鱼龙混杂，只有加强马克思主义理论学习，才能提高人们的思想政治觉悟和辨别是非的能力。国防大学培养的是高级军事人才，他们的政治素质如何，对我们军队和国家有着重要的影响。因此，一定要重视马克思主义理论教育。根据国防大学学员的特点，马克思主义理论教育的重点应放在提高学员运用马克思主义解决社会主义现代化建设和军队革命化、现代化、正规化建设中的新问题的能力，加强工作中的原则性、系统性、预见性和创造性上面。

在这里我还想强调一下党风问题。党的十二大以来，党风和社会风气有了好转，但效果不够理想。最近，中央决定把中央党、政、军机关和北京市机关的党风问题作为重点来抓，中央军委要求今年内实现军队党风的根本好转。国防大学是中央军委直接领导下的培养高级人才的教育单位，在实现党风根本好转方面也应起到表率作用。只有把学校的领导作风、党风、党的组织建设搞好了，才能带动学校的全面建设。

二、树立新的教育思想，不断改革过时的教学思想、内容、方法和学校管理。

我国目前的教育还没有完全跳出封闭式、注入式的框框，只重视知识传授，忽视智力开发和能力培养，与世界科学技术的发展和我国社会主义现代化建设的需要很不适应。国防大学筹建领导小组提出，国防大学要以综合性、研究性、开放性为显著特点，这个指导思想是正确的。综合性，是当代科学的发展趋势，不仅自然科学、社会科学各自内部的综合趋势在加强，而且自然科学与社会科学这两大知识体系之间的整体化趋势也在加强。这种趋势要求我们在培养千百万专门人才的同时，造就一批基础扎实、知识广博、富有创新精神的人才。军事科学本身就是一种融政治、经济、文化、历史、地理和各种科技知识为一体的综合性知识体系。国防这一领域还要宽一些，它包括军事和与军事有关的政治、经济、文化、外交诸方面。这就要求我们把国防问题置于国家经济建设的全局中，置于世界大战略的格局中，运用宏观的、系统的、战略的眼光去加以研究。

三、大力加强科研工作。

重点学科比较集中的大学，应该既是教学中心，又是科研中心。国防大学要既出人才，又出科研成果。这就要大力加强科研工作。国防大学的科研不仅要为教学服务，而且要为党和国家制定国防政策提供理论依据，为军队领导机关的决策起咨询作用。要完成这样艰巨的任务，就要进一步落实知识分子政策，切实尊重知识，尊重人才，按照科学研究的规律办事。

走出一条具有我军特色的军事教育新路子*

（一九八六年二月二十五日）

这次召开的第十三次全军院校会议，是我军院校建设史上的一次重要会议。这次会议，对于实现军队院校的战略转变，发展军事教育事业，造就时代需要的新型人才，促进军队革命化、现代化、正规化建设，必将产生深远的影响。我代表国务院、国家教育委员会，向大会表示热烈的祝贺！向从事军事教育事业的全体同志表示亲切慰问！

当前，我们国家正处在一个大变革的时期，各条战线形势很好。就教育战线来说，《中共中央关于教育体制改革的决定》正在深入贯彻落实，党政军民对教育在社会主义物质文明和精神文明建设中的地位和作用，认识越来越明确。各级领导抓教育培养人才的自觉性越来越高，劲头越来越大。教育战线出现了前所未有的好形势，正在发生着可喜的变化。

实现军队的现代化，基础在教育，关键在人才。我军历来有重视办院校、培养人才的优良传统。井冈山时期就重视办教导队，在苏区办有红军大学。抗日战争时期，又创办了举世闻名的抗日军政大学。解放战争时期，也办过各种类型

* 这是李鹏同志在第十三次全军院校会议上的讲话。

的军政干部学校。这些学校培养了成千上万的治国治军的栋梁之才，为民族的解放事业建立了不朽的功勋。全国解放后，军队院校教育也作出了很大的成绩。特别是党的十一届三中全会以来，军队院校又有很大的发展，在军队革命化、现代化、正规化建设中发挥了重大作用。在五十多年的实践中，我军积累了丰富的办学经验，形成了一整套优良传统和良好学风。这不仅是军队院校的宝贵财富，也是全国高等院校的共同财富，值得大家共同学习，加以继承和发扬。同时，应当看到，当今世界新技术革命正在蓬勃兴起，推动了军事科学飞速发展，对我们的教育和人才培养提出了更高的要求。因此，军事教育也面临着改革的任务。

邓小平同志提出的“三个面向”，既是改革和发展国民教育，也是改革和发展军事教育的根本指导方针。当务之急是要把这个方针具体化。教育要面向现代化，就要按照现代化的要求来发展军事教育，使教育更好地服务于军队。面向世界，就要打破过去那种封闭办学的状态，了解世界，研究世界，并善于吸收、运用世界上那些最先进的军事科学技术成就，来改进我们的教育事业。面向未来，就要着眼于发展，培养九十年代至二十一世纪初期所需要的人才。从总的意义上讲，人才培养要超前，教育要先行。通过这次会议，只要能紧密结合我军教育的实际，提出具体措施，认真落实“三个面向”的方针，军队院校教育就一定会出现一个崭新的局面。

军事教育是整个国家教育的重要组成部分。军事教育与地方教育，尤其是与地方高等教育是紧密相连的。军事教育的发展，离不开国家的经济建设和教育事业的发展；军队教育事业搞好了，对国家教育事业也是一个帮助和促进。所以，军队院校与地方院校要互相学习，互相支持，互相交叉，共同提高。军队院校在坚持以军为主的同时，希望能注意培养军地两用人才；有些地方院校要兼顾军事人才的培养。军队需要的某些专业人才，数量比较少，可以由地方院校培养，不一定搞大而全，小而全。军队院校可以不搞重复培训。地方高等院校要在培养军事后备人才上发挥应有的作用。这既是加强军队建设的需要，也是提高地方院校教育质量、德智体全面发展的需要。这个问题，有待军地双方共同努力，提出切实可行的方案加以解决。

我们相信，通过这次会议，军队院校一定会坚持改革方向，勇于探索，走出一条符合我国国情、具有我军特色的发展军事教育的新路子，把军队院校办好，办出新的水平，走在全国教育事业的前列。

利用电视教育手段发展教育事业*

（一九八六年二月二十七日）

欢迎大家到中南海来。今天同大家见见面，主要是讲一讲重视利用电视教育手段，更快地发展我国的教育事业的问题。

第一个问题，开通电视教育频道的意义。

第一，现在教育面临着两个问题，一个是普及九年制义务教育问题，一个是如何发展高等教育问题。义务教育是整个教育的基础。要把这个基础打好，得要两条政策。一条是因地制宜，就是根据本地区经济发展的状况、教育发展的状况，来考虑和确定实现九年义务教育的规划，在全国不搞一刀切。中国这么大，经济发展这么不平衡，如果一刀切，都要按一个要求，那么最后肯定是要失败的。再一条是要培养合格的师资。要办好中小学教育，教材、实验仪器都很重要，没有这些条件是办不好的，但是最核心的问题还是师资问题，要有合格的师资。如果这个问题解决得好一些，就能够把我们的中小学教育大大提高一步。现在全国有八百万中小学教师，担负两亿多中小学学生的教学任务，他们的工作很辛苦。但是，据了解，在全国中小学教师中，还有相当大的一部分人的知识水平和文化程度不够高，要做一个合格的

---

* 这是李鹏同志会见卫星电视教育工作会议代表时的讲话。

教师，还需要进行培训。当然，造成这种状况的责任不在这些同志身上，因为十年动乱使整个教育事业都受到了“四人帮”的“左”的路线的严重破坏，也使师资队伍出现了现在青黄不接的现象。但是，应当看到，即使是教学水平不太高的这部分同志，现在也离不开他们，仍然需要他们在中小学教师岗位上肩负起教育工作的责任。所以，对待这部分教师，我们的方针是培养提高，使他们能够胜任中小学教学的任务。培养提高的一个办法是，送到师范专科学校、师范学院、师范大学进行长期或短期的培训、学习。第二个办法是，派讲师团下去，帮助培训。去年中央机关派了三千多人，实践证明是个好办法，今后要从中央推广到地方，并形成制度坚持下去。第三个办法，也是主要的办法，就是要为广大中小学教师创造一些条件，使他们通过自学的方法，迅速提高水平。参考国外用广播电视卫星传送教育节目的经验，中央决定在我们租用的卫星上专门开一个教育频道。我们希望通过这个办法，使全国尽可能多的中小学教师不脱离工作岗位就得到培训提高的机会，使他们经过一年、两年，或者三年的学习，达到合格的水平。

第二，有利于发展成人教育，有利于多快好省地培养大批专门人才。电视大学办得不错，已经有七十万在校的学生，开了上百门课程，这几年已为四化建设输送了大量人才。但是有一个问题，由于现在电大的课程是安排在白天播出，学员只能脱产学习。这次开通电视教育频道就较好地解决了这个问题。把晚上的时间给电视大学，可以使更多的在职职工和农民能够不脱产学习。当然，第一套电视节目中的电视大学的课也不能撤，要继续播，因为那个频道的覆盖面已经形成了。今年已经决定，电大要招收更多的学员，招收一部分应届高中毕业生和社会知识青年。中国这样大，需要那么多的专门人才，只靠普通大学一条路是不行的。在我国现有条件下，发展高等教育要两条腿走路。我们应该充分利用电化教育的优势，使人才的培养做到收效快、质量高。根据现在的经验来看，讲课的师资和教材都是比较好的，电大如果组织得好，纪律严格，再加上一定的辅导和实习，那么培养出来的学生质量是不低的。

我希望各省市的负责同志、主管教育工作的负责同志充分理解这个意图。这是我们贯彻教育体制改革决定、用适合我国国情的办法尽快把教育事业发展起来的一项重大措施。

第二个问题，为电视教育创造条件。

首先我们要感谢电子、邮电和航天系统的同志们为我们开展电视教育创造了条件。现在许多设备已经国产化了，可以提供三米、四米、五米、六米，甚至十一米的接收天线，还有接收机的差转机等设备。也就是说，我们可以依靠自己的力量生产成套的卫星收转设备。我国的电视工业发展很快，特别是黑白电视机的自给率是比较高的，基本上做到了国产化。其次，国务院决定拨一部分外汇，在我们自己的实用卫星没有成熟以前，先租用国际卫星作为过渡。剩下来的问题就是由各地建立卫星收转站。有些边远地区经济上还有些困难，要求中央资助，大家提这个意见是可以理解的。不过，我明确表个态，就是中央和地方要有个分工：租用国际卫星、编制电视节目、电视节目上行站的投资和经常费用由中央负担；地方政府、企事业单位要自己解决卫星地面收转站需要的投资和经常费用。一般地说，搞一个三米天线的接收站只需两三万元钱，搞一个六米天线的接收站不过六七万元钱，依靠各方面的力量还是可以解决的。但是，中央可以给点政策，来支持这件事情。比如，中小学用自筹资金盖宿舍、增添设备，可以不纳入基本建设控制项目；为培训师资开展卫星电视教育的集资，也可以不纳入基本建设项目。计划部门担心这样口子开得太大，会冲击基本建设计划。例如一个县一下子搞一个十三米天线的大站，就得一千多万元，那就不行了。可以考虑发一个控制数字，搞一个投资限额标准。总的讲，一是要支持这件事情，可以提倡用自筹资金；二是要勤俭办事，不要借这个来大兴土木，把建站的费用搞得高高的。我看，接收站可以放在学校里，或者地县广播部门，有一间房子，里面装两台接收机就行了。当然，将来搞个标准设计也可以。另外，建站也要尽可能考虑综合利用，生产部门要制造能同时接收三个频道的接收站。这样，收转站建立后不仅可以收现有的电视节目，还可以收教育、经济信息节目。

第三个问题，把电视教育工作领导好，组织好。

要把教材编写好，把教学管理组织好，播送的技术问题也要处理好。对师资的培训，首先提倡单科培训。因为老师是不脱产的，他们没有更多的学习时间，应该提倡教什么学什么，缺什么补什么，结合自己的专业需要进行学习。这种学习也要建立一个正规的学习制度，要按照大纲要求进行考试，考试合格的分别发给相应的文凭或学历证书。这样，通过一年、两年、三年的单科培训，中小学教师就可以分别达到师专或中师的水平。个别同志学全科也可以，但这只是少数，不能作为重点。为此需要有一套教学组织管理机构。国家教委已在考虑筹建电视师范学院的问题。

开展卫星电视教育还是刚刚开始，目前只是具备了一定的条件，还要与其他教育形式，如函授、业大互相配合。不过，我看以电视手段为主的电化教育会逐渐成为我国主要的教育形式之一，因为它效率最高。将来经济条件更好一点以后，有的学校还可以配录像机。有了录像机，可以把电视教育节目录下来，学习就更方便了。

这件事情能不能办好，关键在各省、市、县的领导要以实际行动来组织和支持这项工作。对于普通大学，在近期内我们不提倡再办新的学校，而是要集中精力把现有的大学办好。开展电视教育花钱少，效果好，为什么不肯花一点钱呢？大家支持这个事业，办好就大有希望。事情办成以后，我们再来开会总结交流各地用电视进行师资培训和成人教育的经验。

坚持教育体制改革，为学校多办实事*

（一九八六年三月十日）

国家教委召开这次工作会议，请各省市、各部门和部分高等学校的负责同志参加，一起来总结去年的工作，研究部署今年的工作，使大家做到心中有数。会上大家对教育工作提出了许多好建议和批评意见，这对于国家教委改进工作很有帮助。这种工作会议在教育部门有好多年没开了，同志们对这次会议反映是好的。今后一年一度的全国性的教育工作会议要坚持下去，形成制度。

自从去年党中央关于教育体制改革的决定公布以来，教育战线发生了可喜的变化，形势很好。形势好的标志，首先是全党和全社会提高了对教育重要性的认识。大家认识到，实现四个现代化的关键在于人才，而培养人才的基础是教育。教育办得好坏，关系到民族的素质、国家的命运和四化的成败。经济和社会的发展对教育事业提出了越来越高的、越迫切的要求。许多农民已认识到，发展教育事业是农村致富的重要途径。其次，通过对中央教育改革决定的学习和宣传，教师节的设立，广大教师的社会地位提高了。在去年教师节前后，社会上尊师重教蔚然成风，各地区、各部门和社

* 这是李鹏同志在国家教育委员会工作会议闭幕时的讲话。

会各界为中小学办了许多实事，使学校的工作条件和生活条件得到一定改善。第三，中央把基础教育的责任交给地方，加重了地方党政领导的责任，也调动了他们办好教育的积极性。普及九年制义务教育，已经列入了各级党委和政府的工作日程，省市地县普遍制定了发展教育事业的规划和具体措施。教育经费从中央到地方都有不同程度的增加。第四，加强了对教育工作的组织领导，成立了国家教育委员会，作为国务院的一个综合部门，统管全国各级各类教育事业。各省、自治区、直辖市党委、政府及国务院有关部委也普遍加强了对教育工作的领导，有的也成立了教育委员会。第五，各级学校，尤其是高等学校的思想政治工作，引起了各级党委、教育部门和学校的重视，正在采取措施，予以加强。当然，我们应当看到，中央关于教育体制改革决定的贯彻，目前还只能说是刚刚起步，有很多工作还停留在计划、规划和讨论的过程中，真正付诸实施并且收到成效的还不多。实际工作中还存在着各种各样的困难和问题，等待我们解决。同志们在会议过程中间提出的许多问题、意见和建议，国家教委要认真加以研究，有的可以纳入一九八六年的工作安排，有的需要进一步深入调查，摸清情况，进行一些专门的研究。许多同志认为教育战线的形势从来没有像现在这样好。这个论断是完全正确的。但是，工作中也还存在着缺点和问题，我们对此一定要保持清醒的头脑，以扎扎实实的工作态度加以解决。

一九八六年教育战线的中心任务是继续贯彻《中共中央关于教育体制改革的决定》。国家教委、各省政府和教育厅、局以及国务院有关部委要根据全国和本地区、本部门的实际情况，对贯彻中央决定做出具体的部署，提出明确的目标和切实可行的措施。要大力提倡务实精神，提倡多抓几件实事，并坚持抓出明显的成效来，争取使每个地区、每所学校都能在一九八六年取得明显的进步。

下面，我就贯彻《中共中央关于教育体制改革的决定》问题讲几点意见。

一、关于普及九年制义务教育

《决定》中指出，“义务教育，即依法律规定适龄儿童和青少年都必须接受，国家、社会、家庭必须予以保证的国民教育”。实行义务教育，既是国家对人民的义务，也是家长对国家和社会的义务。国家和社会要提供条件使每个中国儿童和青少年受到法律规定的一定年限的基础教育，家长也要保证自己的子女接受这种教育。国家的义务教育法草案，已经国务院讨论，待人大常委会提请全国人民代表大会审议通过后颁布施行。义务教育法的颁布，将有力地促进我国基础教育的普及和发展。当然，在实际推行中，必须考虑我国经济、文化发展不平衡的特点，实行因地制宜的方针。每省、每市、每县都要区分不同类型的地区，提出切合实际的奋斗目标，制定实施细则，采取有力的措施，分步骤地进行。一定要从实际出发，坚持实事求是。前一段，有少数地方的教育规划追求速度，指标过高，而办学条件，特别是师资力量并不落实，应该做必要的调整。有的地方经济很不发达，文盲、半文盲还不少，应该先抓好五年制、六年制小学的普及，不要把工作重点过早地转到普及初中上来。小学教育是基础教育的基础，任何地方都要认真办好小学；忽视小学教育的现象，必须认真加以纠正。目前在一些大中城市和经济发达、已经有条件实行九年义务教育的地区，初中学生退学的情况值得注意。一方面要通过说服教育工作，动员家长支持学生回到学校学完九年义务教育的课程；另一方面，要在地方实施细则中，做出明确的规定。

中小学要有效地减轻学生的学习负担，防止和纠正盲目追求升学率的偏向。在中小学教育中，应当使青少年儿童德、智、体全面发展，受到比较全面的基础教育。在不断提高语文、数学等科目的教学水平的同时，还要注意加强音乐、体育、美术等薄弱科目的教育，为中小学生的文化素养和身心健康的全面发展打下良好的基础。

搞好中小学教育的关键是师资。全国八百万中小学教师中，大约有半数没有经过专门训练。解决这个问题，需要采取多种形式、多种渠道。第一种办法是通过正规的师范教育，对教师进行长期或短期培训。第二种办法是派讲师团下去帮助培训。去年，中央机关派出了三千多人的讲师团，经过实践证明是一个成功的办法，它有利于促进基层师资水平和教学质量的提高；有利于沟通教育部门和其他部门的联系，促进了各个方面对教育工作的重视和支持；有利于年轻知识分子深入实际，通过与群众结合、与实践结合的道路，更好地成长。从今年起，应当把派讲师团的办法从中央推广到地方，并形成一项制度坚持下去。第三种办法是通过函授和电视教育开展在职培训。我们租用的电视卫星将专门开设一个教育频道，并于今年七月一日开始启用，为中小学教师培训提供一个有力的手段。教委正在考虑，为了切实办好电视师范教育，要在中央电视大学内设立师范部，或成立专门的电视师范学院，选聘最好的教师，编写和制作统一的教材，并组织好面授和辅导力量。希望省、市、县各级政府，抓紧落实地面接收站的建设，一定要把这件事办好。无论采用哪一种培训方式，都应该实行教什么学什么、缺什么补什么的原则，建立正规的学习制度，经过考核合格的，分别授予中师或大专、全科或单科的文凭或学历证书。

民办教师在现有教师队伍中占有相当比重。他们在比较艰苦的条件下坚持工作，为我们的教育事业出了力，作了贡献。在他们中间也涌现出了一批骨干教师和先进人物。解决民办教师的问题，一方面是提高他们的社会地位，另一方面是创造条件改善他们的经济待遇。无论在什么地方，在政治待遇和社会地位上，包括晋升职务、推选先进，对民办教师和公办教师要一视同仁。在经济富裕的地区，对民办教师的经济待遇，至少与公办教师一样，有条件的可高于公办教师。在一些经济不发达的地区，可以根据当地政府可能提供的财力，有计划地、分步骤地将一部分骨干转为公办教师。指标由中央核定，经费由地方负担。具体实施办法和指标，由教委和劳动人事部商定。在今后一段时期内，民办教师仍然是基础教育的一支重要力量，各级政府和教育部门要关心他们，帮助和支持他们的工作。

发展教育事业不增加经费和投资是不行的。中央关于教育体制改革的决定要求，中央和地方政府教育拨款的增长要高于财政经常性收入的增长幅度，并使按在校学生人数平均的教育费用逐步增长。增加教育的资金，中央财政是一个方面，地方财政是一个方面，两个方面都要予以保证。在“七五”期间，中央拨出的教育经费将增加百分之七十，已高于同期财政收入增加的比例。基础教育依靠地方，同时需要集体经济单位和人民群众的支持。有的农村开始富裕起来以后，应当提倡把更多的资金用于教育事业。一条是开征教育费附加，一条是群众集资。如果群众愿意，经济条件也许可，多拿出一些钱来办教育，各地政府应该予以鼓励和提倡，不应当限制。当前中央在控制基建规模时，规定对办中小学和师范的基建可以不纳入控制指标，这是对自筹资金办教育的一种宏观指导。别的口子不能开，教育这个口子要开一点。

二、关于高等教育

这几年高等教育发展很快，各类普通高等学校已经达到一千零一十六所，按我国现有的经济发展水平和速度，应该说数量不少了。在今后一个时期内，应该把工作的重点放在挖掘学校的潜力和提高学校的素质上，以进一步提高整个高等教育的效益。目前要集中力量把现有学校办好，一般不提倡再办新的学校。凡要开办新校的，必须按规定经过批准。“七五”期间的高等教育，在学生数量上要有相当大的增长，主要依靠挖掘现有学校的潜力和扩建老校，同时要把注意力更多地转到调整高等教育的结构、布局和提高教育质量上来。

调整高等教育的结构，有一个重要问题，需要加以研究解决。我们知道，社会对人才的需要是有层次的。因此，为了形成合理的人才结构，各高等学校应当有所分工，按不同重点进行人才培养。根据各国的经验和我国高等学校现有的基础，大体可分为三个类型：一是少数有条件的学校，除了培养本科生以外，还要承担培养硕士和博士生的任务，逐步形成教学中心和科研中心，以培养高层次人才为主；二是较多的院校，以本科教育为主，同时也要围绕提高教学质量开展科研和学术活动，多搞一些应用科学研究，开展科技服务；三是足够数量的专科学校，以教学为主，除了使学生具有一定的专业知识外，还要让他们掌握一定的专业技能。三个类型的学校在分工上有所不同，培养人才层次有所不同，但都是必不可少的，同样重要的。纵观世界上各发达国家，包括美、苏、英、法、日等国的大学，事实上培养重点也有明显的区别。发展社会主义事业，需要各层次的人才，而且要求有合理的人才结构，这是客观存在的现实。按社会需求，以合理的比例进行各层次人才的培养又是高等教育发展的必然规律。每个学校都应当按自己所负担的任务，发挥各自的优势，不断提高培养质量，办出特色，成为高水平的学校。这样，国家、地方、各个行业也能够以有限的人力、物力、财力对不同的学校进行有力的支持，大大提高效益，使我国高等教育更加适应社会主义四个现代化建设的需要。

每个高等学校应当根据自己的任务、培养人才的规格和特点，分别核定一个合理的规模。学校规模过小，办学效率不高；规模过大，也会造成许多困难。有些学校盲目追求过大的规模和过高的标准，热衷于办研究生院，换牌子，往往脱离了教学和生活设施的实际条件，影响教育质量的提高和师生员工生活条件的改善，应当引起重视，切实加以纠正。

现在，有些学校师资力量薄弱，要鼓励重点学校一部分教师到这些学校任教。这是提高高等教育质量的一项重要措施。对这些愿意到条件差一些的学校去工作的教师，在生活和工作上应当提供优惠的条件。

这里我想顺便谈谈高等学校科学研究的方向问题。我们提倡高等学校的科学研究为四化建设的需要服务，这就要正确处理基础科学、应用科学的研究以及技术开发之间的关系。工科学校原则上要多搞应用研究和技术开发，也要搞一些基础研究。理科学校以基础研究为重点，也要搞应用研究和开发。如果不搞开发和应用研究，学校就很难深入了解社会的需要，科学研究的成果也很难转化为生产力，得不到社会的支持。如果没有基础研究，应用研究和技术开发就缺乏后劲，对我国跟踪和赶超世界先进科学水平不利。

在我国现有条件下，发展高等教育要两条腿走路，在办好普通高等学校全日制教育的同时，大力发展广播电视、函授、业余、夜大以及自学考试等各种形式的高等教育。“七五”期间，高等教育在校学生将达到五百万人，大体上“两条腿”一般粗，二者各占一半。普通高等学校在办好全日制的同时，在可能的条件下要努力增加函授、夜大的招生比例。随着科学技术的进步，电视教育逐渐成为培养人才的重要手段。我们要重视发展电视教育。电视大学在招收在职人员的同时，也要向应届高中毕业生开放，为有志青年提供广泛的学习机会，实行自费学习、不包分配的制度，使国家和社会通过这条途径培养出更多的各类专门人才。

在高等教育领域，今年着重抓好以下几项改革：

中央关于教育体制改革的决定提出，要改革招生计划和毕业生分配制度，改革助学金制度，实行奖学金制度。招生计划和毕业生分配制度的改革已经开始进行了，今年要在总结的基础上加以完善。改革助学金制度，关系到学生切身利益，要慎重行事。把助学金改为奖学金的目的是为了改变学生“吃大锅饭”的弊端，以提高学生学习的积极性和自觉性，并对品学兼优的学生予以鼓励。助学金改为奖学金不等于学生全部自费，因为我们是社会主义国家，国家对培养人才要提供必要的条件。实行这一改革以后，国家仍然支付了培养学生费用的绝大部分，因此，学生仍然负有对国家应尽的义务。考虑到有相当一部分学生的家庭经济条件差，缴费有困难，准备试行贷款的办法，由本人或单位偿还。今年准备选择少数学校，在一些报考率高的专业进行试点，取得经验以后，再逐步推广。今年招生简章上就要明确宣布哪些学校或专业实行奖学金和贷款制度。

要改进研究生招生和培养制度。研究生（包括攻读硕士学位和博士学位的研究生）是国家培养的更高层次的人才，他们应该品学兼优，能为四化建设服务。要改变目前研究生教育中某些脱离实际需要的弊端。今后，根据不同专业的不同要求，有的可以从应届本科生中招收，有的则提倡从有一定实际工作经验的在职人员中招收。特别是社会科学、财经专业，以及工科专业，应当首先开始。要逐步改革和改进研究生的培养办法。学位论文的选题，要力求切合社会主义建设的需要。研究生进行基础课程的学习是必要的，但不宜太多，学习年限也不宜太长。要通过试验建立一种“论文博士”的制度，使一些在长期的工作实践中积累了丰富经验的在职人员，也能有机会获得学位。还可以考虑设立“工程博士”、“临床医学博士”等制度，以开辟一些具有高水平的实际工作者获得学位的渠道。总之，要使高层次人才的培养，紧密联系实际，既能为当前的四个现代化建设贡献力量，也要面向世界、面向未来。

为了增强高等学校适应经济和社会发展需要的能力，必须在加强和改善宏观管理的同时，扩大高等学校的管理权限。这将有利于推动学校内部的各项改革，调动各级干部和全体师生员工的积极性，以提高教育质量和科研水平及办学的社会效益。国务院即将发布《高等教育管理职责暂行规定》，这是贯彻落实《中共中央关于教育体制改革的决定》的重要措施。各地区、各有关部门和高等学校在贯彻执行这个规定时，要注意总结经验，不断提高领导水平，使我国的高等教育更好地为四化服务。

三、改进和加强出国留学人员的选派和管理工作

近年来，国家派遣大批留学人员出国学习，还有一批自费出国留学人员。总的说来，通过派人出国学习，在吸收国外先进科学技术和经营管理经验、培养高级专门人才方面都取得了显著成效，要充分加以肯定。当然，在留学人员的选派和管理上，也存在一些问题，这是次要的。现在社会上有些传闻，说中央要改变派出留学人员政策了，要“关闸”了。这是不正确的，不符合事实的。作为对外开放政策的一个组成部分，派遣出国留学人员出国的工作要长期坚持下去。

派遣留学人员工作需要加强和改进，改进的重点是要从我国四化建设的需要出发，做到按需派遣，并且主要由用人单位派遣，以便更好地做到学用一致，充分发挥留学人员学

成回国后的作用。现在我国许多高等院校已具备培养研究生的能力，因此，今后培养研究生主要应立足于国内，也可以采取与国外大学联合培养的办法。这样做既可吸收国外的先进科学技术，也利于又多又快地培养人才。

自费留学是培养人才的一条重要途径，应该予以支持，并且对自费留学人员在生活上和工作上像对待公派留学人员那样，给予同样的关怀，做到一视同仁。对自费出国存在的一些问题和弊端，应加以正确引导，逐步解决。

四、发展成人教育与职业技术教育

大力发展成人教育是培养人才特别是中青年人才的一条重要途径。许多中青年职工、农民和现役军人，有强烈的学习愿望，并且有一定的工作和社会生活实践经验，思想也比较成熟，从他们之中，可以培养出大批有用人才。成人教育应按成人的特点来办学。今年实行的成人高校入学统一考试的办法，目的是克服当前成人教育中的某些混乱现象，而绝不是为了限制。成人学员来自各种工作岗位，入学考试命题应符合他们的特点，不能像要求刚毕业的高中学生那样要求他们。为了保证教学质量，应把考试重点放在入学后的学习成绩上去。成人教育应该提倡业余为主，脱产的学员要尽量减少，以解决企业和机关目前存在的工学矛盾，但所在单位也应该为学员提供必要的方便条件。中央开设的卫星电视教育频道，准备把电视大学课程安排在晚间节目时间，以便向广大学员提供不脱产学习的机会。我们支持社会力量办成人教育，但是对当前办学中一些混乱现象和某些不正之风，要加以整顿和纠正。国家教委和各地方教育部门应该制定社会力量办学（大专和中专）的审批条例，并给予必要的支持和指导，使社会力量办学得到健康的发展。

职业技术教育是人才培养的一个十分重要的层次。大力发展职业技术教育，包括把一部分高中改为职业高中，这是使我国的教育适应四化建设需要的一项重大改革。职业技术学校发展很快，毕业生很受欢迎。去年全国职业技术学校的招生人数，在整个高级中等教育阶段的招生总数中占了百分之四十三点九，很多城市已经达到了一半以上。这都是十分可喜的现象，现在应当总结经验，进一步把职业高中办好。当前职业技术教育有两个问题，要及时研究解决。一个是在培养过程中，要给学生提供实际操作的机会。不经过学生自己动手、严格的操作训练，就不可能成为合格的、有一定专业技能的劳动者和中初级专业人才。另一个是师资问题。现在普遍缺乏职业课程的师资，许多学校不得不沿用师傅带徒弟的老办法。文化课师资也不够，有些学校不得不用高中毕业生当职业高中教师。这些教师急需培养和提高，为此，除了办一些职业技术师范专科学校，高等学校的有关专业也要为培养职业课程师资贡献力量。此外，各地教育部门也应当组织力量，把职业技术教育适用的教材编写出来。

幼儿教育是整个教育事业的一个重要组成部分。举办幼儿园属于各个机关事业单位、各个全民和集体企业的福利事业，所以，应当更多地依靠社会力量去办。当前幼儿教育主要问题是缺乏合格的幼儿师资，教育部门有责任提供大量合格的幼儿师资。除了幼儿师范外，有些职业高中也应该承担培养幼儿师资的任务，以满足社会的迫切需要。

五、加强和改善学校思想政治工作

在高等院校里，对学生和教职员工进行思想政治工作是我们社会主义学校性质所决定的，是培养具有社会主义觉悟的专门人才的保证。我们希望培养的人才是有理想、有道德、有文化、有纪律的人才，有共产主义觉悟和道德品质、有为人民服务和为四化事业献身精神的各类专门人才。去年秋后，在少数学校有一些学生闹事。这固然是坏事，但它暴露了我们教育工作中的缺点和问题，特别是思想政治工作中的问题，从而引起了从中央到地方各级党政领导和学校领导的重视。我们对大多数学生的思想状况，应当有正确的估计。他们是相信和愿意学习马列主义，拥护共产党的领导的，赞成走社会主义道路，拥护和支持改革的。离开这个基本估计，我们就失去了进行思想工作的基础。但是，自由化思想在大学里有一定影响。而一些学生中还存在着脱离实际、轻视实际、脱离群众、轻视群众、过高估计自己的问题，应当引起我们足够的重视。

根据许多地方和学校的经验，应该注意以下几个问题：

首先，学校党委和各级组织，在思想政治领域支持什么、反对什么，态度必须鲜明，但工作方式要适当。对待学生思想认识问题应当采取平等的态度，用疏导的方法、讲道理的方法、民主讨论的方法去解决，而不能采取简单、生硬、压服的办法。我们坚信绝大多数学生，经过耐心的教育和帮助，一定会跟着党前进，成为坚持社会主义方向的有用人才。各级领导要重视学生的意见和批评，努力改善学生的学习和生活条件。个别学生在不冷静的情况下容易出现一些过火行为，对这些我们要坚持进行耐心的说服教育，既要敢于工作，又不要使矛盾激化。如果事情已经发生了，则不能放任自流，要力求把影响减少到最低限度。

其次，要建立和健全学校思想政治工作队伍。这支队伍应该是专职与兼职结合，注意从教师和品学兼优的学生中选拔。为了巩固和稳定政工队伍，要解决他们的职称和待遇问题。思想政治工作是一门学科，政治工作人员应该是学校教师队伍的一个组成部分，应该聘任他们担任相应的职务，如助教、讲师、教授等，也应该创造一定条件使他们能够以自己的实际水平获得博士、硕士学位。这样做有利于建设一支专业化的、长期稳定的、高水平的学校思想政治工作队伍。学校的政治工作干部，应当具有某一学科的专业知识，又要多学一些马列主义的基本理论，学习教育学和心理学。同时要注意继承和发扬党的政治工作的优良传统和一系列行之有效的工作方法，把它们同学校教育的特点结合起来。此外，还要着重强调从小学到大学的教师都要做到既育才又育人，不但要向学生传授知识，而且要结合自己的工作培养学生的优良品德和社会主义觉悟。这是我们党和国家对人民教师的基本要求。

第三，要下大功夫改革学校政治理论课程的教学。现在的政治课往往比较枯燥单调，不能引人入胜，效果有时不好，这种状况急需改变。思想政治课的内容应该更加广泛一些，和当今世界局势和中国建设实际结合得更加密切一些。首先要让学生学到马列主义的基础知识，掌握马列主义的立场、观点、方法。要让学生了解中国革命的历史和中国共产党的历史，了解我们党是怎样把马列主义的基本原理同中国的实际相结合。要注意让学生学习当前党的各项基本政策，不能只讲经典著作而不涉及学生最关心的现实问题。要注意加强时事学习，引导他们关心和正确看待国内外大事。思想政治课程要改变单纯注入式的教学，提倡启发式教育，提倡自由讨论的风气。

学校要注意发挥青年团组织和学生会的作用，从中学起就要注意抓青年团的思想建设，使青年团真正成为先进青年的群众组织，注意纠正发展团员只看学业、放松思想要求的倾向。学生会是代表学生利益的组织，是学生与学校联系的纽带。要通过学生会的活动，来培养和增强学生自己管理自己、自己教育自己的能力。要更多地关心青年团干部和学生会干部的成长，从中锻炼一批学校的政治工作干部，也可以作为一部分骨干力量输送到各行各业。学校要为他们进行社会活动提供必要的条件。对大学生建立的各种类型的社团组织，党委要加强领导，党员和团员可以参加，使之成为学生业余学习各种知识、讨论学术问题的阵地。对跨学校、跨行业的社团则不宜提倡。

让大学生接触社会实际是对他们进行思想政治教育的一个重要方面。有的学校已开始对学生进行一定时间的军事训练，这对提高学生思想觉悟，培养组织性、纪律性和锻炼体力，都有良好的效果，同时这也可以作为培养预备役军官的途径。教委要认真总结这些学校的经验，并加以推广。在学习期间或利用假期组织学生进行生产学习、社会考察、调查研究、军事训练，对学生了解社会、加强与实践的联系是有好处的。这些活动要做到经常化、制度化，纳入学校的教学计划中去。

今年是“七五”计划的头一年。“七五”期间是我们进行教育体制改革、发展教育事业的一个关键时期。教育能不能搞上去，参加今天会议的各个同志负有很大的责任。但只有我们的努力是不够的，还是要依靠领导，发动群众，依靠教育战线的广大师生的积极性、创造性和主动精神。我们的教育工作非改革不可，不改革不能适应四化建设的需要。希望各省市、各部委的领导，都要重视教育工作。各级党委和政府，要抽出时间认真听取关于这次教育工作会议的部署和要求，并按照会议精神来部署本部门和本地区的工作，制定适合当地具体情况的方针和措施。我还是要强调，在中央对教育改革的大政方针确定了以后，必须提倡狠抓落实，多办几件看得见、摸得着的实事，把本地区、本部门、本学校的工作切实推向前进！

关于职工教育工作*

（一九八六年三月十一日）

一、经费问题。

职工教育经费，除按工资总额的百分之一点五开支外，有条件的企业应该在留成中多开支一点。各级领导一定要重视职工教育，根据需要和可能，增加智力投资。职工教育经费当年如果使用不完可否结转的问题，应该允许。有的企业职工教育经费用不完，或自己没有条件办学，可由主管部门集中使用，但要制订个办法，避免搞“平调”。集中起来的经费主要用于搞联合办学，为企业服务，特别是机、电、化工、土建等通用行业和财会、管理等薄弱、紧缺专业，要重视搞好联合办学。

二、要重视工人的技能培养。

要把较高层次的技能培训抓起来，把广大工人引导到提高技术技能上来。这是关系到我国经济发展方向的一个大问题。必须要有大批的、有较高技能的工人，才能保证企业产品质量提高和物资消耗的降低。

三、关于领导管理体制。

国家教委是总口，其职责是统管全国教育工作，主要是管方针政策，不能什么都管，什么都包下来，要充分发挥各

---

* 这是李鹏同志听取全国职工教育管理委员会工作汇报时讲话的主要部分。

方面的作用，依靠大家做工作，教委要有的管得严一点，总的管得虚一点。各级职工教育管理委员会几年来分担了职工教育这块任务，做了大量工作，取得很好的成绩，国家教委应该欢迎，也应该感谢，但今后的方针政策还要归教委管。

现在省市教育厅、局对职工教育工作感到上面多头，有一些矛盾，原因有两个：一是目前省市教育厅、局没有把职工教育统管起来；二是让教育厅、局管也有困难。应该有位副省长兼管教育才行。职工教育办公室今后的工作主要面向企业和经济部门的职工，首先应是培训在职工人，其次是对厂长、“三总师”和专业管理人员、技术人员等进行培训。至于整个成人教育问题，国家教委已有个成人教育协调委员会，各有关部委参加。

关于农村能源科研工作*

（一九八六年三月十四日）

现在对科技工作者提出了新的要求，小水电、沼气、太阳能、风能、地热等的开发，都是科学技术性很强的工作。有些方面，我们在国际上已经处于比较高的水平；而有些方面，我们的水平还是比较低的。我们的沼气技术适合中国这样发展中国家的状况，在国际上得到赞许。资本主义国家搞的沼气技术拿到第三世界国家去无法推广，因为价钱太高。发展中国家宁可采用中国的方式。但是，我们也不能由此而感到满足，广大科技工作者要为发展农村能源提供更多的先进技术和适用的技术。除了在开发能源上下功夫外，还要在节约能源上下功夫。要做好农村能源技术的培训工作，逐步建立一支农村能源的管理和科技队伍。这里讲一下太阳能电池的问题。太阳能电池效率高，使用方便，但目前价格比较高，恐怕在相当长的时期内难以推广。作为科研工作，我们可以有组织地进行。太阳能电池是有前途的，特别将来随着新材料的开发，可以进一步降低造价。现在许多的省、区，许多科研机构都在相继引进太阳能技术，我们应注意不要重复引进。

---

* 这是李鹏同志在全国农村能源工作会议和全国一百个农村电气化试点县工作会议上讲话的一部分。

关于《中华人民共和国义务教育法（草案）》的说明*

（一九八六年四月二日）

各位代表：

去年五月《中共中央关于教育体制改革的决定》提出了要制订义务教育法的要求。国家教育委员会经过调查研究，比较广泛地听取了各省、区、市，教育部门和社会各方面的意见，拟订了《中华人民共和国义务教育法（草案）》（以下简称《草案》）。《草案》经国务院提交人大常委会审议。根据人大常委会第十四次会议和第十五次会议审议的意见，对原来的《草案》又作了修改，形成现在提交大会审议的《草案》。现在，我受国务院的委托，对这个《草案》作如下说明。

一、关于制订义务教育法的必要性。

建国以来，我国的中小学教育有了很大的发展，从根本上改变了旧中国基础教育事业极为落后的状况。在旧中国，只有百分之二十的学龄儿童能够入学，现在，百分之九十以上的学龄儿童都能够入学。初中教育有了更大的发展，初中校数由四千多所增加到近七万六千所，增加了十七倍，初中在校学生数由八十多万人增加到近四千万人，增加了四十六

* 这是李鹏同志在六届全国人大四次会议上就义务教育法草案所作的说明。

倍。但是，总的看来，我国的基础教育仍然比较薄弱，不能适应宏伟的社会主义现代化建设的需要。相当一部分农村地区至今尚未普及小学教育，许多适龄儿童特别是女儿童没有受完规定年限的小学教育，致使青壮年中的文盲、半文盲仍在继续产生；许多中小学教师缺乏应有的培训，师资的文化业务素质达不到国家要求的现象还相当普遍；相当一部分中小学的校舍破旧失修，教学设备和文体设施严重缺乏。这种状况不能不影响到教学质量的提高。在一些城镇和乡村，初中学生中途就业或从事劳动的情况比较突出；一些企业招用学龄儿童、少年的现象时有发生。基础教育种种落后的状况，不能不引起党和政府以及社会上广大有识之士的关注和焦虑，一致认为，这种状况同全国人民建设富强、文明、民主的社会主义现代化国家的宏伟目标形成了尖锐的矛盾。因此，我们国家迫切需要制订义务教育法，以法律为依据，在全国有步骤地实行义务教育。这既是进行社会主义物质文明和精神文明建设的需要，也反映了广大人民群众的愿望。

义务教育法的颁布和贯彻执行，将标志着我国普及基础教育工作进入了一个新阶段。经过坚持不懈的努力，到本世纪末，我国绝大多数地区的适龄儿童和少年将受到九年的学校教育，我国各民族的科学文化素质将提高到一个新的水平。它不仅为各类专门人才的培养奠定良好的基础，而且为“两个文明”建设创造必要的前提条件，促使教育“面向现代化，面向世界，面向未来”并将对今后的社会发展和科技进步产生深远的影响。因此，制订和贯彻执行义务教育法，是关系国家和民族未来的一项具有战略意义的重大措施。

二、关于义务教育的性质。

义务教育，是依照法律规定，适龄儿童和少年必须接受的，国家、社会、学校、家庭必须予以保证的国民教育。实行义务教育，既是国家对人民的义务，也是家长对国家和社会的义务。国家和社会要提供条件使每个中国儿童和少年受到法律规定年限的教育，家长也要保证自己的子女接受这种教育。《草案》第四条规定："国家、社会、学校和家庭依法保障适龄儿童、少年接受义务教育的权利"。第十五条规定："地方各级人民政府必须创造条件，使适龄儿童、少年入学接受义务教育"。在《草案》其他条款中，还分别对国家、社会、学校、家庭所应承担的义务作出了具体规定。

义务教育具有强制性质。因此，在《草案》中对不履行应承担的各项义务的行为，规定了适当的强制性措施。《草案》第十五条规定："除因疾病或者特殊情况，经当地人民政府批准的以外，适龄儿童、少年不入学接受义务教育的，由当地人民政府对其父母或者其他监护人批评教育，并采取有效措施责令送子女或者被监护人入学"，"对招用适龄儿童、少年就业的组织或者个人，由当地人民政府给予批评教育，责令停止招用；情节严重的，可以并处罚款、责令停止营业或者吊销营业执照"。目前，有些家长出于眼前的、暂时的经济利益，使自己的适龄子女中途退学参加生产劳动或就业，或者由于封建思想影响，使女儿童和少年中途退学；有些组织或个人出于眼前的利益，招用适龄少年就业。这些行为妨碍了儿童、少年正当的接受教育的权利，不利于国家和民族的发展，也不利于儿童、少年和家庭的长远利益。因此，规定这些强制性措施是保证义务教育实施的必要手段。

在使用这些强制性措施时，首先应重在批评教育，对那些经批评教育仍不改正，情节严重的少数人和单位，要采取必要的处罚措施。

三、关于义务教育的入学年龄。

同建国初期相比，我国的经济、文化、科学技术水平和人民生活水平都有了很大提高。这些，都对我国儿童的智力和身体的发展产生了良好影响，为儿童的智力发展创造了有利条件。根据上述情况并从我国教育事业长远发展着眼，《草案》第五条规定："凡年满六周岁的适龄儿童，不分性别、民族、种族，应当入学接受规定期限的义务教育"。但是，应当说明，目前，在我国绝大多数地区，小学的入学年龄为七周岁。如要求在短期内全部过渡到六周岁入学，师资、校舍、设备和经费等条件都不具备。尤其是在农村，在尚未普及小学教育的情况下，面临的困难更大。各地应从实际出发，创造必要的条件，使小学的入学年龄逐步过渡到六周岁，步子必须稳妥，过渡时要注意衔接，以免造成在一个学年两个年龄段的儿童同时进入学校等情况。因此《草案》第五条还规定："条件不具备的地区，可以推迟到七周岁入学"。

四、关于义务教育的学制。

《草案》第二条规定要根据当地的"经济、文化发展状况，确定推行义务教育的步骤"。目前，我国小学和初中的学制年限有"六、三"制、"五、四"制、"五、三"制和九年一贯制等多种形式。多种学制并存，是我国现存的实际情况。在农村，小学和初中的学制年限多为"五、三"制，在师资、校舍、设备和经费都存在较大困难的情况下，勉强在短期内过渡为"五、四"制，实际上并不利于广大农村普及初中教育。因此，在实施九年制义务教育过程中，应允许“五、三”制作为一种过渡性学制在一定时期内存在。

但是，从长远来看，我国小学和初中应该有一个基本的学制。基本学制的确定是一个比较复杂的问题，需要根据儿童、少年身心发展的特点和教育规律，以及社会经济发展的需要等多种因素，在调查研究的基础上，经过周密论证，然后加以确定。所以，《草案》没有就这个问题明确加以规定，而授权“由国务院教育主管部门制定”。

关于初级职业技术学校是否作为实施九年义务教育的一种学校形式，是同学制有关的另一个问题，在审议过程中多数同志同意，在初中适当增设一些职业技术教育课程，适合我国特别是农村经济发展的需要。至于独立设置的初级职业技术学校是否作为实施九年义务教育的一种学校形式，则有不同意见。国外的做法也不相同。因此，《草案》未就这个问题明确加以规定。可以在总结现有初级职业技术学校经验的基础上，由国家教育委员会或省、自治区、直辖市在实施细则或实施办法中加以确定。

五、关于贯彻党的教育方针。

《草案》第三条规定：“义务教育必须贯彻国家的教育方针，努力提高教育质量，使儿童、少年在品德、智力、体质等方面全面发展，为提高全民族的素质，培养有理想、有道德、有文化、有纪律的社会主义建设人才奠定基础”。这是实行九年制义务教育的一条重要指导思想。所有中小学都应该认真贯彻这一规定，当前要有效地减轻学生的学习负担，防止和纠正片面追求升学率的偏向。在中小学教育中，应当贯彻德、智、体、美全面发展的方针，适当进行劳动教育，使青少年儿童受到比较全面的基础教育。在不断提高语文、数学等科目的教学水平的同时，还要注意加强音乐、美术、体育科目的教育，培养中小学生的高尚情操和品质，为中小学生的文化素养和身心健康的全面发展打下良好的基础。各地教育部门正在采取具体措施解决这方面的问题。例如，在已经普及初中的地区，将逐步实行小学和初中就近入学，取消小学升初中的统一考试；进一步修订教学大纲和教学计划，提高教育质量，减轻学生负担；改革和加强思想品德和政治教育，等等。希望全社会都来关心和支持中小学的改革，促进儿童和少年全面的发展。

在这里，我还要讲一讲推广全国通用的普通话问题。我国地域辽阔，存在各种地方方言。为了便于思想和文化的交流，促进经济和社会的发展，非常有必要推广和使用全国通用的普通话。同时，我国又是一个多民族的国家，必须尊重各少数民族的语言。所以《草案》第六条规定："学校应当推广使用全国通用的普通话"，"招收少数民族学生为主的学校，可以用少数民族通用的语言文字教学"。这个规定，同宪法和民族区域自治法的规定的精神是一致的。

六、关于实行九年制义务教育的步骤。

我国是一个十亿人口的大国，各地经济、文化发展又很不平衡。实行九年制义务教育，必须坚持实事求是、因地制宜的方针，不能搞一刀切，也不要脱离实际地去追求高指标。从这个总的指导思想出发，全国大致可以分为三类地区。第一类地区是经济、文化比较发达的地区，要求在一九九〇年左右基本实现九年制义务教育。第二类地区是经济、文化中等发展程度的地区，要求一九九〇年左右基本普及初等义务教育，同时积极创造条件，在一九九五年左右实现九年制义务教育。第三类地区是经济、文化不发达的地区，要随着经济的发展，争取在本世纪末大体上普及初等义务教育。

以上三类地区的划分，是就全国范围而言的。事实上，每个省、自治区内，经济、文化的发展也是不平衡的。在经济、文化发达的省内，也有经济、文化不发达的地区和县；而在经济、文化不发达的省内，也有经济、文化发达的地区和县。甚至在一个县内发展也是不平衡的。因此，每个省，每个市，乃至每个县，都要坚持从实际出发，区分不同类型的地区，提出切合实际的奋斗目标，有步骤地实施。《草案》把确定各地推行九年制义务教育的具体步骤、办法和实现期限的权力，交给省、自治区、直辖市，在第二条中明确规定："省、自治区、直辖市根据本地区的经济、文化发展状况，确定推行义务教育的步骤"。

七、关于基础教育由地方负责和鼓励社会力量办学。

随着我国经济体制的逐步改革，近几年来，我国中小学的管理体制也进行了改革，取得了明显的效果。《中共中央关于教育体制改革的决定》明确了把发展基础教育的责任交给地方，即在国务院领导下，实行地方负责，分级管理的原则。《草案》第八条对此作出了明确规定。中小学的管理权限适当下放以后，克服了过去集中过多，统得过死的弊端，调动了各级地方政府办学的积极性。应该指出，地方的繁荣、兴旺，社会的安定团结，精神文明的建设都同发展基础教育有着密切关系。各地方政府都应把发展基础教育放在重要的位置上。随着地方的经济发展，应当提倡把更多的资金用于教育事业，这既是地方政府对当地人民群众应尽的义务，也是进一步发展当地经济的需要。

我国普及初等教育的一条重要经验是坚持“两条腿走路”的办学方针。实行义务教育国家负有重要的责任，但不可能完全由国家包下来。所以《草案》第九条规定：“国家鼓励企业、事业单位和其他社会力量，在当地人民政府统一管理下，按照国家规定的基本要求，举办本法规定的各类学校”。企业、事业单位和其他部门办学，同本单位的基本利益是一致的，不应视为不合理负担。职工和农民群众在自愿、量力的原则下捐资助学，应予以鼓励。

八、关于义务教育阶段免收学费。

免收学费，是实施义务教育的一项重要措施，也是世界各国，特别是经济比较发达的国家，目前在实行义务教育时所采取的一项政策。《草案》第十条规定：“国家对接受义务教育的学生免收学费”。这项规定，将为适龄儿童和少年接受义务教育提供更好的条件。

至于是否征收少量杂费，问题比较复杂，原则上应该逐步做到免收杂费，但应视当地政府财政状况逐步实施，可由省、自治区、直辖市人民政府按实际情况在实施办法中决定。

九、关于实施义务教育的经费和办学条件。

增加必要的事业费和基建投资，逐步改善办学条件，是实施义务教育的重要保证。从我国的国情出发，教育费用必须实行多渠道筹措的方针。为了保证实施义务教育所需要的费用，《草案》第十二条规定：“国家用于义务教育的财政拨款的增长应当高于财政经常性收入的增长，并使按在校学生人数平均的教育费用逐步增长”，“地方各级人民政府按照国务院的规定，在城乡征收教育事业费附加，主要用于实施义务教育”。教育经费做到“两个增长”，是中央关于教育体制改革的决定提出的。实现这“两个增长”，中央财政是一个方面，地方财政是一个方面，两个方面都要予以支持和保证。在“七五”期间，国家财政用于教育的事业费将达到一千一百六十六亿元，比“六五”期间增长百分之七十二，已高于同期财政计划增加的比例。要做到按在校学生人数平均的教育费用逐年增长，不但要靠中央靠地方各级政府的努力，还要靠社会各方面的资助。当前在控制基建规模时，国务院同意对办中小学和师范的基建可以不纳入控制指标。这是对自筹资金办教育的一种鼓励政策，是从政策上支持各种社会力量为实施义务教育作贡献的一项重要措施。

十、关于义务教育的师资。

建设一支数量足够、质量合格、结构合理并相对稳定的师资队伍，是实施义务教育的关键所在。加强师范教育培养各级学校的合格师资队伍，是我国教育事业的战略问题，必须引起各方面足够的重视并从财力和物力上给予支持。《草案》第十三条规定：“国家采取措施加强和发展师范教育，加速培养、培训师资，有计划地实现小学教师具有中等师范学校毕业以上水平，初级中等学校的教师具有高等师范专科学校毕业以上水平”。当然，实现这个目标要根据本地区实际情况分阶段实现，切不可不顾条件一哄而起、搞形式主义。

我国现有七百五十多万小学和初中教师，他们为人民的教育事业作出了巨大贡献。为了适应九年制义务教育的需要，一方面要发展和改革师范教育，培养和补充新师资；另一方面必须采取多种形式、多种渠道抓紧对现有师资的培训、提高工作。通过函授和电视教育开展在职培训，是一种有效的方法。我们将利用电视卫星专门开设教育频道，为中小学教师培训提供服务。培训现有小学和初中教师，应该先着重实行教什么学什么、缺什么补什么的原则，逐步建立正规的学习制度。经过考核合格的，可分别授予相当于中等师范学校、高等师范专科和大学的各种学历证书。

逐步提高中小学教师的社会地位和经济待遇，吸引优秀人才到中小学任教，是稳定和提高教师队伍的根本措施。为此，《草案》第十四条规定："社会应当尊重教师。国家保障教师的合法权益，采取措施提高教师的社会地位，改善教师的物质待遇，对优秀的教育工作者给予奖励"。去年，发表了《中共中央关于教育体制改革的决定》，庆祝了建国以来第一个教师节，提高了中小学教师的工资待遇，尊师重教的社会风气得到了发扬。今后，应该继续贯彻"少讲空话，多办实事"的精神，切切实实为改善教师工作条件和生活条件解决一些实际问题。特别对民办教师，他们在比较艰苦的条件下坚持工作，为人民的教育事业作出了贡献。今后，无论在什么地方，在政治待遇和社会地位上，包括晋升职务、推选先进，对民办教师和公办教师要一视同仁。

全社会尊重教师，对教师提出了更高的要求，教师要不断提高自己的思想水平和文化、业务水平，既要教书，又要育人。广大教师真正做到为人师表，才能不辜负党、国家和人民的重托。人民教师是光荣的岗位，国家对教师应有严格的要求。《草案》第十三条规定："国家建立教师资格考核制度，对合格教师颁发资格证书”。所以，义务教育法的颁布和执行，将为广大教师创造出更好的条件，也对教师提出了更高的要求。教师应该在贯彻执行义务教育法的过程中，起到模范带头作用。

《草案》对实行义务教育的各项重大问题都作了原则规定，但不可能规定得十分具体。所以《草案》第十七条规定：“国务院教育主管部门根据本法制定实施细则，报国务院批准后施行”，“省、自治区、直辖市人民代表大会常务委员会可以根据本法，结合本地区的实际，制定具体实施办法”。这就要求我们要发扬改革的精神，通过实践，不断地总结经验，使我国的义务教育逐步完善起来。

各位代表，制订义务教育法是关系国家和民族未来的大事，同广大工人、农民、知识分子、解放军以及千家万户都有密切关系。《草案》虽然比较广泛地征求了各方面的意见，经过反复修改，但还会有不够完善的地方，欢迎各位代表继续提出修改意见。

要逐步实现九年制义务教育*

（一九八六年四月三日）

中国是拥有十亿人口的大国，经济、文化的发展很不平衡，所以制定和贯彻义务教育法都必须本着实事求是、因地制宜的方针，以逐步地实现九年制义务教育。教育经费和师资的确是中国发展教育事业的两大问题。我国政府打算在“七五”计划期间教育经费拨款一千一百六十六亿元，这个数字比“六五”期间增长百分之七十二，已高于同期财政计划增加的比例。即使这样，教育经费仍感紧张，所以我们不但要靠中央、靠地方各级政府的努力，还要靠社会各方面的资助。遗憾的是，一方面教育经费不足，另一方面有些地方和单位还挪用教育经费。对这种现象，我们一定要坚决予以制止。

---

* 这是李鹏同志在六届全国人大四次会议第二次中外记者招待会上答记者问的一部分。

纪念爱国教育家张伯苓先生*

（一九八六年四月五日）

张伯苓先生是一位著名的爱国教育家。为了达到抵御外侮、复兴中华的目的，他立志兴办教育，办起了南开中学、南开大学、南开女中、南开小学和重庆南开中学。用爱国精神和科学知识教育青年，这是难能可贵的。张先生的一生，是进步的爱国的一生。他办教育是有成绩的，人民将永远记住他的功劳。

张伯苓先生作为一位勇于革新的实践家，给后人留下了许多值得学习的宝贵的经验。

首先，他坚持实践爱国救国的教育宗旨，突破在当时颇为流行的“全盘西化”的教育思想。他明确主张“教育宗旨当本其国情而定”，办教育要“以中国历史、中国社会为背景，以解决中国问题为目标”。他认为，考察教育就要考察社会，考察教育怎样解决社会问题。

其次，他主张办教育要面向社会，让学生接触实际，了解社会。他组织师生研究东北的地理、经济和遭受侵略的情况。在大学和中学设立了社会调查课和观察课，让初中学生有机会观察大自然，使高中学生进行初步的社会情况调查。这是张先生“务实”观点在教育方法上的体现。现在我们要

* 这是李鹏同志在全国政协和国家教委于天津南开大学举行的纪念爱国教育家张伯苓先生诞辰一百一十周年集会上讲话的要点。

务的“实”是社会主义现代化的“实”，张先生的方法是可以借鉴的。

第三，他主张德、智、体三育并进，不可偏废。张先生强调“德育为万事之本”，并且身体力行。在智育方面，他强调学以致用、学行合一，既注重基础，又注重实用，让学生学习活的知识。对于体育，他认为这是我国传统教育中最薄弱的方面，给予了特别的注意。在张先生的亲身倡导下，南开中学和南开大学在体育运动方面树立了良好的传统，不仅出过许多优秀的运动员，而且一贯注意体育运动的普及、体育与卫生的结合。

第四，他十分重视学风和校风的建设，从多方面培养学生的品德和情操。张先生为南开规定了养成学生“爱国爱群之公德，服务社会之能力”的“校训”，既注意教学上的严格要求，又通过多种多样的课外活动，提高学生的文化素养和组织能力，使南开形成了具有特色的学风和校风。

张伯苓先生的教育实践和教育主张有丰富的内容，正是依靠这些，南开造就出许多优秀的人才。其中有不少人后来成为知名的科学家、教育家和艺术家。有的接受了马列主义思想，走上了革命的道路。我们敬爱的周恩来总理，就是其中最杰出的代表。

学校的教育、科研工作要结合实际*

（一九八六年四月五日）

学校的教育、科研工作要和四化建设的实际结合起来。政治学系、经济系、社会学系都有这个问题，就是研究不研究我们现在的改革，联系不联系我们国家发生的一些事情？对于马克思主义的基本立场、观点、方法，唯物辩证法的方法论，我们不能丢掉。但是对于现实问题，要勇于探索，敢于思考，不要墨守成规。有些问题可能一时作不出结论来，但可以讨论。讨论中可能有多种意见，导师要讲清自己倾向哪种意见。导师讲的也不一定都对，但经过一段时间的积累、研究，就可能形成一种比较成熟的看法。在社会科学领域，要敢于引导学生研究思考问题。

学校的经济学科，不论是研究国内经济的还是研究国际经济的，都要研究我们现在四化建设、改革和对外贸易中的实际问题，要抓住实际问题进行研究。现在的农村问题就很值得研究。过去，我国是一个半封建半殖民地社会，农民是因破产而进城。在西方资本主义国家，农业实现机械化以后，农民因农村劳动力过剩也要大量流入城市。现在，我们在实现农业现代化的过程中，农民是离土不离乡，发展乡镇

---

* 这是李鹏同志在天津与南开大学师生代表座谈时讲话的主要部分。

企业，这对于消灭城乡差别是很有意义的，其中有许多问题是需要政治经济学来研究的。我国的一些经济较发达地区的农村，发展乡镇企业后，许多农民亦工、亦农，有的早晨、晚上种地，其余时间做工；有的农忙时种地，其余时间务工。乡镇企业发展以后，农村劳动力的分配问题，需要在马克思主义基本原理指导下进行深入的研究。马克思主义的基本原理是颠扑不破的。如生产关系必须适应生产力的原理，马克思主义关于价值、价格的理论，我们进行改革仍然是依据这些原理的。南开有经济学科的优势，希望对这方面的研究作出贡献。

旅游系也要结合我国的特点，研究一下如何发展我国的旅游事业。现在国外旅游业很发达。比如匈牙利，全国共有人口一千万，而到那里旅游的人数超过了一千三百万。他们旅游业发达的原因，除了地处欧洲中心、有一个巴拉顿湖以外，就是那里的物价指数不高，农产品便宜，吃的便宜。匈牙利为了支持旅游业，规定了一个特殊的外汇兑换率，还制定了一些特殊政策。要发展我国的旅游业，光搞高档的不行，还要搞低档的。吸引游客光靠秀丽的风光、名胜古迹还不行，还要有一些娱乐的东西，让他们得到文化享受。总之，要研究如何发展有我国特色的旅游业。

关于思想政治工作，有些人认为很神秘，似乎有的人能做，有的人不能做；党员能做，非党员不能做，等等。实际上做思想政治工作一个很重要的方法就是谈心。同志之间有什么想法互相交换一下意见。教师对学生可以以长者、老师的身份，看到正确的给予鼓励；看到不正确的提出批评，予以反对；遇到不明确的问题，可以组织大家讨论。这就是思想政治工作，人人都可以做，老师可以做，学生也可以做。当前学校思想政治工作一项重要任务就是宣传党的方针政策。高等院校对党的方针政策要多学一点，对当前的社会问题要看得透一些、远一些。比如，对于在改革中物价指数上涨的问题，就要思考思考这是为什么，搞经济学的就要介绍一下世界上的物价情况和物价指数等。我国在物价上有一些不正常的现象，但物价有些波动是正常的，除非不进行改革。而不进行物价改革，就不能把经济关系理顺。高校的老师对这些问题要多动脑筋想一想，研究研究。学校要事先组织老师们进行学习，提供一些思想武器。要做好学生的思想工作，老师必须接近学生。我国有一个传统，老师与学生的关系不全是上课的关系，教师对学生潜移默化的影响很重要，要为人师表。思想政治工作应该成为一个专门学科。思想政治工作是做人的工作，要把人的工作做到一个科学的高度，就要分析人的思想产生的社会根源和社会条件。

关于发展高等教育的问题。我国的四化建设需要大量人才，现有的大学肯定还不够。但是一个大学搞得规模很大，校舍没有那么多，实验室很紧张，图书馆也不够用，还拼命地招生，这样下去不是个办法。高等学校要根据条件分为不同层次，比如现代化工厂里，一些操作人员也需要具有大学毕业的水平，这样的人才就不需要放在北大、南开这类学校来培养。中国发展教育事业要两条腿走路，一是靠正规大学，二是靠开放大学，搞函授、成人教育和业余教育。南开大学的教师很多，力量也很强，将来是不是可以为天津搞些成人教育。我相信，实行聘任制后南开大学可以承担更多的任务。

关于如何进一步办好南开大学，希望你们考虑这样两个问题：一是如何建设两个中心，发挥教学中心和科研中心的作用；二是理科、文科院校的科学研究如何结合四个现代化建设。有些纯理论的问题，研究是必要的，但如果完全是纯理论研究，就会与四化建设有距离，你研究的东西或者社会上不需要，或者与四化建设的实际结合不起来。更重要的是培养的学生有没有一个理论联系实际的好学风。希望南开大学发挥学科方面的优势，多研究一些我国的经济问题、国际的经济问题，为四化建设献计献策，同时培养好我们的学生，使他们把注意力放在研究实际问题上来。南开是一所老的大学，全国闻名，希望把南开大学和南开中学办得更好。

结合实际进行教育改革*

（一九八六年四月五日）

天津大学成立以来，培养了大量的人才。特别是解放后三十多年来，学校有了迅速的发展，在人才培养和科学研究方面，为我们国家的建设作出了重大的贡献。在座的各位和天大的教职员工都有一份功劳。今后的任务，是结合你们的实际情况，进一步搞好教育改革。你们的校训叫做“实事求是”，这很好，我们党的思想路线就是实事求是，就是要依据实际情况，用马克思主义基本原理作指导来决定我们的政策。天大也应该根据教育改革的决定，根据党的政策，结合自己的实际情况进行教学改革。具体的意见，今天我想讲以下几点：

第一，要把学校办成两个中心，一个是教育中心，一个是科研中心。两个中心比较起来，既然是学校，还是应该以教学为主，但同时要充分发挥科研的优势，更多地结合四化建设的需要开展科研工作。希望天大发挥综合性工科大学的优势，大力加强横向联系，替企业和科研单位解决更多的问题。你们刚才讲，科研任务有封锁，希望进行公开招标。这个意见很好，上面下面都要注意，共同来解决这个问题。你们也可以开交流会，进行技术转让，让大家了解你们的能

---

* 这是李鹏同志在天津与天津大学师生代表座谈时讲话的主要部分。

力。现在部门所有制的垄断很厉害，确实存在这个情况，但是能否打破封锁，与每个学校的主观努力也有关系。上海交大在打开局面方面就好一些，清华也不错。所以说上面应多努力，下面也应更多地发挥一些主观能动性。

第二，要加强思想政治工作。学校的根本目的是要培养为共产主义理想而奋斗的各种专门人才，有理想、有道德、守纪律，这个德育领域很重要。加强思想政治工作，不仅仅是防止学生闹事，而是要把学生培养成什么人的重大问题。切不可把加强学校的思想政治工作，搞好学校的德育，看成是解决眼前的一件事两件事，而要有个长远的打算。做好学校的思想政治工作有两条：第一条是老师教书育人，人人都做思想工作，老师不仅要教学生知识，教他学问，还要育人；第二条是要有一支专职队伍，这支专职队伍在学校要有一定的地位。思想政治工作应成为一门学科。南开大学已承认思想政治工作是一门学科了。在大学里做思想政治工作如果没有一定的水平根本做不进去，所以要解决思想政治工作队伍建设问题，而且在学校里应该有它的学术地位。做思想政治工作除了要为人师表外，还要很有水平，照本宣科念文件不行。要用自己的理解和丰富的经验把道理讲清楚，不仅要善于讲道理，而且要从同学中间学习一整套新的工作方法。

第三，关于研究生的培养问题。总的讲留学生工作是开放政策的组成部分，过去我们派了大量的留学生出去，成绩是主要的，取得了很好的效果，这个政策要长期坚持下去，但是要总结经验，做必要的调整，加强管理。现在，通过实行开放政策，大学的科学技术水平有了相当大的提高，对外国的先进技术有了了解，再加上这几年的发展，有可能制定一条政策，就是今后培养博士生、硕士生要立足于国内，以国内为主，同时实行国内外联合培养。另外，我们派遣出去的人要更好地结合祖国的需要。过去派遣出去的人不能说完全是盲目的，但有一定的盲目性，他所选的学校、所选的学科不一定能和祖国的需要结合得上。今后基本上要做到按需派遣。还要解决出国留学对国内研究生和大学生的冲击问题。有的考上研究生后，没有想在你这里学到底，而是想出国。对于合理的、符合需要的，还是要支持，但是不能不顾需要盲目地追求出国。总之，不是说把这个门都堵死、卡死，是要把它理顺。我们实行学位研究生制度已有五六年了，今年要很好地加以总结，很好地改进，使我们培养的人才是有水平的，是能为四化建设服务的。

第四，天津大学应该有一个合理的规模，今后的任务主要是提高教学质量，给学生、教师创造必要的条件，包括工作条件和学习条件。目前学校经费增加了一些，但由于人头费也增加了，开支也增大了，结果真正用到科研教学方面的经费增加得很少，这是事实。但我们应当看到，比较老的学校往往有比较大的潜力，因此要处理好合理的规模和发挥潜力的问题。这要靠学校来想办法。我的想法还是要实行聘任制，实行岗位制。几十年发展的结果，使得老的学校人才比较多，但流动也很困难，怎么办呢？恐怕有一部分要转到做科研工作、做技术开发工作上去；还有的要和市里结合起来，搞一点开放性的大学，如走读、业余、函授等。从你们的学校来看好像是容纳不下了，从社会需求来讲对高等人才的培养还是很需要的，还没有产生高等人才过剩的情况，是供不应求的。可以走办开放大学的路子，利用我们天津大学、南开大学的教师、设备，在不扩大规模的情况下，再为社会多培养一些人才。现在社会上的大学急需整顿，有的学校办得不错，有的学校质量根本不合格，有些只追求文凭。对社会大学第一要支持，第二要整顿，第三要发展。一些老的大学在师资条件比较好、还有潜力的情况下，要为开办社会大学多作一些贡献。

献身人民的教育事业最光荣*

（一九八六年五月十日）

同学们，老师们，同志们：

今天，首都召开动员高、初中毕业生报考师范院校的大会，号召广大高、初中毕业生积极报考师范院校，自愿献身人民的教育事业，这是从根本上加强师资队伍建设、搞好北京市教育工作的一项重要措施。这个大会开得很好。我对这个会议表示完全赞成和支持。

大家都知道，要使四化建设顺利进行，要把我国建成具有高度文明、高度民主的社会主义现代化强国，需要数以亿计的各级各类专门人才，需要普遍地提高民族的科学文化素质，要做到这一点，就需要发展教育，尤其需要加强基础教育。前不久，六届全国人大四次会议通过了《中华人民共和国义务教育法》，这不仅是我国教育战线的一件大事，而且是我国社会主义建设中的一件大事，它使我国普及基础教育的工作得到了法律的保障。贯彻执行义务教育法，在全国范围内逐步实行九年制义务教育，将为各类专门人才的培养奠定良好的基础，同时对于提高民族文化素质和搞好两个文明建设也具有深远的影响。邓小平同志说过：一个十亿人口的

---

* 这是李鹏同志在北京市一九八六年应届中学毕业生报考师范院校动员大会上的讲话。

大国，教育搞上去了，人才资源的巨大优势是任何国家比不了的，有了人才优势，再加上先进的社会主义制度，我们的目标就有把握达到。首都是全国政治、文化、科学、教育的中心，也是经济最发达的地区之一，在普及九年制义务教育上应走在全国的前面，作全国的表率。

搞好基础教育，有许多工作要做，其中最重要最根本的是建设一支数量足够、思想素质和业务素质优良的师资队伍。没有这样一支师资队伍，普及九年制义务教育就是一句空话。

教师，尤其是中小学教师，肩负着普及基础教育、提高民族文化素质的历史重任。他们是培育祖国花朵的辛勤园丁；他们所从事的事业是非常光荣、非常高尚的，又是非常艰难的事业。他们完全应当得到社会的支持和尊重。长期以来，我国广大的中小学教师，无论生活怎样清苦，无论经过什么政治风雨和不公正的遭遇，他们都始终不渝地坚信共产党的领导，热爱社会主义祖国，忠于人民的教育事业，艰苦奋斗，任劳任怨，为培育一代又一代的社会主义新人作出了卓越的贡献。在他们之中，涌现出了一大批优秀教师、模范教师，不愧为一代师表。在大会上发言的特级教师王碧霖同志就是这些优秀教师中的一位代表。从他们身上，我们也看到了中国教育事业的希望。

但是，也应该看到，目前就整个中小学师资队伍的状况来看，还存在着数量不足、学科不配套、一部分教师的文化业务水平不相适应的问题。要解决这些问题，一方面要抓培训和提高在职教师的业务水平；另一方面，很重要的一条，就是要办好各级各类师范院校，培养大量的合格新师资，充实到教师队伍中去，为教师队伍不断输送新鲜的血液。

要办好各级各类师范院校，培养合格的人民教师，除了要由各级人民政府予以极大的关怀，采取切实的措施尽快改善师范院校的办学条件之外，还要吸收初、高中毕业的优秀学生到师范院校学习，提高新生的质量，这是提高师范教育水平、培养合格新师资的关键措施。今天，我们号召高、初中毕业生，积极报考师范院校，就是要使一批批有理想、有志气、品学兼优的青年，摒弃“轻视教育、轻视教师”的世俗偏见，自愿献身人民的教育事业，经过师范院校的培养训练，成长为一代新型的合格的人民教师，继往开来，为完成普及九年制义务教育的宏伟事业，为培养出更多更好的社会主义建设人才而努力奋斗。广大青年，包括在座的高、初中毕业生，从自己多年的学习生活中，可以清楚地了解到，一位品德高尚、学识博深的好教师，对于青少年的成长具有多么深刻的影响。我们的四化建设，当然需要大批的科学家、工程师、医师、文学家、艺术家、律师和政治工作者等。要成为这样的人，当然是高尚的理想，他们的这些工作也是令人羡慕的职业。但是没有中小学教师的辛勤的高质量的劳动，也不可能产生出高质量的各类专门人才。由此可以清楚地看出，一支数量足够、质量较高的师资队伍，对于各类人才的培养具有多么重要的意义。从这个意义上来说，高、初中毕业生报考师范院校、自愿献身教育事业、立志成为一名人民教师，这是祖国的需要、人民的期望。我们殷切地希望首都和全国的高、初中毕业生和广大青年，用实际行动响应祖国的召唤，以献身于人民的教育事业为己任，并引以为荣。

高、初中毕业生报考师范院校，是有理想、有志气的表现，理应得到学校、教师、家长和全社会的支持。这一点也是非常重要的。每个家长都希望自己的子女受到良好的教育，都希望自己的子女受教于名师之下。那么，家长就应该支持自己的子女报考师范院校，这不仅符合国家和社会的需要，也符合每个社会成员长远利益的需要。

教师，是全社会最美好的职业，他们的辛勤劳动应得到社会的尊重和赞扬。中央关于教育体制改革的决定公布以来，尊师重教的社会风尚在我们国家已经开始形成。去年我们庆祝了第一个教师节，各级党政机关为教师办了许多实事、好事，教师的待遇有所提高，广大教师也受到了鼓舞。今年，第二个教师节又快到了。我希望全社会都来关心教师，把尊师重教工作做得更深入一些、更扎实一些，在中小学教师中实行职务聘任或任命制，采取实际措施逐步改善中小学教师的生活和工作条件。我相信，通过坚持不懈的努力，教师一定会成为全社会最受尊重和羡慕的职业。

今天，我来参加这个会，首先是代表国务院和国家教委，对大会表示支持，同时也表示祝愿。愿首都的高、初中毕业生，特别是优秀的学生，做全国的榜样，在国家最需要教师的时刻，挺身而出，接受国家和人民挑选。

加强少年儿童的品德教育是提高民族素质的根本大计*

（一九八六年五月二十六日）

在“六一”国际儿童节即将到来的时候，共青团中央、全国少先队工作委员会在这里举行少先队辅导员和少年儿童工作者座谈会，共同商讨在全国改革的新形势下，如何对少年儿童加强共产主义思想品德教育，更有效地促进一代新人健康成长的问题。这是全党、全社会和全国各族人民都很关心的一件大事，必将得到大家的赞成和支持。我们高兴地看到，我国的教育事业如同全国各项事业一样正在蓬勃发展，教育改革也如同各项改革一样正在逐步深入，教育工作正在不断取得新的成就，少年儿童正在我们伟大祖国的怀抱里茁壮成长。应该指出，广大少年儿童教育工作者像勤奋的园丁一样精心培育幼苗，付出了辛勤的劳动，为社会作出了不可估量的贡献。我代表党中央、国务院向今天与会同志，并通过你们向广大教师、少先队辅导员、社会教育工作者和一切关怀、支持、从事少年儿童教育事业的同志们，表示崇高的敬意和亲切的慰问！并借此机会向全国的少先队员和小朋友们致以节日的祝贺！

我们的国家正处在一个改革和发展的崭新历史时期，我

---

* 这是李鹏同志在少年儿童工作者座谈会上的讲话。

们正面对着一个科学技术日新月异的世界，面临着保卫和平和发展经济这样两大战略任务。中国是一个十亿多人口的发展中国家，经济发展很不平衡。要使中国真正达到繁荣富强，使经济、科技和文化达到世界发达国家的水平，还需要经过几代人的努力。因此，我们的少年儿童工作，是一项意义深远的，不仅是面向四化建设，而且是面向世界、面向未来的伟大工作。大家知道，人才的培养，要从少年儿童做起。民族素质的提高，它的基础也在于对儿童和青少年的教育。《中共中央关于教育体制改革的决定》和《中华人民共和国义务教育法》，就是以提高民族素质、培养人才为根本目的而制定的。我国是社会主义国家，社会主义制度的优越性不仅应该体现在生产力的高度发展上，而且应该体现在一代新人的全面塑造和培养上。培育一代新人，不仅要注重智力开发，而且要使他们具有共产主义的理想、道德、纪律观念和民主精神，还要有正确的劳动态度。因此，从少年儿童时期开始，就使他们在德育、智育、体育、美育等方面都能得到全面的发展，是社会主义教育事业的根本任务。

中华民族正经历着新的腾飞时代，在党的领导下，广大人民群众满腔热情地建设四化，信心百倍地开创未来，这样一种蓬勃向上的时代风貌会给少年儿童以深刻的影响。他们这一代人，将生活在安定团结的政治环境中，有着比较良好的生活和教育条件，物质文明建设和精神文明建设的社会实践又为他们增长和发挥聪明才智提供了广阔天地。他们这一代人有很多优点和特长，将成为有文化修养又有专业知识的新型劳动者，并且在他们当中还将会产生一批又一批的科学家、企业家、文学艺术家和各种优秀的社会工作者。他们是大有希望的一代。当然，新的一代也会遇到新的问题。随着社会上独生子女的增多，对下一代的培养也会带来新的课题。总的说来，独生子女无论在生活条件上，还是在受教育方面都能得到家庭和社会更为优越的照顾，这是好的一面；另一方面，也会产生父母和家庭对他们娇生惯养和过分溺爱的现象。同时，社会上某些不良倾向对部分少年儿童的思想和行为也会产生不良影响，如不关心集体、不关心他人、轻视劳动，甚至极个别的少年违法犯罪的现象也有所发生。这说明，加强对少年儿童的品德教育已成为十分紧迫和重要的任务。

对少年儿童的教育绝非一朝一夕之功，“合抱之木，生于毫末；九层之台，起于累土”。对少年儿童进行品德教育要从小做起，从父母和家庭做起，从学校和社会做起。我们对少年儿童进行共产主义教育，绝不能用对待青年和成人的教育方法，应该用适合他们年龄特点和智力发展水平的方法和步骤，用孩子们能够接受的、喜闻乐见的形式，寓品德教育于课堂教学之中、于日常生活之中、于游戏娱乐之中。值得重视的是，现在对少年儿童的教育中，还存在一些生硬的、过时的做法没有得到改正，实践证明，这些做法不但效果不好，有时甚至适得其反，达不到品德教育的目的。我们对少年儿童进行品德教育，是为了培养他们的民族自尊心和爱国自豪感；培养他们的集体主义精神，从小树立为他人、为集体、为人民的好思想；培养他们从小热爱劳动、尊重劳动人民、珍惜劳动成果的好习惯；培养他们不怕困难、愿意学习、勇于创造、有毅力、讲效率，以及待人诚恳坦率、重友谊、守信用等好的品质和作风。中小学校和幼儿园一定要把品德教育放在与智育和体育同等重要的地位，抓紧抓好。当前，在中小学教育中存在的片面追求升学率的做法，是不利于少年儿童身心全面成长的错误倾向，各级教育部门和学校领导必须采取有效措施加以纠正。

在加强少年儿童品德教育的过程中，我们要十分重视发挥少先队的作用。少年先锋队是孩子们自己的、喜爱的组织，有着独特的组织形式和活动方式，因而起着学校教育不可替代的作用。少先队的宗旨、任务和教育内容都具有鲜明的共产主义教育的性质，孩子们可以通过自己的组织学习教育自己、管理自己的本领，在活动中培养善于思考、善于创造的才能。少先队的工作实践证明：哪里的少先队工作搞得活跃，哪里的品德教育就得到加强。因此，要把少先队的工作看作学校教育的有力助手，认真加以扶植、支持和领导。

广大少年儿童工作者肩负着培养祖国新一代的重任，你们在较为困难的条件下，脚踏实地地为社会和人民做了大量有益的工作，理应得到人民的信赖和社会的尊重。你们的工作可能不如其他人那样有名气，工作报酬也比较低，生活学习条件也不十分理想。但是你们的工作是社会所必需的，责任是重大的，因而你们的职业是光荣的。希望大家拿出勇气和毅力，克服前进道路上的困难，立志做一名优秀的少年儿童工作者。

实行全面改革，是我国当前的头等大事，是第七个五年计划的重点。在逐步深入进行的经济、科技、教育体制改革中，我们将面临许多新的情况。这就需要我们广大少年儿童教育工作者认真学习党的各项方针政策，了解改革的进程，投身到改革的事业中来。只有这样做了，我们才有可能正确地回答孩子们对现实生活提出的各种问题，引导他们得出正确的认识，否则，品德教育就可能流于形式，缺乏针对性和说服力。

少年儿童善于模仿，有很大的可塑性。教育者的言谈举止、所作所为，对他们都是一种潜移默化的教育。这就要求教育工作者加强自身修养，不断提高自己的思想品德素质，以自己的崇高理想去激发孩子们的理想，以自己的高尚情操去陶冶孩子们的情操，以自己的美好心灵去塑造孩子们的心灵。现代少年儿童，知识面广，求知欲强，愿意提问和思考。面对这种情况，少年儿童教育工作者必须勤于学习，掌握较为广博的知识，只有不断地充实自己，才能用新的知识启迪少年儿童。

培养一代新人是全社会的大事，需要各个方面出力尽责。应当在全党、全社会、全体人民中间树立一个观念：为少年儿童服务，就是为祖国的未来服务。每个同志都要自觉地热爱少年儿童，为他们着想，为他们服务。在这方面，许多老同志为我们做出了榜样，他们在离退休之后，仍以满腔的热情关怀教育少年儿童，在有生之年为培育一代新人不辞劳苦地作出了可贵的贡献。他们的这种远见卓识和献身精神应该在全社会得到发扬。我们的文学、艺术、影视、报刊、广播、出版等方面，都要以促进少年儿童健康成长为己任，千方百计为少年儿童多多提供丰富有益的精神产品。我相信，只要学校、少先队和社会各方面共同努力，中国的新一代乃至整个中华民族的素质就一定会得到提高，具有远大理想和创造精神的一代新人一定会茁壮成长起来。

为社会主义现代化建设培养更多的人才*

（一九八六年五月三十一日）

同志们：

今天，我们隆重集会，纪念中国人民抗日军政大学建校五十周年。我代表中共中央和国务院，向大会表示热烈祝贺！向曾在抗大学习、工作过的革命老同志致以崇高敬意！向全国各级各类学校的人民教师表示亲切慰问！

抗大创建于一九三六年，是中国共产党领导下培养抗日军政干部的学校。抗大作为当时中国一所最革命、最进步的无产阶级新型学校，曾在国内外产生过重要影响。抗大的历史功绩集中表现在三个方面：一是在近十年时间里，先后培养了十多万名干部。这些革命的种子撒遍全国，为我党我军的发展壮大，夺取抗日战争和解放战争的伟大胜利，作出了历史性贡献。二是革新教育思想，探索新的教育方法，为我党我军的干部理论教育以及整个无产阶级教育事业的发展，提供了宝贵经验。三是倡导抗大作风，即坚定正确的政治方向，艰苦朴素的工作作风，灵活机动的战略战术，促进了延安和其他革命根据地的精神文明建设。

半个世纪来，抗大的优良传统和革命精神，一直教育鼓

---

* 这是李鹏同志在纪念中国人民抗日军政大学建校五十周年大会上的讲话。

舞着我国人民前进。今天，我们纪念抗大，就是要结合新的历史条件，发扬抗大精神，促进社会主义物质文明和精神文明建设。特别是要结合当前我国教育事业发展的实际，正确地学习抗大的基本经验，推动教育改革，为社会主义现代化建设培养更多的人才。为此，我们要进行多方面的努力：

第一，要像当年办抗大那样，重视人才培养，抓好教育工作。一九三六年，我们党的工作重心正由国内革命战争转向抗日民族革命战争，需要重新训练干部，有计划地培养大批新干部。在这种情况下，党中央对抗大十分重视和关心。毛泽东同志亲自为抗大制订正确的教育方针，他和其他中央领导同志还经常到学校讲课、作报告。《实践论》、《矛盾论》等著作就是为抗大学员所作的讲演。一九三九年，抗大挺进敌后办分校，各地党政军负责同志同样关心抗大的教学工作。在革命战争年代，我们党如此重视教育工作，就是因为通过办教育来培养大批人才，是完成中心任务的一个特殊重要环节，抓住了这个环节，整个革命工作的链条就带动起来了。在社会主义现代化建设时期，我们必须更加重视这一成功的历史经验。

十一届三中全会以来，党中央和国务院，特别是邓小平同志，对人才的培养和教育事业的发展，极为重视和关心，并且制订、实施了一系列重要的方针、政策和措施。去年五月《中共中央关于教育体制改革的决定》颁布以来，各级党委和政府抓教育的自觉性越来越高，积极性越来越大，教育战线出现了前所未有的好形势。当前，迫切的问题是，各级党委和政府要切实加强对自己领导范围内的教育工作的具体指导和帮助。所谓具体指导和帮助就是：一方面，要逐步解决学校发展中必须解决的经费、校舍、师资等实际困难；另一方面，主要负责同志应拿出一定的时间和精力，亲自到学校去，到师生中去，就教育体制的改革、义务教育法的实施，以及当前教学工作中一切急需解决的重大问题，调查研究，出主意，想办法，扎扎实实地把教育工作抓上去。去年党的全国代表会议后，许多地方和部门的党政主要负责同志，亲自到大专院校向广大师生宣讲会议精神，加强思想政治工作，开了一个好头，要坚持做下去。今后，一个地区、一个部门教育事业发展的状况，应当成为考核该地区、该部门党政主要负责同志任期内政绩如何的重要标准之一。只要各级党委和政府真正重视人才培养，像抓好经济工作那样抓好教育工作，“七五”期间我国教育事业一定会有一个蓬勃发展。

第二，要发扬抗大理论联系实际的好学风，勇于探索和解决社会主义现代化建设中的新问题。大家知道，遵义会议结束了“左”倾教条主义在党内的统治，但是死啃书本、理论脱离实际的坏学风尚未得到彻底清理。抗大在党中央的指导下，坚决实行理论联系实际的正确方针，教学活动都是密切联系当时中国革命最迫切的抗日战争问题展开的。与此相适应，抗大的教学方法生动活泼，实行启发式、研究式和实验式。广大学员特别是那些多年从事国内革命战争的红军干部，经过短期学习，不仅对党的抗日民族统一战线政策和抗日民族解放战争的理论、战略战术加深了认识，并且受到了生动的理论联系实际的教育，增强了学习、运用马克思主义理论的自觉性。

当前，我国人民正在从事建设具有中国特色的社会主义的伟大实践，需要研究、解决的新情况、新问题层出不穷。我们只有针对新的实际，努力学习和掌握马克思主义基本理论，并且善于运用它来探索、解决经济、政治、文化和社会发展中的各种新问题，才能把我们的事业和马克思主义理论本身推向前进。近七年多来，我国城乡的经济政治形势之所以越来越好，根本的一条，就是我们重新确立了实事求是、理论联系实际的马克思主义思想路线，坚定地实行了对外开放和对内搞活一整套符合我国国情的路线、方针和政策。我们只有进一步把马克思主义基本原理同我国实际结合起来，用符合实际的新结论来代替那些过了时的老结论，才能继续发展社会主义现代化建设的新局面，才能不断丰富和发展马克思主义。

近几年来，我们的学校教育，特别是干部理论教育，理论联系实际是一个相当薄弱的环节。要从端正教育思想、改进教学内容和方法入手，把理论联系实际的好学风发扬起来。社会科学的理论研究和理论宣传中，同样存在理论脱离实际的问题，必须认真解决。各级党校和其他干部学校，要注意不能使自己成为只是发放文凭或合格证明的机构，而应当充分发挥干部学员具有丰富实践经验这个优势，通过各种教学活动，引导他们运用马克思主义基本理论来探索、研究改革和现代化建设中的各种新问题，从而真正成为新时期干部训练的最重要基地。

必须指出，抗大的教学方式基本上是短期培训。这种方式，是适应当时斗争任务需要的，这种短期的干部培训和职工教育今后还可以继续采用。但是，现在我们面临搞改革，搞开放，搞现代化的新任务，对干部素质提出了新的、更高的要求，他们必须具有丰富的基础知识和专业知识。因此，有计划的系统学习和正规培训，应逐步成为干部教育的主要方式。“文化大革命”中，抗大的教学经验曾遭到严重的歪曲，被用来否定书本知识，否定课堂教学，打击广大教师和青年知识分子。这种“左”的错误，绝不能重复。

第三，要继承和发扬抗大作风，振奋民族精神，促进两个文明建设。抗大师生在政治方向、工作作风、战略战术方面所表现出来的优良作风，本质上是中国无产阶级在民族生死存亡关头表现出来的生气勃勃的精神状态，也是我们伟大民族处于上升时期具有的精神状态。这种生气勃勃的精神状态，不仅革命战争年代需要，和平建设时期仍然需要。当年发扬抗大作风，曾经使得我们党和党所领导的革命队伍成功地经受了战争环境的严峻考验。今天我们在对外开放和对内搞活新的历史条件下，继承和发扬抗大作风，必能有效地抵制资本主义腐朽思想和封建残余思想对我们队伍的侵蚀，在全体人民中激发起一种奋发向上、坚韧不拔、埋头苦干、勇于创新的民族精神，把我们的事业引向新的胜利。

在社会主义现代化建设时期，由于历史条件的变化，抗大作风应当具有新的内容。今天，对于我们广大党员、干部和群众来说，讲坚定正确的政治方向，就是要坚定不移地坚持四项基本原则，贯彻执行十一届三中全会以来党的路线、方针和政策，使自己的言论和行动服从和服务于党的总任务、总目标；讲艰苦奋斗的工作作风，就是要勤俭建国，勤俭办一切事业，在各项改革和建设中，顽强拼搏，不怕艰苦，不怕困难，不达目的决不罢休；讲灵活机动的战略战术，就是要善于从实际情况出发确定工作方针、方法，讲究决策科学，提高领导艺术，处理好现代化建设中的各种关系和矛盾。这种优良作风，是我们完成“七五”计划和实现四化的巨大精神力量。它的精神实质，同有理想、有道德、有文化、有纪律的要求，是完全一致的。一切学校、机关、企业、部队和其他团体组织，都要把发扬抗大作风，实现“四有”要求，作为社会主义精神文明建设的一项重要内容，抓紧抓好。抗大作风一定要在新的时代大放光彩！

第四，广大知识分子要像当年抗大师生那样，实行与工农相结合，为我们中华民族的伟大复兴贡献聪明才智。当年的延安，是全国人民向往的革命圣地。抗大，集合着一群中华民族优秀儿女。来这里求学的，既有久经考验的工农干部，也有全国各地和海外的青年知识分子。抗大的教职员工中，既有革命化了的知识分子，也有知识化了的工农干部。在共同革命理想的基础上，同学之间，师生之间，亲密无间，教学相长。他们毕业以后，在更大的范围内与工农相结合，为民族解放战争的胜利勇挑重担。知识分子与工农群众相结合，是我国新民主主义革命走向胜利的一个重要保证。

“文化大革命”期间，在“无产阶级专政下继续革命”错误理论的影响下，知识分子与工农群众相结合的正确原则，受到了严重歪曲，变成了对知识的蔑视和对知识分子的摧残。十一届三中全会以来，我们党纠正了这种“左”的错误。在社会主义现代化建设时期，知识分子已经是工人阶级的一部分，知识分子与工农相结合也有了新的涵义。所谓“结合”，最重要的是指：（一）知识分子深入实际，把自己的知识和才能更好地服务于现代化建设；（二）在社会实践中，知识分子与工农群众交朋友，相互尊重，相互学习，取长补短，共同提高。许多知识分子在工作和生活中表现出来的很可贵的品质，是工农群众应该学习的；而在青年知识分子身上存在的某些弱点，如脱离实际、好高骛远、忽冷忽热等，只有在接触实际和接近工农群众的过程中，才能得到有效的克服。近几年来，我国广大知识分子在与工农相结合的正确道路上，迈出了新的步伐，取得了很大成绩。例如，一批专家、学者，积极参与国家和地方的经济与社会发展的决策活动，提供咨询服务；经济学、法学、政治学、伦理学、心理学、社会学和管理科学等学科领域的一批理论工作者，深入实际调查研究，为各条战线的改革和建设，提供有科学根据的建议和材料；一批科技工作者，为了贯彻“星火”计划，主动到农村和贫困山区工作，普及科学知识，推广先进技术，帮助发展乡镇企业；越来越多的科研机构、高等院校同企业挂钩，把科研与生产紧密结合起来，使科研成果更快地转化为生产力，促进产品更新换代，提高经济效益；去年中央和国家机关抽出三千名干部组成讲师团，到地方帮助培养师资，对促进教育事业的发展，作出了贡献；大专院校的师生，纷纷利用假期和实习的机会，到基层调查研究，帮助解决某些技术难题和探讨各种社会发展问题；许多文艺工作者深入工厂、农村和边防哨所，热情为工人、农民和边防战士演出，如此等等。广大知识分子，在接触实际、为工农服务的过程中，进一步开阔了视野，振奋了精神，增长了才干。

我国城乡改革的深入，各项建设事业的兴起，整个社会对知识的需求越来越迫切，对知识分子的要求愈来愈高。这是历史的进步。我们广大知识分子，一定会认清这个趋势，不能有丝毫满足，更不能停滞不前。当今世界科学技术日新月异，我们要赶超世界先进水平，就必须学习、学习、再学习。我国广大知识分子一定会肩负起自己的历史责任，为振兴中华作出巨大贡献！

同志们，今天参加大会的许多同志，来自军事院校。我们希望，在继承和发扬抗大精神方面，军事院校要走在全国院校的前列。国防大学作为我国最高军事学府，具有特别重要的责任。抗大曾经造就大批杰出的军事指挥员和优秀的政治工作者。我们的国防大学和其他军事院校，要以抗大为榜样，以“面向现代化，面向世界，面向未来”为指针，努力造就大批指挥现代战争的高级军事人才，造就大批具有丰富治军经验的高级政治工作人才，为国防现代化建立新的功勋！

同志们，最好的纪念莫过于实际行动。让我们大家行动起来，发扬抗大精神，把社会主义现代化建设的伟大事业推向前进！

用电子技术武装传统产业*

（一九八六年六月二十九日）

我根据会议讨论情况，着重讲以下几个问题。

一、要以电子技术改造、武装传统产业为重点，推进我国的技术进步。

当代科学技术正在迅速发展。一批新兴技术领域正在兴起，推动着传统产业的变革和新产业群的出现。在这些新技术领域中，影响最大、应用最广泛的，是以微电子为基础、由计算机技术和通信技术组成的信息技术。

在处理传统产业和新兴产业的关系时，我们首先要看到，传统产业仍然是我国国民经济的主体，是创造物质财富的主力。其次，传统产业要获得技术进步，使生产力有大幅度提高，必须用以电子技术为代表的新技术加以改造。第三，应用电子技术改造传统产业，也为电子行业自身的发展开拓了广阔的市场。

传统产业中的机械工业在国民经济的各部门中占有重要地位，是国民经济的装备部。因此，机械工业的产品水平和它本身的现代化程度，在很大程度上决定了国民经济各部门的装备水平和现代化程度。所以，我们首先要把新型的电子控制技术应用到机械产品中去，大力发展新型的机电一体化

* 这是李鹏同志在全国计算机应用工作会议上讲话的主要部分。

产品，以推动机械产品的更新换代。如各种数控机床、各种类型的机械手，还有由电子技术控制的成套设备，都属于机电一体化的产品。这些产品不仅能提高劳动生产率、改善劳动条件，更重要的是，它能把最优秀操作人员的技能和经验，归纳到电脑中去。因此，它能够生产出质量最好的产品，能够最安全地进行操作，能够大幅度节约原材料和能源，从而提高产品的经济效益。

电子工业属于新兴产业的范畴。这几年，我国的电子工业由于实行了开放政策，引进了大量技术，发生了比较大的变化。现在，已经能够批量生产五微米集成电路、八位和十六位微型计算机和小型计算机。但是，总的说来，与发达国家相比还有比较大的差距。不少电子产品只有发达国家五十年代或是六十年代初期的水平，采用的是分立元器件，有的虽然采用了集成电路，集成度也比较低。因此，产品体积大、精度低、可靠性差。我们要通过引进、消化、开发、创新，在集成电路、计算机、通信和软件四个重点技术领域，进一步提高电子产品的技术水平，逐步淘汰落后的产品，迅速改变信息产业的落后面貌。

现在，许多国家都在研究高技术。不管哪一种高技术，都离不开电子技术的支持。为了跟踪世界先进技术的发展，在国力允许的条件下，我国也要有重点地开展一些高技术研究。因此，电子技术也要为高技术的发展服务。

二、发展计算机应用，要有一套适合我国国情的方针、政策，不能生搬硬套发达国家的做法。

首先，发展计算机应用要有重点。“七五”期间，我们除确定以改造、武装传统产业为重点外，还选择了十一个国家级的大型信息和业务系统，分阶段地建设，分阶段地投入使用。地方、部门根据需要，还可以建设规模大小不等的信息系统。这标志着我国计算机的应用已从单机向联网运行的方向发展，进入一个新的阶段。

在进行信息系统建设时，要考虑到我国是一个经济发展很不平衡的发展中国家。各行各业和各个地方对计算机网络有很大的需求。由于我们基础差、底子薄、资金有限，只能有重点、有计划、分期分批地进行，优先在那些业务量比较大、经济效益比较突出、需求又比较迫切的行业和地区进行建设。

第二，计算机要搞网络，就要有通信系统，即要有通道。通道有两种，一种是公用通道，如邮电部建立起来的电话、电报等公用通道。还有一种是专用的通道，如铁路、电力、公安、军事部门，都有自己专用的通信通道。根据我国现有的经济条件，目前还不可能建立全国性计算机专用通信网络，只能利用现有的公用通道。有些单位的专用通道，也应该用经济的办法进行管理，有条件的应该逐步开放，作为公用网的补充。这样，我们就能充分发挥现有通信网的潜力，更好地为发展信息系统服务。

此外，各种信息的传递对实时性有不同的要求。有的实时性要求高一点，有的实时性要求低一点。比如：铁路调度的信息要求实时性强，电网调度也是这样。但是，有的信息就可以允许有一些时间差。所以，一定要实事求是，区别对待。如果对此提出不切实际的过高要求，那就不仅要花费很多投资，还会拖延信息网络投入使用的时间。所以，国家科委、电子工业部、国务院电子振兴领导小组办公室，应该对实时性定一个适合我国情况的标准，以便对各种不同网络有个合理的要求。

第三，信息系统的建设，不能盲目地追求高水平，而要讲究实效。要针对业务本身的要求选用计算机和通信网络，切忌大材小用，造成浪费。可以先建立一些初级水平的应用系统，然后再由低到高发展。像全国的气象系统，已经把各个省、地、县的气象台站，利用简单的微型机，租用电话线路，组成了全国气象数据网，实现了气象初级信息化，水平虽然不高，但很实用，是走在全国各行各业前列的。中国农业银行也是利用微型机，借助电话线路，进行远程银行数据信息的传递，实现了业务数据汇总和处理。这两个例子说明，我们可以由低到高，实现初级水平的信息网络化。当然，我们不能满足这个水平，将来要逐步改造和提高。

总之，要从我国的国情出发，采用少花钱、多办事的办法，使我国的信息网络做到逐步建立、逐步提高。

三、进一步开拓计算机的应用领域。

我国计算机的应用，在国民经济和社会发展中，已开始取得比较显著的经济效益和社会效益，从而受到社会上广泛的重视。全国计算机应用展览和全国计算机应用工作会议，对计算机的应用作了一次全面的总结。实践证明，计算机的应用对推动技术进步、提高管理水平、节约能源和原材料、加速资金周转、提高产品质量和企业的经济效益，都发挥了重要作用。计算机的应用，在我们国家有着广阔的发展前景。

今后，我们要继续坚持以提高经济效益和社会效益为中心，推广现有的成果和进一步开拓新的计算机应用领域。首先，要把全国计算机应用展览中的一千五百多个项目加以推广。这些项目是从两万多个项目中筛选出来的，效果比较好，技术比较成熟。这些项目加以推广，就可以转化为生产力，促进生产的发展。

推广现有的计算机应用成果，要注意两个问题。一是要善于宣传和推销自己的产品。我们的企业还不大会做推销工作。如果只重视开发和生产，而不重视推销，产品就很难为社会所接受。要把应用成果推广开来，除了采取开展销会、订合同等办法外，还要在社会上利用各种各样的渠道加以宣传，如利用广告。广告本身是发展商品经济所不可缺少的，要去弊存利，加以正确的引导。电子工业本身还要采取一系列办法推销自己的产品。比如，彩色电视机销路很好，市场脱销，而黑白电视机又有积压。卫星电视教育频道从七月一日开通以后，就为黑白电视机提供一个市场。无锡电视机厂正在采用赠送卫星地面站的办法，来推销黑白电视机。这样既对企业有利，也对社会有利。采用各种手段，包括宣传的、行政的、经济的手段，把现在已有的计算机应用成果加以推广，才能真正做到抓应用、促发展。二是要重视应用技术的培训工作。由于电子计算机不同于一般的商品，使用它的人要掌握技术，还要开发软件。如果没有会使用的人员，没有软件，计算机就没有使用价值。遗憾的是，到目前为止，不少单位的计算机还是摆在那里做样子，没有发挥作用。所以，各行各业都要培养自己的应用人才，建立层次不同的计算机应用队伍，这也是推广应用成果不可缺少的条件。

四、我国电子技术的大面积推广和应用要立足于国内产品。

我国是一个发展中的国家，需要办的事情很多，而资金和外汇又有限，实现现代化不能全靠买外国的设备。在电子领域里，同样如此。买国外的电子计算机、买国外的散装件进行装配的日子已经过去了。这几年，我们已引进了一些生产线，初步具备了一定的生产能力。所以，电子技术，包括计算机的推广、应用，主要立足于国内产品，这是个大的原则。当然，国内一时尚不能生产的、技术水平高而我们还没有掌握的、生产又需要的某些元器件和一些关键性的东西，还是可以进口的。但是，技术上已经过关的电子产品就不要再进口了。国内产品现在可能在质量上、性能上还与国外有一定的差距，必须逐步加以提高；但是，对已经掌握了技术而且能够批量生产的产品，要进行适当的保护，要限制进口。我们的产品有一个很大的优势，就是可以建立起广泛的服务系统，这是任何一个外国厂商不能和我们相比的。电子计算机有时候会发生故障，到一定的期限就需要检修，一些元器件需要更换，我们在推广自己的产品时，建立起完善的服务系统，就能够赢得信誉和用户的支持。

汉字信息处理是关系到计算机能不能很快在我国普及应用的一个关键问题。这几年，由于采取了“百花齐放”的方针，汉字信息处理系统像雨后春笋一样出现，现已有四百多种。当然，这么多也不行，不利于推广使用，必须要规范化。我们已经进行了一次全国性的评测工作，初选了大约十种优秀方案。这个工作，还是以国家标准局为主，会同国家语言文字工作委员会，进一步进行优选和优化，尽快把它定下来。还要进一步研制高性能的汉字输入系统，如语音输入系统，以利于计算机在国内大力推广和应用。

五、要深入改革，积极发展横向联合。

电子工业部所属的电子制造企业已经下放了，这有利于电子工业部加强行业管理。下放后的企业要发展横向联合，这是电子工业体制改革的方向。电子和信息系统在应用领域更要强调横向联合。首先是十一个大的信息系统的建设要走联合的道路。我们的开发应用也要科研、生产、使用部门三者很好地联合起来。实践证明，凡是走了联合道路的，取得成绩就快，成绩就显著。搞的比较好的，如哈尔滨铁路运营系统、西南电网调度、上海邮电系统的自动转报，以及石化总公司对生产过程的改造等，都是通过与国内科研院所、高校、电子产品生产企业联合，取得较好效果的。所以，一定要大力提倡和促进打破部门、地区界限的横向联合，做到合理分工、相互协作，把各方面的优势集中起来，使电子技术的应用尽快取得更大成绩。

总的来说，我国计算机应用工作起步较晚，计算机的应用领域又是非常广泛的，虽然我们已经有了一个好的开端，出现了好的形势，但不能满足。各地区、各部门要从自己的实际情况出发，在一千五百多个展览项目中，确定一些本单位可以开发、应用的重点，争取明后两年和“七五”期间在计算机应用方面有一个大的发展。这就需要各级领导对电子技术的开发应用给予支持。如果部门、地区的领导重视，经常督促、检查、帮助，那这个部门、地区，这方面的工作肯定会做得好些。

此外，为了推广应用已经取得的成果，进一步发展电子工业，在整个电子应用领域，要选择那些市场需求量大的，性能、质量比较好的若干品种，形成拳头产品，既包括消费类电子产品，也包括生产资料类电子产品。电子部、电子振兴办要很好地规划一下，各省市也规划一下。比如，在消费类电子产品里，电视机是家用电器里第一位的，有广阔的市场。录音机、录像机很快就要进入市场了，也会有大量的需求。在生产资料类电子产品中，各种类型的数控机床所需要的电子控制设备，也是相当大的市场。为中学服务的、教学用的计算机，不需要太多功能，可以简单一点，这也是一个很大的市场。程控交换机的市场也很大。卫星地面站今年可以搞到一千多个站，有的同志估计，覆盖全国要一万多个站，将来卫星地面站进一步小型化，需求量可能会更大。还有各种各样的工业控制机、银行终端、电力系统终端、民用航空导航系统、办公自动化设备，等等。从全国计算机应用展览中可以受到启发，各省市主管电子工业的同志和生产厂家、研究所，应该瞄准市场需求最大、最迫切的目标，然后集中力量，形成大批量生产。

大力发展职业技术教育是教育改革的重要内容*

（一九八六年七月六日）

党的十一届三中全会以来，我国职业技术教育开始得到恢复并有了一定的进展，特别是《中共中央关于教育体制改革的决定》发表以后，极大地推动了这一事业的发展，使之出现了生气勃勃的兴旺气象。但是，在发展过程中，还存在一些迫切需要解决的问题。在这个时候，总结一下过去的经验，进一步提高认识，明确今后发展职业技术教育的方针政策，是非常必要的。

发展职业技术教育的目的在于培养千百万中初级技术人员、管理人员、技工和其他城乡劳动者。这对于使更多的人学习和掌握先进的设备、技术和管理方法，对我国的四个现代化建设，具有特殊的重要作用。但是，职业技术教育恰恰是我国整个教育事业中最薄弱的环节。因此，《中共中央关于教育体制改革的决定》中，着重提出了“一定要采取切实有效的措施改革这种状况，力争职业技术教育有一个大的发展”。为了达到这一目标，从目前情况来看，我认为必须认真地、扎扎实实地解决好以下六个方面的基本问题。

---

* 这是李鹏同志在全国职业技术教育工作会议闭幕式上的讲话。

一、要进一步提高各级领导对职业技术教育的认识。

中央关于教育体制改革的决定发表一年多以来，全党、全社会，特别是各级领导，对于教育重要性的认识有了明显的提高。大家逐步认识到，四化建设的成败，关键是人才问题，而解决人才问题的基础在教育。教育包括四个大的方面，即：基础教育、职业技术教育、高等教育和成人教育。这四个方面是同样重要、缺一不可的。过去，社会上对基础教育重视不够，现在开始重视了，当然重视的程度还有差距。对于高等教育，相对来说，一直比较重视。对于职业技术教育的认识虽然比过去有所提高，但总的来讲还很不够。现在社会上鄙薄职业技术教育的观念还相当普遍，即使在教育界内部，也有不少同志轻视职业技术教育。因此，我们要大力发展职业技术教育，首先就需要进一步提高认识。

为什么要特别强调发展职业技术教育呢？因为任何一个国家从事工农业生产和第三产业的人员中，普通劳动者、中级初级的专业技术人员和管理人员都占绝大多数。他们是社会人口中的主体，也是物质财富的主要创造者。众所周知，高级人才是非常重要的，他们对一个国家科学技术以至于经济、文化的发展有决定性影响，但从人数来看，毕竟是少数，特别是像中国这样一个发展中国家更是如此。这就决定了职业技术教育的重要地位和作用。

从发展我国经济、加强“两个文明”建设的实际需要来看，当前迫切需要发展职业技术教育。在工业生产上，现在要解决的中心问题是质量和效益问题。要提高产品的质量，要提高经济效益，关键是提高劳动者的素质。在设备、管理等条件基本具备的情况下，劳动者的素质决定着产品的质量。如果我们有了先进的设备，管理制度也能跟上来，又有好的设计，而没有素质比较好的熟练工人，仍然生产不出好的产品。在许多发达国家里，许多世界闻名的工厂，对工人技术素质要求都非常严格。那里的工人要经过严格的训练，并经考试合格，取得合格证书后，才允许到工厂工作。所以职业技术培训被称为某些国家提高工业产品质量的“尖端武器”。我们现在抓质量，搞“质量月”，发合格证，当然也是一个重要的办法，但治本的办法还是发展职业技术教育，提高工人的素质。

在发展农村经济方面，我们的方针是一靠政策，二靠科学技术。这几年，我们靠改革农村的经济体制，调整农业结构，使农村的经济取得了巨大的发展。今后，靠政策来发展农村经济仍然是很重要的方面。但要使农业经济持续稳定地向前发展，还必须靠增加投入，其中主要的一环是技术投入。而农业科学技术的发展和推广的关键在于人才，这就要靠发展农村的职业技术教育来提高农业劳动者的素质。另外，乡镇企业发展很快，有很多的优越性，但一般装备比较差，技术水平比较低，目前乡镇企业面临着激烈的竞争，发展得越多，竞争得越厉害。要在竞争中求生存，就必须提高产品的质量和企业的经济效益。因此，当前在乡镇企业中的一个重要环节，也是解决劳动者的素质和增加技术人员的比例。

社会要进步，劳动要合理分工，提高生活水平也要走社会化的道路。所以，我们的第三产业要大力发展。中国从事第三产业的人不是多了，而是太少，门类也不齐全，服务质量也不够高。要发展第三产业也需要大量的熟练的服务人员和管理人员。这些人员也需通过职业技术教育来培养。应当强调指出，在我国的具体情况下，大力发展职业高中，在这方面具有非常重要的作用。

从目前人才结构的状况来看，也存在着高级人才同中级人才比例倒挂的问题，根据教委及其他有关部门的调查，很多企业里工程师多于技术员，这是极不合理的。很多工程师干技术员的工作。有些讲师、副教授干的是一般实验员的工作。这无论是对人才还是对教育的投资来说，都是巨大的浪费。形成这种状况有许多原因，但是我们的职业技术教育不发达，是其中的一个重要原因。为了改变人才结构不合理的状况，也必须大力地发展职业技术教育。

从以上几个方面的情况可以看出，明确职业技术教育对发展社会主义建设事业的作用，认清职业技术教育在整个教育事业中的地位，理顺职业技术教育内部的各种关系，制定一系列促进职业技术教育发展的方针、政策，这不但是发展职业技术教育的条件，也是整个教育改革中的重大课题。同时，还应注意到，把发展职业高中作为发展职业技术教育的重要组成部分，也是一项具有我国特点的具体改革措施。

总之，提高认识仍然是发展职业技术教育的首要问题。因为统一认识是统一行动、统一政策的基础。认识问题解决了，其余的问题就比较容易解决。

二、当前职业技术教育的工作方针。

这几年，我们国家的职业技术教育工作有了相当大的发展，一些地区积累了不少好的经验，出现了一批办得比较好的地区和学校。相当一部分经过职业技术教育的毕业生走上工作岗位后，发挥了积极的作用，受到了用人单位的好评，因此成绩应该充分肯定。但是我们应该充分认识到：在“文化大革命”中，职业技术教育被破坏得最厉害，几乎是一扫而光，因此基础是相当薄弱的。党的十一届三中全会前，职业技术教育在校学生占整个高中阶段在校学生的比例仅为百分之五，到一九八〇年发展到百分之十八点八，一九八五年已经发展到百分之三十六。像北京、上海以及辽宁、山东和江苏等省的不少城市，现在职业技术学校招生的比重已经超过普通中学，有的已达到百分之六十以上。这表明，近几年中等教育结构单一化的局面，已经有了相当大的改变。可是，职业技术教育的发展并不平衡。从全国来看，少数地区发展比较快，多数地区发展还很不够，特别是在农村，发展更为缓慢。有些经济不够发达的省份和地区，反而对发展职业技术教育重视不够。这种情况对当地经济建设的发展是极为不利的。因此，发展各类职业技术教育，特别是农村的职业技术教育，应该引起各级领导同志的充分注意，尽快加强这个薄弱环节。

在“七五”期间，我国职业技术教育的工作方针是什么呢？据说在这一问题上还有些不同意见。我认为，从全国范围来看，职业技术教育的基础还很薄弱，特别是在多数农村地区，职业技术教育还没有建立起来，所以还是应以发展为主。至于在某些省市、某些地区，如果职业技术教育已经发展到相当的程度，则可以重点进行调整，在巩固的基础上加以提高。我们的基本原则是实事求是，各地要根据自己的实际情况，处理好普及和提高的关系，因地制宜来确定开展职业技术教育的工作步骤。

发展职业技术教育，需要有个大体的奋斗目标。中央关于教育体制改革的决定提出了这样一个奋斗目标，就是到一九九〇年左右，在全国大多数地区，高中阶段的职业技术学校和普通高中的招生数比例要达到一比一。在全国职业技术教育工作会议上，经过讨论，大家认为这样一个奋斗目标是合适的。当然，各地应因地制宜，从本地实际情况出发，确定自己要达到的比例。在一个省范围内，各地区，各市、县的比例也可以有所不同。要把这个权力下放到各级地方政府，中央只是提出总的要求。

三、要坚决贯彻“先培训，后就业”的原则。

“先培训，后就业”的原则，是中央在教育体制改革决定中提出的，这是为了使我们的教育体制改革与劳动人事制度改革互相配套的一项重要措施。

实行“先培训，后就业”原则的根本目的就是要提高劳动者的素质，使劳动者在就业以前必须接受一定的政治、文化和技能的训练。贯彻这一原则必然会促进职业技术教育的发展。但制定这一原则的目的不是为发展职业技术教育，而是由于我国技术、经济发展的客观需要。因此，不论是教育部门，还是劳动部门或者其他产业部门，都要坚决地贯彻执行中央提出的这个原则。在这个问题上，决不能有任何动摇或者后退。当然，要真正全面落实这个原则，还需要有一个过程，不可能一下子都做到。因为，在我国每年需要就业的人员很多，我们现在还没有那么多学校和培训基地满足这个要求。同时，就目前我们的发展水平来说，有些行业、有些工种也不一定需要长时间的培训。即使在一个最现代化的企业里，也有些简单的劳动。所以，贯彻“先培训，后就业”的原则不能搞“一刀切”，不能绝对化，还应该根据行业和工种而有所不同。比如，一个现代化的大型电站所需要的运行人员，同一个农村的小水电站所需要的运行人员的水平要求就不完全相同。前者需要经过较长时间的文化和专业的培训，才能顶岗位；后者只需要有一定的文化程度，经过短期的培训就可以胜任工作。因此，“先培训，后就业”的原则，首先要在专业性、技术性较强的行业和现代化程度较高的大中型骨干企业中实行。究竟在哪些企业、哪些工种要严格地执行这个原则，这要由产业部门自己来决定。我相信，有眼光的企业领导人，都会从他的企业的长远利益出发，坚决地贯彻“先培训，后就业”的原则。也可能有些企业只顾眼前利益，为了照顾自己的职工子弟，把未经培训的不合格人员拉到工厂里边来。尽管这是极少数，劳动部门和经济主管部门发现这个情况也应给予干预。

职业技术教育的方式应当是多种多样的：有系统的学校教育，如中专、技校和职业中学；也有短期的培训，如劳动服务培训中心、培训场所和培训基地。有的是教育部门办的，有的是劳动部门办的，有的是其他部门或企业自己办的。这些不同类型的学校和不同的培训中心，各自承担着自己的任务。它们的关系应该是互相促进、互为补充。各种类型的职业技术学校，是职业技术教育体系的主力军，代表着今后的发展方向。但是，现在存在的劳动服务公司的培训和各种短期的训练，也是职业技术教育不可缺少的一部分，无论现在或将来，都是社会上所需要的，应该充分予以肯定。因此，我们发展职业技术教育，在培训时间上要长短结合，从实际出发。现在，在我国每年有大量的初、高中毕业生，除了考上各类学校的以外，还有相当数量的应届毕业生需要就业。因此，在就业前，就需要对他们进行各种类型的培训，这既是我们社会发展的需要，也是社会安定的需要。短期培训这个层次的职业技术教育，一般来说，应以面向各种服务业为主。这样做既符合社会发展的需要，又不至于造成培养工作的重复。

现在，在贯彻执行“先培训，后就业”原则的过程中，经常遇到的一个问题，就是招工单位和劳动部门是不是优先录用各类职业技术学校毕业生。一般地讲，如果专业和工种对口，经考核合格，应该优先录用各类职业技术学校的毕业生，因为他们受过比较系统的教育。这一点，用人单位和劳动部门应该予以保证。当然，优先录用不是包分配，这就要求学校培养出合格的毕业生。学习不合格的学生、品德不好的学生，不属于优先录用的范围。专业不对口，也不能优先录用。

四、必须逐步理顺职业技术教育的层次。

发展职业技术教育要实行多种层次、多种形式和大家来办的方针，这是我们中国的特点所决定的。从总体来说，职业技术教育大体上可分为高等、中等和初等三个大的层次。但是，因为职业技术教育还在发展过程中，而且又是大家办，目前的基础还很薄弱，发展得又很快，层次之间有某些交叉。所以，在前一阶段，从中央到地方，都很难把各种学校属于哪个层次，划分得很清楚。国外一些发达国家也有这个问题。从全国来看，到目前已经有了一个不算很小的办学规模，现在需要逐步地理顺职业技术教育的内部层次，解决某些学校所处的层次不清的问题，以及由于层次不清所带来的一些不合理的现象。

划分层次，应该把社会对各种人才的需要和各类学校的性质、特点结合起来考虑。我国的高等职业学校、一部分广播电视大学、高等专科学校的学生，在毕业以后，除小部分人继续深造外，大部分人要走上各种职业岗位，走上各行各业的生产第一线，在基层工作。所以，这类学校应该属于职业性的高等教育，应该划入高等职业技术教育这个层次。

第二个层次是中等职业技术教育，就是招收初中毕业生的中等专业学校、技工学校和现在正在大量兴起的职业高中，以及相当于这个水平的各种类型的职业培训中心。但这里边有一个不大好说清楚的问题，就是中等专业技术学校究竟属于什么层次？长期以来，大部分中专学校招收初中毕业生，也有一部分招收高中毕业生。另外，有的招收初中毕业生，学制又很长。这里就又产生了一个中专层次不清的问题。现在我国的中等专业学校已经发展到相当规模，包括中等师范共有三千五百多所，在校学生已达一百五十多万人，这是一个很大的规模。要把这个层次理清楚，需要进行调查研究，需要一定时间和一定的工作过程。但是，有两点现在已经看得很清楚：第一点，就是要把所有的中等专业学校都改为高等专科学校，这是不可能的，这样做也是不对的。第二点，中等专业学校培养出来的毕业生，从社会主义经济建设发展的实际来看，是非常需要的。根据许多基层企业的反映，中专毕业生有他们的特点。他们一般工作比较踏实，对企业各种工作的适应性很强，能够较快地和企业的、基层的工人及其他工作人员打成一片，对生产和管理发挥了很大的作用，因此很受欢迎。而且在中专生中，通过实际工作的锻炼，自学成才，也培养出了一批高级人才，有的当了高级工程师或企业的领导人。所以，中专这个层次是不可缺少的。不仅企业需要，就是在科研单位和高等院校也需要有这个层次的人才来工作。

初等职业技术教育也是不可缺少的，特别是在农村。义务教育法对这个问题没有做出明确的规定，但在义务教育法的说明中谈到了这个问题。农村的初级中学教育阶段，是不是要发展职业教育，各个省市应根据自己的情况来决定。根据各地的经验，一个办法是在初中的课程里增加关于农业的、关于乡镇企业的职业技术教育课；另一个办法是初中三年毕业后再加一年职业技术教育，因为现在农村有很多五年制的小学，三年制的中学再加一年职业技术培训，也是九年；也有的到初中阶段就把它改为职业技术学校。不管采用哪种办法，都应该有职业技术教育的内容，否则不能满足农村经济发展的需要，不会受到农民的欢迎。随着农村产业结构的调整，劳动生产效率的提高，有大量农村劳动力要离开农业生产。我们的政策是离土不离乡，不鼓励农村人口进大城市。要发展乡镇企业、第三产业、养殖业和种植业，都需要提高新一代农村劳动者各方面的文化和技术素质。因此，农村向职业技术教育提出了很大的需求。除了在初中阶段进行一定的职业技术教育以外，还要为农村培养大量的中等专业技术人才，甚至对于某些接受高等职业技术教育的人才，也要实行“从农村来再回农村去”的方针，并且还要鼓励来自城市的学生到农村去工作。

我们讲“大家来办”，就是教育部门、工厂企业、劳动部门和各民主党派、社会团体都来办职业技术教育，发挥大家的积极性。如果把职业技术教育局限在一个部门办，那就办不起来，许多渠道就堵死了，经费解决不了，师资也解决不了。所以要实行多种层次、多种形式和大家来办的方针。但是，这样办就要解决统筹规划的问题，以减少盲目性，使各级各类职业技术学校培养出来的人才能跟社会的需要对上口。比如大家都集中力量办机械专业，或者某一种其他专业，但社会上不需要那么多，就会造成专业不对口，出现毕业生就业困难的问题，形成人才积压、浪费的现象。今后，我们要逐步实行不包分配的政策。但不包分配不等于不考虑他们的就业方向，只是不给“铁饭碗”，解决学好学差一个样的问题。当然，对这项改革，我们要逐步实行。我们讲统筹规划是要求大体上做到专业对口，做到人才培养和社会需要相适应，但是供需之间、学用之间一点都不差是不大可能的，难免有些人因为这样或那样的原因需要改行。高等教育也是这样，大部分对口，一小部分改行总是难免的。所以，在进行职业技术教育的时候，知识面稍微宽一点很有必要，有时候还要进行转业培训。

五、通过多种渠道建立职业技术教育师资队伍。

比较起来，中专和技工学校的师资有一定基础，师资力量比较强，而职业高中和各级职业培训中心的师资则很缺乏，这是影响当前教学质量的核心问题，是提高中等职业技术教育教学质量的核心问题。这个问题只能通过多种渠道来解决。比如，在高等学校里开设一些职业教育师资班，或从高等学校毕业生中分配一部分人到职业技术学校任教。职业技术学校需要的实习指导教师，也可以从有实际操作水平的、有一定文化程度的工人中间来聘任，专职的、兼职的都行。还可以让职业技术学校的少数优秀毕业生留下来担任教师，并把他们送到高等学校去，经过一定时间的进修，取得专科文凭或单科证书。这样做，有利于教师队伍的巩固。对有一些行业或有一些工种，我们国内还没有开设相应的专业。比如服装这个行业，是个很大的行业，谁都要穿衣服，服装不但出口量大，而且国内还存在做衣难的问题。所以，对我国一些比较薄弱的行业，可以送人到国外去进修，进修回来后要当老师。国家教委和各省市教育行政部门应当通过三五年的努力，把我国职业技术教育的师资队伍建立起来。

六、关于当前职业技术教育的若干政策。

我们的管理体制是中央和地方实行分级管理。国家教委和国务院的综合部门，对职业技术教育要从方针政策的角度进行管理，即所谓宏观管理，并由国家教委归口。主要的任务是制定方针政策，统筹协调，组织经验交流，并进行一些改革试点工作。各级业务主管部委也要对职业技术教育进行管理。他们的主要任务是对职业技术教育提出要求和做出人才需求的规划。各级地方政府的任务是统一负责对职业技术教育进行具体的全面管理。除了特殊的行业以外，不管是地方办的学校，中央办的学校，还是地方所属企业办的学校，都应以地方政府为主来统筹规划和管理。这主要是为了使职业技术学校都能面向社会，能够使培养与需要相结合。现在我们的中专和技工学校还有很大的潜力，全国的中专平均每校只有四百名学生，技校平均每校只有二百名学生。不少老学校师资和设备的潜力还没有完全发挥出来，一个重要原因就是学校不能面向社会。部门所有制、地方所有制限制了它进一步发挥作用。但是要解决面向社会的问题、发挥潜力的问题，不要先从所有制上下手。因为这样做，会削弱原来办学单位的积极性，在解决经费和实习场所等实际问题时就可能遇到困难，这不仅不利于学校的发展，甚至连维持下去都相当困难。所以我们的方针是由地方统筹规划，提倡联合办学。上海实行职业高中和用人单位结合起来联合办学的办法，辽宁省实行行业归口的办法，把企业办的学校，由行业归口对专业进行合理的调整。这都是一些联合办学的形式，他们的经验很值得借鉴。事实说明，通过地方统筹规划，采取联合办学的方式，能把学校办得更好。

关于中专和技校分配制度和助学金制度是否要改革的问题，我认为需要明确：应该进行改革，但是不要匆匆忙忙，要进行充分的酝酿和准备。现在大学已经在助学金和招生制度上进行了一系列改革试点。中专、技校也要跟上，明年至少可以在一部分地区、一部分学校进行试点，通过试点取得经验后再推广。

要实行职业技术教育，那就一定要提供学生实习的场所。在学校里不仅要学到理论的知识，而且应该学到实际的操作技能，学到手艺，所以要搞校办工厂、校办商店、校办服务行业和校办的其他实习场所。办一个职业高中要比普通中学花更多的经费，如果全国各类职业技术学校所需要的经费完全由国家或地方财政来供给，国家和地方都负担不起。各地的经验证明，一个有效的办法就是靠勤工俭学。中央和地方政府在政策上规定给这些校办企业一定的优惠，使之成为学生实习的场所，又是学校经费的来源之一。当然，具体办法应由各级地方政府研究，其中，如果有涉及国家财政的，应经财政部研究以后报国务院决定。

历史的经验和近几年的实践告诉我们：职业技术教育不

能只靠教育部门办，要靠大家来办。只要各级领导重视，各省市、各级地方政府认真搞好统筹安排，各有关部门密切合作，相互配合，共同支持职业技术教育的发展，经过三五年的努力，我国的职业技术教育一定能展现出一个新的局面，在社会主义现代化建设中作出应有的贡献。

关于高等教育改革与发展的若干问题*

（一九八六年七月十三日）

自从去年党中央关于教育体制改革的决定公布以来，教育战线发生了可喜的变化，形势很好。这几年，高等教育发展很快，各类普通高等学校已经达到一千所以上，在校学生达到一百七十多万人。高等教育的改革也取得了一定的进展。但是，教育体制改革的实际工作只是刚刚开始，各类教育的现状远不能满足四化建设的需要，工作中存在不少缺点和问题，我们对此一定要有清醒的认识，并以扎扎实实的工作态度来加以解决。

“七五”计划为高等教育事业的发展规定了具体任务，明确指出，要“继续调整高等教育专业科类和层次结构，着力充实现有学校的办学条件，大力提高教育质量”。我想就改革和发展高等教育的有关问题谈几点意见。

一、调整高等教育的结构，提高教育质量。

在今后一个时期内，高等教育工作的重点应该放在充实现有学校和提高现有学校的素质上，以进一步提高整个高等教育的效益。当前要集中力量把现有学校办好，一般不提倡再开办新的学校。“七五”期间高等学校在校学生人数要有

* 这是李鹏同志在《中国高等教育》杂志一九八六年第七期上发表的文章。

相当大的增长，这主要依靠发展现有学校，使之达到合理规模来实现，同时要把注意力更多地转到调整高等教育的结构、布局和提高教育质量上来。

调整高等教育的结构，一个重要的问题是高等学校应当按照社会对人才的不同需要做合理的分工。我们知道，社会对人才的需要是多层次、多类型的。因此，为了形成合理的人才结构，各高等学校应当有所分工，各自按不同重点进行人才培养。世界上各个国家，包括美、苏、英、法、日等经济发达国家，它们的众多的大学，在培养目标和培养重点上，也有明显的不同。根据各国的经验和我国高等学校现有的基础，高等学校大体可分为三个类型：一是少数教学和科研力量都比较充实的学校，除了培养本科生以外，还要培养硕士生和博士生，逐步形成教育中心和科研中心，以培养各种高层次人才；二是大部分学校，要以本科教育为主，同时也要围绕提高教学质量开展科研和学术活动，多搞一些应用科学研究，开展科技服务；三是各类专科学校，应以教学为主，除了使学生具有一定的专业知识外，还要让他们掌握一定的专业技能。三个类型的学校在分工上有所不同，培养人才重点有所不同，但都是必不可少的，同样重要的。总之，高等教育必须按社会需求，以合理的比例进行各类层次人才的培养，每个学校都应当按自己所负担的任务，发挥各自的优势，不断提高培养质量，办出特色，成为各种类型的高水平的学校。这样，也便于国家、地方、各行业把有限的人力、物力、财力给不同的学校以有力的支持，大大提高效益，使我国高等教育更加适应四化建设的需要。

每个高等学校应当根据自己的任务、培养人才的规格和特点，分别核定一个合理的规模。学校规模过小，办学效率不高。规模过大，也会造成许多困难。有些学校盲目追求过大的规模或热衷于办研究生院、换牌子、升格，往往脱离了学校的教学和生活设施的实际条件，影响教学质量的提高和师生员工生活条件的改善，这种现象应当引起重视，并切实加以纠正。

现在，有些学校师资力量薄弱，要鼓励那些师资力量宽裕的学校一时不能充分发挥作用的教师到这些学校任教。这是提高高等教育质量的一项重要措施。对那些愿意到条件差一些的学校去工作的教师，在生活和工作上应当提供较为优惠的条件。

高等学校科学研究的方向是一个值得重视的问题。我们提倡高等学校的科学研究为四化建设服务，这就要正确处理基础科学、应用科学的研究和技术开发之间的关系。工科学校原则上要多搞应用研究和技术开发，也要搞一些基础研究。理科学校以基础研究为重点，也要搞应用研究和开发。如果不搞应用研究和开发，学校就很难深入了解社会的需要和得到社会的支持，科学研究的成果也很难转化为生产力。如果没有基础研究，应用研究和技术开发就缺乏后劲，对我国跟踪和赶超世界先进科学水平不利。

在我国现有条件下，发展高等教育要两条腿走路，在办好普通高等学校全日制教育的同时，大力发展广播电视、函授、业余、夜大以及自学考试等各种形式的高等教育。“七五”期间，高等教育在校学生将达到五百万人，这“两条腿”大约各占一半。普通高等学校在办好全日制的同时，在可能的条件下要努力增加函授、夜大学的招生比例。我们要重视发展电视教育，随着科学技术的进步，电视教育将逐渐成为培养人才的重要手段。电视大学在招收在职人员的同时，也要向应届高中毕业生开放，为有志青年提供广泛的学习机会，实行自费学习，不包分配的制度，使国家和社会通过这条途径培养出更多的各类专门人才。

二、改革招生计划和毕业生分配制度，扩大高等学校的管理权限。

在高等教育领域，今年要着重抓好以下几项改革：

中央关于教育体制改革的决定提出：要改革招生计划和毕业生分配制度，改革助学金制度，实行奖学金制度。招生计划和毕业生分配制度的改革在去年已经开始了，今年要在总结经验的基础上加以完善。改革助学金制度，关系到学生切身利益，要慎重行事。把助学金改为奖学金的目的是为了改变学生“吃大锅饭”的弊端，以提高学生学习的积极性和自觉性，并对品学兼优的学生予以奖励。助学金改为奖学金不等于学生全部自费。实行这一改革以后，国家仍然支付了培养学生的绝大部分费用，因此，学生仍然负有对国家应尽的义务。考虑到有相当一部分学生的家庭条件有困难，准备试行贷款的办法。今年准备选择部分学校的部分专业进行试点，取得经验以后，再逐步推广。今年招生简章上就要明确宣布哪些学校的哪些专业实行奖学金和贷款制度。

要改进研究生招生和培养制度。研究生（包括攻读硕士学位和博士学位的研究生）是国家培养的高层次人才，他们应该品学兼优，能为四化建设服务。要改变目前研究生教育中某些脱离实际的弊端。今后招收研究生，要根据不同专业提出不同要求，有的可以从应届本科生中招收；有的则提倡从有一定实际工作经验的在职人员中招收，特别是社会科学、财经专业和工科专业，应当首先开始试行。要逐步改进和完善研究生的培养办法。学位论文的选题，要力求切合社会主义建设的需要。研究生进行基础课程的学习是必要的，但不宜太多，学习年限也不宜太长。要通过试验逐步开辟培养博士的多种途径，使一些在长期的工作实践中积累了丰富经验的在职人员，也能有机会取得学位。还可以考虑设立“工程博士”、“临床医学博士”等学位，以开辟一些使具有高水平的实际工作者获得学位的渠道。总之，要使高层次人才的培养，紧密联系实际，既能为当前的四个现代化建设贡献力量，也要面向世界、面向未来。

为了增强高等学校适应经济和社会发展需要的能力，必须在加强和改善宏观管理的同时，扩大高等学校的管理权限。这将有利于推动学校内部的各项改革，调动各级干部和全体师生员工的积极性，以提高教育质量、科研水平和办学的社会效益。国务院已发布《高等教育管理职责暂行规定》，这是贯彻落实《中共中央关于教育体制改革的决定》的一项具体措施。这个规定的主要精神是给高校以更大的管理学校的自主权，使每个学校能结合具体情况，在改革教学内容、教学方法、学生管理、科研管理、后勤工作等各方面都能进行大胆的探索，逐步摸索出一套完整的经验。

三、改进和加强出国留学人员的选派和管理工作。

近年来，我国派遣大批留学人员出国学习，还有一批人自费出国留学。总的说来，通过派人出国留学，在吸收国外先进的科学技术和经营管理经验、培养高级专门人才方面都取得了显著成绩，绝大多数出国留学人员热爱社会主义祖国，学习刻苦、成绩优良，不少人在科研方面取得创造性成果，为祖国赢得了荣誉。学成回国的留学人员为社会主义现代化建设作出了积极的贡献，越来越多的人成为各行各业的骨干，成为教育、科研单位的学术带头人。实践证明，通过各种形式派遣出国留学人员完全符合我国对外开放的方针，符合四化建设的需要，必须长期坚持下去。现在社会上有些传闻，说中央对派出留学人员的政策要改变了、要收了。这是一种误解，是不符合事实的。

当然，在留学人员的选派和管理上，也存在一些问题，主要是派遣计划紧密结合国家建设的需要不够，对留学人员的管理制度不够完善等。对这些问题要在总结经验的基础上，订出政策和措施，切实加以解决。要进一步明确：派遣出国留学人员要从我国四化建设的实际出发，密切结合我国生产建设、科学研究和人才培养的需要，以解决科研、生产中的问题和增强培养高级专门人才的能力。出国留学人员工作要做到：按需派遣，保证质量，学用一致；努力创造条件，使留学人员回国后能学以致用，心情舒畅地发挥作用，为祖国建设作出贡献。

现在我国许多高等学校已具备培养研究生的能力，因此，今后培养研究生主要应立足于国内。公派留学人员应着重派进修人员、访问学者；除语言和个别特殊学科外，一般不派大学本科生。也可以采取与国外大学联合培养博士的办法。这样做既可吸取国外的先进科学技术，也有利于又多又快地培养人才。

对出国留学人员必须加强思想政治工作，加强爱国主义和共产主义的道德品质教育，使他们树立艰苦创业、振兴中华的思想，勤奋学习，学成及时回国，参加国家建设工作。对回国留学人员，除按学以致用的原则妥善安排他们的工作以外，还要帮助他们及时了解国内的形势任务和党的方针政策，激励他们学习老一辈留学回国人员艰苦创业的精神，与所在单位的同志共同努力，创造条件，开展工作。

自费留学是培养人才的一条途径，应该予以支持。对自费留学人员在生活上和工作上应该像对待公派留学人员那样，给予同样的关怀，做到一视同仁。

四、加强和改善高等学校的思想政治工作。

在高等学校里，加强思想政治工作是贯彻德、智、体全面发展的教育方针的体现，是德育的一项重要内容。我们要培养的人才是有理想、有道德、有文化、有纪律的人才，是有共产主义的觉悟和品德、有为人民服务和为四化献身精神的人才。要实现这一培养目标，必须依靠德育、依靠思想政治工作。现在，从中央到地方，从教育行政部门到高等学校的领导，都开始认识到加强学校思想政治工作的重要性，并亲自动手来加强这一工作，已取得明显的效果。这是一个良好的开端，希望大家能坚持下去。

当前，我们面临着全面改革的新形势。高等学校的学生和教职员工在这种形势下，思想上将更加活跃，眼界更加开阔，有可能得到更多的锻炼，这是好事。但是，同时我们也必须认识到，在新旧体制交替的过程中，在对外开放中，社会上各种思想矛盾，世界上各种复杂的思潮，必然会在青年学生和教师中产生各种反映。因此，高等学校思想政治工作的主要任务，就是紧紧围绕四化建设和各项改革，特别是教育改革进行卓有成效的工作。帮助他们正确分析形势，了解党的各项方针、政策，分辨是非，自觉抵制各种错误的思潮，把他们的思想和行动引导到建设有中国特色的社会主义这个总目标上来。

我们的高等学校是社会主义的，应该为学生和教师创造高度文明和高度民主的政治环境和学术空气。学校党委在政治思想领域支持什么，反对什么，态度必须明确，但工作方式要恰当。对思想认识上的问题不能采取简单的方法，压服的和禁锢的方法，相反，要鼓励和允许青年学生思考和探索，但是在行为上必须受纪律的约束。领导和政工干部对学生要从爱护出发，平等待人，以诚相见，以理服人，以情动人。要对学生的思想状况做恰如其分的分析，既要看到他们的弱点和不足之处，更应该多看他们的优点和长处。对学生提出的批评和建议，要持欢迎态度，对正确的要接受，对片面的要解释，对错误的言论要采取疏导的方针，做到以理服人。

要加强高校的思想政治工作，必须建立和健全高校政工队伍。政工干部的配备，应是专职与兼职相结合，注意从品学兼优的教师和学生中选拔，这不仅有利于密切联系群众，而且有利于思想工作和业务工作相结合。思想政治工作是一门学科，政工人员是学校教师队伍的组成部分，应该聘任他们担任相应的教学职务，以稳定和发展这支队伍。教师都要做到既育才又育人，不仅要向学生传授知识，而且要通过言传身教、潜移默化，培养学生的优良品德和觉悟，做到为人师表，这是党和国家对教师的基本要求。

政治理论课的内容和教学方法必须进行改革。政治课的内容应更广泛一些，要把形势、政策教育列入教学计划。针对学生最关心的现实问题进行教学，这是生动的马克思主义教育。各级领导干部到学校去作报告、开座谈会应形成制度，长期坚持下去。马克思主义理论教育，对于学生树立正确的人生观，具有十分重要的意义。最主要的是让学生学到马克思主义的基础知识，掌握马列主义的立场、观点和方法。让学生了解中国革命历史和中国共产党的历史，了解我们党过去怎样把马列主义原理和中国革命实践相结合，而取得了革命的胜利；今后又是怎样结合四化建设的实践，进行各项改革，摸索出一条中国式社会主义道路的。要改变单纯注入式的教学方法，提倡启发式教育。开展在教师指导下的课堂讨论，使学生通过思考、摸索和比较，认识掌握真理。

要充分发挥共青团、学生会和学生中党组织的作用，创造条件使学生学会自己管理自己，自己教育自己。学生会是代表学生利益的群众性组织，是学校联系学生的纽带。学校应该给学生会干部创造必要的工作条件，使其能够代表学生参加学校的教学管理和生活管理，提出建议和批评。这不仅有利于改进学校工作，克服官僚主义，也可以使学生增强主人翁感，正确履行民主权利和应尽的义务。对高校学生中正当的社团活动，党、团组织一要支持，二是加强指导，使之在学习传播知识，宣传党的方针政策及开展文体活动，活跃学生课余生活方面充分发挥积极作用。

让学生在学习时期就参加一些社会实践活动，是思想政治工作的一项重要内容。这些活动包括实习、劳动、社会调查、社会服务、参观访问、勤工助学、军事训练等方面，要使这些活动做到经常化、制度化，纳入教学计划。

“七五”期间是我国进行教育体制改革和发展高等教育事业的关键时期，摆在我们面前的任务是十分繁重而艰巨的。改革的工作刚刚起步，需要高等教育战线的广大教师和领导干部，发扬勇于探索的精神，大胆改革，走出一条与我国经济体制改革、科技体制改革相配套的中国式的办高等教育的道路。

当代大学生要有健全的体魄*

（一九八六年八月三日）

同学们，同志们：

全国第二届大学生运动会，今天在大连市隆重开幕。这次运动会，是对高等学校体育工作和大学生体育运动水平的一次检阅。大学生运动会的召开，不仅是教育界的一件大事，也是体育界的一件大事。我代表党中央、国务院，对这次体育盛会，表示热烈的祝贺。

搞好学校的体育，对于培养四化建设需要的合格人才，具有非常重要的意义。今天的大学生，将成为今后各行各业的骨干，党和政府以及全国人民希望他们成为有理想、有道德、有文化、有纪律的人，这就需要创造各种条件，使他们在德、智、体、美各方面都得到发展。所以，我们的大学生在学习期间，不但要掌握好专业知识和技能，树立崇高的理想，养成高尚的道德和良好的精神风貌，还必须具备健全的体魄。

学校体育教育，是整个学校教育的重要组成部分。体育活动不但能使学生增强体质，提高运动技能，而且还是发展智力、陶冶情操、锻炼意志、培养集体主义精神，增强组织性、纪律性的重要途径。人民群众参加体育活动的广泛性，

---

* 这是李鹏同志在大连举行的全国第二届大学生运动会开幕式上的讲话。

在一定程度上反映了一个国家、民族的精神文明。这里，大学生应该起到带头作用。因此，各级党政领导和教育部门、体委、共青团以及学校的领导和全体教师，都应当高度重视体育工作。应当指出，有些学校的领导，对开展学校体育运动，不够重视，还没有把体育摆到议事日程。对这种现象，应引起注意，加以改进。是否重视体育教育，能否广泛地开展体育活动，是评价一个学校工作好坏的重要标准之一。一个学校，能创造出某些运动项目的优异成绩，应视为这个学校的光荣。

召开运动会、开展各种体育比赛的目的，固然是为了提高各个项目的运动成绩，选拔出一批高水平的运动员，但更重要的是通过比赛推动群众性的体育活动，激发广大学生参加体育锻炼的兴趣和热情。因此，我们的体育工作者，必须处理好普及和提高的关系，既要重视培养和选拔学生中的优秀运动员，为提高我国体育运动水平，作出应有贡献，更要积极创造条件经常开展各种类型的群众性的体育活动，使学生养成良好的体育锻炼的习惯，以增强广大学生的身体素质。这样，不仅使他们现在能够完成繁重的学习任务，而且在今后也能精力充沛地活跃在各条战线上。

这次大学生运动会的比赛项目是田径和篮球。田径是体育运动的重要基础，也是当前我国体育运动的薄弱环节。我们希望，通过这次比赛，既要看到成绩，也要找出差距，给今后学校田径运动的开展以有力的推动。并在抓好田径运动的基础上，努力提高其他运动项目的成绩。为了使大学生的体育活动更加丰富多彩，今后的大学生运动会的比赛项目，应该适当地增加，并采取灵活多样的比赛方式。

同学们，同志们！在各项比赛即将开始的时候，我衷心地希望全体运动员，发扬顽强的拼搏精神，表现出良好的体育道德和作风，努力创出新成绩，创出新纪录。

我相信，在全体运动员、裁判员、工作人员共同努力下，在全体观众的热情支持下，我们的运动会一定能够获得圆满成功。

坚持改革，大力发展基础教育*

（一九八六年九月十日）

教师们，同志们：

今天，我们在中南海国务院礼堂隆重集会，热烈庆祝一九八六年教师节，表彰为我国教育事业，特别是为基础教育作出卓越贡献的先进个人和先进集体。这不仅是教育战线的一件大事，也体现了党和政府，以及全国各族人民对教师和教育工作者的一片心意。现在，我代表党中央、国务院向全国基础教育先进县、“人民教师奖章”获得者和教育系统先进集体致以热烈的祝贺！同时，借此机会向全国基础教育、职业技术教育、高等教育、成人教育以及所有各条战线上辛勤工作的广大教师和教育工作者致以亲切的问候！向所有关心教育、支持教育工作的同志们、朋友们表示衷心的感谢。

当前，教育战线的形势发生了可喜的变化。全党、全社会，特别是各级党政领导对教育重要性的认识有了明显的提高，“尊师重教”开始形成社会风尚。今年四月，六届全国人大四次会议通过了《中华人民共和国义务教育法》，从而使我国普及基础教育有了法律依据。义务教育法的公布，得到广大人民群众的热烈拥护，在国外也引起了强烈反响，普

---

* 这是李鹏同志在国家教育委员会、中共中央宣传部、共青团中央、中国教育工会联合举行的全国教育系统优秀教师先进集体表彰大会上的讲话。

遍认为这是我国进行社会主义现代化建设的一项重大战略措施。根据《中共中央关于教育体制改革的决定》和《中华人民共和国义务教育法》，国务院在改革教育管理体制、增加教育经费、改善办学条件和教师生活条件等各方面，作出了一系列政策规定，采取了一系列措施，为发展各级各类教育创造了条件。令我们感到十分高兴的是，各级地方政府办教育的积极性越来越高，广大人民群众和海外侨胞及其他友好人士兴学助教的积极性越来越高，广大教师的工作积极性越来越高。在全国各地，涌现出一大批优秀教师、先进集体，特别令人高兴的是出现了一批在加强基础教育、“尊师重教”方面做出显著成绩的先进县。

今天表彰的一千位“人民教师奖章”获得者和一百多个教育系统先进集体，是我国教育战线上的一部分优秀代表。在这些同志当中，有品德高尚，忠于职守，呕心沥血，培养祖国花朵的辛勤园丁；有坚持党的教育方针，关心学生全面成长，教书育人的典型；有锐意改革，勇于探索，在教育、教学、科研工作中做出优异成绩的积极分子；有孜孜不倦，为培训师资辛勤劳动，取得丰硕成果的老教师；有在非常艰苦的条件下，为普及教育作出贡献的模范民办教师；有任劳任怨，热心为教育教学工作服务和为师生生活服务的教育行政人员和服务人员。他们的工作确实很辛苦而又很出色，在这里我代表党中央和国务院，向他们以及所有对我国教育事业作出了贡献的同志们、朋友们，表示衷心的敬意！这些同志的感人事迹再次表明，我们的教师队伍热爱党、热爱社会主义祖国、热爱人民的教育事业。他们为培养一代有理想、有道德、有文化、有纪律的社会主义新人，作出了巨大贡献，不愧为一代师表，理应受到全社会的尊重和全国人民的表彰。国务院已经同意授予全国教育战线、主要是基础教育方面的优秀教师以“人民教师奖章”，“奖章”获得者，享受部委一级劳动模范应有的待遇。定期表彰优秀教师和先进教育工作者，要作为国家的一项制度，长期坚持下去。在国家教委等几个有关部门的倡导下，在中央、国务院领导同志的支持下，一些热心于基础教育事业的老同志、老教育家，已发起并筹建了中国中小学幼儿教师奖励基金会，负责筹措资金，一起参与开展对献身基础教育事业、在教书育人方面作出显著成绩的教育工作者，给予荣誉的和物质的奖励活动。

今天表彰的一百个基础教育先进县，在建设“两个文明”的实践中，都很重视教育，比较好地处理了教育同社会发展、经济发展的关系，使基础教育取得了显著的成绩。辽宁省海城市把发展教育作为“开发海城，致富人民，造福人民，造福后代”的一件刻不容缓的大事，建立了市、乡、村三级党政主要领导同志亲自抓教育的责任制。在几年的时间里，这个市的书记、市长已分别到过三百多所中小学校调查研究，切实解决了一批学校的困难问题。去年，他们在历史罕见的洪涝灾害之后，把恢复学校作为重建家园的重点，筹资一千多万元，新建修建校舍十万多平方米，在大灾之后做到全县学校按期开学上课。山西省临猗县根据农村经济发展的新要求，坚持改革，初步形成一个基础教育、职业技术教育和农民技术教育相结合的农村教育体制。浙江省岱山县地处舟山群岛，条件比较艰苦。但是，他们认识到，搞建设要依靠教育，而搞教育要依靠教师。因此提出：“宁可少办点其他事，也要为教师多办点好事。”几年来，他们不讲空话，实实在在地为教师解决家属住房、子女就业等实际困难问题。山东省平度县为准备在本县实施九年制义务教育，结合本县实际情况制订具体规划，征集教育基金，保证教育费用逐年实现“两个增长”，并及时投资建设师资培训中心，解决了初中教师的培训问题。更为可喜的是，一些像黑龙江省密山县、内蒙古自治区镶黄旗等老、少、山、边地区的县，在艰苦的条件下，克服了种种困难，扫除了文盲，普及了初等教育，为在我国实施义务教育做出了榜样。

一百个先进县的实践说明，《中共中央关于教育体制改革的决定》确定的“基础教育管理权属于地方”，实行由地方负责、分级管理的原则，符合我国的国情，是完全正确的。同时还可以看出，教育管理体制的改革，大大激发了广大地方干部和群众办学的积极性，加强了他们的责任感，通过他们就能更广泛地动员社会各方面的力量来办学助教。据不完全统计，去年全国各地通过多种渠道的教育筹资数额，近四十亿元之多。我们希望全国两千几百个县、市的党委和政府，都能像一百个先进县那样，切实负起加强基础教育的责任，促使教育事业有一个较快的发展。县、市抓基础教育，应该主要抓哪些方面的工作呢？我认为主要是以下几个方面：

第一，先进县的经验告诉我们，当前首要的问题还是进一步提高县、市领导核心对教育的认识。应该肯定，现在重视教育工作的县、市领导同志越来越多了；但是，重视程度是有所不同的。令人感到十分遗憾的是有相当数量的地方领导同志，仍然是重生产、轻教育。重视生产和经济工作是对的，但是只顾眼前，不顾长远，不重视发展教育事业，会给今后生产的增长和经济的进一步发展带来困难。这是一种目光短浅的表现。因此，只有继续以《中共中央关于教育体制改革的决定》的精神来提高县、市领导同志的认识，真正树立起“教育必须为社会主义建设服务，社会主义建设必须依靠教育”的思想，才能改变本地区教育落后的状况，也才能充分调动广大群众的办学积极性，形成整个社会都关心、支持教育的局面。

第二，先进县的经验说明，发展教育事业必须坚持从当地实际情况出发，实事求是，因地制宜。义务教育法已于七月一日起正式实施。当前的第一步工作，就是认真调查研究，制订出符合本地实际的规划。全国各地的经济和文化教育发展水平极不平衡，在一个省、一个地区范围内，这种不平衡也是存在的。因此，实现义务教育的期限和步骤，要区别对待，分类要求。要注意把力气花在准备好办学条件和师资条件上，切不要相互攀比，盲目地追求高指标、高速度，做那些华而不实的事。

第三，先进县的经验还告诉我们，办好基础教育必须有正确的指导思想。基础教育的根本目的在于提高全民族的素质，为培养有理想、有道德、有文化、有纪律的社会主义建设人才奠定良好的基础。在我们社会主义国家，物质文明建设和精神文明建设是互为条件，互为目的，互相促进的。教育战线对精神文明的建设有着特别重要的责任。尤其是少年儿童，基础教育对他们的文化素养和思想品德的形成必然产生重要的影响。因此，我们的教育工作者，除了承担传授文化知识，完成教书的任务之外，还必须做好育人的工作，要通过自己的言传身教，使学生树立起爱祖国、爱人民、爱劳动、爱科学、爱社会主义的崇高思想，具备高尚的道德情操和遵守纪律的优良作风。因此，学校必须全面贯彻德育、智育、体育、美育和劳动教育全面发展的方针，要努力克服片面追求升学率的不良倾向。单纯追求升学率不仅违背党和国家的教育方针，而且也直接危害着广大学生的身心健康发展。产生单纯追求升学率的原因是多方面的。它与我们劳动人事制度、升学制度有密切关系，不能只是责怪学校。因此，要从改革劳动制度和教育制度入手，进行配套改革，才能从根本上解决这一问题。各级教育行政部门和各学校，应端正教育思想，积极采取有效措施，来纠正这种不良倾向。此外，有些地区的农村、集镇，至今还有招用在义务教育学龄期内的少年当临时工或长期工的现象，这对国家和民族的未来，对本地区的发展，都是极其有害的，也直接违反了义务教育法。各级政府发现这种情况，不能不闻不问，放任自流，不采取措施加以制止。在此，提请各地领导同志，一定要引起高度注意。

第四，县、市一级必须重视发展职业技术教育。这是因为，发展地方经济，不仅需要高级专门人才，更需要大批中级和初级的专业人员，尤其需要劳动者素质的普遍提高。当前，一些城镇的职业技术教育有了一定发展，但是，多数农村的职业技术教育还都相当薄弱，这与农村经济发展和产业结构调整的需要是极不相称的。发展农村职业技术教育，可以采取各种形式：一种是进入初中阶段就增加农村职业技术课程；一种是在初中末，专门开办一年的职业技术教育；还可以在初中毕业后进行短期的职业培训。我们希望各地努力做到在每个县和重要集镇至少开办一所专门的农村职业技术中学，以便为发展全县、全镇农村职业技术教育打下基础。

第五，实施义务教育法，加强基础教育，当前遇到的最突出的困难有两个，一个是师资缺乏，另一个是经费不足。一百个先进县对解决这两大困难，都提供了很好的经验。各级地方政府应该学习和参考这些经验，提出自己的解决办法。

师资队伍的建设是一项关系教育全局的基础工程。前不久，国务院已决定增拨专款发展师范教育和加强师资培训工作。希望各地方政府也都相应地这样做。培养、训练教师必须依靠多种力量，通过多种渠道，采取多种形式去进行。凡有条件的高等院校尤其是高等师范院校，都应积极地为中小学教师队伍建设出力。同时，各地要大力发展电视广播函授教育。今年，我国租用的国际通信卫星专门开设了电视教育频道，为培养中小学教师提供了一个很好的条件。各地应抓紧搞好地面接收设施的建设和其他各项准备工作。与此同时，中央和地方都要在发展生产的基础上，继续采取措施，进一步提高教师的社会地位，逐步改善他们的经济待遇和生活、工作条件。最近，国务院已经批准了中小学教师职务任命或聘用条例，并开始在一些地方进行试点。这项制度的建立，将进一步调动广大教师的积极性，有力地推动师资队伍的建设。

增加教育投资，改善办学条件，是实施义务教育，加强基础教育的重要物质保证。“六五”计划期间，通过中央和地方财政拨款、社会筹资等方式，在一定程度上改善了办学条件，成绩是显著的。像湖南省东安县，经济并不发达。但是，该县县委、县政府下决心，自己一不扩建院子、二不盖新房子、三不买新车子，挤出钱来改善学校的条件。去年，县里决定拨款十万元，给县一些领导机关建办公楼。但是，这些领导机关决定把钱转给教育部门，用于改善办学条件。目前，在全国许多地区，中小学办学条件和教师的工作、生活条件仍然比较困难，有的是在非常差的条件下进行着教学工作。特别值得重视的是许多中小学校舍严重缺损，存在着不少危房，不仅不能抵御一般的自然灾害，有的随时都有倒塌的危险。中共中央和国务院对这件事情十分关心，已专门发出通知，要求各地采取有效措施，解决现存的危险校舍问题。对此，我们不能停留在一般号召上，必须采取切实有效的措施加以改善。对于危房，能维修的要立即维修加固，已不能维修的，要予以重建。在危房处于十分紧急状况下，要下决心先腾出机关的房子，让给学校使用。今后，各级党政领导干部下农村，都要亲自检查那里的学校，关心教学情况，检查有无危房，发现问题，要就地妥善解决，希望各地作为一项工作制度确定下来。国家、地方和社会集资办学的钱，应当首先用于解决危房。今后，如果发生因危房倒塌，造成师生伤亡事件，要追究有关领导的责任。另外，我还要强调指出，各级领导同志和有关部门，一定要关心广大教师，特别是中小学教师的身体健康，必须按国家规定，解决好他们的医疗保健问题。

同志们，实施义务教育，加强基础教育，是关系民族兴旺、国家昌盛的大事。在我们这样一个人口众多、经济尚不发达的国家完成这项任务，要付出长期的、艰巨的努力。这就要求我们既要下定决心，花大气力，坚持不懈地为之奋斗，同时又必须扎扎实实，统筹规划，分步实施，稳步前进。

最近，邓小平同志再次提出了我国政治体制改革问题。不进行政治体制的改革，不仅阻碍经济体制改革的顺利进行，而且在科技和教育体制的改革方面也同样会受到妨碍。当然，我们的政治体制改革，是在坚持四项基本原则的前提下，对我国社会主义制度的一种自我完善。在教育行政部门，也同样存在着官僚主义、工作效率不高、权力过于集中等弊端，这些问题若不得到切实有效的解决，加强基础教育，顺利实施义务教育也是不可能的。

我们希望今天受到表彰的单位和个人，在新的征途上，戒骄戒躁，再接再厉，做出新的更大的成绩。我们希望，全国各县、市，各学校和广大教育工作者都来学习他们的好思想、好作风、好经验。我们相信，在明年庆祝教师节的时候，必定会涌现更多的先进县、市和先进集体，以及更多的优秀教师和先进的教育工作者。我们的各项教育事业必将在改革的洪流中，得到更快的、健康的发展。

纪念革命教育家徐特立*

（一九八六年九月二十一日）

不久以前，我们刚刚庆祝了今年的教师节。今天又在北京工业学院隆重集会，参加我们敬爱的徐特立同志铜像揭幕仪式。刚才习仲勋同志亲自为铜像揭幕，表达了中央和国务院对这位伟大的共产主义战士、杰出的无产阶级教育家的无限尊敬和怀念之情。我们这些在延安自然科学院工作和学习过的老校友，更是感到由衷的高兴。

徐特立同志是湖南长沙县人，生于一八七七年二月一日，卒于一九六八年十一月二十八日，享年九十二岁。他从十九岁开始执教，一九一九年赴法国勤工俭学，并到比利时和德国考察教育事业。回国后，创办长沙女子师范学校，担任湖南省立第一女子师范学校校长。大革命时期，他投身于汹涌澎湃的农民运动的洪流，并担任湖南省农民协会教育科科长、农村师范农运讲习所主任。一九二七年，他面对国民党反动派的白色恐怖，在中国革命处于低潮时期，不顾个人安危，毅然加入了中国共产党，并参加了伟大的南昌起义。一九三四年，他以五十七岁的高龄参加了中国工农红军二万五千里长征，表现了老英雄的大无畏的革命气概。抗日战争时期，他在延安历任陕甘宁边区教育厅厅长、延安自然科学

---

* 这是李鹏同志在徐特立铜像揭幕典礼上的讲话。

院院长，中共中央宣传部副部长。一九四五年在党的第七次全国代表大会上，徐特立同志当选为中央委员。全国解放后，先后当选为中央人民政府委员和第一、二、三届全国人大代表、全国人大常委会委员，他年逾古稀、老当益壮，朝气蓬勃地致力于新中国的文化教育建设事业，团结学术界，孜孜不倦地从事学术研究，并以满腔的热情，对青少年一代进行教育。

徐特立同志德高望重，深受全党、全国人民的尊敬和爱戴。中国共产党中央委员会曾评价他“对自己是学而不厌”，“对别人诲人不倦”，“成为中国杰出的革命教育家”；毛泽东同志评价他是“革命第一，工作第一，他人第一”；周恩来同志评价他是“人民之光，我党之光”；朱德同志评价他“是革命前进的人”，“不管革命历史车轮转得好快，你总是推着它前进的”。

徐老毕生从事教育事业，几十年如一日，教书育人，为人师表。我们在座的许多同志都是徐老的学生，亲身受到他的教诲和培养。他渊博的学识将永远受到我们的敬佩，他高尚的品格永远是我们学习的榜样。今天我们为铜像揭幕，纪念徐特立同志，首先就是要在社会主义四化建设的新形势下，继承先辈光荣的传统和革命精神，使它代代相传，发扬光大，促进在马克思主义指导下的、以“四有”为主要内容的社会主义精神文明建设的进一步发展。

徐特立同志是我党解放区宣传、教育部门的主要领导人，是我国无产阶级教育事业的奠基人。他对古今中外的教育都有很深的研究，他的教育理论和教育思想至今仍闪耀着真理的光辉。

他主张教育民主，尊重知识，爱护人才。他实行民主治校，同时又提倡从严治校，所以，他办的学校，民主空气既浓厚，师生思想十分活跃，学校又纪律严明，充满团结和谐的气氛。

他一贯认为，提倡学术思想、开展学术讨论，是推动自然科学、社会科学以及高等学校科研机关工作迅速发展的一个法宝。他说："虚心向朋友学习，是共产党的优良历史传统。"他担任自然科学院院长期间，十分尊重在校的教师和科学家，注意发挥他们的作用。他坚持实事求是原则，严格按照教育规律和科学规律办事。

他主张古为今用、洋为中用。他认为中国是一个落后国家，为了改变落后面貌，一定要吸收过去历史上的遗产，向古今中外学习。他认为，这里关键是一个"变"字，"变"就是批判地吸收；不"变"便是"搬"，这是教条主义。

他主张学校的主要任务，是教给学生以基本的知识和能力。在延安时期，他针对有些同志否定学校教育或夸大学校教育的两种偏向，指出："学校的主要任务是教育，培养能够独立工作的科学技术干部，给他们以基本的知识和能力"。他在自然科学院时，很重视对学生的基础知识教育，进行严格的科学训练。

他主张理论与实际相结合的教育原则。他认为理论是由经验升华的，又是指导实践的，学习理论是为了实践。他明确指出："要发展我们创造力，不能把科学看为教条。我们要反对经院派式的博学鸿才，同时要反对不读书，不细心研究，无知妄作，专发空论"。徐特立同志的教育思想，以及党在延安时期的教育实践和办学经验，是我国教育史上的一笔宝贵财富。对于我们今天的教育改革，仍有重要的借鉴作用。我们纪念徐老，需要认真地回顾、整理、总结徐特立教育思想，目的是从中吸取有益的东西，使之发扬光大。

明年二月一日，是徐老一百一十周年诞辰，届时，还要进行适当形式的、有意义的纪念。今天我们缅怀徐老，就是要继承他的事业，当前，就是要继续深入教育改革，不断提高高等学校的办学水平和教育质量。北京工业学院的前身是徐老曾任院长的延安自然科学院。我们希望北京工业学院的全体师生继承和发扬延安精神，努力学习徐老的教育思想，按照邓小平同志“教育要面向现代化，面向世界，面向未来”的要求，认真贯彻《中共中央关于教育体制改革的决定》，把北京工业学院办成高水平的教学和科研基地，为国家的四化培养出更多、更好的科技人才。

搞好电视教学，发展开放教育*

（一九八六年九月二十五日）

在今年国庆到来的前夕，“中国教育电视”利用国际通信卫星，准备向全国正式播出。这标志着我国的教育事业，在发展和使用现代化教育技术方面又迈出了重要的一步。对于我国教育史上的这一件大事，我谨表示热烈的祝贺。

实施九年制义务教育，师资是个大问题。没有合格的教师，就难以保证教育质量。目前，我国有八百万中小学教师，担负着两亿多中小学学生的教学任务，他们的工作很辛苦，做出了很大成绩，应该给予充分的肯定。但是，由于十年动乱的干扰破坏和其他种种原因，他们中间还有不少的同志没有接受过正规的师范教育，为了进一步提高中小学的教学水平，保证教学质量，需要进行在职培训。现在，“中国教育电视”节目的播出和电视师范学院的建立，就为广大中小学教师的在职学习和提高创造了一种条件。我希望参加学习的同志们，能够珍惜这个机会，本着缺什么、补什么，学以致用的精神，通过刻苦学习，完成中等或高等师范学校单科或全科的学业，争取获得优异的成绩。

卫星电视教育是一种开放式教育，人人都可以参加学习。只要能坚持收看教育节目，就会有所收益。它是一种适

---

* 这是李鹏同志在一九八六年九月二十五日《人民日报》上发表的文章。

合我国国情，有利于大批培养各种专门人材的现代化教育形式。我们要努力把卫星电视教育办好，把广播电视大学、电视师范学院办好。举办各种形式的开放大学，是教育改革的一项重要内容，我们要促使广播电视大学加强同函授大学、高等教育自学考试之间的横向联系，使开放式教育的容量更大，社会效益更高。中央和地方有关部门要通力协作，争取用三至五年的时间，在全国范围内，初步建成一个由广播、电视、函授组成的教育网络，出版一批具有较高水平、符合成人自学特点的教材，使具有中国特色的开放学校，更加完善，更好地为广大教师、干部和青年在职业余学习服务。开放学校的管理，主要由地方教育部门具体负责，中央只制定有关的方针政策和提供某些办学的基本条件，这样有利于调动地方和社会各方面的积极性。前一段，山西、山东、宁夏、上海、天津等地建站建校工作搞得不错，希望各地政府都要予以重视，把这件事办好。

这几年，成人教育的恢复和发展很快，取得了很大成绩，为社会主义建设作出了积极的贡献。但是，一些成人学校确实存在着盲目追求文凭和忽视质量的倾向。因此，必须加强宏观管理，努力提高质量。今后一个时期，要把成人教育的工作重点转移到岗位职务培训上来。要有计划地发展成人高等教育和成人中等专业技术教育，这种教育应当提倡学用结合、学以致用和以不脱产的业余学习为主。同时积极开展大学后的继续教育等，逐步建立起形式多样、内容丰富，并与职前职业技术教育相衔接，与普通教育相沟通的成人教育。还要强调指出，在我国，社会力量办学应得到鼓励和支持。但是，为了保证教学质量，要求国家承认大专学历的，都要纳入自学考试的轨道。自学考试要逐步扩大开考专业的范围，增加开考的层次，加强指导和监督的职能，以适应干部、职工在职自学的需要。此外，还要继续搞好成人高校的统一招生考试，并在实践中进行改革。

卫星电视教育在我国还是个新事物，它的发展要有个过程。我们要不断地进行研究和探索。我相信，“中国教育电视”播出后，将对发展我国的教育事业起到巨大的推动作用。

祝同志们学习进步！

努力探索地震规律*

（一九八六年十月二十二日）

我国是一个多地震的国家，历史上曾发生过多次大地震。一九七六年唐山大地震以后，虽然我国地震活动曾一度相对减弱，但近两年来有迹象表明，地震又开始活跃起来了。特别是今年以来，全国已发生五级和五级以上地震四十多次，相当于过去九年中年平均次数的两倍。对于我国当前出现的这一新的地震活跃趋势，应当引起我们高度的重视和警惕。

建国三十多年来，特别是邢台地震以后，由于党和国家的重视及全体地震工作人员的努力，我国已经建立起一支数量可观、有一定科学技术水平、专群结合的地震队伍及地震监测预报系统，并曾作出过一些成功的预报，在减轻地震灾害、保护人民生命安全方面起到了积极的作用。我国地震工作部门在确定重点建设项目场址的地震烈度方面也做了大量的工作，对国民经济建设作出了贡献。但是，到目前为止，人类对地震这种严重自然灾害发生的原因和规律，还没有真正掌握，还不能对每一次大地震做出准确的判断和及时的预报。广大地震工作者要不畏艰难，努力探索，加深对地震内

---

* 这是李鹏同志在中国地震工作二十年学术交流与表彰大会上讲话的主要部分。

在规律的认识，不断提高地震预报的水平，从而为我们祖国的建设作出贡献。我现在讲以下几点意见，也可以说是对大家提几点希望。

一、进一步提高地震预报水平。

国家地震局、各级地震工作部门以及地震科研部门，要把地震预报作为工作的重点，不断提高预报水平，尽量减轻地震灾害。现在通过地震预报来防止建筑物破坏的可能性是很小的，但如果预报得准确及时，减少人身伤亡是可以做到的。比如说，海城地震报准确了，减少了损失。唐山大地震时，据说有一个县，提前发布了预报，采取了一些防范的措施，虽然房屋照样倒塌，但人身伤亡却大大减少了。所以我们应当看到，在现在的条件下，能够准确及时地做出临震预报，对人民和国家是一个极大的贡献。

对全国的地震预报工作，不要平均使用力量，要把主要力量用在地震频发的地区。在这里我要特别强调一下短期和临震预报的问题。预报得准确，可以减少重大伤亡。但是，地震预报的难度非常大，如果有一点预兆就报，报了又不震，就会造成人心惶惶、社会不安；如果有了预兆不报，万一震了，损失又很大。因此，我们还是要根据以往的经验，实行专群结合，采取多种手段，用系统工程的方法来进行综合分析和判断。当然，中长期预报也是非常重要的，因为中长期预报对短期和临震预报将起到指导作用。中长期预报是基础，也必须抓好。

二、认真贯彻预防为主的方针。

要根据现有的资料和研究结果，编制出地震危险区域的划分图。我们现在已经有了地震危险区域的划分，正准备根据已有的地震科研成果进行第三次地震危险区域划分。在高地震烈度的地区，要对原有建筑物采取加固措施，对新的建筑物采取抗震和防震措施，做到小震不坏、大震不倒。当然，抗震设防的标准要恰如其分。标准定低了，就会留下隐患，导致地震时建筑物受到严重破坏；但盲目提高标准，也会造成不必要的浪费。恰如其分地作好地震烈度的分析判断，规定恰当的抗震标准，是关系到国家建设的一件大事情，将产生明显的经济效果。

我举两个例子，第一个例子是你们对广东核电站工程项目的场址进行了烈度分析。该场址在七十年代编的地震烈度图上为六度。考虑到核电站要求的安全度非常高，所以地震工作部门组织力量，重新做了工作，特别是对邻近海域和地区地震可能产生的影响进行了分析研究，认为有必要把烈度上升为七度，从而增强了核电站的安全性。另一个例子是黄河中游的小浪底水利枢纽工程，这是中美两方联合设计的项目。开始美方设计人员按相当于地震烈度九度的水平加速度设计，后经地震局力学所周密的调查研究和鉴定，认为按相当地震烈度七度的水平加速度设计就可以了。这一意见已被中美联合设计组接受和采用，从而大大降低了工程量和工程造价。

以上的事例说明，合理地确定抗震设防标准是有重大意义的。据了解，你们现在正在根据近十年来的地震资料及科研成果，着手编制第三代地震危险区域划分图，希望地震局和全体地震工作人员把这项工作抓紧抓好，国家各有关部委都要积极支持这项工作。

三、慎重地做好地震知识的宣传。

地震是一种非常严重的自然灾害，而且人类目前还没有完全认识和掌握它的规律，所以向群众传播抗震知识，可以增强群众在地震时的避险能力，从而减少地震时人员的伤亡。但是，我们在宣传时要注意科学性，不能把一些不成熟的、正在探讨过程中的学术问题，以及一些科学幻想性的东西，甚至一些很不科学的东西，在群众中进行宣传，否则就会在群众中造成不必要的恐惧心理，给社会秩序和人民生活秩序带来消极的影响。当然，我们历来主张在学术上百家争鸣，特别是地震这门科学，至今还没有被人们所真正认识，应该允许和提倡各种学派进行争论和探讨。但学术上的探讨是一回事，向社会宣传、发布预报又是另外一回事情。所以，我建议对地震的宣传工作要慎重，今后在全国范围有关地震与地震预报的宣传，委托地震局来把关。国家地震局是国务院在地震工作方面的职能部门，应该负起这个责任来。

四、进一步加强地震工作的现代化建设。

为了加强对地震规律的探索和研究，提高地震预报水平，还应该把现代科学技术，如数学、系统工程学、微电子技术、通信技术，以及卫星技术、遥感测绘等最新的科学技术成果，运用到地震工作中去。要及时传播地震信息、资料，就必须有较完善的通信系统和传播系统。我国已经建立了一个全国范围的专群结合的地震监测预报系统。中国这么大，单靠地震工作部门自己来建立一套通信、计算机系统是困难的，还需要利用邮电部门的系统和现有的计算机系统。但是，我们主张随着我国经济条件的不断改善，有重点、有步骤地支持地震工作部门逐步地实现现代化，在这个问题上，中央和地方的有关部门要给予支持。

五、进一步搞好地震工作系统管理体制的改革。

这几年，你们在改革方面已迈出了步子，希望你们把中央的改革精神与地震工作部门的实际相结合，进一步做好改革工作。特别是通过改革，加强宏观管理，进一步明确技术政策，提高投资效益和广大地震科技人员的积极性。另外，地震工作部门人才聚集，技术力量雄厚，在抓好地震监测、预报、科研和工程地震工作的前提下，还应进一步发挥技术优势，为国民经济建设与国防建设多作贡献。

现在地震工作部门是从中央到地方的垂直领导系统，对这样一个高度集中的管理体制，还看不出需要作什么大的变革。但是，在地震预报的发布方面，希望你们作些研究，看是否可以在中长期预报的指导下，把临震预报发布的权力再适当下放一下。临震时的各种征兆，如很多地震前出现的动物习性异常、地下水的变化、水的成分变化等，地方上掌握得比较清楚，而且也便于下决心。地方政府下决心预报了，如果不震，他们自己应承担责任，也好向人民解释。我们把大的权力，比如长期、中期预报，甚至短期预报的发布权，还是集中到中央，集中到地震局，把一些临震预报的发布权适当下放一些给地方，使地方政府能够更好地负起责任来，不是事事都依靠你们。当然，这是一个比较大的问题，我今天只作为一个建议提出来，请地震局研究以后，提出个方案报国务院，以便将来作出决定。北京、上海、天津等一些大城市的临震预报，由市政府作出决定还不行，必须由国务院作决定。

最后，我还想强调几句。地震预报现在是一个难度很大的科学技术问题，还处于探索阶段。地震在各种自然灾害中可以说是群害之首，给人类带来了巨大的威胁。一个唐山地震就死了那么多人，整个城市都被破坏了。最近萨尔瓦多大地震也死了不少人，损失很大。所以，地震预报工作既困难又重要，大家的责任是非常重大的，特别是我国在世界上属于地震比较频繁的国家。面临这样的形势，你们要勇于探索，要下定最大的决心，来认识自然，掌握规律，提高预报的水平。海城地震时我们认为地震已被征服了，可以都报出来了，但唐山地震没有报出来，说明地震还没有完全被我们认识。按照马克思主义观点，自然是可知的，但这个可知需要我们去做大量的科学探索。你们的预报可能有时报准了，有时没有报准，但只要你们尽了最大的努力，党和国家就会支持你们，人民就会理解你们。我希望战斗在地震工作战线上的同志们，要为这个事业献出毕生的精力。我们可以通过对外开放，广泛地和国际地震学界进行交流，可以派留学生到国外去学习。中国是一个多地震国家，我们也有自己的经验，大家要很好地总结。同时，要和世界各国的地震工作者一起来认识自然，来掌握这个规律。希望大家能够知难而进，奋发进取，做好地震工作，不仅造福于中国人民，而且对世界人民有所贡献。

要重视专利技术在生产中的运用*

（一九八六年十一月七日）

在实行专利制度仅一年半的时间里，就建立起一支近万人的专利工作队伍，并已初成体系，是值得庆贺的。及时总结工作经验，讨论如何在新形势下，把“七五”期间我国的专利工作进一步推向前进很有必要。

我国有上百万个企业，其中四十万左右是大中型企业，它们一方面是产生发明创造的源泉，另一方面又是消化吸收、推广运用发明创造的中坚力量。因此，这次会议把加强企业专利工作作为一个重要议题，是完全正确的。

实施专利制度的最终目的是为了把发明创造成果尽快转化为生产力。发明创造的经济效益和社会效益只有通过进一步的工作才能产生，计委在审核引进项目时，经委在确定技术改造项目时，科委在确定高技术选题或推广短平快技术时，都应当充分利用专利信息，优先考虑采用专利技术。企业在进行技术改造及开发新产品时，也要择优选用专利技术，这样可收到事半功倍的效果。

专利工作是一项全新的工作，希望各部委，各省、自治区、直辖市领导重视。

---

* 这是李鹏同志在第二次全国专利工作会议上讲话的要点。

改革成人教育，发展成人教育*

（一九八六年十二月五日）

全国成人教育工作会议就要结束了。这次会议总结了成人教育工作，交流了经验，有七个单位在大会上发言，会议开得是好的。主要成果是经过认真讨论，原则上通过了《国家教育委员会关于改革和发展成人教育的决定》。考虑到成人教育还处在发展阶段，有许多问题还需要不断摸索，不断完善，因此，《决定》颁发后还需要在实践中进行检验。

我现就全国成人教育工作讲三个问题。

一、关于成人教育在四化建设中的地位和作用。

成人教育是我国教育事业极为重要的组成部分。就整个教育事业来说，大体上可分为四大部分，即：基础教育、职业技术教育、普通高等教育和成人教育。前三部分教育是为社会主义建设事业培养输送后备力量的教育；而成人教育主要是对已经走上工农业生产岗位的劳动者和其他从业人员进行的教育。

成人教育的任务比较广泛。就当前来讲，主要包括五个方面。第一是岗位职务培训，即提高本职工作能力，这是成人教育的重点。第二是基础教育的补课。由于十年动乱，我国基础教育遭到很大破坏，相当多的走上岗位的职工，没有

* 这是李鹏同志在山东烟台举行的全国成人教育工作会议上的讲话。

受完初中教育和必要的职业培训，需要“双补”。这几年已有三千万职工进行了“双补”。在农村，基础教育的补课，主要是扫除文盲和进行初等文化教育。今后，城市中基础教育的补课还不可忽视，农村中扫除文盲和初等文化教育的任务还很艰巨，尤其是妇女的扫盲任务。第三是成人高等教育（主要是大专）和中专教育，也就是学历教育。为什么我国成人教育要担负学历教育任务呢？因为我国是发展中国家，全日制高等和中等专业学校规模有限，不能满足国民经济和社会发展的需要。我们的高等学校，大体上只能从四名报考的高中毕业生中招收一名，还有三名不能被录取。他们要求学习的愿望迫切，国家也需要更多的专门人才。因此，我们要发展电视大学、函授、夜大学、职工大学、职工中专、农民中专等各类成人高、中等教育。这是培养中、高等专门人才的一个重要途径。第四是新知识、新技能的继续教育。这种教育和岗位职务培训不完全一样。因为科学技术的发展日新月异，即使受过高等教育的人，也需要不断补充新的知识。比如，五十年代、六十年代的大学生就没有学过电子计算机，没有学过生物工程，也没有学过系统工程。现在科学不断发展，很需要学习掌握这些知识。第五是社会文化和生活教育。这种教育属于满足人们精神和物质文化生活的需要，内容十分广泛，形式多种多样，包括生活知识、科学知识、社会常识、理想道德教育等。这种教育的目的是为了增加社会成员的知识，陶冶情操，树立高尚理想，提高道德水准，为生活服务，为社会服务，使人们的生活过得更美好、更愉快、更丰富多彩。这种教育任务是一般学校教育完成不了的。现在的“老年人大学”，就是根据老年人的需要，教授画画、写字，以及健身、营养等课程，有利于他们健康长寿。以上这五个方面的内容都包括在成人教育之中。

党的十一届三中全会以来，特别是“六五”期间，我国成人教育得到了很大的发展。有成人高等学校一千二百多所，中专学校四千多所，职工学校三万多所，县一级办的农民技术培训学校三千五百多所。有成人大专毕业生九十万，成人中专毕业生一百四十二万，扫除文盲一千五百多万。总之，在“六五”期间，我国成人教育事业无论在学校规模、学员数量以及教育质量等方面，都是一个大发展的时期。为什么会有这样大的发展呢？这是因为，十一届三中全会以来，随着全党工作着重点的转移，我国进入了经济建设的新时期，客观上需要多方面大量的人才。这种人才的需求单靠全日制学校是满足不了的。成人教育的发展，正是反映了四化建设的客观需要，反映了广大工人、农民、干部和其他劳动者进一步提高文化知识水平和技能的需要。在此期间，我们党的干部政策有很大发展，提出了干部“四化”的要求，即革命化、年轻化、知识化、专业化。这也促进了成人教育的发展。更重要的是改革和开放，使我们更多地接触了世界各国的事物，感到不学习就不能适应改革开放的需要。如国外进口的设备不能掌握，合资办企业又缺乏相应的知识，语言也不通等。很多人学技术、学管理、学外语，就是适应对外开放的需要。我们的国家正在逐步健全法制，一切要依法办事，这就要学习法律知识。我们的经营管理，要由用行政办法管理过渡到更多地用经济办法管理，这就要学习运用经济杠杆的知识、学习按劳分配的知识、学习经济法的知识。

农村经济的发展，一靠政策，二靠科学，是很成功的。随着农业生产的发展，光靠政策还不够，农民要科学种田，科学致富，科学经商，科学发展乡镇企业等，都迫切需要有文化科学知识。总之，“六五”期间成人教育大发展的客观反映，是改革开放的需要，是实现干部“四化”的需要。特别要指出，成人教育所取得的成绩，是广大成人教育工作者和广大学员辛勤努力以及各民主党派、群众团体、社会各界人士对成人教育大力支持的结果，还有不少离退休的老同志也热心成人教育事业，付出了他们的心血。我们应向所有工作在成人教育战线上的广大教师、干部和一切热心成人教育的同志表示衷心的感谢！

在我国整个教育事业中，四大部分教育都同等重要，前三部分教育，要等学员毕业走上工作岗位后，经过一段实践，才能发挥作用；成人教育的作用能够直接提高劳动者和工作人员的素质，因而可以直接提高经济效益和工作效率。所以，成人教育在我国教育事业中具有极其重要的地位。现在，我国有不少产品质量不高，不能满足群众的要求，在国际上也没有竞争能力。而一些产品设计是先进的，机器装备质量也不错，原材料也符合要求，为什么产品质量不高呢？主要原因一方面是缺乏科学的质量管理系统，更为重要的是工人的实际操作水平和工艺能力还有很大差距。企业的经济效益，在很大程度上决定于产品质量，提高产品质量有各种因素，其中一个重要因素，就是要提高工人的实际操作水平和工艺能力。第三产业的服务质量不高，也是由于很多从业人员未受过严格的包括职业道德在内的培训。因此，成人教育直接关系着企业的经济效益和第三产业的服务质量。此外，通过成人教育，提高干部队伍的素质，也直接关系着政府机关的工作效率。还应看到，成人教育又是促进精神文明建设的重要途径。它对于培养“四有”的人才，对于陶冶情操、发扬民主、健全法制，对于促进安定团结，形成好学上进的社会风气，都有着直接的作用。各级党委、各级政府要充分认识到成人教育在物质文明和精神文明建设中的重要地位和作用，一定要重视成人教育。

成人教育虽然取得了很大成绩，但也存在一些问题。主要是，在社会上，特别是在一部分领导同志中，对成人教育的重要性认识还不够。成人教育工作也不同程度地存在着脱离本岗位本职工作需要，所学非所用，片面追求高学历文凭的现象。而岗位职务培训没有得到应有的重视。也还存在教育质量不高的问题。我们支持没有文凭的人去获得学历文凭，因为文凭是经过学习达到一定的教育水平的标志，这种学习是有好处的，但是不能单纯追求文凭。所有这些问题，都是成人教育在大发展中产生的问题。这次会议的目的，就是要总结经验，肯定成绩，解决存在的缺点和问题，进一步统一认识，坚持改革，使成人教育能够更加健康蓬勃地发展。

二、关于成人教育的指导方针。

成人教育总的方针，一是要发展，二是要改革。通过改革，使成人教育更加适应社会发展的需要。要改革不符合成人教育特点的做法，要理顺各种关系，保证质量，要为成人教育的发展创造更好的条件。具体讲有五条：

第一，成人教育应以提高本职工作能力为重点，提倡学用结合，按需施教，干什么学什么，缺什么补什么。这就要理顺学历教育与岗位职务培训的关系。我们重视学历教育，但我们更重视面向广大工人、农民、机关干部的岗位培训。要使他们通过学习，提高素质，直接产生经济效益和社会效益。培训要采取多种多样的形式，特别是一事一训的培训班、进修班、研究班。学历教育也要同本职工作结合起来。比如汽车制造厂，就应当引导大多数人去学习与汽车制造有关的专业。当然我们也赞成在汽车制造厂出几个律师，几个艺术家，几个哲学家。有的工人有这方面的兴趣和特长，我们也是支持的。但从方向上讲，无论是学历教育还是短期培训，都应同本职工作相结合。

第二，要发挥各方面力量来办好成人教育。简单地说就是大家办，特别要发挥企业的作用。我们提倡联合办学，避免专业设置的重复，要利用企业现有的教育设施和师资力量，举办各种短训班，发挥职工学校多功能作用。还要注意发挥普通学校的作用。不少普通学校办成人教育是有经验的，特别是一些重点大学有师资和设备的潜力，可以举办函授、夜大学、电大教学班和继续教育班等。还要充分发挥社会各界人士在发展成人教育中的作用。要重视农村成人教育，应以青壮年农民为主，以在乡知识青年为重点。要发挥普通中小学、职业中学和农技人员、管理人员、专业户以及能工巧匠的作用，对农民进行实用技术培训。这种培训，要与“星火”计划相结合。目前，乡镇企业发展很快，还要重视对乡镇企业职工的培训。

第三，成人教育的改革要同人事制度、工资制度、招工制度的改革配套进行。这几年来，我们对劳动人事工资制度已经进行了一些改革。如贯彻按劳分配原则，解决

“吃大锅饭”的问题；机关和事业单位实行了职务工资制度等。劳动人事工资制度的这些改革，已成为推动成人教育发展的动力，起了良好的作用。对于目前存在的学用脱节的弊端，也应通过改革和完善劳动人事工资制度来加以解决。改革应着重引导职工安心于本职工作，努力提高专业技术水平，成为本岗本职的优秀劳动者。今后，对一些从事专业技术岗位工作的人员要发合格证。像汽车司机、锅炉工、电工那样，对医师、教师、律师、会计师、工程师等等，都要考虑合格证。这也是劳动制度的一种改革，与成人教育的改革相配套。发合格证是一个方向，但不要一哄而起，要成熟一个，实行一个。我们是一个发展中国家，我们社会成员的大多数人还需要在第一线从事生产劳动，不能引导人们都去当干部，当工程师。国务院已确定实行工人技师制度。有关部门将对工人技师的待遇作出相应的规定。这样就可以使工人有奔头，初级工向中级工发展，中级工向高级工发展，高级工中少数优秀的还能成为技师。

第四，要坚持以业余学习为主，鼓励自学，解决好工学矛盾。机关和企业都要定编定员，干部和工人参加学习应当以业余为主，才能解决工学矛盾问题，使机关的工作、工厂的生产保持一个正常的秩序。现在我们有些厂长很为难，招一个学徒工，经过培训两年后可以上岗了，但本人提出要考电视大学，厂长又不好反对。这样，增加企业负担且不说，主要是岗位上没有人工作了。因此，我们要提倡业余自学。自学是很艰苦的，学校和企业都应为他们创造一定的学习条件，如实行学分制、延长学习年限、考试前给一定复习时间，等等。

第五，采取各种各样的办学形式，利用各种各样的教学手段。既有长期学习，又有短期培训；既以业余学习为主，又有脱产、半脱产学习。这里，我特别要强调发展电化教学，即利用广播、电视、录像设备来发展成人教育。目前，卫星电视教育发展很快，今年地面站可发展到近两千个，这将为更多的人接受电视教育创造必要的条件。今后，电大、函授等不仅招收成人，而且也要招收部分应届高中毕业生。当前培养目标要以专科为主，高等职业技术教育为主。学生不包分配，择优录用。

三、关于会议中提出的几个问题。

第一，体制问题。一些省市认为，要发展成人教育，必须要有一个独立的实体的成人教育管理机构。这个要求不是没有道理的。但是，我们面临着政治体制的改革，其核心问题就是要精简机构，减少工作人员，提高效率。这是社会主义制度的自我完善。因此，我们不能因为开一个会，强调某一项事业，就要求增加一个机构，国务院已发出通知，在面临政治体制改革的情况下，一般不增加机构，不增加编制。目前，有的省市有成人教育的独立机构，如成人教育局，有的省市虽无独立机构，但有一个处或一个办公室，这些机构目前要保留和加强。总的精神是各级政府和教育部门，要加强对成人教育的领导，要有一位教委或教育厅负责人主管，具体工作要有专人去办。

第二，经费问题。发展成人教育，当然需要一些经费。各地希望中央多拿一些钱，这很难办到，因为中央要办的事很多，财政能力有限。因此，只能要求各地方拿出一些钱发展成人教育。大家还建议提高企业职工教育经费的比例，这也很难做到，因为企业情况不一样，比例提高了会导致产品成本的提高。大家还建议从企业发展基金中规定提取一定比例用于职工教育，我看做一些硬性的规定会对办成人教育积极性高的企业反而是一种限制，还妨碍企业的自主权。如果各种开支都由上级规定，计划生育拿多少，治理环境污染拿多少，技术改造拿多少，名目繁多的规定，企业就没有自主权了。事实上，有远见的企业家是会拿出钱来办教育的，因为这是关系到提高企业素质的大事。否则，企业的生产不能得到发展，产品就不会有竞争力。我们一方面要提倡企业以实际措施来支持成人教育，一方面又要给他们自主权。同样，各地方、各县，为了提高企业职工和农民的素质，也应该拿出钱来支持成人教育。

第三，分工问题。大家要求从中央到地方，各有关部门，在管理成人教育工作方面要有个分工，以免政出多门。这个意见是合理的。从中央一级看，国家教委是管教育的总口子，主要管方针政策以及协调各部门的工作，当前还要把好学历教育这一关。目前，国家教委还担负着审批成人高等学校的职责。今后，制定了新的管理条例，这种审批权也要逐步下放到各省市。如果省、市审批的学校不能保证应有的教育质量，国家教委可以予以撤销。

成人教育主要交由各地方政府管理，中央各部门主要是业务指导，并要有所分工。劳动人事部负责管理工人的培训。国家经委负责管理工厂企业的职工教育、岗位职务培训。中央组织部和劳动人事部分工负责管理党政干部教育。农牧渔业部负责管理农村的干部和专业技术人员的培训。其他各行各业的成人教育均由各行各业自行负责管理。

这些管理主要是业务上的指导和提供教学条件等方面的服务。各省、自治区、直辖市的各有关部门大体上也这样分工。会后将拟一个具体管理办法，下达各地，以解决好成人教育政出多门的问题。

第四，社会力量办学的问题。几年来，社会力量办学有了蓬勃发展，取得了很大成绩。从今年起，学生陆续要毕业，有的要求发给文凭。对已经国家教委批准的学校，可以自行颁发文凭。对未经批准的学校，采取如下办法：一是可以纳入各省市自学考试轨道，对考试合格者颁发文凭。二是自学考试覆盖不到的专业可由自学考试委员会组织学校同有关大专院校共同命题，进行考试。如果所学课程不足，可以适当延长学制，在保证质量的前提下，使大多数参加学历教育的学员有完成自己学业的机会。三是实行三种证书制度，即全科毕业证书、专业证书、单科证书。专业证书就是以专业要求为主的一科课程。如八百万中小学教师，由于历史原因，工作的原因，有的人达不到应有的学历标准，我们提倡发给专业证书。比如物理教师要把物理学好，还要学相关的数学和语文，还有教育学、心理学，大体这几门课程为一组，考试及格，发给专业证书。在劳动人事制度的改革政策中，对这几种证书加以承认，作为考核岗位合格证和提拔干部的依据。对于那些质量低劣、滥竽充数的要进行整顿，直至取缔。今后对颁发文凭的成人教育要从严管理。举办国家承认文凭的学校和专业一定要按照条例进行审批，一般不要跨省市设置分校。学生一定要参加入学统一考试。因为这关系到今后劳动者的素质、干部的素质和国家的教育水平。今年成人高校实行了全国统考，一百三十万人报考，录取近六十万人，比例很大。这种考试对成人有照顾，就是“低门槛”，进来后再补课，加强管理，严格考核。参加自学考试，实行学分制，是今后要取得文凭的两条路子。

这次会议是促使成人教育进一步发展的会议，标志着我国成人教育事业进入了一个新的发展阶段。会议的总精神是一要发展二要变革，要理顺关系，保证质量，要为愿意接受成人教育的人创造更多的学习条件和学习机会。希望各地结合当地实际情况，贯彻这次会议精神，同心同德，团结奋斗，把成人教育进一步推向前进，为社会主义现代化建设事业作出更大的贡献！

改进派遣留学生工作*

（一九八六年十二月二十二日）

中国派遣留学生的政策，不是一项权宜之计，而是对外开放政策的重要组成部分，对外开放是中国的基本国策，这个政策要长期坚持下去，因此，通过各种形式派遣留学生的政策也就不会改变。我们不仅从道理上是这样讲的，实际上也是这样做的。今年中共中央和国务院专门讨论了留学生工作并作出相应的决定，在第七个五年计划期间，中国派遣留学人员的数量只会增加，不会减少。

党的十一届三中全会以来，国家先后派出三万余人出国留学，还有一批人员自费出国留学。根据派遣计划和要求，目前已有一万六千余名公派留学人员学成回国。应当肯定，这几年派遣出国留学人员的工作取得了很大的成绩，在吸收国外先进的科学技术和经营管理经验，培养高级专门人才，提高人才素质等方面都发挥了积极的作用。

我们绝大多数出国留学人员在国外学习期间的表现是好的。他们热爱社会主义祖国，勤奋好学，成绩优良，遵守所在国的法律，尊重其社会习俗，和那里的人民友好相处。不少人在科研工作中还有所创新和突破，受到了国内外的好评，为祖国赢得了荣誉。学成回国的留学人员，在科研、教

---

* 这是李鹏同志在接受《瞭望》周刊记者采访时谈话的要点。

育、生产等岗位上努力工作，成绩显著，越来越多的人成为各个行业的骨干力量，为四化建设作出了积极的贡献。

当然，毋庸讳言，这项工作也存在一些问题。主要是我们派遣留学生所选择的学科与专业紧密结合国家建设的需要不够，有些学用脱节，再加上其他方面也有一些不足之处，以致影响了留学人员回国后作用的充分发挥。应当看到，中国长期处于封闭状态，一旦开放，几万人出去留学，出现这样那样一些问题是毫不足怪的。只要我们实事求是，正视缺点，总结经验，不断改进，我们派遣留学生的工作就会做得更好。

正是基于这样的考虑，国家教委根据中共中央和国务院决定的精神，经过反复酝酿，广泛征求各方面人士的意见，最近制定了《关于出国留学人员工作的若干规定》。无论中央、国务院的文件还是教委制定的具体规定，核心都不是为防止人才外流，这些文件的主要精神可以用十二个字来概括，即：按需选派，保证质量，学用一致。

过去公派留学人员在学科选择上，不尽合理。理论性学科，如数学、物理，相对而言，派的人多了一些；而国家建设需要的应用、管理等学科，人又少了。有的人研究的课题，不是中国实际急需的，结果学成回来不能很好地发挥作用。所谓“按需选派”，就是按四化的需要派遣，重点是加强应用学科、管理学科的派遣，对于理论性学科，还要给予足够重视，继续派人出国学习。对于社会科学、文化艺术方面的留学人员，今后也要适当增派，以便吸收国外文化领域和思想领域里好的东西为我所用。同时要适当调整公派留学人员去往国家的分布比例。国家不分大小，都各有长处，只有这样做，才能博采各国之长。

鉴于国内高等教育事业已有较大的发展，教学与科研水平都有较大的提高，今后培养研究生应立足于国内，以国内培养为主。因此，公派出国留学人员应在保证质量的前提下，着重派出进修人员、访问学者；除学习语言和个别特殊学科外，一般不派大学本科生；要适当减少攻读硕士学位的研究生，增加攻读博士学位的研究生，并积极开辟中外合作进行科学研究和培养博士生的途径。

为了做到学用一致，在出国留学人员的招生办法上也要进行改革。今后，大部分公派出国研究生由各用人单位派出，小部分由国家统一掌握。提倡单位派遣的好处：一是派出人员在国外选学的专业和课题符合国内需要；二是便于对出国留学人选的思想品德和业务水平进行全面考核，保证质量。

由亲友资助出国自费留学也是培养人才的一条渠道，应予积极支持。国家对于自费出国留学人员，要像对待公派留学人员那样给以关心和爱护，帮助他们解决遇到的困难和问题，鼓励他们学成回国，为四化建设服务。对获得学士学位以上的回国自费留学人员，国家在回国旅费和国内安家费等方面将给予帮助。在分配和使用上，将与公派出国留学人员一样对待，量才录用，发挥他们的长处。

“博士后”也是个人们比较关心的问题，我们的态度同样是积极的，只要其研究或实习的课题对我国的科技发展有益，我们就支持。即使有的项目暂时用不上，但将来有用，只要条件允许，我们也支持，并在审批手续上给予便利。

关于公派出国留学人员回国休假。你们知道，国家外汇还不富裕，但对此我们还是作了合情合理的规定。例如在国外留学年限时间较长的，可享受公费回国休假一次。这样做既可以使他们与亲人团聚，又可以增强对国内实际情况的了解，有利于他们联系实际，学用一致。对于公费研究生的配偶出国探亲，我们也作了合理的规定和适当的照顾。在这个问题上也应看到，我国还是个发展中国家，经济能力有限，不能与发达国家攀比。

现在教委制定的若干规定与过去有关规定相比，有的地方松了一些，也有的地方严了一些，但这都是根据中国的国情和几年来实践经验总结出来的，比过去更合理、更完善了。现在有一种说法，似乎严就是收，宽就是放。这种笼统地以宽严来衡量放收的说法，是不恰当的。如果我们作出决定不派或少派了，那是收了，而实际情况是，我们派出的数量并未减少，质量还有所提高，这怎么能说是收了呢？我在英国访问期间，也有人问，中国为了防止人才外流，将要求每个留学生出国前缴纳两万元保证金，当时我笑着回答说："我还没有听说过有这个规定呢！"

我们对派出去的人是放心的！我们相信派出去的人绝大多数是热爱社会主义祖国的，他们希望祖国富强，愿意将所学奉献给祖国的四化大业，用不着担心他们不回来。现在存在的情况是，有的人按时回来，有的人推迟了一些时间回来。当然，既是国家按计划派出去的人，就希望他们都能按计划如期回来，及早投身到四化建设中来，这样对整个工作有利。但有一些人，确因这样那样的原因，晚一点回来，也是可以理解的。

不久前，我与一些新老留学生座谈，大家从五十年代的留学生活，谈到今天遍及五洲的学生的情况，有一个共同的感受：出国留学是一件艰苦的事情。尽管国外的生活条件比较好，但是远离亲人，生活不习惯，语言不畅通，在这种情况下，还要完成学业，确实需要付出艰苦的劳动。留学生身在异国他乡，心里总是装着祖国，看到什么事情总情不自禁与祖国相比较，恨不能早一点学成归来报效祖国。两代留学生虽然成长条件、留学环境和教育模式都有很大的不同，但是他们热爱祖国、振兴中华的心愿是一样的。绝大多数中国留学生从自己生活实践中形成的政治信念，也是任何人改变不了的。

在一本杂志上，我看到有个五代留学生的提法，指的是从洋务运动以来中国派出的留学生，包括中国民主革命的先行者孙中山先生算是第一代；第二代是周恩来、邓小平等老一代无产阶级革命家；第三代是钱学森这一辈科学家；第四代是指像我们这样五十年代派出国的留学生；现在出国留学的算是第五代。第五代出国留学生的条件比前辈要好得多。现在科学技术发展很快，他们可以学到更先进的东西。他们思想活跃，知识面广，他们身上有不少我们不具备的长处、优点。历史发展的规律就是这样，一代更比一代强。我寄希望于他们，当然，同样也寄希望于更多的国内青年，他们之中很多人将成为祖国建设的栋梁之才。

谁想成才，谁就要准备艰苦奋斗。回国以后，生活条件不如国外，国家将尽可能地给予一定的照顾，但国家财力有限，照顾也是有限的，也不宜与广大人民群众的生活水平距离过大，在物质条件上肯定会比国外差一些、苦一些。但我说的艰苦奋斗，主要还不是指生活方面，而是指在事业上，事业上的道路是曲折的。要准备与国内的同志共同奋斗、共同创业，要知道我们从国外学到的知识和技术还必须与中国的实践相结合，还必须准备在事业上、学术研究上遇到困难，受到挫折，要有百折不挠的精神，经过千锤百炼，才能真正成为振兴中华的有用之才。

进一步做好外国专家工作*

（一九八六年十二月二十七日）

学习外国的先进经验、先进技术，一是要派出去，二是请进来。请外国专家来帮助工作，是我国对外开放政策的重要组成部分。

外国专家们不仅给我们带来了不少先进的技术和管理经验，而且在传播文化、教育思想等方面做了有益的工作。有些专家与中国长期患难与共，为中国的建设事业做了大量工作。

要进一步做好外国文教专家的工作，给他们创造必要的工作条件和生活条件，帮助他们了解中国，为他们传递正确的信息。

* 这是李鹏同志在全国外国文教专家工作会议上讲话的要点。

要对各行各业进行全面的气象服务*

（一九八七年一月六日）

气象部门的同志工作辛苦，生活清苦，特别是不少气象台站地处高山、海岛、荒远偏僻地区。在这种情况下搞好工作，提高气象人员的政治思想素质和业务技术素质，加强精神文明建设显得更加重要。赞成气象行业“准确及时，优质服务”的职业道德基本要求，赞成“一个中心，三个积极进行”[1]的总体设想。

去年气象服务有成绩，有偿专业气象服务搞得不错，可以继续开展，还要进一步扩大服务范围，开拓新的服务领域和市场。有偿专业服务要坚持两厢情愿，合理收费，双方受益。要针对用户的特点、需要，专门提供针对性强的气象服务，使用户真正受益。气象部门也可以合理收取一定费用，搞点综合经营，改善工作、生活条件，进一步调动气象人员的积极性。

气象服务的范围是很广泛的，灾害性天气预报服务很重要，日常的天气预报、情报、资料服务也很重要。要对各行各业进行全面的气象服务。发展农业生产要强调科学化、现代化，广泛利用气象，依靠气象，科学种田。水利部门也应这样。现在中央电视台播放的天气预报节目，经过几次改

---

* 这是李鹏同志听取国家气象局工作汇报时讲话的要点。

革，效果很好。来华旅游的外宾越来越多，他们对天气的变化很关心，除省会城市天气预报外，还可以再增加一些旅游城市的天气预报。

气象现代化建设要继续坚持采取少花钱而又简易可行的办法。比如，用甚高频电话组建省内辅助通信网，花钱不多，对加强局部地区灾害性天气的监测预报起了很大作用。也要十分注意发展和应用先进的技术和装备，加快气象现代化的步伐。要抓好中期数值天气预报业务系统这个大项目的建设，可以先内部试报，然后再对外发布。

气象工作从其特点出发，必须实行全国集中统一领导。气象部门应当进一步搞好服务，为当地领导组织防灾抗灾当好气象参谋。各级地方党政部门要加强对气象工作的领导，支持气象现代化建设。气象部门是事业单位，经费不多，不能向气象部门搞摊派，也不宜抽人去搞其他中心工作。

注　释

〔1〕“一个中心，三个积极进行”，即：牢固建立以提高气象服务的社会效益和经济效益为中心，积极进行气象现代化建设，积极进行管理体制、业务技术体制改革，积极进行社会主义精神文明建设。

坚持社会主义办学方向，反对资产阶级自由化*

（一九八七年二月十五日）

这次会议，是全国教育工作战线的一次重要会议。现在，我结合大家在会议讨论过程中提出的问题，讲一些意见。

一、关于教育战线开展反对资产阶级自由化问题

（一）学潮的性质及其严重性。

关于去年年底发生的学潮的性质，中央明确指出："去年年底波及不少城市的学潮，其性质是严重的。直接引发这一学潮的原因，各地各校有所不同。其中包括由于中央、地方以及学校某些工作中的失误所造成的对党的领导的不信任情绪。但总的来说，是几年来反对资产阶级自由化思潮旗帜不鲜明、态度不坚决的结果。"中央已经有了明确的提法，我们就按照这一口径进行工作，不再提其他新的提法。当然，这一提法是就整个学潮的情况说的，具体到每个学校、每个参加学潮的人，则有不同的原因和情况，要做具体分析，区别对待。但不管参加这次学潮的动机有什么不同，它

* 这是李鹏同志在国家教育委员会工作会议上讲话的主要部分。

的社会效果是不好的，这种做法是错误的。总之，我们在处理这个问题上，既要实事求是地指出这次学潮的严重性，又要在具体做法上坚持争取团结绝大多数学生，通过耐心细致的工作使他们能够分清政治上的大是大非。

（二）进一步稳定高等学校的局势，改进和加强学校思想政治工作。

反对资产阶级自由化，是今年教育战线思想政治工作的重要任务。新学期开学后，最迫切、最突出的问题是稳定学生的思想，消除少数学生中存在的抵触情绪，进一步稳定学校的局势。现在，中央对反对资产阶级自由化，旗帜鲜明，态度坚决，政策明确，社会舆论已经发生了变化，大的气候同过去不一样了。再加上寒假期间，学生家长和社会各个方面对学生做了大量工作，新学期开学后，如果没有特殊情况，估计在全国范围内，学生不会再发生大的事情。但是，问题并没有根本解决，有一部分学生对反对资产阶级自由化还不认识、不服气，极少数学生在坏人的挑动和唆使下，可能利用假期进行串连，所以也不排除在局部地方或个别学校发生闹事的可能性。因此，开学后，各地党委和学校领导第一项工作就是进一步稳定高等学校的局势。

稳定高等学校的局势与保持正常的教学秩序是互相促进的，各学校在开学以后要按计划坚持正常的教学工作，不要随意停课、减课，以保证教学任务的完成。

怎样稳定高等学校的局势呢？要在思想上武装学校的领导干部、党员、工作骨干和教师，他们是反对资产阶级自由化的依靠力量。要组织他们学习中央最近发的一系列重要文件以及邓小平同志的讲话，使他们充分认识这场斗争的严重性、重要性和长期性，掌握中央规定的一系列政策，消除他们本身在思想上存在的一些疑虑。骨干队伍的认识提高了，才能在广大学生中间有效地开展思想政治工作，否则，中央的方针、政策难以在学校落实。

要抓紧对学生的思想情况进行细致深入的调查研究。这是我们进行工作的基础和前提。现在，我们对学生的思想情况了解的还不深。经过假期后，学生的思想有些什么变化，哪些认识提高了，哪些思想还没有想通，是否还存在着闹事的因素，等等。只有把学生的思想情况了解清楚了，工作才能有针对性并收到较好的效果。

要针对学生的思想情况，深入细致地进行思想政治工作。如果学校的局势比较稳定，学生的思想也能冷静下来，学校就应当因势利导，进行正面教育；如果有的学校发现有闹事的迹象，就要对可能参与闹事的核心人物抓紧工作，晓以大义，把问题解决在萌芽状态中，解决在学校内部。

学生中存在的各种思想问题是长期形成的。冰冻三尺，非一日之寒。目前，少数学生还存在着抵触情绪。因此，工作一定要耐心细致深入，不可急躁、简单从事。工作简单化，不但不能解决思想问题，反而可能诱发新的问题，产生新的不安定因素。高等学校反对资产阶级自由化，一开始就要从改进思想政治工作入手。作为一个教育者，要研究如何针对受教育者的实际情况进行教育。不改进教育方法，受教育者听不进去，就达不到教育的目的。

各级地方党委要加强对高校开展反对资产阶级自由化教育工作的领导，领导干部要扎扎实实地亲自摸透一个或几个学校的情况，总结经验，指导全面工作。

各级党委特别是学校的领导，要经常深入到学生中去，同他们谈心、座谈，及时交流思想。要建立必要的制度，使学生有表达意见和要求的正常民主渠道，不要等事情发生了才去对话和做工作。对学生提出的合理要求和建议，要认真对待，并切实改进工作。学生的合理要求得到满足，学校工作切实有了改进，有利于消除不安定因素和稳定学生的情绪。对于那些虽然合理但一时又做不到的事情，要耐心解释清楚，争取学生的谅解和支持；对于那些不合理的要求也要明确地讲清楚，不能迁就和随意许愿，否则会给今后工作带来被动。

（三）教育战线开展反对资产阶级自由化的教育活动的范围、重点和政策。

中央已明确指出："这场斗争严格限于党内，而且主要在政治思想领域内进行，着重解决根本政治原则和政治方向问题，即主要是反对企图摆脱共产党的领导、否定社会主义道路的错误思潮。""党政军机关、城市企事业单位和人民解放军，主要是对广大党员进行正面教育"。教育战线反对资产阶级自由化，必须严格按照《中共中央关于当前反对资产阶级自由化若干问题的通知》的规定进行。

这场斗争严格限于党内，主要指的是对党内那些系统散布资产阶级自由化观点的人，要进行批评与自我批评，极个别的人在报请上级批准后，公开指名批评或作出组织处理。这些批评或者处理，绝不涉及党外人士，并且对广大党员来说，坚持以正面教育为主。这个方针是就全社会说的，当然包括教育战线在内。

就教育战线本身来说，有高等学校、中等学校和小学，它们之间情况很不相同。去年一些高等学校发生了学生闹事，有的高等学校的讲坛成了资产阶级自由化思潮泛滥的场所。因此，从教育战线内部来说，开展反对资产阶级自由化的教育工作，重点在高等学校。

在高等学校，要在广大师生中组织好学习。新学期的思想政治工作要以坚持四项基本原则、反对资产阶级自由化为重点。首先在根本政治原则和政治方向上分清是非，提高认识。学习内容主要是中央的一系列文件，邓小平同志的有关讲话，全国人大常委会最近通过的《关于加强法制教育维护安定团结的决定》，以及马克思、列宁和毛泽东同志的有关论述。

在城市中学，党员主要是进行正面教育，中学教师主要是进行学习。中学生主要学习全国人大常委会的决定。这些学习和教育都要纳入政治学习课程之中。

我们对整个学生队伍要有一个正确的分析和评价。应当看到绝大多数学生是热爱祖国、拥护四项基本原则、支持改革开放政策的，参加闹事的只是极少数。这极少数学生，也是在前几年资产阶级自由化思潮的影响下，程度不同地存在着一些错误言行，一般属于思想认识问题。他们也是错误思潮的受害者。对他们，要采取教育疏导的方针，使他们逐步提高觉悟转变认识。中央已经明确指出，对参加闹事的学生，凡是没有触犯刑律的，一概不予追究。应当依法处理的人也要控制在最低限度。这些规定是为了防止把反对资产阶级自由化这场斗争扩大化，防止重犯“左”的错误。国有国法，党有党纪。个别党员，虽未触犯刑律，但坚持资产阶级自由化思想，带头闹，有错误言论又有错误行动，经批评教育坚持不改，要根据其情节的严重程度和态度，给予必要的党纪处分。上述处理，也要在大多数学生思想觉悟有了提高以后的适当时候进行。

在这次学潮中，暴露出许多学校的一个突出问题，就是纪律松弛，法制观念淡薄。因此，各类学校，特别是高等学校，从今年开学起，就必须严格校规校纪，加强民主与法制教育。这项工作，不管学校发生过闹事与否，都要进行。对违反校规校纪的人，要适当进行批评教育，对问题严重的要给予处理。

高等学校对学生的培养目标，已经明确规定要拥护党、拥护社会主义制度。因此，对坚持四项基本原则的态度，对资产阶级自由化思想的态度，应视为考核学生政治品德的重要标准。今后，出国留学人员的选拔和研究生的录取，都必须掌握德才兼备的标准，择优录取，二者不可偏废。

哲学和社会科学教学，以及校报校刊等宣传舆论工具是学校的重要思想阵地。从前一段情况看，大学哲学和社会科学的教学内容总的是好的，但也有少数教师在课堂教学中讲了一些错误观点，学校出的一些报刊中的问题更多一些。对这些问题，要按照过去从宽、今后从严的原则，对过去的不搞清理，今后必须努力以辩证唯物主义和历史唯物主义为指导，结合中国和世界的实际进行教学。

（四）加强高等学校领导班子建设。

绝大多数高等学校的领导班子是拥护中央的路线、方针、政策的，是坚持四项基本原则的。在这次学潮当中，许多学校的领导、教师和骨干在第一线都做了大量的耐心艰苦的工作，经受了锻炼和考验。这证明了我们高等学校的领导班子基本上是好的和比较好的。但在这场斗争中也暴露出这样和那样的问题和失误，需要认真总结经验，在思想政治上进一步提高自己的水平。

同时要看到，在少数领导班子中确有一些同志对资产阶级自由化思潮抵制很不得力。有的领导干部甚至在思想上同资产阶级自由化思潮有共鸣，还有极个别的人鼓吹资产阶级自由化思想，在这次学潮中起了不好的作用。因此，有关的主管部门要会同地方党委，在调查研究的基础上，对所属学校的领导班子的状况认真地进行分析，区别不同情况，对少数问题较多的学校的领导班子，要分别予以加强、调整或整顿。

二、关于坚持高等学校的社会主义方向

高等学校的基本任务是培养社会主义建设实际需要的有理想、有道德、有文化、有纪律的人才。这是我们贯彻党的教育方针，实现教育为社会主义建设服务的关键所在。学校的各项工作都要围绕这个基本任务。对教育质量的要求，就是要使受教育者在德育、智育、体育等方面得到全面的发展，使我们培养的人才符合社会主义建设的实际需要。简要地说，就是全面发展，面向实际。这是对一切学校的共同要求和衡量教学质量的共同标准。为此，还需要进一步明确高校各个科类的培养方针。对文科、理科来说，除了需要培养少量的理论研究人员以外，主要的还是培养社会需要的能够从事各种实际工作的人才。根据这个方针，要逐步调整文科、理科各专业教学内容。对工、农、医、师范等科来说，

也要注意克服目前存在的向理科“靠拢”的倾向。

要改进研究生的培养制度，实行按需招生的原则。招收研究生，一要有合格的导师，二要有实际需要。今后招收研究生，按照这两个条件来确定招收数量和研究课题。要逐步提高从有实践经验的在职人员中招收研究生的比例。本科、专科的招生，也同样要注意招收有实践经验的在职人员，特别是文科和师范的一些专业，如政法、管理、政治教育等，要先实行这一改革。

要改进大学毕业生的分配制度。没有经过实践锻炼的大学生，包括本科、专科毕业生和研究生，不要直接分配到国家机关，一般也不提倡直接进入高等学校和科研机构工作。已经进入这些单位的，要给他们安排到基层实习锻炼的机会，并严格加以考核。现在大学毕业生一年的见习期，执行中往往流于形式，今后，要规定考察标准，建立考核制度，改变放任自流的状况。

向国外派遣留学人员，是我国对外开放政策的组成部分，今后仍要继续派遣。留学人员的选拔派遣，国务院和教委已经制定了专门文件，明确了按需派遣、保证质量和学用一致的培养方针，要认真贯彻落实。

为了保证高等学校的社会主义方向和党的教育方针的贯彻执行，必须加强党对高校的领导，加强学校党的建设和共青团的建设。学校党组织发展新党员，尤其在学生中发展党员，必须切实保证政治质量，成熟一个，发展一个。青年学生是共青团工作的重点之一，必须在学校党委领导下切实改进共青团的工作。学校的团组织要引导青年学生信任党、拥护党的领导，紧密地团结在党的周围，成为党组织贯彻教育方针、培养“四有”人才的有力助手。

现在大学生几乎都是团员，这种情况不一定好。为了保持共青团组织的先进性，要坚决纠正分数高就可以入团的做法。

经济管理干部学院是教育战线上一支重要力量*

（一九八七年二月十九日）

我们这些学院，有一部分是在过去各部委、各省市干部学校的基础上建立起来的。有些干校历史很长了。水电部的干校就是建国初期由老部长刘澜波同志亲自办的。所以，现在很多管理干部学院都是有老底子的。我们的许多干校继承和发扬了“抗大”时期的老传统，干什么，学什么。几十年来，为中国革命和社会主义建设事业作出了很大的贡献。

党的十一届三中全会以后，随着改革开放的需要，管理提到议事日程上来了。有一句很形象的话，四个现代化建设要靠两个车轮，一个是技术，一个是管理。只有一个轮子是独轮车，两个轮子才能走得快。在这个历史背景下，管理就逐渐被提到议事日程上来。各部委、各省市开始办起了管理干部学院。可不可以这样说，管理干部学院从十一届三中全会以来，走过了比较困难的历程。经过大家的努力，现在已经初具规模，积累了一定的经验，开始成长起来了，进入了巩固、提高的阶段。事实证明，这类学校是有生命力的。我们的教育事业有四个组成部分，即基础教育、职业技术教

---

* 这是李鹏同志在全国工交、财贸系统第三期经济管理干部学院院长研究班座谈会上的讲话。

育、高等教育和成人教育。当然，成人教育是多方面的，管理干部学院是成人教育中比较成熟的、办得比较好的、比较能结合实际需要的一种形式。我们要坚持实行改革、开放、搞活的政策。当前，改革的一个重要课题，就是扩大企业自主权，使企业有更大的活力。要办好一个企业，不仅要有一批技术人员，还必须有管理人才，当然还要有素质很好的工人。在企业里，工人是主体。前一段，成人教育在工厂里有个毛病，就是青年工人进厂没有几天就上电大，电大毕业成了干部，然后就要求调动工作。这样就把工人引导到追求学历、追求当干部上去了，这不符合工厂发展的方向。我们应鼓励工人安心于他们的工作岗位、安于职守，在自己的岗位上逐步学习提高，可以成为高级技工。技术水平特别高、有丰富实践经验的还可以当技师，要使他们觉得干好本职工作是光荣的、有前途的，对国家是有贡献的。不能把他们都引导到单纯追求学历上去。在上次全国成人教育工作会议上就特别强调岗位培训，干什么就学什么，缺什么就补什么。管理干部学院与其他成人教育院校不同的一点是，它的培训对象是干部，是培养企业里各专业的、或负责的管理干部，但是也应贯彻岗位培训这样一个原则，以岗位培训为主。刚才国家经委的同志讲了学院的任务，有三个方面，一是岗位培训，二是继续教育，三是学历教育。我看前两条是要长期搞下去的。因为技术上日新月异，管理上也日新月异，总要使我们的干部不断吸收一些新鲜的东西。至于学历教育，在今后的一定历史阶段，还得要搞一点。因为我们现在还有一批干部文化基础不够，需要接受学历教育。还有一些干部，有丰富的实践经验，年纪不大，事业心强，但过去没有学习文化的机会。这些人是很有培养前途的，要使他们进一步发挥作用，也应给他们以学历教育。对成人学历教育的要求，特别是对干部学历教育的要求，应该切合实际，不能像对普通大学生那样去要求他们。上面讲的管理干部学院承担的三个方面教育任务，是合乎实际情况的，也是我们今后办学的方向。至于哪个学校着重点放在哪个方面，可以根据各个学校的具体情况去办。但是应该明确，就全部经济管理干部学院来说，重点还是搞岗位培训，训练企业的领导干部、企业的管理人员。除了培训企业管理人才外，省市经济部门的管理干部、部委的司局、省市的厅局长一级干部的培训也应该放在管理干部学院或与之相类似的培训中心。当然，培训这些干部，需要一些更宏观的教育。

用人制度要和教育结合起来。无非是两种情况：一种是已经提拔起来、走上领导岗位的管理干部，但没有受过管理知识的系统训练，把他们抽到学校来培训深造很有必要。还有一种是后备干部作为选拔和推荐对象来进行培训。以后尽可能进入岗位前先培训，这也便于解决工学矛盾。现在各层领导干部副职大大减少，工作忙得不得了，再抽他们学习，负担很大。所以，铁道部的做法是个好经验，先培训，后任职，经过培训和考核后再上岗。总之，管理干部学院的学习制度要和用人制度结合起来，才有生命力。

关于师资问题。天津经济管理干部学院的同志讲了七条师资来源，也可能是八条、九条，反正是多渠道。但应有主体，管理干部学院要有自己的师资队伍，这个学校才能办起来。任何一个学校，任何一个教育部门，教学质量怎样，学校名声怎样，都取决于师资队伍，当然，还要有其他的条件，如好的实验室、现代化教学仪器设备、好的校园，但是决定因素是师资队伍。管理干部学院要办好，要持之以恒，必须建立一支比较巩固的师资队伍。干部学院与其他学校有一个不同点，要求尽快传授新的信息、新的知识。所以，完全靠自己的师资队伍是不够的，要更多地从外面汲取营养，这就要聘请企业家，有丰富实践经验的技术干部、管理干部，以及其他单位或院校的人，作为兼职教师来学院讲课。这要形成一个制度。

大家提到一个双学位的问题。现在中国有个普遍问题，虽然技术干部也缺，但管理干部更缺。这是由于我们企业过去长期是生产型的，不注重经营管理的结果。现在要发展社会主义有计划的商品经济，注重经济效益，原来的状况就不符合这个要求了。这就需要大批懂财务、会计、供应、销售等方面的专业人才和会经营管理的领导干部。

我们长时期搞的是单纯生产型企业，使得技术干部在企业受到重视，管理干部不受重视。在大学里专业设置上也反映出这个问题，相对地说，过去我们培养的技术干部多，管理干部少。这是多少年的问题，一下子改变也不容易。首先要在高等教育的学科规划与专业设置上，把经济方面、经营管理方面充实起来。同时，也要从现有干部中培训出一批这方面的人才来。所以，今天提出第二学科、第二学位的问题。就是一部分有技术工作经验的人，用一两年时间，学第二学科，就像研究生一样，学完几门功课，取得第二管理专业的学历或学位，这是造就大批管理人才的一个好办法。双学位是有一定吸引力的。有的厂长有自学能力，可以不脱产，自学教材，参加一定时间的面授，完成学校规定的课程和学时，经考试合格后，获取第二学位。这种办学形式，可以在大学搞，也可以在办学条件好的管理干部学院搞。

我听了大连管理干部学院讲的经验，他们学校办得很活，和生产相结合，和管理、科研相结合，这也是个方向。不仅讲课的人要从实践中来，而且要把学到的东西用到实际中去，也要利用学校的有利条件，向企业提供咨询服务。这样可以起到两个作用：一是帮助企业提高管理水平，提高经济效益，为社会作出贡献；二是可以验证学校教的东西有没有用，是否符合实际，从而帮助学校提高教学水平。同时，学校与企业建立联系，帮助企业培养人才，改进管理，可以在经济上得到企业的资助，改善学校的办学条件。

培养研究生可以在国内办，自己培养，可以请一些外国教师来授课，但不要脱离了中国今天这个实际，不仅学管理要结合中国实际，就是学技术也要同中国实际相结合。我有这方面的体会。外国技术很先进，这和他们整体工业发展水平相适应。你把外国某一项最先进的技术拿来后，可能在中国用不上。因为他这项技术，材料要最好的，原料也要最好的，你的东西不配套，结果他那个技术引来后就不能发挥作用。但是，有一些技术或设备，既有一定的先进性，又合乎中国的实际水平，虽然不是世界上最先进的，但对我们有用处。所以，学技术不能脱离中国实际。学习国外的管理，更要结合中国的实际。例如中国的分配制度，就不能照搬日本那一套。日本可以发个小红包，这是日本的历史传统形成的。我们有的单位一发小红包，把思想搞乱了。又如，美国是讲人才的，但流动性非常大，中国就不能这样做。有一点流动是可以的，大的流动，就会引起动荡。当然，工业发达国家有几百年的生产经营管理经验，其中确实也有好的经验，值得我们联系中国的实际情况去学习和借鉴。

经济管理干部学院是我国教育战线上一支重要的力量，经济管理干部的培养和教育是一个很有前途的事业。希望大家不断总结经验，把学校办得更好，为社会主义现代化建设作出更大的贡献。

关于学校的思想政治工作*

（一九八七年三月二十八日）

我们办教育的根本目的是培养为中国社会主义建设事业服务的各方面的专业人才，我们在学校加强思想政治工作是为了造就大批有理想、有道德、有文化、有纪律的新一代建设人才。我们还准备建立一种制度，让学生接触实际，以便他们毕业后能更好地为祖国四化建设服务。在学校加强思想政治工作的一个重要内容就是进行反对资产阶级自由化的教育。进行这一教育不但不会影响对外开放，相反，我们要鼓励师生更好地吸收外国的好东西和先进的科学技术；也不会因此而影响他们对自己感兴趣的问题进行自由讨论，不会压制民主，相反，我们要开辟各种渠道，鼓励他们向政府提出各种批评、意见和建议。当然，我们的思想政治工作本身也要改进，使学生乐于接受，产生好的效果。

派留学生出国，是我国开放政策的一个组成部分，我们前些年这样做，今后还要这样做，这一政策不会改变。当然，我们要总结这几年的经验，在做法上作些适当调整，目的是把这一工作做得更好。

---

* 这是李鹏同志在六届全国人大五次会议第二次记者招待会上答记者问的一部分。

大学要培养品学兼优、德才兼备人才*

（一九八七年四月二十三日）

大学要加强对学生的思想政治工作，组织学生接触社会、联系实际、参加实践活动、开展自我教育，这是大学生健康成长的一条重要途径。对学生的思想政治工作，不仅大学要抓，还应该从中学、从小学抓起。

我们实行教育改革的根本目的是为了解决培养什么人的问题。我们学校就是要培养拥护社会主义的、品学兼优、德才兼备的“四有”人才。衡量一个大学的质量好不好，不能单纯地看它研究生有多少，也不能单纯地看学生掌握了多少科学文化知识，而要看它培养出来的学生在社会上起什么样的作用。

由于我们国家的财力、物力有限，今后要积极发展成人教育。

---

* 这是李鹏同志考察重庆期间与重庆大学领导和师生代表座谈时讲话的要点。

依靠教职员工办好教育事业*

（一九八七年五月二日）

中国教育工会第三次全国代表大会的召开，是全国教育战线的一件大事。首先，我代表党中央、国务院向大会致以热烈的祝贺，向全体代表并通过你们向全国一千二百万教育工作者和教育工会干部、工会积极分子致以亲切的问候和崇高的敬意。你们的大会在全体代表的努力下，开得很好！大会提出的工作任务，符合党的教育方针，符合教育战线实际，符合广大教育工作者的心愿，我热烈祝贺大会的圆满成功。

中国教育工作者有着光荣的革命传统。这就是把自己的命运同国家和人民的命运联系在一起，自觉地接受中国共产党的领导，并且献身于人民大众的教育事业。概括起来，就是爱党、爱国、爱教育。在民主革命时期，许多教育工作者追求马克思主义真理，同工农相结合，投身革命事业，满腔热情地为革命培育人才，为推翻三座大山，创立社会主义社会，建立了伟大的功勋。陶行知、吴玉章、徐特立等都是现代教育工作者的光辉榜样。建国以后，我国广大教育工作者为发展人民的教育事业作出了巨大的努力。尽管在前进的道路上经历了政治上的风风雨雨，但他们都能始终不渝地坚信

* 这是李鹏同志在中国教育工会第三次全国代表大会闭幕式上的讲话。

党，坚信社会主义，热爱祖国，忠于人民教育事业。党的十一届三中全会以后，知识分子的地位发生了根本的变化。我国教育工作者拥护党的路线、方针、政策，珍惜安定团结，为教育事业倾注心血，为社会主义现代化建设培养了大批人才。特别是去年年底，由于资产阶级自由化思潮泛滥，发生了少数学生闹事的情况，我们的广大教师能够根据四项基本原则明辨是非，主动做学生工作，对稳定高校局势，维护安定团结的局面发挥了积极作用。这一切都说明了我国的教育工作者确实是一支可以信赖的、值得尊敬的好队伍。他们不愧为工人阶级的一个组成部分，不愧为社会主义建设的依靠力量。

同志们，我们现在正处在一个新的伟大历史时期。党的十一届三中全会确定了从中国实际出发，建设具有中国特色的社会主义的路线。这条路线的基本点是两条：一条是坚持四项基本原则，一条是坚持改革、开放、搞活的方针，两者互相联系，缺一不可。我们一切工作，包括教育工作都必须坚定不移地、全面正确地贯彻这条路线。根据这个精神，前不久召开的六届全国人大五次会议通过的政府工作报告，对我国当前的经济和政治形势进行了实事求是的分析，提出了当前全国要集中力量办好两件大事，以及在经济、政治及各个领域的重要方针和任务，我们应该认真学习、认真贯彻。

在教育战线，全面、正确地贯彻三中全会以来的路线，当前也要抓好两件大事：一是要坚持四项基本原则，反对资产阶级自由化；二是要继续进行教育领域各项改革。四项基本原则是我们立国治国的根本，是社会主义现代化建设顺利进行的根本保证。资产阶级自由化思潮企图摆脱共产党的领导，否定社会主义制度，主张全盘西化，这是违背全国各族人民的根本利益的。我们要清醒地看到，虽然教育界鼓吹资产阶级自由化的人是极个别的，但其影响不可低估。我们必须旗帜鲜明地开展坚持四项基本原则的教育，把反对资产阶级自由化坚决健康持久地坚持下去，决不能半途而废。去年的事件应当引起我们认真的思考，学校到底要培养什么人的问题，严肃地提到我们的面前。这是关系到我国社会主义事业由什么样的一代人来继承，关系到党和国家的命运和社会主义事业前途的大问题。我们一定要从中认真吸取经验教训，加强学校的思想政治工作，全面贯彻党的教育方针，把培育有理想、有道德、有文化、有纪律的一代社会主义新人，作为各级学校的根本任务。希望我们所有的教育工作者和教育工会都来关心这个问题，经过大家共同努力把我们的学校办成具有中国特色的、培育社会主义一代新人的坚强阵地。

我们要继续贯彻《中共中央关于教育体制改革的决定》，贯彻义务教育法，改革教育管理体制，调动教育战线的内部活力，充分发挥广大教职工的积极性，改革教育结构和相应的具体制度。特别是要改革与社会主义现代化建设不相适应的教育思想，树立正确的教育观、人才观和质量观，以社会实践作为检验教育工作的标准，沿着正确的方向改革教育内容和教育方法，扎扎实实地提高教育质量。

实现教育改革，是一项长期复杂的任务，必须依靠全体教育工作者的努力。我们办教育必须有许多重要条件：要有领导的重视，要有一定的物质经济条件，要有全社会的支持等，但是归根到底是要依靠教师。我们教育战线的各级领导同志都要牢固树立起依靠全体教职工，特别是依靠教师办好学校的指导思想。把教职工的积极性、创造性充分发挥出来，这是我们事业活力的源泉。培育社会主义新人，包括加强和改进学校思想政治工作，主要的途径就是依靠教师教书育人，管理干部和后勤职工要搞好管理育人、服务育人。学校的一切工作都要围绕育人这个根本任务来进行。你们的大会提出了充分发扬教育工作者的主人翁精神，培育社会主义一代新人，提出了坚持教书育人、为人师表的任务。我认为提得很好，提得正确。许多有高度责任感的教育工作者在教书育人方面身体力行，做出了榜样，创造了良好的经验。作为一个教师，总是希望把自己的学生培养成对国家和人民有用的人才。因此，教书育人既符合建设有中国特色的社会主义的需要，也符合广大教育工作者的心愿。我们希望全体教育工作者，特别是负责领导工作的同志们，要从我国社会主义事业能够代代相传这个历史高度来认识这个问题。一个学校办得好不好，不能只看它有多高的升学率，有多少研究生，最根本的是看它培养出的学生全面素质如何，是看它能否培养出社会主义事业的有用之才。建议国家教委和全国教育工会制订相应的规定，使教书育人成为评估学校、评估教师、表彰先进、晋级评职的重要依据。我相信，只要我们认真、全面地贯彻党的教育方针，充分发动和依靠千百万教育工作者，目标一致，群策群力，一定能开创教书育人的新局面。为了更好地做到教书育人，教育工作者自身必须努力学习马克思主义理论，学习党的路线、方针、政策，学习业务，了解社会实际，学会做学生思想工作的方法，提高师德修养，做到为人师表。

我们要依靠教职工办好学校，就必须坚定不移地贯彻党的知识分子政策，充分发扬民主，努力创造民主、团结、融洽、活跃的气氛，并且逐步改善工作条件和生活条件，从而充分发挥广大教职工的积极性和创造性。

建设高度的社会主义民主，是我们党和国家坚定不移的目标，我们反对资产阶级自由化，并不会妨碍发展社会主义民主，而且应该更好地发扬民主。在知识分子集中的地方，特别要加强基层单位的民主生活和民主管理，更要注意加强民主化建设。《中共中央关于教育体制改革的决定》中规定：学校要建立和健全以教师为主体的教职工代表大会制度，加强民主管理和民主监督。这个规定要积极贯彻。经过几年的努力，教代会制度在各类学校已经不同程度地建立起来，或者正在建立，高等学校已建立的占百分之六十，中小学占百分之八十一，这是很大的成绩。今后要进一步巩固、发展和完善。除了这个基本的制度之外，还要开辟民主对话的多种渠道，沟通思想，加深理解，消除隔阂，建立和发展领导与群众之间、师生之间的社会主义新型的人际关系，提高广大教职工的主人翁责任感，最大限度地发挥广大教职工的社会主义积极性和创造性。

提高教师的社会地位，改善他们的工作条件和生活条件，是党和国家坚定不移的方针，这是毫无疑义的。今后，我们要提倡少说空话、多办实事。各级领导要采取有效措施逐年为教师解决一些实际问题。现在我们国家经济形势总的看是好的，但还有不少困难。国家和地方的财力还不能满足教育的需要，许多困难问题只能随着经济的发展逐步加以解决。这一点，教育战线上的教职工同志是能够理解的。但是决不能以此为借口，对经过努力可以解决的问题也不去积极设法解决。现在在一些教育工作者中，特别是农村教师中存在的实际困难还很多，各级领导部门要予以关心和帮助，教育工作者的工作条件和生活条件必须逐步地得到改善。现在一方面教育经费比较紧，另一方面教育经费的分配、使用不当，效益不高，浪费、挪用等现象还普遍存在，必须切实加以纠正。

我们要依靠教职工群众办好教育事业，就必须依靠教职工的群众组织。中国教育工会是全国教育工作者最广泛的群众组织，是我国一个重要的社会政治团体，要充分发挥其作用。教育工会在历史上曾经遭受波折，使教育系统的群众工作长期处于萎缩状态，这是一个大的损失。在党的十一届三中全会路线的指导下，教育工会恢复了组织和活动，八年来在协助党落实知识分子政策，提高教师地位和改善教师生活，反映教职工的意见和呼声，推进学校民主管理，进行群众性思想政治工作，开展教书育人、为人师表活动，提高教职工素质，促进教育改革等许多方面，做了大量的工作，取得了很好的成绩。教育战线取得的成就，其中就有教育工会组织，特别是几十万工会积极分子的一份功劳。各级领导应当关心、支持他们的工作，把教育工会进一步建设好，使之真正成为党联系教职工群众的纽带，成为各级教育行政部门的坚强后盾和亲密合作者，成为广大教职工权益的代表者和维护者。教育工会要团结广大教育工作者，深入了解和反映教职工的呼声和意愿，做他们的知心人，替他们说话办事、维护教职工的正当权益。同时教育工会还要组织教职工的自我教育，克服自身队伍中的错误思想和行为。教育工会是工运战线的一部分，也是教育战线的一部分，在工作上有其自身的规律和特点。各级党政领导要重视和支持教育工会，善于依靠工会做好群众工作。现在，教育工会的组织还不健全，干部配备和素质还不能完全适应教育事业发展的要求，各级党政部门有责任帮助教育工会改善工作条件，加强组织建设，提高干部素质，使他们有职有责有权，能够按照党的方针政策积极主动地开展工作。国家教委和各级教育行政部门要主动加强同工会的联系和对话，在研究、制定和贯彻有关教职工的政策和制度时，应吸收同级教育工会参加必要的会议和工作。广大教职工要以主人翁的身份积极参加教育工会组织和活动，爱护和建设好自己的团体。

同志们，我国的教育事业要有很大的发展，我国的教育改革还有大量的工作要做，在这当中教育工会是大有作为的。党和国家对教育工作者寄予厚望，对教育工会组织寄予厚望。我们相信，通过这次代表大会，将进一步鼓舞全国教育工作者和教育工会工作者，为争取我国社会主义教育事业取得新的胜利而团结奋斗！

中国职工教育的总方针*

（一九八七年五月七日）

国际劳工局举办的“九十年代教育面临的挑战——亚太地区工人教育讨论会”，今天在北京开幕，我代表中国政府和国家教育委员会对讨论会的召开表示热烈祝贺，对国际劳工局的各位官员们，对来自亚太地区各国的代表们表示热烈欢迎。

现在，中国人民正在坚定不移地执行深入改革和对外开放政策，团结一致地建设具有中国特色的社会主义，逐步把我国建设成为现代化的、高度文明、高度民主的社会主义国家。要实现这个宏伟任务，离不开人才的培养，离不开教育的发展。中国政府把发展教育作为长远战略，在“面向现代化，面向世界，面向未来”的思想指导下，努力实施教育改革，加速智力开发，促使教育事业有个大的发展。

在中国的整个教育事业中，包括职工教育在内的成人教育占有极其重要的地位和作用。职工教育主要是对已经走上生产岗位的劳动者进行教育，它能够直接提高劳动者和工作人员的素质，从而直接提高经济效益和工作效率；它同时也

---

* 这是李鹏同志在“九十年代教育面临的挑战——亚太地区工人教育讨论会”开幕式上的讲话。

能够促进整个社会的精神文明建设，促进有理想、有道德、有文化、有纪律的劳动者的培养。这些年来，我国职工教育事业无论在办学规模、学员数量以及教育质量方面，都有了较大的发展和提高，但是仍然满足不了社会主义现代化建设和广大劳动者的要求。

中国职工教育的总方针是，一要发展，二要改革。我们正在把职工教育从以学历教育为主，转向以提高本职工作能力为主的岗位职务培训；正在继续发挥各方面力量办学，特别是联合办学的积极性；正在采取多种多样的教学形式，采用各种各样的教学手段，特别是发展电化教育，开办专门的卫星电视教育频道，不断开拓职工教育领域。通过改革，提高教学质量，为广大劳动者提供更多的学习条件和学习机会，从而把职工教育推向一个新的发展阶段。

发展职工教育，工会是一支重要力量。中国工会有着长期办学的光荣传统。他们采取多种多样的形式，创办了大量的各级各类业余学校；他们积极参与国家有关职工教育方针政策和重大决策的制订，并监督其执行，为职工教育事业的发展作出了积极的贡献。中国政府将继续支持中国工会发展职工教育，教育行政部门要进一步同工会密切配合，共同努力，办好职工教育事业。

中国政府在发展教育事业过程中，十分重视国际上教育事业的有益经验，乐于在这方面发展同各国的合作。这次国际劳工局在北京举办职工教育讨论会，邀请亚太地区国家从事职工教育的领导人和专家来探讨职工教育所面临的挑战，是十分有益的。我衷心祝愿这次讨论会为推动亚太地区和世界工人教育事业的发展作出积极贡献。

明确办学指导思想，
提高思想政治工作水平*

（一九八七年五月十八日）

国家教委和中宣部召开的这次会议主要是学习和贯彻《中共中央关于改进和加强高等学校思想政治工作的决定》。

关于加强高等学校的思想政治工作，去年教委发了一个文件，中央批转了。那个文件的基调是好的，但是由于历史条件的限制，那时候认识深度还不够。特别是没有像现在这样清楚地认识到，造成思想政治上一些混乱的主要原因是资产阶级自由化思潮的泛滥；对学生进行思想政治教育是整个教育工作的重要的组成部分；改进和加强思想政治工作的措施也不够有力。

大家在讨论中反映，《决定》在指导思想上是明确的，又有一些实实在在的政策性措施，是符合高等学校实际情况的，便于贯彻执行。

针对大家在会议中提的一些问题，我着重讲几点意见。

* 这是李鹏同志在全国高等学校思想政治工作会议上的讲话。

一、《决定》总的指导思想符合党的基本路线

党的基本路线是以经济建设为中心，有两个基本点：一是坚持四项基本原则，一是坚持改革开放。《决定》把这两个基本点有机地结合起来了，而不是片面地强调哪一个方面。

今年年初开始的反对资产阶级自由化的正面教育发展是健康的。这次会议强调两个基本点的宣传，是为了更加深刻地认识它的重要意义，从而使改革开放更加持久、健康地深入下去。

二、加强学校思想政治工作，必须明确办学指导思想

办学指导思想本来是很明确的，但是近几年产生了一些混乱。一些学校重视了智育，对德育、体育重视不够；重视了传授理论知识，对实践环节重视不够。中学就有片面追求升学率的现象，有的地方把有多少学生能考上大学作为衡量中学教育成败的唯一标志。有的大学又把培养多少研究生、有多少出国留学生作为衡量大学办得好坏的唯一标志。高等教育的任务，应当是培养出为社会主义建设需要的实用人才。他们应该热爱社会主义，热心于改革和开放。我们是共产党领导的社会主义国家，人民花了钱、出了力，如果培养出来的学生却成了资产阶级自由化思想十分严重的人，成了社会主义制度的反对者，那就是我们教育工作的失败。所

以，《决定》的核心是解决好办学指导思想问题。

我们的教育方针是明确的，在不同时期有一些不同的提法，但总的精神是一致的，都是要培养德、智、体全面发展，为社会主义建设服务的合格人才。大学生的主流是好的，但也存在不少问题。学校的思想政治工作者有很大进步，同志们在第一线做了大量的、艰苦细致的工作，非常辛苦，取得了不少成绩。但是也要看到，学校的思想政治工作也是有缺点的，还有许多需要改进的地方，对此也要有清醒的头脑和正确的分析。

三、思想政治教育是一门科学

《决定》肯定了思想政治教育在整个学校教育工作中的地位、重要性，但是，还应该明确思想政治教育是一门科学。科学就要有自己的规律，并且要有发展，就要有这门学科的专家，要像对待其他学科一样来研究它的发展，来培养这方面的专家和教授。思想政治教育是塑造人的科学。每个时代的青年都有自己的特点，当代的青年在改革开放的环境中成长，有许多有利的条件，同时也遇到复杂的环境。我们就要研究适应新形势和当代青年特点的思想政治教育的新的内容、形式和方法，仍然用过去的老办法不一定都能发挥作用。不是讲要“入脑”吗？都用老办法恐怕就入不了脑。如果没有从事这项工作的专家、教授，就不可能提高思想政治教育的水平，就不能适应改革开放形势的需要。思想政治工作人员如果还只是一般地懂得党的方针、政策，了解党的传统，而不了解教育对象的特点和要求，没有一套科学的方法，就很难做到“入脑”。思想政治教育这门科学，有具体的对象，有实际的需要，是大有作为的事业。

思想政治教育既然是一门科学，就应当以此来要求思想政治工作队伍。这支队伍首要的问题不是增加很多人，而是要提高它的水平。今后这支队伍还是要从品学兼优的学生中选拔。这有两个好处，一是他们也生活在学生中，熟悉他们的情况，有更多的共同语言；二是他们自己也具有专业知识，便于开展工作。选拔这些人来担任班主任、辅导员，搞“双肩挑”，有利于克服政治与业务“两张皮”。这是我们今后培养德育教师的一个重要途径。而且，过去的实践已经证明，这样做还可以为党政部门、厂矿企业培养一大批骨干。思想政治工作的高层次人才可以通过设立第二学位、培养研究生等办法来解决。在《决定》中，还制定了一些政策和措施，来加强这支队伍的建设，为他们创造必要的学习、工作条件。这也是很重要的。

四、教师要做到教书育人，为人师表

学校办得好不好，关键在于教师。社会主义高等教育的一个重要特征，是我们要培养一代又一代有理想、有道德、有文化、有纪律的社会主义新人。这就要求教师不仅要传授文化科学知识，而且要有坚定正确的政治方向，高尚的思想道德情操，并以此来影响和教育青年学生。做好学生的思想政治教育，决不仅仅是专职队伍的任务，也是所有教师的职责。教师政治上比较成熟，教师的话学生也往往容易听进去，广大教师都能做到教书育人，思想政治教育就会出现全新的局面。

教书育人、为人师表是我们党的教育工作的优良传统，也是我们中华民族的好传统。孔子就主张要教学生如何做人的道理。遗憾的是，这个好的传统在十年动乱中受到了严重干扰和破坏，使得一些教师不愿做学生的思想政治工作。这些年来，各个学校也补充了一批年轻的教师，他们大多是前几年毕业的，他们现在的思想状况，必然会影响现在的学生。《决定》明确提出了要调动广大教师的积极性，既做好教书也必须做好育人，并且为搞好这项工作制定了一些措施，提供了必要的条件。

五、要把思想政治教育提高到一个新水平

改革开放是建设有中国特色的社会主义的一个基本点。几年来，高等学校开始了校长负责制的试点，试行了奖学金制度，实行了新的毕业生分配办法，增加了招收研究生的比例，积极开展国际交流，派遣留学生，聘请专家，引进图书资料，组织国际学术会议，对高等教育的发展和改革都有很大益处。因此决不能因为反对自由化就搞封闭，封闭的结果只能是落后、倒退。在改革开放的环境中，从外面进来的东西未免鱼龙混杂、泥沙俱下。对于各种腐朽、落后、消极的东西，完全不让学生接触是不可能的。要使思想政治教育“入脑”，使广大学生对各种错误思潮具有识别能力、抵制能力和免疫能力，就必须研究和改进我们的思想政治工作。如果采取封闭的办法，不让学生接触不好的东西，就如同在温室里培养的花朵一样，是经不起风雨的。

马克思主义是在斗争中发展的一门科学，通过对正确与错误思想的比较和鉴别，青年学生就能更好地掌握马克思主义。对一些在学生中影响较大的思潮，什么萨特的存在主义，尼采的哲学，弗洛伊德主义等，我们要认真研究，用马克思主义的立场和观点引导学生正确地认识和分析这些思潮。即使是有些不健康的错误的东西，也可以组织学生讨论，最坏的情况无非是错误的观点一时占了上风，也可能是正确的和错误的观点都有，更多的情况是好的观点占上风。就是错误的观点一时占了上风，也不要怕，起码暴露了思想，引起了重视，可以有针对性地组织第二次、第三次讨论。真理总是越辩越明的，马列主义观点终究是会占上风的。

根据实践论的观点，要使广大学生树立正确的世界观和人生观，最根本的途径在于参加社会实践。只有接触社会，接触实践，联系人民群众，学生的思想才能健康成长。目前，对这个问题的认识是比较一致的，要从两个方面抓起：一是提倡全社会都来支持，把培养合格的大学生当作自己的责任，为他们参加社会实践提供条件。二是高等学校要总结经验，在引导学生参加社会实践方面走出一条路子来，要发挥高等学校智力和科研的优势，为学生参加社会实践的单位提供技术咨询、业务培训、普及文化科学知识等服务。要坚持勤俭节约的方针，实践基地就地就近安排，采取多种形式，生动活泼地进行。

六、关于学校的领导体制

高等学校的校长应当努力成为社会主义的教育家。现在一个学校就是一个社会，一校之长什么都要管，要管教学，做思想政治工作，也要管生活。因此，校长不但要有较高的业务水平，而且要有较高的思想政治素质，较强的组织领导能力，并且年富力强，能够胜任繁重的工作。从这个要求来看，成为一个社会主义大学的校长是不容易的。专家、教授可以在治学方面非常出色，但不一定都能够治校。现在有些校长一时还达不到这个要求，但可以朝着这个方向去努力，努力成为治校的教育家。

现在正在进行校长负责制的试点，要及时总结经验，逐步加以完善。实行了校长负责制的学校，学校党委仍然要对思想政治工作负责。党委要发挥政治核心作用，就是贯彻党的路线、方针、政策，执行党和国家的教育方针，讨论决定办学中的重大问题，按照党管干部的原则决定干部任免，保证学校的社会主义方向，培养德才兼备的合格人才。

七、全党全社会都要关心青年学生的健康成长

这个问题在《决定》中已经提出了一些原则，以后可以搞些配套文件。同志们回去以后要向党委和政府汇报这次会议的情况。各地党委和政府要紧密结合自己的实际，抓紧研究和落实《决定》，加强学校思想政治教育。各地党委和政

府，中央有关部门要切实地把教育工作提到议事日程上来。不仅关心学校的教学、科研和后勤工作，特别是要关心教师、学生的思想动态。对学校的思想政治教育情况，每年要召开会议专门讨论一两次，认真分析、研究办法。不要等出现了问题，再临时抱佛脚。在高等学校比较集中的地方，尤其要这样做。要把领导干部同师生对话形成制度。我建议省委常委、正副省长都要联系一所高等学校，经常下去了解情况，解剖麻雀、指导工作。要关心学校领导班子的建设，对一些领导不力的班子的加强、调整和整顿工作要抓紧进行。

八、关于当前的思想政治教育工作

要抓好党的路线的两个基本点的教育。要组织有马列主义理论基础、熟悉经济建设和改革情况的负责人到学校介绍情况，深入搞好正面教育。要组织好今年暑假大学生参加社会实践的活动。最近中宣部、国家教委、团中央联合发了通知，做了部署，各地、各部门和各高等学校要抓紧落实工作。暑假期间还要注意发动学生家长和亲友做学生的思想政治工作，这是一支不可忽视的社会力量。要注意搞好今年的毕业分配教育，提倡和引导青年学生到基层、生产第一线、教育第一线去，到需要人才的边远地区去。要进一步稳定高等学校的局势，各级党委和学校的领导同志不能麻痹。要重视对骨干的培训，不断扩大党的积极分子队伍，把广大青年学生引导到正确的方向上来。

同志们，这次会议大家统一了认识，明确了任务，一定要狠抓落实，把学校思想政治教育推向前进。

全社会都要关心和保护少年儿童的健康成长*

（一九八七年五月三十日）

今天，党中央书记处在这里举行少年儿童工作者座谈会，各条战线上的新老少儿工作者济济一堂，共同商讨在坚持四项基本原则和改革开放的形势下，培养教育新一代少年儿童的大事，必将得到全社会的赞成和关注。刚才全国儿童少年工作协调委员会、中国儿童少年基金会对孙敬修等四位从事少年儿童工作作出杰出贡献的同志授予“热爱儿童”荣誉奖章，这是值得大家庆贺的事。借此机会，我代表党中央、国务院向在座的各位同志，并通过你们向全国从事少年儿童工作的同志们表示崇高的敬意和亲切的问候！

随着我国四化建设的前进步伐，少年儿童事业蓬勃发展，不断取得新的成就。少年儿童教育正在得到加强，少年儿童文化艺术正在逐步发展，少年儿童体育生活用品日益增多，少年儿童工作者队伍不断发展壮大。现在，越来越多的人认识到少年儿童教育工作的重要性，一个有利于少年儿童身心健康的学校、家庭、社会三结合的教育环境正在逐步形成。但是，这些成绩用时代的要求、人民的要求、党的要求来衡量，还是远远不够的。少年儿童的教育是一项基础工

---

* 这是李鹏同志在少年儿童工作者座谈会上的讲话。

程，是关系着提高全民族素质和社会主义事业长远未来的大事情。要使这一代少年儿童成长为社会主义建设的可靠接班人，我们还要做很大的努力。

我们从事的是人类历史上最伟大的事业，同时也是艰巨而长期的事业，需要一代又一代的人不断奋斗，才能最终实现我们的理想。少年儿童是继往开来的一代，培养和教育好少年儿童，使他们健康成长，是使我们的事业后继有人的百年大计、千年大计。邓小平同志“教育要面向现代化，面向世界，面向未来”的指示，正是从这一战略高度提出的。现在，全国人民正在坚持四项基本原则和坚持改革开放的总方针指引下，建设有中国特色的社会主义，到本世纪末，要使我国达到小康水平，到下世纪中叶，达到世界中等发达国家的水平。这个战略任务在很大程度上要靠今天的少年儿童来完成。为了实现这个战略目标，为了我们国家和民族的兴旺发达，我们的少年儿童必须是有理想、有道德、有文化、有纪律的一代新人。所以，无论从哪个角度上看都必须充分重视少年儿童的教育工作，每一个关心我国未来发展的同志，每一个马克思主义者，都应该从这个战略高度来认识这项工作的重要性。

关心保护少年儿童的健康成长，就要切实对少年儿童加强基础教育，使他们在德、智、体、美、劳诸方面得到全面发展。基础教育要从爱祖国、爱人民、爱劳动、爱科学、爱社会主义的教育做起。要大力加强理想教育、革命传统教育、集体主义教育、劳动教育，包括遵纪守法、助人为乐、艰苦奋斗等方面的教育。当然，这种教育只能是基础的、启蒙的。要以少年儿童乐于接受的方式进行，依据他们认识世界的规律循序渐进。对少年儿童进行理想教育，既要启发他们对美好社会理想的强烈的向往和追求，同时又要让他们懂得困难和曲折，坚持为社会主义的理想乃至为共产主义远大理想而奋斗。要使少年儿童对理想有一个正确的认识，不管将来是当工人、农民，还是当专家、学者，只要能够在自己的岗位上对国家、对人民做出出色的成绩，就是有理想的表现。革命传统教育应引导少年儿童学习前辈们为中国人民的解放事业而英勇奋斗、不怕牺牲的精神。让少年儿童了解过去的艰难困苦，不仅是为了让他们对现实生活产生幸福感，更重要的是要学习前辈创造新世界和新生活的献身精神，以开拓未来。集体主义教育是社会主义和共产主义道德教育的基础，要教育少年儿童正确处理个人与集体、个人与他人的关系，做到心中有他人，心中有集体，心中有人民，心中有祖国，关心集体，热心为集体服务。还要对少年儿童进行智力和体育等方面的教育，激发他们的求知欲望，自觉地学习科学知识，锻炼成为体魄健全的人。

为了使少年儿童健康成长，需要努力改进我们的思想教育工作，使教育更符合实际，更富有成效。当前，影响教育效果的原因很多，主要有两个方面：一是教育思想还不够端正，“重智轻德”，教师、家长、学生围绕着升学转，片面追求升学率，思想品德教育没放到应有的重要位置上。二是思想教育脱离实际，结合少年儿童特点不够，存在着“成人化”的倾向。要解决这些问题，需要做许多切切实实的工作。端正教育思想要从各级党政领导干部的思想认识抓起，使领导干部、校长、教师、家长都来自觉贯彻执行使少年儿童得到全面发展的教育方针。要不断探索和改进教育的方式和方法。今天的少年儿童与过去的孩子有着很大不同，他们眼界更开阔了，知识面更广了，思想更活跃了，他们中间有许多独生子女，而且比例会越来越大，如何适应当代少年儿童的特点进行思想教育，是摆在我们面前的一个新课题。因此，教育要从今天的少年儿童的实际出发，使教育的内容通过少年儿童喜闻乐见的方式入心入脑。要创造条件，让他们了解社会，通过对社会现象的观察、比较，增长见识，懂得热爱祖国、热爱人民的大道理，懂得坚持四项基本原则和坚持改革开放总方针的道理。还要让他们参加一些力所能及的家务劳动和社会劳动，养成参加劳动的习惯。家长和教师都不宜对少年儿童溺爱，应当明白，温室里培养出来的花朵是经不起风雨的。加强少年儿童的思想教育，还要充分挖掘孩子们自身的潜力，通过少先队组织调动少年儿童的主动性和积极性。要根据少年儿童心理和智力发展特点，结合我国实际情况，按不同年龄层次，系统地制定少先队教育大纲。共青团组织和教育行政部门要充分运用和发挥少先队组织的教育作用，组织广大少年儿童开展时代特点鲜明、实践性强、能培养少年儿童的自主精神和创造精神的教育活动。

保护少年儿童的健康成长需要全社会的共同努力，培养教育少年儿童是全社会共同的责任和义务。少年儿童教育是一种启蒙教育，这个时期教育的优劣，直接关系到少年儿童今后成长的各个阶段。好的教育可以使人一生受益匪浅，坏的影响会在少年儿童时期就埋下隐患。我们要在全社会大力倡导爱护少年儿童，教育少年儿童，为少年儿童作表率，为少年儿童办实事的好风尚。现在，全国各地有许多老干部、老党员，他们把自己晚年的精力献给了培养教育下一代的伟大事业。解放军广大指战员为少年儿童的健康成长办了许多受到欢迎的实事，成为孩子们最知心、最崇敬的人。广大教育工作者呕心沥血、默默无闻地辛勤耕耘，哺育出一批批芬芳的桃李。还有那些为少年儿童尽职尽责的各界人士，都是我们全社会学习的榜样。

少年儿童的可塑性很大，模仿性很强，他们往往是从自己的老师、父母、社会成员的言行举止、社会风气、文化环境中去认识世界、学会生活、增长知识、接受教育，进而形成自己的思想和观念。全党、全社会、全体公民要自觉地、有意识地、有目的地为他们的成长创造一个良好的社会环境，使孩子们在一个朝气蓬勃、健康向上、充满生机和活力的环境中接受良好的教育。前一个时期，社会上出现了资产阶级自由化思潮，一些格调低下、荒诞、淫秽的小报、刊物、音像制品以及一些封建陋习直接腐蚀着少年儿童的身心健康。每个真正关心祖国前途、命运的人都要理直气壮地坚决抵制这些错误的思想和行为。我们的出版、广播、电影、电视和少年儿童活动场所要千方百计地为孩子们提供丰富有益的精神产品。全体社会成员要充分认识到自己肩上的重任，要教育少年儿童健康成长，首先要教育自己，只有不断提高成人自身的素质，以身作则，言传身教，才能真正为人师表，以自己崇高的理想点燃孩子们的理想，以自己良好的思想品德启迪孩子们的心灵，以自己的才智哺育孩子们成长。保护少年儿童的健康成长，还要向一切危害少年儿童的现象作斗争。现在个别地方竟出现拐卖儿童的现象，还有的地方出现了童工，这是我们社会主义制度所不允许的违法行为，我们各级党政领导机关、司法部门和妇联、共青团、少先队等社会团体要为维护少年儿童的合法权益做出自己不懈的努力，与一切违法行为作坚决的斗争。总之，要通过各方面的努力，使学校教育、家庭教育、社会教育形成一个强大的教育网络，卫生部门要加强儿童的卫生保健工作，使少年儿童在全社会共同的关心、保护下茁壮成长。

今天在座的有成绩显著的老一代少儿工作者，也有重任在肩的中年少儿工作者和朝气蓬勃、满腔热情的青年人。我要向你们和全国千百万少年儿童工作者致意：你们为培养祖国的下一代，辛勤操劳，尽心尽力，作出了卓有成效的贡献，理应受到人民的信赖，社会的尊敬。党要感谢你们！人民要感谢你们！我相信，在你们和全党、全社会和各族人民的共同努力下，一定会使我们的少年儿童茁壮成长，使我们伟大的建设事业后继有人。

要重视高校图书馆工作*

（一九八七年六月十六日）

要改革，要面向现代化，面向世界，面向未来，图书馆工作是一个重要的方面。大部分教师和学生要通过图书这个媒介把国外的先进科学技术和管理知识，以及其他好的东西接受过来，我们自己也要通过这个媒介把信息传递出去。

高等学校要重视图书馆的建设，把它纳入学校建设规划，经过长期努力，克服资金不足和其他方面的困难，使每个学校都有相应规模的图书馆，这是提高教学质量和加强科研工作必不可少的。图书馆工作是一项默默无闻的工作，但是这项工作是重要的，图书馆工作人员作出的奉献将为广大师生铭记在心。

---

* 这是李鹏同志会见全国高等学校图书馆工作会议代表时讲话的要点。

广泛开发气象卫星应用领域*

（一九八七年六月二十七日）

我这次来，主要是看望大家。对气象卫星应用座谈会表示支持，向同志们表示亲切的慰问，并向广大气象工作者和所有参加气象卫星发射和应用的广大科技人员、工程技术人员、工人同志们以及一切与这个事业有关的同志们表示敬意。我讲几点意见。

第一点，我认为这几年的气象工作是有成绩的。气象预报的准确率，包括实时性和预见期，都比过去有进步。当然也有失误的时候，但总的来讲，预报的水平向前迈进了一步，在工农业生产、交通运输、渔业生产、小麦估产、军事保障等方面，在防御灾害性天气、安定人民的社会生活方面都作出了贡献。气象部门每天都在广播电台、电视台播放城市天气预报和天气形势预报，可以说，气象预报已成为广大人民和社会各界不可缺少的一个信息。这些成绩的取得，主要是因为坚持了四项基本原则，坚持了改革、开放、搞活的政策。

气象预报水平的提高，从整体看，是由对全球大气环流、宏观信息的掌握与分析而决定的。如果没有先进的科学手段，想把气象预报搞得很好是不可能的。当然根据一些经

---

* 这是李鹏同志在气象卫星应用座谈会上讲话的主要部分。

验，一些天象、物象，一些常规设备，也可能做好地区性预报，但是要掌握整个的比较长的周期性的气候情况，必须使用现代化的科学技术。这几年我们成功地应用了其他国家发射的气象卫星所提供的资料，建立了自己的数据处理系统。有了自己的系统，就能够及时地把这些资料加以应用，运用到气象预报中来。利用世界先进技术来为我国的社会主义建设服务，这就是执行开放政策的结果。至于说四个坚持，主要体现在气象队伍的建设上。我们有很多的气象工作者在非常艰苦的环境条件下进行工作，不少气象站设在高山、孤岛、沙漠地区，他们长年累月地工作在那个地方，如果没有一个精神支柱的话，就不可能坚持下去。这几年，气象部门一方面加强队伍建设，另一方面也在管理上作了一系列的改革，调动了广大气象工作者的积极性，做出了比较好的成绩。

第二点，今年林区的火灾高峰已经过去了。现在的中心工作是防汛。今年气候反常，你们都知道厄尔尼诺现象，已经有征兆。现在汛期刚刚开始，尽管现在大江大河还没有出现大的汛情，但希望广大气象工作者，兢兢业业，坚守岗位，做好今年汛期的天气预报，特别是降水预报。希望气象部门和各级防汛指挥部保持密切联系，把今年防汛这一仗打好。

第三点，气象工作虽然取得了很大的成绩，但总的讲，预报水平还不高。我们需要搞中期数值预报，不仅是定性的，而且是能够定量的。要做到这一点，就肯定要利用现代化先进科学技术。我们计划里面，准备发射两颗气象卫星，一颗是极轨卫星，一颗是静止卫星。我们国家现在财政、经济各方面还不那么富足，即使这样，中央和国务院考虑到气象工作的重要性，还是同意尽一切力量，促使这两颗卫星早日发射。

要使气象卫星上天，这是一件需要许多部门互相配合协作，共同努力才能完成的事情。首先是卫星的制作、监测系统，监测系统又涉及电子、机械部门；还有卫星的发射，涉及火箭航天部门；然后有运行管理、数据处理等。所以，要在国防科工委的协调之下，各部门通力协作，同心协力，把气象卫星发射上去。

气象卫星的成功发射很重要。更重要的是，要广泛地更多地开发气象卫星的应用领域。除了为气象监测预报服务，为洪水预报服务以外，还可以开发更多的领域，还有许多的软件可以继续开发。这就需要气象卫星应用部门提出要求，列入研究项目。气象部门要对各个应用部门给予合作和支持，提供有偿服务，使气象卫星的社会经济效益更加提高一步。

讲师团的任务是培训师资、参加社会实践*

（一九八七年七月十一日）

讲师团已经派了两年，今年是第三年。第一年、第二年党中央都在人民大会堂召开了大会，今年讲师团工作转入正常化，欢迎、欢送大会就不开了。会虽不开了，党中央、国务院对讲师团工作还是很重视的。借今天和大家见面这个机会，我欢迎八六届讲师团的同志们，欢迎你们胜利归来；欢送八七届讲师团的同志们，祝你们下去后取得更好的成绩。

从两年的实践来看，我们派讲师团这条路是走对了。讲师团的作用主要是两个方面：一方面，讲师团下去以后，对经济不发达地区和教育事业比较落后地区的中小学教育有促进，特别是在培训师资方面，为教师队伍素质的提高作出了贡献。中小学教育是国民教育的基础，贯彻义务教育法是一篇大文章，是艰巨的任务，特别是在经济不发达地区就更加艰巨。我国的教师队伍由于“文化大革命”的干扰和破坏，相当一部分水平是不高的，还达不到国家所要求的标准。对此，同志们下去以后会有更深切的体会。我国要实施义务教育，提高国民教育的水平，必须解决师资问题。解决师资问题有多种方式，讲师团是其中的一种方式。应该说，中央机

---

* 这是李鹏同志会见中央机关讲师团代表时的讲话。

关和各省市党政机关派遣讲师团下去对教育事业是有促进的。另一方面，有一部分在国家机关工作的比较年轻的同志，实践锻炼不够，或者完全缺乏实践锻炼，从家门到校门，再从校门到机关门，参加讲师团下去以后受益匪浅。通过一年锻炼，对中国的国情有了比过去更多的了解，和人民群众的感情增强了，在实践中增长了才干。这种对国情的了解，对人民群众感情的加深和工作责任感的加强，对一个年轻知识分子来讲，在他们漫长的人生道路上将长期起作用，对他们的成长，无论在思想方面、立场观点方面，以及业务方面都是很好的锻炼。

大家很关心的一个问题是派讲师团下去的政策会不会变。我认为讲师团的内容、方式、方法要发展，作为政策来讲不会变。从社会上讲有这个需要，要解决老、少、边、穷地区师资问题，不是一年两年能够解决的，少则三年五年，甚至更长些，需要长期派人支援这些地区。

另外，大家很关心国家机关的改革问题。我们的机构是庞大的，改革的方案正在研究，但总的讲，机关是要精简的，机构是要合并的，国家机关的职能要转变，不能像现在这样什么事情都集中到北京来办。总的看来，将来国家机关里会有更多的人要到基层去工作。

从这两年的实践看，大学生参加社会实践有不同的渠道。有的要毕业后用讲师团的方式来参加社会实践，因为这样做效果很好。当然，还有其他方式。讲师团派遣的内容、方法要有些发展，但今年和最近这几年还是以教学为主，不要把方向变了。扶贫或完成“星火”计划都有专门的组织来完成，讲师团下去是以教学为主，在前两年工作基础上把它提高。除教学之外，促进中小学教育事业的发展，促进地方重视教育，这也可以作为一项任务。帮助改善教学条件，也是很重要的事。现在有些地方不重视教育，不尊重教师，讲师团有责任保护中小学教师的正当权益。帮助中小学改善办学条件也是一个任务，但主要的中心任务还是搞好教学，培训师资。在县里以办班为主，在前两年工作基础上进一步提高。

同志们下去以后，会有许多困难需要克服。一方面当老师，一方面当学生，向社会学习，向群众学习。如果有满腔热情，有为振兴中华作些贡献的决心，困难就是暂时的，我相信大家会克服这些困难。

中央和国家机关要长期把这项工作抓下去，有些部委眼光比较远，把讲师团作为系统培训干部的基地，长期建立联系，对某个地区的教育事业进行支援，又把它作为联系基层、培养干部的点。这种做法是很有远见的。我们提倡讲师团的点一般不要换，要固定下来，与这个地区长期建立感情，作为中央和国家机关联系基层的一种制度。

我们的工作才进行了三年，要一年一年地把这项工作逐渐完善并制度化。

深化教育改革，为发展教育事业作出更大的贡献*

（一九八七年九月八日）

今天，我们在这里召开座谈会，共同庆祝一九八七年教师节。参加座谈会的有大中小学教师，有幼儿教育、特殊教育教师，有青少年科技活动辅导员和其他教育工作者。刚才有九位教师代表发了言，畅谈了近年来教书育人的工作体会，讲得生动感人，提出了一些宝贵的意见，座谈会是开得好的。我代表党中央、国务院向全国教育战线上辛勤工作的各族教师和教育工作者致以节日的祝贺！向广大教师和教育工作者表示亲切的慰问！

今年，已经是第三次庆祝教师节了。我们广大教师每年都在为我国的教育事业作出新的贡献。这一年来，广大教师关心并积极参加社会主义建设各项事业，积极参加教育改革，重视教书育人，关心学生的全面成长，通过课堂教学与各种课外活动认真向学生传授科学文化知识，积极开展思想教育工作，以自己的模范行动影响学生和青少年的成长，使教学质量不断得到提高；在完成教育、教学工作的同时，还积极参加各种形式的培训进修，提高了自己的业务水平。最近，大约有上百万中小学教师报名参加了专业合格证书的考

---

* 这是李鹏同志在首都庆祝教师节优秀教师代表座谈会上的讲话。

试。在贯彻《中华人民共和国义务教育法》方面，广大教师也做了大量工作，涌现出了一大批优秀教师。事实证明，我国教育事业所取得的每一项成就都是同教师的辛勤劳动分不开的。我们绝大多数教师以自己的实际行动和工作成绩赢得了全社会的尊敬。

党的十一届三中全会以来，我国的教育事业，包括基础教育、职业技术教育、高等教育、成人教育等各级各类教育都得到了很大的发展，教育改革正在逐步开展。但是，教育改革的步伐同我国经济体制改革及其他方面的改革还不相适应。因此，深化教育改革已成为当前教育战线上的一项迫切任务。

深化教育改革，首先要端正教育思想，进一步明确教育必须为社会主义现代化建设服务。这就要求各级教育行政部门、各个学校和广大教师全面执行党中央关于教育体制改革的决定，贯彻党的教育方针，使我们的学生和青少年在德、智、体等各个方面得到全面发展，成为四化建设所需要的，有理想、有道德、有文化、有纪律的合格人才；成为坚决贯彻执行党的十一届三中全会以来的路线、方针、政策，坚持四项基本原则，积极投身于改革开放的一代新人。一个地区教育事业办得好不好，一个学校办得好不好，不是只看有多少人考上大学和研究生，多少人出国，而主要是看培养出多少为社会主义建设各项事业实际需要的、德才兼备的合格人才，这才是衡量教育工作的根本标准。为此，教育部门和社会各方面要共同努力克服片面追求升学率和片面追求高学历的倾向，在劳动人事制度和工资政策方面也要有相应的改革。

深化教育改革，就要根据各级各类教育的特点，探索和建立学校主动适应建设需要的机制，增强学校内部的活力，调动广大教职员工办学的积极性和创造性。为此，从教育体制到教学内容和方法上都要进一步深化改革。在高等教育方面，要继续深化从招生制度到毕业生分配制度的各项改革，使毕业生和用人单位有更大的相互选择的余地。要改革高等学校的管理体制，进一步简政放权，扩大学校的自主权，改变各级政府部门对学校管得过多、统得过死的状况。各类高等学校要分层次，在教学和科研方面都要从实际条件出发，掌握好自己的重点，办出自己的特色。还要积极推动跨部门、跨地区的联合办学，开展校际协作，推动教学、科研和社会实践的结合，加强学校同社会的联系。中等以下的教育要根据大城市、中小城市、农村的不同特点，进一步探索为本地经济建设和社会发展服务的路子。为此，要根据当地经济和社会发展的需要，制订本地的人才规划。切实改变某些地区、市、县的基础教育、职业技术教育、成人教育与本地经济和社会发展脱节的状况。幼儿教育和特殊教育是整个教育事业中不可缺少的组成部分，各级政府、教育行政部门和各有关部门都要给予足够的重视和支持，把这几项教育事业办好。

深化教育改革，就要进一步调动教师的积极性。教师在深化教育改革中担负着重要的责任。我们希望广大教师不断提高自己的思想水平和业务水平，积极参加社会实践活动，了解国情，了解社会，了解四化建设和改革开放对人才的需要。这是做到教书育人、为人师表不可缺少的条件。全体教师都要积极参加教学内容、教学办法、教学形式的改革，提倡多采取启发式、讨论式的教学方法，使学生更主动、更生动活泼地进行学习。当前，在世界范围内，科学技术正在日新月异地向前发展。提高教学质量，培养适应社会发展需要的人才，已成为各国共同关注的问题。广大教师应当努力学习，提高科学文化水平，勇于探索，不为陈旧的观念和传统所束缚，走出提高教学质量、多出人才、出好人才、多出成果的新路子，真正使我们的教育事业按照邓小平同志指示的面向现代化、面向世界、面向未来的方向前进。我相信，广大教师一定会站在深化教育改革的前列，发挥自己的聪明才智，成为深化教育改革的骨干，在深化教育改革中作出新的贡献。

教师所从事的事业是神圣的事业，我们全党、全国、全社会都应该重视教育、尊敬教师，在整个社会形成强烈的尊师重教的社会舆论，使之成为一种社会风气，成为文明社会的一种标志。近年来，从中央到地方的各级党政领导机关，乃至全社会的各行各业，都为提高教师的社会地位，改善教师的工作条件和生活条件做了不少工作，办了不少实事，取得了一定的成绩。轻视教育、不尊重教师的状况开始得到扭转。但是，应该承认，在这方面还不尽如人意。许多地区的教师的生活还比较清苦。有些地区尊师重教的风气还没有形成。侮辱教师、侵犯教师的人身和其他合法权益的事件屡有发生，这是不能令人容忍的，对这些事件必须依法惩处。教师的劳动应该受到全社会的尊重，社会各方面都要在工作方面和生活待遇方面给教师以应有的关怀。国务院正在研究采取积极措施，在国家经济条件许可的情况下，使中小学教师的待遇逐步有所提高。以王震同志为理事长的中国中小学幼儿教师奖励基金会已经成立，目的是为了表彰在教书育人方面做出了突出成绩的优秀教师。全国青少年科技活动领导小组决定在教师节通报表彰一批优秀辅导员和科技活动先进集体。许多省、地区、市也决定表彰一批优秀教师。各地也可以根据自己的条件成立自己的教师奖励基金会，表彰优秀教师，促进本地区教育事业的发展。目前，中小学校还有相当数量的危房，教师的住房也很困难。各级地方人民政府和教育行政部门要采取切实可行的措施，重点解决危房和逐步解决教师住房问题。在我国，民办教师的数量很多，是我国教师队伍的一个重要组成部分，他们的工作和生活条件更艰苦，各级人民政府和教育行政部门要给予他们更多的关怀。各级领导要主动热情地关心教师，尽最大力量为他们排忧解难，有效地帮助他们解决工作、学习、生活等各个方面的具体问题，使广大教师心情舒畅地进行工作。我们相信，随着社会主义四个现代化建设事业的发展，经济实力的增长，教育改革的深入，我国的教育事业会不断得到新的发展，教师的社会地位、工作和生活条件也会不断地得到改善和提高，教师的职业终将会成为全社会受人尊敬、令人羡慕的职业。

前两年庆祝教师节，从中央到地方都召开了大会。今年，我们没有举行大会，而是召开了今天的座谈会，这只是庆祝形式的问题，绝不表明对教师节的庆祝规格有什么降低。今后庆祝教师节，我们提倡采取灵活多样的各种形式，不一定都开大会，关键在于通过庆祝教师节的活动使尊师重教形成一种社会风气，使教师增强对自己工作的热爱和责任心。

我们党的第十三次全国代表大会就要召开了，十三大的中心内容是进一步贯彻改革开放的方针，建设有中国特色的社会主义。值此新学期开学之际，我们希望广大教师和教育工作者为深化教育改革，提高教学质量，培养更多更好的人才，为发展我国教育事业作出更大的贡献，用自己的实际行动迎接党的十三大的召开。

最后，祝大家身体健康，工作顺利，在各自的岗位上取得新的、更大的成绩！

内地举办西藏班要注意的若干问题*

（一九八七年九月十二日）

西藏自治区人大提出，在西藏从小学到高等学校进行藏语教学，自治区政府发了学习使用藏语文的试行意见，已经立了法，我们应该尊重。同时，学好藏语文也是合乎民族政策的，有利于西藏民族文化发展和经济社会进步。但在具体执行时，要从实际情况出发。因为现在完全用藏语上课还做不到，有不少课程只能用汉语讲授。我们可以一方面先用汉语作教学语言，把课程开了，提高民族文化水平；另一方面，逐步过渡到用藏语来开课，工作要同时进行。可以这样来处理问题：第一要尊重；第二要因地制宜，从实际出发；第二要逐步创造条件。

西藏教育要以本地为主，在内地举办西藏班是补充手段，这一点什么时候都不能动摇。无论从数量上讲，还是从解决问题来讲，西藏人才主要应靠区内培养。出来的学生只是少数，但也有重要意义，可以作为民族团结、经济文化建设的骨干力量。内地西藏班一定要办下去。现在看，办得还不错，但要注意四个问题。

第一，不要忘了藏语。西藏学生还要回去工作，不能忘记本民族的语言、本民族的文化。

---

* 这是李鹏同志听取国务院第二次援藏工作会议工作汇报时讲话的主要部分。

第二，一定要在教育过程中培养他们树立为西藏经济建设、文化建设服务的思想。不要出现滞留不归的情况，否则就是教育工作的失败。成绩再好，如果不回去，那怎么能对振兴西藏经济发挥作用呢？所以这个问题要注意。希望各省市在教育这些孩子的时候，要反复激励他们，告诉他们：内地好，物质生活好，文化生活好，各个方面都好，但西藏人民送你出来，是要你学成回去为西藏建设出力的，你是肩负着本民族重托的。现在还不存在这个问题，但随着岁月的流逝，人长大了，这个问题还是可能会发生的。在这个问题上一定不要违背我们本来的意愿。

第三，关于生活条件。大家都希望把西藏孩子们的生活安排得好一点，这是可以理解的，事实上也是这样做的。我认为不应该过分脱离当地实际。假如我们把西藏班的标准定得很高，很难说这些孩子们到了另外一个环境里还能不能适应。所以，我主张中等的水平，能混合编班就混合编班，住宿可以集中住。这样对提高他们的汉语水平、文化知识的接受能力都有好处。一种是混合班的形式，一种是单独编班的形式，两种形式都可以考虑。我们的标准一定要适合我国的国情，这是真正的爱护。

第四，就是培养哪类人才的问题。很多同志提出意见，要从这里面培养比较高级的人才，因为他们的水平已超过了当地学生，要从中培养出一些大学生，甚至研究生。这个意见还是可以考虑的，但是有一条，学习的专业一定要适应西藏的需求。就是说，人才结构要适合西藏的实际情况。西藏需要什么人才，你们比我清楚。西藏以农牧业为主，所以需要更多的农牧业、兽医人才，还有师资。但也要有一些适合西藏工业方面的人才。总之，是要以培养为振兴西藏的经济、文化教育服务的初中级人才为主，也不排除培养出一些高级人才，但也要使他们的专业与西藏的需要对上号。当然，世界上没有哪一件事情是绝对的，不可能一百个人都对口。总的方针对头就行，鼓励他们去学适应西藏需要的专业。另外，将来到了初中毕业以后，要考中专的时候，专业选择要教委统筹一下。一个地区还是集中一点，集中到一两个专业，这样便于管理。如在上海学习的学生就应适应上海的特点，学旅游，学教育，学卫生。牧区建设所需要的专业恐怕要在牧区学，甘肃、内蒙古的牧业就很发达。

依靠科技进步和提高农民素质发展农业*

（一九八八年一月二十六日）

党的十三大把依靠科学技术进步和提高劳动者素质作为经济发展战略的首要任务。农业的发展，必须依靠科技进步和提高农民素质。这几年，“星火”计划的实施，对科技成果在农业中的推广和应用发挥了很好的作用，但还有相当多的科技成果未转化为现实的生产力。在农业系统工作的技术人员流失或工作不安心的情况还相当严重，他们待遇比较低，确有不少的困难，这反映了我们政策上和工作中存在的问题。这些问题只有通过改革才能解决。要研究和制定鼓励科技人员下乡、开展科技承包服务的有关政策，尽快把现有的实用技术推广到生产中去，加速科技成果由潜在生产力向现实生产力的转化。

目前在全国实施的农牧渔业“丰收”计划，效果很好，对促进农业科技的推广应用，发展农牧渔业生产起到了重要作用。这项计划要长期坚持下去，并逐步充实和完善。

---

* 这是李鹏同志在全国农业工作会议上讲话的一部分。李鹏同志当时任中共中央政治局常务委员会委员、国务院代总理。

振奋精神，深化改革，把高等教育工作推向前进*

（一九八八年一月三十日）

几年来，我国高等教育事业有了很大的发展，在社会主义建设中发挥了重要的作用。教育改革已经在许多方面展开，有些改革收到了好的效果，取得了不少经验。在教育战线工作的广大教师、干部和职工，勤勤恳恳、兢兢业业地工作，为培养社会主义建设事业的人才作出了贡献。党的十三大把教育事业提到了经济发展战略的重要位置，高等教育担负着培养高级专门人才和发展科学技术文化的任务，对社会主义建设有着直接的影响。但是，必须看到，同全国改革开放的形势相比，高等教育工作还不能满足经济和社会发展的要求。今后一个时期，高等教育工作的主要任务就是牢牢掌握“一个中心，两个基本点”，加快改革的步伐，以适应现代化建设对高级专门人才的需要。

下面，我就同志们在这次会议中普遍关心的几个问题讲几点意见。

第一个问题，要把培养符合社会主义建设需要的人才作为高等学校的主要任务。

根据社会主义物质文明和精神文明建设的要求，高等学

* 这是李鹏同志在全国高等教育工作会议上的讲话。

校要坚持培养德智体全面发展，有理想、有道德、有文化、有纪律的合格人才。能够适应社会主义有计划商品经济的发展，适应国际竞争和新技术革命的挑战。因此，高等学校要注意培养学生具有改革开放的意识，具有实事求是、独立思考、勇于创造的科学精神。还要加强学校的体育工作，使学生养成锻炼身体的习惯，具有强健的体魄，将来能够承担各项艰巨任务。

高等学校要努力向社会输送大批素质优良的人才。衡量学校教育工作的标准，不仅要看学生的数量，更重要的是看培养学生的质量，看学生毕业后能否适应社会对人才的需要。现在，我国的高等学校已经具有一定的数量和规模，今后一个时期，主要的不是再追求数量上的发展，而是要把工作精力更多地集中到教育改革，提高办学的效益上来。

我国大学生主流是好的。他们拥护改革开放，关心祖国的前途和命运，拥护党的路线，愿意为国家的富强、民族的兴旺贡献自己的力量。近一两年来，通过参加社会实践，他们在了解国情、了解社会、面向实际、正确认识自己等方面，都有显著的进步。建设一个富强的、民主的、文明的社会主义现代化国家，需要几代人的不懈努力。对青年学生既要关怀爱护，又要严格要求。要求他们发扬脚踏实地、艰苦奋斗、勇于献身的精神。要鼓励他们走与实践相结合、与群众相结合的成长道路。培养青年学生是全社会的事，全社会都要积极支持高等学校的工作。对新参加工作的大学生更要满腔热情地帮助他们在实践中成长。

第二个问题，要把竞争机制引入高等学校，这是深化教育改革的重要环节。

高等教育体制改革的目标是使学校具有适应国民经济和社会发展的有效机制。在国家计划的指导下，使高等教育事业充满生机与活力。但是，必须注意把竞争机制引入学校的时候，要根据教育的规律和特点，考虑实际状况，形成适合学校的制度和办法。

高等学校毕业生分配制度的改革，是国家人事制度改革的重要组成部分，是广大师生最关心的事情。在毕业生分配中，要为用人单位和学生创造互相选择的机会，即学生选择职业、用人单位择优录用的“双向选择”制度。我们仍然提倡毕业生到经济不发达的地区和艰苦的行业去工作，但是要制定相应的鼓励政策。如在学习期间可以享受定向奖学金，毕业后在就业安排、工资和生活待遇方面得到一定的优惠，并且对自愿到这些地区工作的人，实行定期服务制度。对广大的毕业生要逐步实行不包分配，择优录用的制度。为了把工作做好，可以采取供需见面和预分配的办法。改革毕业生分配制度，今年要安排试点，总结经验以后再加以推广。

在学校工作的其他方面，也要适当鼓励竞争。比如，将助学金改为奖学金，对学生实行适当的淘汰制度，实行教师职务聘任制等。要在实践中逐步完善这些制度。

第三个问题，高等学校要根据社会的需要，在不同层次上办出各自的特色和水平。

这个观点，虽然过去也讲过，还有必要再强调一下。社会对人才的需求是分层次的，教育要解决脱离实际的问题，就应当按照社会的实际需要，来安排各个层次人才的培养。这就要求高等学校各有分工，担负不同层次人才的培养任务。每个高等学校应当明确自己的任务，在各自的层次上办出特色，办出水平。国家掌握的重点学校不应该只是高层次的学校，应该包括各个层次的学校。现在有一些学校不顾社会的实际需要，片面追求高层次，追求研究生的数量。这种情况不纠正，高等教育结构不够合理的问题就不能解决。解决片面追求高层次的问题，还要改革管理体制，调整政策，搞好统筹规划。国家教委要加强这方面的宏观指导。

第四个问题，进一步发挥高等学校的潜力，提高办学效益。

随着现代化建设事业的发展，国家对高级专门人才的需求还将不断增长，社会上要求接受高等教育的人也会越来越多。这就要求高等教育还要稳步地发展。然而，目前高等学校学生的规模已经不小，办学条件很紧张，如果再发展全日制住校生的数量，困难较大。在这种情况下，为了满足社会的需要，高等学校就不能只搞全日制住校生这一种形式。要举办招收应届高中毕业生的函授、夜大、电大、走读等多种形式的高等教育。还可以举办分校，可以是高等职业技术教育的性质。特别是法律、财会、金融以及文科的一些专业，更容易利用这些办学形式来扩大招生规模。这样做可以提高办学效益，收到事半功倍的效果。

为了鼓励高等学校举办各种形式的教育，国家要制订一些相应的政策。比如，在不包分配的原则下，要为学生毕业后参加工作创造必要的条件，要把这批毕业生纳入分配计划中去。在经费上要有相应的保证。对于教学质量的要求，不能降低标准。

第五个问题，积极开展各种形式的社会服务，进一步发挥学校的作用。

高等学校学科门类比较齐全，人才知识密集，也有一定的科学技术装备，如果能把这个潜力发挥出来，就可以为社会主义建设作出更大的贡献。开展社会服务，各学校可以根据自己的特点和优势加以选择，有的可以搞科技开发，把科研成果转化为生产力；有的可以利用学校的资金、设备和人才，发展校办工厂，开展勤工俭学，等等。学校通过开展有偿服务所得的收入，可以用于改善教学条件，也可以用于改善教职员工的待遇。国务院准备对教育部门和其他知识分子密集的事业单位放宽开展有偿服务的政策，给予必要的优惠条件。

开展有偿服务，必须统筹兼顾，加强管理，扩大学校的自主权。今后，要逐步推行学校经费任务包干制，即把教学、科研任务与核定的教育经费统一交由学校负责。学校在保证完成任务的前提下，有权自主安排经费的使用。开展有偿服务，只是扩大学校资金来源的一个渠道。对学校经费面临的困难，国家是知道的，也正在设法解决。开展有偿服务，不能一哄而起，必须根据自己的条件，踏踏实实地去做。

第六个问题，高等学校要逐步实行校长负责制。

搞好党政分开，实行校长负责制，是体制改革的重要内容。各高校要在总结试点经验的基础上，创造条件逐步实行。学校同工厂、企业和其他事业单位的情况有所不同。国家教委应当根据学校的特点，尽快制订出具体的实施办法。凡是没有实行校长负责制的学校，校长和党委书记要按照原来的分工，各司其职，密切协作，使各项工作不断、不乱，有秩序地进行下去。

我们是社会主义的高等学校，任何时候都不能放松思想政治教育工作。校长作为一校之长，要全面贯彻党和国家的教育方针，把德育、智育、体育全面地抓起来，努力把自己锻炼成为社会主义的教育家。学校党委对思想政治教育工作有义不容辞的责任。要监督、保证和支持校长的工作，全面领导学校的思想政治教育工作，密切党和广大教师、学生的联系。党委还要贯彻执行党的路线、方针、政策，坚持社会主义办学方向，加强党的思想、组织、作风建设，讨论决定学校建设中的重大问题，按照党管干部的原则，切实抓好干部的选拔、教育、培养、考核和监督工作。

在会议过程中，同志们还讨论了教育管理体制问题。这个问题很重要，必须经过慎重的研究才能决定。在这次国务院机构改革中，各高等学校的归属一般不作变动，以保证学校教学工作正常进行。

百年大计，教育为本。各行各业都要树立社会主义建设必须依靠教育的思想，关心和支持教育事业。教育战线上的广大同志更要振奋精神，扎扎实实地把教育工作推向前进，为改革开放作出更大的贡献。

在实际工作中探索教育改革*

（一九八八年二月五日）

党的十一届三中全会以来，教育方面做了大量工作，教育事业有了很大发展。改革越深化，各行各业对教育提出的要求就越高。教育面临着深化改革的任务，改革的根本目的是培养适应国家需要的各个层次、各个方面的人才。

要继续为中小学教育和职业教育的发展创造有利条件。增加教育经费，要从两方面努力。国家增加投资是必要的，但学生这么多，教育任务这么重，光靠政府拿钱是不够的，必须依靠社会各方面的积极性，靠群众动员起来集资。群众集资办学这条政策是中央研究确定的。当然，群众筹集的资金一定要用在教育事业上，不允许挪用集资的钱盖楼堂馆所。校舍建设不要脱离现实经济状况和广大群众的生活水平，盲目地追求高标准。

要进一步解决各级各类教育如何适应经济建设需要的问题。我们有十亿人口，八亿在农村，学生的大多数在农村，教育的难点也在农村。如果农村的孩子从小学到初中毕业，所学知识完全与农业生产不搭界，就无助于农村经济的发展，也阻碍教育的发展。农业要过关，要上新台阶，就要有

---

* 这是李鹏同志会见参加国家教育委员会工作会议的各地负责同志时讲话的主要部分。

人才。农村有许多学习好的学生，上了大学后不愿回到农村服务，从宏观上看这是个大问题。因此，县以下教育的重点是为本地建设服务，要把重点放在教育与本地经济发展、脱贫致富相结合上，这是篇大文章。事实上，不可能让百分之百的高中毕业生都升入大学，因此要发展职业技术教育。目前，城镇职业高中学生毕业后的就业问题要研究一下。对于学生来说，国家不包分配，但对社会来说，要给他们准备“饭碗”，当然不是“铁饭碗”，包括到全民、集体、个体等单位去工作，要制定一些政策。

教育为当地建设服务，核心靠改革。从外面派人帮助当地发展经济是一方面，更多的是培养当地土生土长的人才。现在科委有个“星火”计划，教委正在搞“燎原”计划，要把两者很好地结合起来。搞改革，就要放权。什么事情都要到北京来申请批准是不行的，省里的事要省里管。教育结构的调整、专业设置等问题，要在搞好宏观管理的前提下，下放权力。

关于教师待遇，这次花了很大力气，给中小学教师增加百分之十的工资。为了进一步解决这个问题，除国家拿钱外，还要找别的渠道，开新路子。国务院经过讨论认为，学校应扩大服务面，包括有偿服务。如何在保证教育质量的前提下走出一条新路，需要探索和研究。

体育很重要，一定要把体育放在学校工作的重要位置，不能成为一句空话。现在不少学生体质不够好，近视眼多，身体瘦弱。没有健壮的身体就制约了他们到艰苦的地方去工作。青少年对体育是有兴趣的，问题是学习负担太重。这和片面追求升学率有关。要从根本上解决这个问题，就要找到有效的机制，不然千军万马过独木桥的状况很难改变，学生体质也不能增强。

我今天是出了几个题目，还要靠大家在实际工作中去探索和创新。教育是振兴民族的根本事业，百年大计，教育为本。希望各地各级领导同志进一步重视教育工作，也希望教育战线的同志勇于开拓，取得更大的成绩。

发展生产要靠技术进步*

（一九八八年三月三日）

一九八二年，党中央明确提出了“经济建设必须依靠科学技术，科学技术工作必须面向经济建设”的方针，党的十三大上，中央进一步强调要把发展科学技术和教育事业放在首位，这在当前深入进行的经济体制改革中有突出的意义。改革的目的是解放生产力。改革一要搞活经济机制，二要促进科技进步，使生产力得到高速度发展。

科研成果转化为生产力的过程是不断完善提高的过程，需要工程技术人员、技术工人做大量艰苦的工作。企业要维持简单再生产，进而要提高产品质量，增加品种，降低成本，提高经济效益，也需要技术进步。工程技术人员还要与工人相结合，理论要与实践相结合，在实践中要注意发挥工人的聪明才智。工程技术成果也要得到生产实践的检验。

---

* 这是李鹏同志与全国厂矿企业工程技术人员“讲理想、比贡献”竞赛活动表彰会议部分代表座谈时讲话的要点。

发挥科技优势，为经济建设作出更大的贡献*

（一九八八年三月十日）

这次全国科技工作会议是继一九八五年全国科技工作会议之后，科技界的又一次重要会议。它对于贯彻落实党的十三大精神，加快和深化改革，推动科技与经济结合，实现国民经济的技术进步，必将起到重要的促进作用。下面，就如何发挥科技优势为经济建设作出更大贡献，讲几点意见。

一、科技进步的战略意义

党的十三大提出，把发展科学技术放在经济发展战略的首要位置。这是从社会主义现代化建设事业的全局出发，根据国际经济和科技发展的实际情况，做出的正确决策。我们现在正处在一个新技术迅速发展的时代，科学技术（包括现代化管理）的进步决定着生产力发展水平和速度。在开放的竞争的国际环境中，离开了科技进步，我国社会生产力就不可能迅速发展，同发达国家的差距将会越来越大，我们就不可能自立于世界民族之林。我们是在经济比较贫穷、技术比较落后的基础上进行现代化建设的。我们国家人口多，底子

* 这是李鹏同志在全国科技工作会议上的讲话。

薄，人均资源相对不足。目前，我国国民生产总值的单位能耗和原材料消耗都比发达国家高出许多，劳动生产率、固定资产增值率，人均国民生产总值以及出口总额占国民生产总值的份额等，与发达国家相比差距就更大了。这就说明，我们的浪费很大，生产的潜力也很大。只有依靠科学技术进步，包括先进的科学的管理，我们才能大幅度地提高经济效益，增加生产，比较迅速地改变贫穷落后的面貌。我们确实面临这样一种严峻的挑战形势，全国人民，首先是全体科技工作者，要充分认识科技进步在实现我国四个现代化艰巨任务中所占据的战略地位，增强紧迫感。

加速我国科技进步既是十分紧迫的，也是完全可能的。党的十一届三中全会以来，我们坚持四项基本原则，坚持改革开放，国民经济持续稳定地发展，取得了世界瞩目的成就，积累了宝贵的经验，扩大了国际科技交流，引进了一批先进技术和管理经验，为进一步推动科技进步打下了良好的基础。加速科技进步，我们还有自己的优势。我国有一支八百多万的科技大军，其中高、中级科技人员就达三百多万。科学技术在国民经济的各个领域，甚至在一些新兴科技领域中已有相当的基础，在某些基础研究领域，我们已经接近或达到了世界先进水平。事实说明，只要我们下决心集中力量攻某个项目，严格按照科学规律办事，就能发挥很强的开发、攻关能力。与其他发展中国家相比，我们的科技力量是比较强的。但是应该指出，由于体制和某些政策等方面的原因，这种优势在很大程度上还没有充分发挥出来。一旦我们解决好这些问题，充分发挥科技队伍的优势和潜力，我国科学技术事业将会以更快的速度向前发展，经济建设也会迈出更大的步伐。

最近中央讨论决定了沿海地区经济发展战略，国务院也做了部署。这是一件对我国经济发展有重大意义的大事。我国科技工作要为发展沿海经济战略服务。目前，国际经济结构出现了一种调整的趋势，这种形势为我国参加国际大循环提供了有利条件。我们要抓住有利时机，把科技优势同沿海地区劳动力优势结合起来，同乡镇企业灵活机动的体制优势结合起来，加上沿海地区有信息比较灵通、对外交通比较方便的有利条件，大力发展劳动密集型产业，发展劳动密集与知识密集相结合的产业，首先使沿海地区参与国际交换。这样做，不仅可以加速发展沿海地区经济，而且可以通过沿海地区把从发展外向型经济获得的先进技术和管理经验引向内地，带动内地经济的发展和经济效益的提高。

二、加快和深化科技体制改革

科技要进一步面向经济建设，经济建设要进一步依靠科技进步，都离不开深化改革。科技体制改革的中心问题，是如何使科技与经济建设密切结合。我们知道，经济、社会的需求是科学技术发展的强大推动力。只有同经济密切结合，科学技术的价值和作用才能充分显示出来。也只有在密切结合中，科学技术自身才能迅速发展。随着经济体制和科技体制改革的逐步深入，科技同经济发展相互脱节的状况已经有了一定程度的改变。但是，科技同经济密切相结合的机制问题还未解决。我们必须遵循党的社会主义初级阶段的基本路线，从发展社会生产力这一中心任务出发，加快改革的步伐，逐步建立起与社会主义商品经济相适应的，科技同经济密切结合的新体制。

加快和深化科技体制改革，必须紧紧抓住转变机制这一核心。科研机构也要试行承包责任制，把竞争机制、市场机制引入科技工作，实行优胜劣汰；对科研项目要进一步推行基金制、招标制和技术合同制，继续推动技术市场的发展；技术开发活动，要以商品为龙头，到市场竞争中去接受检验，真正转变到为发展商品经济服务的轨道上来。通过这些机制的转变，把科研单位和科技人员的实际利益同他们所创造的经济、社会效益挂起钩来，从而增强科研单位和科技人员为经济建设服务的内在动力和压力，从根本上克服科技工作中“吃大锅饭”的弊端。基础研究和高技术研究是科研的重要组成部分，关系到科学技术的长远发展，应给予足够的重视。但也要引入竞争机制，其研究题目要有重点，要结合未来市场的需要。同时，还要不断补充和交流人才，保持一支精干的高水平的研究队伍。

这几年来，一批民办科技机构和科技型企业蓬勃兴起。这些机构自筹资金，自主经营，自负盈亏，以市场为导向，开发新产品，实行技工贸一体化，在人事上实行择优选聘，在分配上，与经济效益挂钩。这些机构的出现，使得单一的国家办科研的局面开始改变，加快了科研成果向生产力的转化，同时，使一批既懂技术又会经营管理的企业家和实业家脱颖而出。这对于如何搞活全民所有制科研机构，提供了有益的经验。我们不少大院大所、高等学校和大中型企业，至今科技人才积压的现象仍然比较严重。鼓励和组织更多的科技人员从人才积压的地方走出来，到社会上去创建科技先导型企业或民办科技机构，应当成为深化科技体制改革的一项重要内容，成为发挥我国科技优势的一条重要途径。同时，还可以采取与经济密切结合的多种形式，如科研单位承担企业开发项目，带着成果到企业去，成立科研与企业的联合体，建立科技为龙头的技工贸、技农贸联合体等等。

当然，建立科技同经济密切结合的新体制，只靠科技体制改革还不行，还有赖于经济体制改革的深化。在经济体制改革的过程中，在企业实行承包经营责任制时，都必须把依靠科技进步作为一项重要内容。总之，我们要在加快和深化改革的过程中，逐步建立起一个依靠科技进步的经济体制和面向经济的科技体制，使我国的科技优势在经济建设和社会的发展中充分发挥出来。

三、要充分发挥科技人员作用

要使科技工作为经济建设作出更大贡献，就必须充分发挥科技人员的积极性和创造性。科技人员不仅担负着科技攻关的重任，也担负着把科技成果转化为生产力的重任。厂矿企业的科技队伍是一支重要的力量，他们在保证企业正常运行，提高产品质量，开发新品种，降低消耗，采用新技术，乃至进行革新创造中发挥着重要的作用。这些年来，广大科技人员在各个方面做了大量的工作，取得了显著的成绩。党和人民感谢他们。历史已经证明，科技人员只有把自己的事业同国家和民族的命运紧密联系在一起，才能大有作为。希望同志们继续努力，以高度的责任感和献身精神，投身到发展经济的事业中去，建功立业，大显身手。

我们要切实建立民主、团结的政治环境，继续倡导“尊重知识，尊重人才”的社会风尚，使科技人员能心情舒畅地工作。我们要继续放宽、放活对科技人员的管理制度，鼓励在原单位不能发挥作用的科技人员向需要他们的地方流动。允许他们兼职，从事第二职业。科学技术人员获得了科学技术知识，有责任向工人、农民和其他劳动者传授，提高他们的水平和素质。战斗在经济建设主战场上的科技工作者要加强与工人、农民的团结合作，吸取他们的实践经验，在生产实践中检验自己的科技成果。

近年来，国家在财力紧张的情况下，对改善科技人员的工作条件和生活条件做出了一定努力，今后还要继续做下去。但是，就全局来说，只能在深化改革，发展生产的前提下，使知识分子待遇得到逐步改善。同时，我们将进一步放宽政策，鼓励科技人员挖掘潜力，扩大社会服务领域。使科技人员在创造经济、社会效益的同时，改善自己的工作条件和生活条件。

四、加强对科技工作的领导和支持

促进科技进步，这不单单是科技部门的工作，也是各级政府的一项重大任务。我们的各级政府一定要切实把科学技术工作放在经济发展战略的首要位置，充分重视科学技术与经济的密切结合，并为这一结合创造有利的环境和条件。各级政府、各行各业、企业和农村都要逐步增加对科技进步的投入，银行和其他金融机构要给予积极支持，促进科技成果迅速转化成新的生产力，转化为商品，以加速国民经济的进步。经济比较不发达的地区，要采取有力措施，制定能吸引人才和培养本地科技人才的政策，充分发挥他们的作用。要特别注意培养和造就一批懂技术、会经营的企业家，他们是新生产力的组织者。吸引和造就这样一批企业家，是各省、自治区、直辖市今后经济发展的重要条件。

各级领导同志都要以满腔热情学习科学技术知识，熟悉本部门、本地区的科技工作情况，成为积极倡导科学技术的带头人。只有这样才能取得领导全局工作的主动权。

在党中央的领导下，在科技界和经济界的共同努力下，我国的科技工作一定能为实现党的十三大提出的宏伟战略目标，作出更大的贡献！

加快科学技术和教育事业的发展和改革*

（一九八八年三月二十五日）

加快科学技术和教育事业的发展和改革，把经济建设切实转到依靠科技进步和提高劳动者素质的轨道上来。

实现四个现代化，科技是关键，教育是基础。我国生产力的发展，经济效益的提高，以至整个社会的进步，都离不开科学技术和教育事业的发展。因此，促进科技进步，加强智力开发，决不仅仅是科技界、教育界的事情，而是全社会的一件大事。各级政府、各地方各部门和各行各业，都必须坚持把发展科学技术和教育事业放在首要位置上，以极大的热情，采取正确的政策措施，努力办好这件大事。

根据中国共产党第十三次全国代表大会的建议，国务院已责成国家科委和有关部门尽快制定出中长期科学技术发展纲领，明确科学技术发展的战略目标、重点和措施，以便动员和组织全国各方面的力量，切实有效地推进整个国民经济的技术进步。

促进科技进步，必须从深化科技体制改革入手，鼓励越来越多的科技人员直接为经济建设服务，缩短科学技术成果转化为生产力的时间。要不断完善技术市场，加快科技成果

* 这是李鹏同志在七届全国人大一次会议上所作的政府工作报告的一部分。

商品化的进程，引导和推动科研单位同生产企业之间的联合。进一步放宽放活对科技人员的政策，支持和鼓励更多的科技人员到工农业生产第一线，特别是到城镇、农村、边远地区和贫困地区搞技术承包，开展技术服务。集中必要的财力物力人力，围绕农业、能源、交通运输、邮电通信和原材料工业、机械和电子工业等国民经济发展重点，进行重大科技课题的攻关以及工业性试验，用先进的工艺、技术和设备改造企业特别是大中型企业。积极组织社会集资，大力推行“星火计划”。保持一支精干的高水平的研究队伍，继续加强基础研究和应用研究，推动新兴技术和高技术的发展，为国民经济向更高水平前进准备条件。认真贯彻执行专利法，鼓励和保护发明创造，把科技人员和广大职工的群众性技术革新活动广泛深入地开展起来。

我国教育事业的根本任务是为社会主义建设培养合格的劳动者和各类专门人才。各级各类学校要努力使学生在德、智、体、美各方面得到发展，并适当加强劳动教育。各级政府要更加关心和重视教育事业，像抓经济工作那样抓好教育工作。教育发展计划应当成为经济和社会发展总体规划的重要组成部分。随着经济的发展，国家和地方都要逐步增加教育经费，提倡和鼓励社会力量集资办学、捐资办学，以加快我国教育事业的发展。

大力加强基础教育，因地制宜地实施九年义务教育，是提高教育水平和全民族素质的基础，应当成为教育工作的重点。必须继续加强教师队伍的建设，提高中小学教师的社会地位，改善办学条件。各级政府和教育部门要采取切实措施，引导学校端正办学思想，努力纠正片面追求升学率的倾向。还要充分重视家庭教育，以便同学校教育相配合，帮助青少年健康成长。为了满足社会多方面的需求，要在城市和乡村进一步开展职业技术教育和成人教育，扩展专业培训的内容，提倡继续教育，鼓励自学成才。在企业里要坚持职工岗位培训制度，提倡干什么学什么，不断提高劳动者的技术水平和工作能力。在农村中，必须继续抓紧扫除青壮年文盲的工作。把农村教育与普及科学知识和推广农业先进技术结合起来，对促进农村经济的发展具有重要意义。

高等教育体制改革的目标，是逐步建立起能够适应社会对专门人才需要的有效机制。要进一步改革教学内容和教学方法，还要对招生制度、毕业生分配制度等逐步进行改革，把竞争机制恰当地引入高等学校，以提高教学质量，激发学生的学习积极性和主动性。这些原则也同样适用于各类职业技术学校。向国外派遣留学人员是我国现代化建设的需要，也是执行对外开放政策的具体体现，要长期坚持下去。对留学人员的派遣和管理工作要不断加以改进。

高等学校有一支强大的科技队伍，应当在完成教学任务的同时，引导他们主动与经济建设相结合，鼓励他们开展各种形式的社会服务。我国高等教育已有一定的规模，在今后的一段时期内，发展的重点是提高教育质量，调整层次和结构，而不是扩大学校规模和增加学校数量。

各类学校都要在改进和加强业务教学工作的同时，认真改进思想品德和政治课程的教学，加强对学生的思想政治工作。这几年高等学校和一些中等学校组织学生参加各种形式的社会实践活动，收到了良好效果，应当坚持下去，并不断总结经验，加以完善，社会各方面要积极给予支持。

奋战在科技、教育战线和其他战线上的广大知识分子，是社会主义现代化建设大军的一支骨干力量。他们同广大工人、农民一道，辛勤劳动，积极奉献，涌现出许多先进事迹和模范人物。我们一定要进一步造成尊重知识、尊重人才的社会风尚，继续改善知识分子特别是广大教师和在农村或边远地区工作的科技人员的生活条件。要正确引导和鼓励高等院校、科研和医疗等单位的工作人员在努力完成本身工作和统筹兼顾的前提下，积极开展多种形式的包括有偿形式在内的社会服务，在为国家和社会创造财富的过程中逐步改善自身的工作条件和生活条件。要注意从工人、农民和其他劳动者中发现和培养专门技术人才和能工巧匠。各级政府都要关心知识分子，倾听他们的意见，为他们解决一些实际困难，鼓励他们更好地发挥自己的聪明才智，为社会主义现代化建设作出更大的贡献。

要尽快把科研成果转化为生产力*

（一九八八年三月二十九日）

现在的问题是确有科技人员研究的课题与当前国民经济发展结合不够。因此，我们现在引导和鼓励科技人员开展多种形式的技术服务，不仅是为了增加他们的收入，更重要的是希望科技人员把科研成果尽快转化为生产力，为当前国民经济服务。从长远讲，国家还必须重视基础科学研究。但当前要适当调整应用、开发和基础研究的比例，以更好适应改革和建设的需要。今后，无论是应用研究、开发研究，还是基础研究都要实行招标制，不能再吃大锅饭。

* 这是李鹏同志参加七届全国人大一次会议吉林代表团讨论时讲话的一部分。

要建立鼓励科技人员下乡的机制*

（一九八八年六月十六日）

科技对于发展农业生产作用很大。科学技术下乡，科学技术转化为生产力以后，对农业生产，对提高广大人民的生活水平起决定性作用。我们看到冀麦二十六号新品种，以及一路上看到的其他的农业方面的科技成果，都说明了这个问题。曲周县的二十三万亩低产田，改造前人均收入四十四块钱，现在达到人均三百七十块钱，粮食大幅度增产。由于采取了一整套综合治理方法，得到了联合国粮农组织的支持，搞了一个固定资产一千九百万元的乡镇企业，情况发生了很大的变化。今天我们从衡水、冀县也看到了乡镇企业带来的新变化。

那么，怎样鼓励更多的科技人员到农村来？这非得从政策上解决不可。当然，有了重大的创造发明，要给予奖励。我认为奖励也不能完全解决问题，应该创造这样一种机制，使得科技人员下乡以后所取得的成果和效益同他的报酬能够挂起钩来。曲周县的农民是富起来了，北农大、石家庄地区农科所的同志艰苦奋斗十五年，收获不小，写出了论文，取得了科研成果，但他们所取得的经济上的报酬往往比所作的

---

* 这是李鹏同志考察河北时在衡水讲话的一部分。李鹏同志当时任中共中央政治局常务委员会委员、国务院总理。

贡献要小很多很多。我们看的马兰试验站也是这样，虽然创造出了冀麦二十六号新品种，这个新品种可能给河北乃至全国小麦干旱地区带来很多的好处、很大的社会效益，但科技人员都是很清苦的。他们的奉献精神是好的，但这不能鼓励更多的科技下乡，所以我们必须从机制上解决这个问题。这个问题从什么环节上去解决？怎么解决？我希望河北省的同志要很好地研究一下。

这个问题不能说是不严重的，解放以来我们培养了一大批农业科技人员，但真正在农村工作的二分之一都不到，相当多的农业科技人员改行了，不搞农业了。我国是个农业国家，是有八亿农民的农业国，农业科技人员太少了，不是没有工作需要，而是没有工作条件，报酬太低，许多科技人员难以长期坚持下去。要吸引更多的科技人员下乡，就必须有一条很好的政策。

这里还有个科技普及和推广的问题。农业科技成果要普及，要从实验室到试验田，再从试验田到农户，不进入农户就转化不成生产力。我们在藁城看了看农户，那里有水，剩余劳力也不少，阳光也是充足的，种果树是大有可为的，还可搞立体化生产，这就是个科技推广的问题。

科技上我就讲了两件事，一是如何把比较高级的科技人员吸引到农村里来，二是把科学技术用到农业上去，使科技能够在农村得到很好的推广。

黄淮海平原开发要建立资金和科研的投入新机制*

（一九八八年六月十八日）

由于中国科学院、中国农业科学院等科研单位的科技人员与当地广大干部群众的共同努力，已使禹城县旱涝碱综合治理实验区的面貌发生了根本性的变化。这里取得的成果，对整个黄淮海平原的开发，乃至对全国农业的发展都提供了有益的经验。

在黄淮海平原二点九亿亩耕地中，百分之八十的耕地是中低产田，还有可垦宜农荒地一千多万亩。通过开发治理，使粮、棉、油、肉、菜大幅度增产是可能的。中国农业的发展将寄希望于黄淮海平原。

要搞好黄淮海平原的开发，就得建立资金投入的新机制，用经营办法搞好治理和开发。开发资金要国家、地方、集体、个人多渠道筹集，包括利用部分外资。投入的资金要实行有偿使用，滚动周转，逐步形成良性循环体系。禹城县在这方面做得比较好，几年时间就回收农业利用外资总额的百分之六十七，除部分偿还债务外，部分滚动使用于新区开发。

---

* 这是李鹏同志考察山东省禹城县旱涝碱综合治理实验区时听取禹城县负责同志工作汇报后讲话的要点。

科技对综合治理旱、涝、盐碱、沙的作用很大，没有科技先行与引导，要搞好黄淮海平原的开发是不可能的。在这方面要有一系列综合配套政策，把更多的科技人员吸引到农村来。科技成果要和科技人员的报酬、职称评定和晋升挂钩。对取得重要科技成果者，应给予荣誉和物质奖励，造成尊重知识、尊重人才的风气。在吸引科技人才的同时，还要使科研单位得到收益，把他们的积极性调动起来。各级政府和科研单位都要鼓励科技人员到农业生产第一线进行试验和推广工作，使他们树立为国效力的责任心、荣誉感。

在吸引外地科研人员来本地参加开发的同时，还应重视本地人才的使用与培养。县里的学校要端正办学思想，应该主要为当地的生产建设培养人才。如果这条做不到，今后农业科技成果是很难推广开的。

黄淮海平原的开发要重视总体的开发布局，先搞投资少、见效快的项目，做到先易后难，以短养长，使农民从开发中不断得到实惠，以调动他们参加开发的主动性和积极性。因为开发计划能否成功，归根到底要取决于农民的积极性。

关于提高知识分子待遇*

（一九八八年七月十五日）

发展教育、科技、卫生事业与提高知识分子待遇是个大问题，这个问题要在今年北戴河办公时由党中央、国务院通盘研究，制定解决措施。劳动部、财政部、国家教委、国家科委和卫生部等部门共同研究了提高卫生、科研、教育行业知识分子的待遇问题，提出了一个方案，中央财经领导小组、国务院都进行了讨论，已经原则同意。由于国家财政困难，只能分步实施，准备今年出台一部分，明年出台一部分。这个问题今年北戴河办公时再研究一次，一次决定，分步出台。

关于知识分子扩大服务面的问题。科技人员在完成本职工作的基础上扩大服务面，包括有偿服务，事实证明这项政策是对的。这半年来在原有的基础上发展很快，现在的问题是需要加强领导，统筹规划，不能人人去搞有偿服务，有的同志要把主要精力放在完成本职工作上，有的同志可以组织起来，开展有偿服务。我们的目的是利用科研、教学单位技术、人才与设备的潜力。

---

* 这是李鹏同志在国务院第二次全体会议上讲话的一部分。

科技人员要投入农业生产第一线*

（一九八八年七月二十七日）

今天，党中央和国务院领导同志同大家一起座谈治理开发黄淮海平原的意见，意义十分重大，它表明了党中央、国务院对农业的重视。我国十亿人口，有八亿农民，农业始终是发展国民经济的基础，吃饭是件大事。近十年来，我国农业取得较快发展，但要上新的台阶，任务非常艰巨。黄淮海平原在全国农业生产中占有重要地位。我们的目标是到本世纪末这一地区要增加粮食五百亿斤，棉花两千万担，油料三千万担和肉类二百万吨，我们一定要把它作为一场硬仗拿下来。看待农业的好与坏，我们不能光看一年两年，因为中国面积大，每年总是有旱有涝。要用战略眼光去看，到二〇〇〇年农业能否形成上述的生产能力和实力。

黄淮海平原的开发试点，由周恩来总理倡导，我们搞了二十多年，取得了重大成果，走出了一条中国式的农业综合开发的路子。我代表党中央、国务院感谢长期奋战在黄淮海平原的广大工人、农民、科技人员。今天，党中央、国务院向在座的农业科学家表示亲切慰问，也通过你们向奋战在农业第一线的广大科技工作者表示亲切慰问。

---

* 这是李鹏同志在北戴河主持召开黄淮海平原农业综合开发座谈会时讲话的要点。

发展农业，一靠政策，二靠科学。没有科技突破，农业就不能稳定发展。希望广大农业科技工作者在农林牧副渔各个方面共同突破，发挥更大的作用，作出更多的贡献。希望有更多的青年立志学农、务农、爱农，在我国形成一种新的社会风尚。农业科技工作者出成果需要有实验室，但更多的要深入生产第一线。我相信会有更多的科技人员投入宏伟的黄淮海平原开发事业，为振兴我国农业作出重大贡献。

在全国基础研究和应用基础研究工作会议上的讲话

（一九八九年二月十五日）

同志们：

全国基础研究和应用基础研究工作会议今天胜利闭幕。我代表党中央和国务院祝贺会议成功，并向获得第三次国家自然科学奖的科学家们表示热烈的祝贺！

党的十一届三中全会以来，在党中央、国务院关于“经济建设必须依靠科学技术，科学技术工作必须面向经济建设”的方针指导下，我国科技工作的面貌发生了很大的变化。科技体制改革已经初见成效。科技工作正在逐步转向适应有计划的社会主义商品经济发展的轨道。科学技术对经济和社会发展的巨大作用，已逐步被更多的人所认识，尊重知识、尊重人才的社会风尚，正逐步形成。改革开放促进了科学技术事业的发展。正负电子对撞机电子对撞成功、气象卫星上天、潜艇水下发射运载火箭、黄淮海低产田的改造研究取得的新成就等，都标志着我国科学技术在不少领域内已经跨入世界先进的行列。

全面安排好科学技术工作不但是保证我国科学技术本身，也是保证国民经济健康发展的重要条件。一般地讲我国科技工作可以分为三个层次：首先是直接为本世纪末国民生产总值翻两番这个战略目标服务的研究和开发工作；第二是高技术的研究与跟踪，推动高技术产业的形成和发展；第三是基础性研究工作。这三个层次的工作是相互促进的、有机联系的整体，缺一不可。我们虽然要把大部分科技力量投入到直接为经济建设服务的主战场，广大科技人员应在这个主战场上大显身手，但是间接的或较长时期才能发生作用的基础研究工作，也必须作出必要的安排。重大的研究课题可以从经济建设中提出，也可以从学科发展中提出。有一些探索性课题，虽然一时或目前还看不出应用价值，并不直接满足当前生产建设的需要，但它使人类对于自然规律的认识大大加深一步，对于生产和社会发展具有长远的指导意义，我们应该积极地给予支持。要防止对面向经济作狭隘的理解。国务院已决定组织力量，制定国家中长期科技发展纲领，力求把技术开发工作、应用研究、基础研究有机地结合起来，统筹兼顾，协调发展，最有效地发挥科学技术的整体作用，推进我国经济、社会的发展，进而为世界科学技术的繁荣作出我们的一份贡献。

基础性研究的进展，高技术产业的兴起，自然科学成果广泛应用于经济建设和社会发展的各个领域，这是构成一个国家综合国力的重要方面并日益成为当今世界竞争中的重要的因素。如果我们中国不能吸收世界最新科学思想和科学成就，在重要的科技领域缺乏应有的能力，就不可能实现现代化，更不可能屹立于世界民族之林。因此，我们必须在保证科学技术为经济建设主战场直接服务的同时，继续加强基础性研究工作，使之得到持续稳定的发展，为下个世纪储备技术和人才，迎接二十一世纪世界经济和技术的挑战。

近四十年来，我国的基础研究和应用基础研究工作有了很大的发展，已经拥有了一批较强的科研机构，形成了门类比较齐全的学科体系，建立了一支优秀的研究队伍。我们的科学家、专家、技术人员，勇于开拓，勇于创新，任劳任怨，埋头苦干，数十年如一日地坚持在研究工作的第一线，献身于社会主义科学事业，取得了不少具有国际先进水平的成果，赢得了全社会的尊敬和支持。最近几年，国家已经逐步增加了、并将继续增加对国家自然科学基金的拨款。我们已建成了一批大型的科学工程和装置，建设了一批重点实验室。我国的科学研究工作进入了一个新的发展时期。

应该看到，我们是一个发展中国家，当前又处在治理整顿时期，国家还有不少困难，一时难以大幅度增加对科学研究的投入。但是，随着我国经济的发展，我们将进一步增加对科学研究的投入。我们也希望有关部门和地方，尤其是大中型企业集团，要在重视开发工作的同时对基础性研究给予必要的支持。

同志们，我们中华民族在世界科学史上曾经有过光辉的篇章。今天，我们中华民族应该努力赶上世界科技的进步，并争取作出应有的贡献。改革开放的政策和良好的国际环境为我们发展科技事业提供了有利的条件。党中央和国务院殷切希望中国的科学家、科技工作者努力奋斗，为发展中国的科技和振兴中华的事业作出自己应有的贡献！

推动教育改革进一步深化*

（一九八九年二月十六日）

今明两年是治理整顿时期，基本建设要压缩，消费基金要进一步降低，财政也比较紧张。但是这一个时期也给我们提供了一些机会，可以通过治理整顿，建立起社会主义有计划的商品经济的新秩序。我建议，教育系统也要利用这两年的机会，在建立教育新秩序方面下一番功夫，来总结我们这几年改革的成果和经验，把教育改革的成果规范化、法制化。比如说成人教育，这些年来从无到有，发展很快，就可以认真总结一下，把好的经验加以推广。又比如说大学的一些改革，像毕业生的“双向选择”、大学里面的社会服务，还有中小学的勤工俭学，在执行的过程中都或多或少地出现过一些问题，但是现在看来，大的方向还都是正确的。但是需要兴利除弊，很好地加以总结和改进，然后沿着正确的道路前进，使教育改革进一步深化。

对现在有的大学里出现的厌学情况，要加以具体分析，既不能不重视，也不能过分渲染。不能把个别现象看成是整体现象。现在厌学是少数人，但比例确实增加了，对这种现象要对症下药，逐步加以解决，主要就是解决大学毕业生就业的出路。

---

* 这是李鹏同志在教育改革和发展问题讨论会上讲话的一部分。

至于说解决社会分配不公的问题，这是这两年治理整顿期间要解决的大问题，我们有决心用两年或更长一些时间来做这件事情。合法的收入必须保护，非法所得要取缔，违法乱纪的要给予打击，这样可以消除一些不公正的因素，但这里有一系列政策界限。对我们教育战线所存在的问题，应予以充分的重视。我们教育战线的各级领导，不能丧失信心，不能把问题看得过头了。我们是在一年一年地进步，不过有时进步得快一点，有时进步得慢一点，旧的问题解决了，新的问题又冒了出来。应该有信心解决这些问题。北京进行学校内部的管理体制改革以后，调动了教师的积极性。北京有北京特殊的情况，各地不能攀比。改善也是逐步的，不能抱不切合实际的幻想，对艰巨性、长期性，要有足够的认识，因为我们的经济实力就摆在这里。比如说我们的小学教员没房子住，怎么会政策一来就都有房子住呢?！那是不可能的，要逐步地建，逐步地改善。就是像同志们讲的，使他们看到希望，看到有奔头。我们要看到，我们毕竟处在社会主义初级阶段，是十亿人口的大国，忘记这个国情，做事情就要碰壁。

我们的教育是全方位的，有基础教育、职业技术教育、成人教育、高等教育，所有的部分都是重要的，各个功能有所不同。我们不能在强调某一问题时，忽视另一方面。我们各级教育部门要像弹钢琴一样，把这几个方面弹得和谐，这是很不容易的。我想我们要注意抓重点，一个时期有一个时期需要注意解决的问题。教育现在还是要解决如何与实际相结合的问题。高等学校要培养一些尖子人才，进行科研，搞长远的战略问题，搞基础研究，但这样的人数量不可能太多，高等教育还是要大量地为四化建设输送实用人才。基础教育，现在就要研究如何能增加职业教育的成分。应当看到大多数初中毕业生、高中毕业生，特别是农村的学生，他们毕业出来多数是要就业的，如果在学校期间就传授给他们这方面的技能，就可能增加他们学习的积极性。

高等教育不要只图数量，更重要的是提高质量，办学规模也不宜增长过快，要基本稳定下来。要给学生一个奔头，受到社会重视。不能引导学生完全走出国的道路，出国没有那么大的容量。高校培养的大学生，主要还是要为国家的经济建设服务。要全面地考核学生，使得大家在大学学习有一个理想和追求，德才兼备，才能符合四化要求。

在治理整顿中确保科技和教育的发展*

（一九八九年三月二十日）

科学技术的发展和进步，是实现我国经济振兴的真正希望所在。在国民经济的治理、整顿和调整中，必须把推动工农业生产特别是重点产业的技术进步作为重要目标，依靠科学技术和科学管理实现产业结构的优化和提高经济效益。为保证科技事业的发展，今年各级政府要继续增加科技经费，并在调整投资、信贷结构时实行有利于科技进步的政策。企业和农村也要千方百计加强对技术开发活动的投入。当前，科技工作要面向经济建设的主战场，抓紧第七个五年计划期间国家科技攻关计划、技术改造计划以及“星火”、“丰收”计划的组织实施，积极推广有普遍实用价值的科技成果。技术进步的有关指标应当纳入到企业承包经营的指标体系中去。大中型企业要努力增强技术开发能力，小型企业包括乡镇企业也要有自己的技术依托。农村要建立健全农业技术推广和服务体系。为增强国力和支持经济、社会的未来发展，有步骤有重点地研究和开发高技术。通过实施“火炬”计划等措施，促进高技术成果的商品化和产业化。同时，重视与

---

* 这是李鹏同志在七届全国人大二次会议上所作的政府工作报告《坚决贯彻治理整顿和深化改革的方针》的一部分。

支持基础研究和应用基础研究工作。近几年，科技体制改革取得了明显的进展。要进一步做好改革的配套和完善工作，促进科技同经济密切结合机制的形成。充实和健全科研基金制度，充分发挥专利制度的作用，培育和发展技术市场，大力促进科技单位与企业的多种形式的联合和协作，动员和组织广大科技人员为经济建设不断作出贡献。

从根本上说，推动科技进步和提高经济效益，乃至整个社会主义现代化目标的实现，都取决于劳动者素质的提高和专门人才的培养。近年来我国教育事业发展较快，涌现出一批重视教育并取得显著成绩的地区和部门。但从总体上看，我国教育事业是落后的，教育发展和改革还不适应社会主义建设的需要。七届人大一次会议以后，国务院组织国家教委等有关部门就教育工作中的一系列重大问题进行了广泛深入的研讨。国务院将继续听取各方面的意见，抓紧制订到本世纪末我国教育发展和改革纲要。各级政府、各部门和各行各业都要进一步提高对教育的认识，高度重视教育的长期重要战略地位，并且在治理整顿期间努力保证教育事业的发展。一九八九年，在紧缩各方面财政开支的情况下，国务院决定对教育经费不仅不减少，而且有较大幅度的增加。政府的教育经费将达到三百七十四亿元，比去年增加五十亿元，增长百分之十五点四。此外，城乡教育费附加等预算外教育经费，也将有较多增加。当然，这同教育发展的实际需要还有较大差距，国务院和各级政府要在执行预算中通过增收节支尽可能增加教育经费。从长远看，解决教育经费不足的问题，只靠增加政府财政拨款是不够的。必须通过改革，使教育事业成为全民的事业、全民的责任，增加全社会对教育的投入。在继续增加政府财政拨款并明确各级政府财政所必须负担的教育经费比例的同时，要积极改革办学体制，发展社会力量办学，开辟筹措教育经费的新渠道，并切实加强对教育经费使用的管理和审计监督，杜绝挪用、浪费现象。近些年，一些地方积极采取各种措施调动社会各方面和人民群众发展教育的积极性，促进了教育事业的发展。实践证明，教育关系到人民的切身利益，社会上蕴藏着很大的发展教育的积极性。只要各级领导重视，认真总结这些新鲜经验，不断加以完善，完全有可能逐步增加教育经费在国民生产总值中的比重。

发展教育事业，要从我国的实际情况出发，合理规划发展的速度、规模和重点，确定适当的结构层次比例，不断提高教育的投资效益和社会效益。由于各地经济文化基础差异较大，发展教育要在加重地方政府责任的同时，赋予地方政府更大的统筹权和决策权，使他们能够根据当地的情况来决定教育工作的重大问题。要努力适应社会主义建设的需要，进一步调整教育结构，搞好教育改革，把不断提高教育的普及程度同发展职业技术教育密切结合起来，使教育更好地为提高劳动者素质服务。各级政府要认真贯彻《义务教育法》，按照积极坚定、保证质量、分区规划、因地制宜的原则，进一步修订好实施义务教育的规划并建立目标责任制，推进义务教育的实施。为广大农村培养中、初级科技人才和提高农村劳动者素质的“燎原计划”，是进行农村教育综合改革，促进农村发展的一项具有深远意义的社会工程。各地要抓紧安排实施，努力做出成绩。城市要探讨企业和学校结合发展职业技术教育的办法，进一步贯彻执行“先培训、后就业”

的原则，积极进行中等专业和技术教育的改革。要稳定高等教育发展的总规模，把工作重点放到提高教育质量上来。认真做好高等教育的综合改革试验，进一步调整科系结构，增强专业的适应性，完善供需见面、双向选择的毕业分配制度。高等学校开展多种形式的社会服务，目的在于密切学校同社会的联系，提高教育和科研的社会效益，要坚持由学校统一组织安排，健全和完善有关制度。成人教育要以加强对在职职工的培训为重点，并采取有力措施，制定具体规划和目标，抓紧扫盲工作。注意把社会力量办学的积极性引导到支持发展基础教育和职业技术教育的方向上来。要进一步活跃教育学术空气，加强教育科学和理论的研究，积极探索教育思想、教育内容和教育方法的改革，不断提高教育质量。

教育的发展和改革，必须坚决依靠和充分发挥广大教师的积极性和创造性，努力培养一支素质优良的教师队伍。要有计划、有步骤地加强教师培训工作，扩大教师的来源和培养途径。要继续采取措施，改善教师的工作条件和生活条件。同时，要深入进行学校内部管理体制的改革，优化教师队伍，不断提高广大教师的思想和业务素质。

学校的根本任务是育人。各级各类学校都要把改进和加强思想品德和政治教育放到重要位置，并切实抓好校风、校纪建设。对当前少数学校中存在的乱收费、滥发文凭、师生经商、教学纪律松弛等某些混乱现象，以及一些地方出现的中小学生辍学、弃学问题，各级政府和教育部门必须高度重视，采取有力措施予以纠正，努力造就良好的教书育人环境。

要解决农业科技成果推广应用的问题*

（一九八九年五月六日）

当前我国的农业形势严峻，党中央、国务院对农业很关心。要把农业搞上去，一靠政策，二靠科技，三靠投入。到本世纪末我国粮食总产量要攀登新的台阶，农业科技需要有一个新的突破。

最近要开一个会，研究进一步推广应用农业科技成果问题。这个会议要首先解决好认识问题，即振兴我国农业必须依靠科学技术。农业科技的应用与推广工作，仍然是当前薄弱的一环。当务之急是要推广一批各地业经证明成熟了的投资少、效益高的科技成果，使它迅速转化为生产力，为农业的振兴作出贡献。

要探讨解决科技成果应用与推广的出路，要逐步建立一个好的运行机制。要在现有的基础上，把从中央到地方的各级农业科研机构和农业科技推广站办得更有活力，更富生命力，成为农村科技推广中心。同时，要在家庭联产承包经营的基础上，建立不同层次、不同形式、不同专业的农民技术组织。

科技推广离不开教育，离不开人才。我国农村文盲这么多，要研究农村教育如何适应农村特点，使学生学了有用。要结合“燎原”、“丰收”、“星火”计划的实施，狠抓农村教育，提高广大农民的科学文化素质。

---

* 这是李鹏同志在农业专家、教授座谈会上讲话的摘要。

致孩子们的贺信

（一九八九年六月一日）

在“六一”国际儿童节四十周年到来之际，我怀着十分高兴的心情，代表工作在中南海的爷爷、奶奶、伯伯、叔叔、阿姨们，向你们问好，祝你们节日快乐！

小朋友们，我们社会主义祖国正沿着邓小平爷爷开辟的改革开放的道路，向着四个现代化奋力前进，任务是艰巨的，困难是不少的，但我坚信，前景是光明的。你们现在是祖国的花朵，我希望你们能在更好的环境中茁壮成长，长成参天大树，将来成为建设祖国的栋梁。儿童和少年时期，正是小朋友们长身体、长知识的时期。我相信，大家一定能够勤奋学习，刻苦锻炼，养成爱祖国、爱人民、爱科学、爱劳动、爱护公共财物的良好品德，成为有理想、有道德、有文化、有纪律的一代新人。你们要时刻准备着，为了开创我们伟大的社会主义祖国更美好的未来，贡献自己的力量。

办好学校的首要标准是坚持正确的政治方向*

（一九八九年七月十四日）

我们的学校办得好坏究竟以什么为标准，什么是第一位的，我认为是坚定正确的政治方向，要培养学生热爱祖国、热爱社会主义。如果我们培养的人，虽然专业知识学得不错，但不拥护社会主义制度，与人民群众感情格格不入，那就是我们教育的失败。

这次动乱、暴乱对每个人都是个严峻考验，每个人都有自己的表现。高校党委要抓住这个机会，建立健全干部和积极分子队伍。高等学校的领导班子绝大多数都是好的，立场是坚定的，不合格的只是少数，要通过学习、贯彻党的十三届四中全会的精神，分清是非，提高觉悟，把高校的领导班子切实整顿好。

对广大青年学生中存在的问题，要严格区分两类不同性质的矛盾，重在教育，帮助他们提高认识。

---

* 这是李鹏同志与全国高等学校工作会议部分代表座谈时讲话的要点。

科学研究要处理好两个方面的关系*

（一九八九年八月八日）

科技领域主要应处理好两个方面的关系：一是科技为当前国民经济建设服务和为长远发展服务之间的关系；二是基础科学研究和应用研究开发之间的关系。

基础科学不一定马上能带来经济效益，然而它是一个国家科技发展的基础，所以不可忽视。应坚持把主要的力量投入应用研究与开发，直接为四化建设服务。总的来说，科技界对这两个方面的关系的处理是好的。

中国近年来重视将科学技术转化为生产力，并进行了一些尝试。一种尝试是科研机构将科研成果转交给企业生产变成商品，而一些企业本身也设有科研机构，进行开发研究；另一种尝试是科研机构自己办企业，直接推广科研成果，自己开发、生产商品。

农业在中国国民经济中占很大比重，发展农业始终是发展国民经济的一个主题。发展农业一靠政策，二靠投入，三靠科学；但投入在很大程度上应当是在农业科技方面的投入。为尽快把农业科技成果推到农村生产中去，中国实施了“星火”计划，并已取得了一定的成果，应坚持不断发展，加以完善。

---

* 这是李鹏同志会见朝鲜政府科技代表团时讲话的要点。

要进一步扩大卫星应用领域*

（一九八九年八月二十六日）

卫星事业是很重要的事业，三十多年来，我们贯彻了自力更生为主、争取外援为辅的方针，在老一辈无产阶级革命家亲切关怀和领导下，开创了这个事业。我们敬爱的周总理、聂老总[1]为开创卫星事业作出了很大贡献，许多老一辈的专家、科学家，如今天在座的钱学森同志、朱光亚同志、任新民同志等，他们都对卫星事业作出了很大贡献。卫星事业的发展，再加上原子弹、氢弹和运载工具等，这一系列的发展，不仅大大地提高了我们的科学技术水平，而且也增强了我们在国际斗争中的力量，增强了国防力量，增强了国威、军威，对保卫国家安全，保卫世界和平，都作出了贡献。现在我们的任务，就是要把老一辈无产阶级革命家和专家们开创的卫星事业继续发展下去，使得卫星的发展和卫星的研制水平继续提高，更重要的是要在卫星的应用方面能够更普及，使应用的范围更加广泛，为社会的发展和国民经济发展作出更大的贡献。这个光荣的历史的任务，落在广大从事航天技术事业的科学家和工程技术人员的身上。今天在座的都是这方面工作的骨干，也落在了各位的身上，希望大家共同努力。

---

* 这是李鹏同志听取中国宇航学会首届应用卫星与卫星应用研讨会工作汇报时的讲话。

发展应用卫星和卫星技术的应用是相辅相成的，应当正确处理好这两者之间的关系。如果不重视卫星的应用，或应用的范围很狭窄，很不普及，那么卫星本身就不可能发展，因为没有这个需求；只有广泛地开拓应用市场和应用范围，才能真正对社会的发展和国民经济的发展起到作用，反过来就会增加对卫星的需求，促进应用卫星本身的发展。当然我们还应该处理好自力更生与开放、学习外国技术之间的关系，这两者也是缺一不可的，因为这是尖端技术，更多地要放在自力更生的基础上，特别是总体配套的工程、系统的工程，要主要依靠自力更生；而在卫星的某些方面、火箭的某些方面、控制系统的某些方面以及元器件某些单项技术方面，我们有条件利用国外的技术。在系统工程、总体配套及设备的总成方面，要运用自己的技术，这不仅是因为它是尖端技术，西方发达国家要对我们封锁，不会轻易给我们，即使给一点，也是以政治为条件的；另一方面还有一个国情的问题，我们自己发展的东西，适合我们自己的国情，适合于我们经济发展的水平。现在回想起来，大概是一九八四年，我们在发展卫星应用方面曾经有过争论，就是先用 C 频段还是先用 Ku 频段，后来决定采用 C 频段。采用 C 频段的原因，现在看来就更加清楚了：一是促进应用的发展，我们可以先租星用，这样卫星地面站就雨后春笋般发展起来了，应用于广播，应用于通信，应用于教育，这样有利于应用的发展；另外，在很大的程度上，是因为我们自己的卫星还处在 C 频段的水平，我们将来可以立足于使用自己的卫星。去年十二月二十二日，我们成功地发射了东方红二号甲卫星，现在这颗卫星还在天上转，四个转发器在正常工作，比前一颗卫星更安全、更可靠。在卫星发射的时候，我讲了这样的话：我们的卫星现在已经由科研试制阶段转入应用阶段，随着二十四个转发器的卫星的发射，我们的卫星将为自己的地面站提供更多的频道，提供更多的转发器，这样我们就可以立足于自己的卫星。在自力更生与争取外援方面，我们以自力更生为主，这适合于我们自己的发展水平；在应用和制造方面，我们着眼于开拓市场，使之在国民经济建设中发挥作用。今后的发展方针，我想这两条也是很重要的，应该继续贯彻下去。

航天事业的应用范围是很广的，今天各个方面的同志作了很有价值、很振奋人心的汇报，说明这几年我们在应用方面取得了很大成绩，当然应用本身也不是很简单的，不像电视机那样，打开开关就行，应用本身也有科学技术，有研制，有发展，还有创新，要做大量的工作，才能够应用。在民用方面，大家归纳了三个领域：一是通信和广播，这仍然是我们的重点。我国是一个幅员辽阔而交通很不方便的国家，利用卫星进行广播，特别是传输电视信号，有它非常重要的意义。刚才有位同志发言中讲，现在诸多的宣传手段中，电视已经上升到第一位，它的及时性、它的效果都是第一位的，第二位才是广播，因为电视宣传非常形象化，效果最好，它是一种现代化的宣传工具。当然我们电视的覆盖率只有百分之七十五，这还远远不够，还要继续发展。其次就是气象领域，特别是农业的发展，以及防御自然灾害，气象预报起了很大的作用。现在我们的短期预报比较准确，主要是要发展中期的数值预报，这就必须有气象卫星，才能够作出比较高质量的中期数值预报，提高预报的精确度，增强预见性，这对于防范自然灾害，特别是旱、涝、冰雹、台风等都有重大作用。再一个应用领域是资源普查，就是对我们的国土资源进行调查研究、统计，这也是非常重要的。举例说，农业生产的好坏，决定我们第二年发展资金的投向，但是，现在各省市统计部门反映的资料不大准确，随意性很大，往往灾情大了，粮食产量就越报越少；丰收年或受某种政治因素影响，产量就越报越高，因为他们也是一个一个数字加起来的。如果我们发展了资源卫星，对农作物的面积、产量就可以作出比较精确的估计，预测农业的产量有多少，明年向国外购买多少粮食。比方说，购买一千万吨还是一千五百万吨？那么剩下的钱就可以发展其他项目。因为民以食为天，吃饭是第一位的。这是讲资源卫星应用的一个方面，还有其他方面，如国土资源的开发，大型建设项目的确定，厂址、水电站站址的选择，地震的预报等。此外，还有军事领域的应用。在军事领域，卫星和运载工具又是连在一起的，要发展卫星，运载工具肯定也要发展，这两者是不可分割的。刚才有的同志发言说，我们的卫星性能还不够好，我看很重要的原因是我们的卫星体积比较大，同样重量的卫星，我们只能够有四个转发器，而国外比较先进，材料也比较好，卫星上的电子元器件比较先进，所以同样的体积，它的功能比较多，寿命也比较长。另外我们也需要发射比较大的卫星，必须有比较大的运载工具，所以去年作了一个决策，即在国家经济比较困难的情况下，我们的“长二捆”火箭还是要搞的，现在第二工位进展比较顺利，当然这次政治风波以后，国际上对我们“制裁”，亚星也限制我们，澳星也限制我们，不管它限制不限制，反正这件事情是要办的，要下决心办。

刚才同志们在发言中建议，要加强领导，避免重复建设。这是体制方面的问题，我觉得这一点也很重要。因为我们是发展中国家，经济力量有限，如果什么事情都要办，哪一种型号都要搞，比如刚才有同志发言说，对卫星有二十六种需求，这样不行，我们只能把有限的钱集中到最需要的事业上，集中到最适合于我们中国国情的事业上去。中国在发展运载工具方面有很成功的经验，我们比世界上任何一个国家所花的钱都少，这是我们的一个很大特点。苏联消耗了大量的资金，美国就更不用说了，而我们所花的钱，相对地讲是比较少的。我们广大工程技术人员是艰苦奋斗从事这个事业的，物质生活水平比较低，这当然有关系。另一方面，我们实行集中统一领导，这也很有关系。我参观一院[2]的展览会时讲过，我们各种型号的火箭，基本上是一个设计思想体系，然后发展成各种不同的型号，如果设想当时各种不同的体系都要共同发展，肯定分散。今天发展卫星，恐怕也要集中。所以国务院、中央军委成立了一个航天领导小组，我被大家推选为组长。当年周总理亲自管这件事情，现在大家让我来管，我就欣然接受了，这也是表示对这件事情的重视。国务院有几十个非常设机构，我担任过十几个非常设机构的组长或主任，都统统辞掉了，现在只保留了这一个职务。实行集中统一领导，就是要真正有决策权才行；没有决策权，这个小组也没有用。当然决策要在充分听取专家论证意见以后，才能拍板。我们的专家，各人有各人的学术观点，各有各的研究对象，都可以充分发表自己的意见，但最后要服从于国家的财力物力安排，我们最后来决定发展一种或两种型号。如果没有这样集中的权力，我认为这个小组就没有什么用。在发展航空航天事业方面，特别是发展星、箭方面，今后要更多地集中统一。在经费问题上，国家是要拿出一些钱的，因为这是尖端技术，国家要适当地扶植。要解决这个问题，现有的财政体制是解决不了的，国家就这么点预算，拆了东墙补西墙不行。我们现在财力相当分散，必须进行财政体制的改革，中央能够适当地多集中一点钱，才能够发展军事工业，发展航空航天，而不发展这个是不行的。

我们还要继续发扬艰苦奋斗、勤俭节约的精神，这是航天系统的光荣传统。特别是在目前情况下，我们一方面要发展航天事业，还要准备过几年紧日子。我国的经济状况不算很好，我最近会见外国朋友时讲了这个观点。我说，中国经济不会像有些人预言的那样会有大的滑坡，我们将会保持一个比较合理的速度前进，但是由于前几年欠账太多，前人欠账后人要还，一个是内债，一个是外债，这两个大负担，从明后年就要开始。另外我们社会的总需求超过总供给，寅吃卯粮，这个不平衡状况，不是一天的事情，已经五六年了。我们既要控制物价的基本稳定，稳定人心，保证人民基本的生活水平，又要发展一些我们必须发展的事业。同时，还是要提倡勤俭办一切事业，包括勤俭办航天事业，把一些铺张浪费的现象狠狠地刹一刹。我们这几年政府和党的工作，如果说有错误的话，这是一条大的错误，就是花了很多钱，进口了大量的消费品，进口汽车花了几十亿，没把自己的汽车工业发展起来。发展航天工业，要发扬艰苦奋斗的优良传统，如果想发展，只有走这条路。

刚才有的同志讲，引进了一百多套遥感设备，使用效率都不高，不仅计算机系统花了很多钱，就是进口卫星拍摄的胶片，也有很大的重复。如何想办法控制进口，把现有设备充分利用起来，拍摄的照片统一使用，这也是我们要研究的一个课题。今后不能大家都去引进，都去交流，花费了大量外汇，但效果却不是很好。我认为，只要突出重点，选择有限的目标，少花钱、多办事，从整个国家的利益，而不是从部门的利益、小单位的利益出发，即使在目前经济比较困难的情况下，我们仍然有可能使航天事业得到发展，为国防、国民经济和社会的发展实实在在地办些实事，作出些贡献。

注　释

〔1〕 聂老总，即聂荣臻（一八九九——一九九二），四川江津（今重庆江津）人。一九二三年加入中国共产党。曾任中共中央委员、中央政治局委员、中央军事委员会副主席，全国人民代表大会常务委员会副委员长等职。一九五六年起任国务院副总理，一九五八年后曾兼任国防部国防科学技术委员会主任、国家科学技术委员会主任，长期主管科学技术和尖端武器研制的工作。

〔2〕 一院，即航空航天工业部第一研究院，一九九九年更名为中国航天科技集团公司第一研究院，又称中国运载火箭技术研究院。

完善科技对外开放政策*

（一九八九年八月二十八日）

我们的奋斗目标是实现四个现代化。在四化中，科技现代化是关键，工业、农业和国防现代化都需要用现代的科学技术来武装。我们讲发挥工人阶级主力军的作用，这丝毫也不能降低知识分子的作用。因为知识分子是脑力劳动者，本身就是工人阶级的组成部分，并在实现四化中要发挥重要作用。

四十年来我国已经建立了一大批国家级和部委级的科研机构，拥有一大批专门人才和科研设备，积累了丰富的经验。这是科研战线上的主力，必须重视和继续发挥它们的作用。许多大中型企业都有自己的科研机构，它们与生产实际保持密切联系，对企业的技术开发与改造，把科研成果转化为生产力，有着不可忽视的作用。现代科学技术是一个庞大的系统工程，许多重要项目的实现，既要充分重视卓越的专家和学科带头人的作用，也必须依靠集体的力量。

回顾一下我国所取得的一系列重大科研成果，都是靠自力更生为主，同时又吸取国外先进技术而取得的。改革开放政策对我国科技繁荣已经产生巨大的作用，我们不但不会改

---

* 这是李鹏同志与科技和教育战线上有突出贡献的部分专家座谈时讲话的要点。

变这一政策，而且应把这一政策执行得更好、更完善。现在某些西方国家，想把中国已经开放的大门封闭起来，这是不能成功的。这不仅对中国不利，对西方国家也不利。现在西方许多有识之士已看到这是不明智的，正在逐步解除对中国的经济“制裁”，对此我们表示欢迎。中国科技界人士将一如既往地积极参加国际科技交流活动，愿为此作出自己应有的贡献。

发展航天事业主要靠自己*

（一九八九年九月二日）

我代表党中央、国务院和中央军委，向工作在航天战线上的全体解放军指战员、工程技术人员和全体职工致以亲切的问候。

我国的航天事业是老一辈无产阶级革命家周恩来总理、聂荣臻元帅和老一代专家们开创的。今天在座的许多同志也为此作出了贡献。

我国在航天事业上的成就基本上是靠自力更生、艰苦奋斗取得的。当然在改革开放的十年中也汲取了一些国外的先进技术，但是这种尖端技术、国防科学技术，实践证明，我们只可能从国外得到某些局部的技术，但总体技术、整个的系统工程必须依靠我们自己，必须走自力更生的道路。

---

* 这是李鹏同志会见新一代航天型号研制工作会议代表时讲话的要点。

全社会都来关心下一代的健康成长*

（一九八九年九月六日）

在今年教师节即将来临之际，全国妇联和全国儿童少年工作协调委员会召开“优生、优育、优教讨论会”，是件很有意义的事情。我今天来参加这个会议很高兴。下面我谈几点意见，以表达党中央和国务院对这项工作的关怀和重视。

儿童少年是我们中华民族的希望和未来。要把我国由一个人口众多的发展中的国家建设成为繁荣富强的社会主义现代化强国，不仅需要当代人的艰苦创业，而且需要几代人坚持不懈的奋斗。提倡优生、优育、优教，目的就在于创造必要的条件，把我们的新一代人培养成为有理想、有道德、有文化、有纪律的人。这是提高民族素质的需要，社会主义祖国兴旺发达的需要。现在的孩子，再过几年、十几年、二十几年，就要走向社会，投入社会主义建设事业的各条战线。可以预料，到二十一世纪初叶，历史的重任将必然地落在新一代人的肩上。因此，全面研讨探索在新的形势下如何能更好地加强儿童少年工作，是具有战略意义的一件大事，应该引起各级党委和政府的重视，应该得到全社会的支持！

研究优生、优育、优教就是从生育、抚育、教育三个方面研讨对婴、幼、儿童、少年的培育工作。这是一项跨学科

* 这是李鹏同志在全国优生、优育、优教讨论会上的讲话。

跨部门的综合性事业，是前人还没有深入掌握的一门学科。解放以来，在党和政府的亲切关怀下，我国消灭了许多传染流行性疾病，婴儿死亡率大幅度减少，人民生活水平有了提高，大多数儿童少年正在茁壮地成长。但是在我国，优生、优育、优教工作还有许多问题和薄弱环节，抓紧研讨，制定有关政策是十分必要的，也是十分紧迫的。

对“婴、幼、童、少”的培育工作是一件与广大人民利益紧密相关的涉及千家万户的社会的事业。要针对生育、抚育、教育中的陈旧观念，开展科学知识的宣传教育，使广大人民群众逐步树立优生观念，掌握优育的方法，端正教育思想。家长、幼儿园、学校，除了要保证孩子们的身体健康，使他们得到正常发育之外，还要特别注重培养孩子们良好的品德和行为习惯。从幼儿开始就要根据他们的特点，开展知识的、文化的、思想品德的教育。在我国，独生子女多，如何开展对他们的教育，是摆在广大幼教工作者面前的一个新的课题。家长、老师要爱护他们，关心他们的成长。但是，不可溺爱，更不能纵容。从小就要培养他们友爱互助、爱护集体、热爱祖国的良好品德。家庭、学校和全社会都要爱护儿童，教育儿童，为儿童办实事，为儿童作表率，各级党委、政府要重视优生、优育、优教的工作。医药、商业、生产部门要注意婴、幼、儿童、少年卫生保健，重视儿童食品、玩具、日常用品的研究和生产；教育部门要认真贯彻义务教育法，文艺宣传部门要努力为儿童少年提供优秀的精神食粮，提供孩子们喜欢的内容健康的图书、报刊、音像制品和玩具。对一切虐待儿童少年的行为和侵害他们合法权益的各种现象，各级政府必须严加管束，坚决制止。情节严重的要依法惩处。全社会都要和这种不良现象做坚决斗争。

同志们，优生、优育、优教工作任务很重，困难也不少。国务院已决定建立一个统一协调妇女儿童工作的领导小组，吸收各有关方面的领导和专家参加，以加强对这项工作的领导和指导。各级党委和政府每个家庭乃至全社会都要齐心协力，各尽其力，各司其职，共同奋斗。我相信，我们的优生、优育、优教工作一定能取得更大的成绩。

坚持坚定正确的政治方向，发展我国的教育事业*

（一九八九年九月八日）

今天，为庆祝一年一度的教师节，国家教委、人事部和中国教育工会联合召开大会，表彰奖励在教书育人工作中做出显著成绩的教师。我代表党中央、国务院向受表彰的同志表示热烈的祝贺，并借此机会，向全国各族广大教师致以节日的慰问和崇高的敬意。

中华人民共和国成立四十年来，特别是党的十一届三中全会以后，我国的社会主义建设取得了巨大成就，教育事业也有了很大发展。这些成绩，是同广大教师辛勤劳动分不开的。国家发展经历了曲折的历程，教师队伍也经受了一次又一次的考验。广大教师为培养新中国的建设人才呕心沥血，如今已是桃李满天下，他们的学生已经或正将成为各条战线的骨干。“文化大革命”中，教育事业受到严重摧残，教师队伍也受到很大冲击。十一届三中全会后，广大教师又为我国教育的发展和改革，为社会主义现代化建设作出了新的贡献。许多教师不计较历史上遭受过不公正的待遇，不计较清苦的生活条件和艰苦的工作条件，几十年如一日，忠于人民

---

* 这是李鹏同志在国家教育委员会、人事部和中国教育工会联合召开的庆祝教师节表彰大会上的讲话。

的教育事业。四十年的实践证明，我国的教师队伍，是一支好的队伍。十年前，中央推倒了“四人帮”强加在知识分子头上的“两个估计”，明确了知识分子是工人阶级的一部分。现在，党和国家再一次重申，包括广大教师在内的我国知识分子仍然是工人阶级的一部分。在不久前发生的动乱和反革命暴乱中，我国绝大多数教师的表现是好的，是忠于党、忠于社会主义祖国的。因此这一基本估计，不会因此而改变。

党的十三届四中全会指出，我们将继续坚定不移地执行“一个中心、两个基本点”的基本路线，继续为实现社会主义现代化建设的发展战略而努力奋斗。毫无疑问，也将继续贯彻“教育必须为社会主义建设服务，社会主义建设必须依靠教育”的方针，不断推动教育事业的发展和教育改革的深入。尊重知识，尊重人才，尊师重教，是我们国家的一项基本国策，现在没有任何理由改变。目前，我国经济处在治理整顿期间，财政存在一定困难，教育工作在动乱和反革命暴乱中也暴露一些突出的问题，但绝不能因此而忽视教育。各级党委和政府要坚决贯彻十三大精神，切实把发展教育摆到经济建设和社会发展的突出位置，发动全社会关心和支持教育事业，通过多种渠道，努力增加教育投入。要继续团结、依靠广大教师。在政治上，要采取一切措施，包括运用立法手段，保证教师队伍的政治思想、道德素质和教学业务水平的逐步提高，改善他们的工作条件和生活条件。很多老一辈无产阶级革命家不仅为社会主义制度的建立和发展贡献了毕生的精力，而且花费了很大心血关心和支持我国的教育事业。各级党委和政府领导人应该学习他们远大的战略眼光和扎实的工作作风，为调动广大教师的积极性，为发展教育事业，认真地办一些实事。

我国的教育是社会主义的教育，它的根本任务是培养社会主义事业需要的人才。从学潮到动乱，进而在北京发生反革命暴乱的过程说明，国外的敌对势力总会利用各种机会实现其和平演变的战略；国内坚持资产阶级自由化的人，也总是妄图把我们的国家纳入资本主义轨道。他们同我们争夺的一个重要目标，就是学校和青年学生。如果我们不能保持清醒的头脑，不把坚持坚定正确的政治方向摆在学校工作的第一位，不仅会给教育工作，而且会对党和国家的前途带来严重影响。

教师是人类灵魂的工程师。我国青少年的思想品德、智力和体魄状况，在相当程度上决定于广大教师的工作。教师的言行对青少年有着重要的影响，要求学生做到的，教师首先应该做到。教育学生拥护党的领导，拥护社会主义，教师首先应该热爱党，热爱社会主义；要学生树立全心全意为人民服务的思想，教师首先应该不计名利，忠于职守；要学生艰苦奋斗，教师应该勤俭朴素。教育者应该先受教育。广大教师要为人师表，以自己的楷模行为，为学生树立榜样。要做到这一点，教师就应不断地学习和提高。不仅要学习业务知识，而且要学习马克思列宁主义和毛泽东思想，学习党的方针政策。当前，首先要学习十三届四中全会的各项决定，积极投入反对资产阶级自由化斗争。这不仅是教师的工作需要，也是党和国家对广大教师的殷切期望和政治上的关怀。

同志们，制止动乱和平息反革命暴乱已经取得了决定性的胜利。摆在我们面前的既有许多困难，更有很多战胜困难的有利条件。在过去的四十年中，党领导全国人民战胜了许多困难，取得了巨大成就，也依靠党自身的力量纠正了前进中的失误。现在，我们同样能够克服各种困难，继续前进。我们希望广大教师紧密团结在党中央周围，振奋精神，为坚持四项基本原则，坚持改革开放，为发展和改革教育事业，为培养社会主义事业的接班人作出新的贡献。

培养德才兼备人才是教育的首要任务*

（一九八九年九月九日）

解放四十年来，教育工作成绩很大，但问题也不少。教育事业总的来说还比较落后，原因之一就是我们在社会发展过程中，国家、地方对教育的投入比较少，教师的待遇偏低，今后我们要致力于改善这方面的条件。应当看到，教育是百年大计，关系到整个民族素质的提高，教育的发展当然对经济发展有重大的促进作用，但教育的发展也必然受到经济发展水平的制约。我们是发展中国家，只能根据我国经济发展的水平，逐步增加对教育的投入。

当前在教育发展上确实有许多问题需要解决，但摆在第一位的是培养什么人的问题。我们要建设社会主义祖国，改变贫穷落后的面貌，培养出来的人就要自觉地为这一事业服务，要有坚定正确的政治方向，要热爱自己的祖国，热爱自己的党，热爱自己的人民。同时，业务上、学习上是合格的，品学兼优的。

过去许多大学生一毕业就分配到国家机关工作，实践证明，这种做法需要改进。我们主张青年学生首先到基层单位，到实践中去锻炼，当然应当尽可能地与其所学专业相结

* 这是李鹏同志与北京师范大学师生座谈时讲话的要点。

合，不是简单地进行体力劳动，这同过去搞的“上山下乡”政策是不同的。大学生的成才之路很重要的一条，是到实践中去增长才干，在实践中增长社会知识，增进与劳动群众的感情。

党的十三大以来的路线、方针、政策不变。在教育、科研领域还要继续贯彻执行“百花齐放，百家争鸣”的方针，在坚持四项基本原则的前提下，允许对各种学术问题展开讨论。

中国的教育情况和教育观点*

（一九八九年十一月三十日）

中国是一个发展中的国家，生产水平还比较低，我们为自己制定了一个分三步走的计划。现在第一步任务已经解决了，人人都有饭吃，有衣服穿，当然生活过得并不富裕，也还有一些地方比较贫困；第二步计划就是从一九八九年开始到本世纪末共十二年的时间，达到初步的现代化，人民生活要更好一些；第三步计划，大约要经过三十到五十年的时间，赶上世界中等发达国家的水平。中国的发展速度不可能很快，因为我们有十一亿人口，而且人口还在不断增长。

为了完成我国现代化的任务，外部需要有一个和平的国际环境，内部要有一个安定的政治局面，所以我们实行独立自主的和平外交政策，愿意同世界上一切国家友好相处，中国不会对世界上任何一个国家构成威胁。中国内部要有一个稳定的环境，这是很重要的。新中国成立四十年来，有几段时间不稳定，特别是十年动乱那段时期。不久以前我访问了南亚的三个国家。巴基斯坦贝·布托总理在欢迎我的宴会上对我说，不是世界上所有的政治家都了解中国；一个十一亿人口国家的人民吃饭、穿衣、住宅的重要性，不是所有政治

* 这是李鹏同志会见“面向二十一世纪教育国际研讨会”中外代表时讲话的主要部分。

家都能了解的。我们知道，我们要实现现代化，一靠科学、二靠教育，科学的基础是教育。我们也知道，现在世界上由于科学技术的发达，人与人之间的地理距离已显得越来越小，科学成了人类共同的财富。简直不可想象，一个国家可以关起门来实现它的现代化。外国有许多值得中国学习的地方，如先进的技术、先进的管理经验，以及一些适合中国国情的文化。当然也有一些是不适合的。

中国的教育方针概括起来有三点：

第一，就是“教育要面向现代化，面向世界，面向未来”。世界是属于未来的，未来是属于孩子们和青年的，所以教育必须从教育孩子们做起。

第二，强调德、智、体等全面发展。当然要重视知识的教育，但是如果培养出来的人没有良好的道德品质，就很难说他们对这个社会能有什么贡献。中国的道德教育，有历史的传统的东西、几千年的文化遗产，也有我们最近这几十年来的经验，还有一些是从国外学习来的。中国有一句很有影响的名言，叫做“为人民服务”，就是说，人不能只为自己，而要想到大家。

身体也很重要，如果我们培养出来的人，道德品质不错，知识也很丰富，但是身体很不健康，那么他对社会就不会发挥什么大作用，他自己也不会是幸福的。

第三，是“教育必须为社会主义建设服务，社会主义建设必须依靠教育”。中国要实行社会主义制度。中国选择社会主义制度是由两个条件决定的：一是历史条件，一是现实的国情条件。社会主义得到了绝大多数中国人的拥护和支持。如果在中国这样一个人口众多而经济很不发达的国家，实行其他制度，如资本主义制度，就一定会造成贫富差别。贫富悬殊，带来社会的不公，社会就不可能稳定。各国人民有权选择自己的国家制度。我们也一直与不同制度的国家友好相处。中国的教育方针提出教育必须为社会主义建设服务，实际上就是为中国的繁荣富强服务，为中国人民生活的不断提高服务。

中国的教育结构共分四个种类：

第一种是基础教育。九年制义务教育分两个阶段，小学和初中。从中国的实际经济情况出发，较发达的地区可以实施九年义务教育。不够发达的地区就不行，目前只能实行六年的小学教育。这一类教育最重要的是提高师资水平问题。我们有一些中小学教员，特别是小学教师，由于历史的原因，如十年动乱等，自己本身并没有受到完整的教学工作的专门训练，在这种情况下，他们进行教学就有困难，很难保证教学质量，所以要对他们进行再教育。国家为他们提供再学习的条件，比如离开岗位去学习，工资照发等。但这种办法只能有少部分人参加。为此我们专门设立了电视师范学院，现在全国有二百多万教师在学习，实践证明这种办法是成功的。

我们对教师的要求是“教书育人”，不仅要教知识，还要培养人。还有一句话叫做“为人师表”，这是中国的古话。这就要求老师自己起良好的示范作用。他的行为、道德要为学生起表率作用。

另外，还要为学校提供物质条件。现在有的学校的校舍、教具都不够标准，这主要靠各级政府拨款来解决。改善办学条件，同时也要发动社会来资助。一般讲，哪里经济发达，哪里的教育条件就好一些。当然也有例外，就是有的地方经济不发达，但是那里的政府和人民重视教育，把最好的房子给了学校。

第二种是职业技术教育。在中国的一些大城市，如上海，高中阶段已有一半学生接受职业技术教育，另一半则准备考大学。职业技术学校有各种各样的专业，如电工、烹调、缝纫、旅馆服务等。学生初步掌握各种技能，毕业以后可以就业。

中国政府过去对职业技术教育重视不够，今后必须高度重视。因为大多数学生中学毕业以后，不可能上大学，上大学的人数是有限的，更多的人是参加劳动就业。职业技术教育可以提高劳动者的素质，不仅教给他们技术，而且还对他们进行职业道德教育。

中国现在还有两亿多文盲。我国儿童入学率是很高的，达到百分之九十七。其实许多文盲、半文盲在小时候上过学，有的没有上完小学，有的只上过二年级，或三年级，但他们后来又成为文盲了。这是一种很值得研究的社会现象。重新成为文盲的孩子，大部分在农村，而且女孩子又居多。产生这种现象很重要的原因，就是他们学习的知识和文化，同他们的劳动与生活，没有很密切的关系。城市教材和农村教材完全一样，学校里又没有给他讲授他们需要的知识，比如生活的知识、劳动的知识。所以，我们就初步得出这样一个结论：农村教育要巩固和发展，必须和农村的生活、劳动紧密结合。这就是说，除了文化教育以外，还要进行职业技术教育。

第三种是高等教育。高等教育指大学、学院。现在全国共有一千零七十五所，在校生二百零六万人。我们认为，从我国目前经济发展的水平看，我国高等学校的数量已经够了，主要是提高教学质量的问题。教学内容和方法都要改革，使毕业生能适应社会的需要。

第四种是成人教育，或者叫继续教育。这种教育就是使已经受过教育的人继续受到教育。目前，我国已有各种各样的形式，包括电视大学、函授大学、夜大学和各种各样的训练班、研究班、技术培训班，等等。

我们对当前的教育状况并不满意，因为在政府各项工作中，教育还是一个薄弱的环节，不能适应经济发展的需要，所以我们制定了一个振兴教育的计划。核心就是要增加一些对教育的投入。中国经济现在面临着一些暂时的困难，恐怕这个计划实施起来要延长一点时间，但决心还是有的。原来计划五年要办到的，现在也可能要六年，但是每年总是还要小步前进的。这个投入不光是政府的，还包括社会的投入。

基础研究和应用开发要并举*

（一九八九年十二月四日）

一、中国科学院是我国科研事业的“国家队”，是人才荟萃的地方，经过四十年的建设，已经形成一支很庞大的、门类比较齐全的队伍。国家对中国科学院是重视的，尽管在发展过程中也有过各种议论，甚至曾经也有过解体科学院的建议。但是，我认为这都是不可取的。我们的体制和美国不一样，和其他国家也不一样。人家没有的，我们也要有，因为我们有中国的历史、中国的国情。四十年的实践证明，中国科学院做了大量的工作，对我国的经济建设作出了贡献。要充分肯定科学院的存在和发展，它从事的是一个要发展的事业。

在这次政治风波中，尽管科学院也暴露出一些问题，有个别搞资产阶级自由化的人，但作为科学院整体来说，是好的，是经受住了考验的，领导班子也是好的。

二、经过多年的摸索，我们现在的方针是，基础研究和应用开发并举，或者叫兼顾，或者叫“一院两制”。两个方面都要重视，都要发展。现在三分之二搞应用开发，三分之一搞基础研究和高技术跟踪，这个比例大体上也是合适的。最近一段时期对基础研究重视不够，这个倾向是不好的，这

---

* 这是李鹏同志听取中国科学院工作汇报时讲话的主要部分。

是短视，而且也没有理解基础研究和应用开发的正确关系。没有基础科学，应用开发也受到限制。很多应用科学本身就来源于基础科学，根据某种基础科学的思想，然后发展为应用科学。这两者关系要处理好。作为中国这样一个发展中的有十一亿人口的大国，各项事业都必须以自力更生为主，所以我们必须要发展自己的基础科学。虽然受到各方面条件的限制，但是在基础研究的某些领域，我们有自己的长处，特别是在抽象思维多的学科方面，以及许多优秀的传统的学科，需要继承和发扬。“要对基础研究给以足够的重视”，这样的提法就可以。基础研究主要靠国家支持，费用以后要逐步有所增加。

三、科学院自己办了些企业，主要目的是为了把科研成果转化为生产力，同时也增加了收入，弥补科研经费的不足，改善工作和生活条件。要肯定这个做法，该支持的还要支持。对公司要治理整顿，存利除弊，加强管理。公司要接受财政、税收、工商管理部门的监督。这种监督对企业的健康发展是有好处的。对科学院办的确实属于转化科研成果的企业，要给一些优惠政策。

科学院的主要领域应该是搞高科技，有些也不尽是高科技，如农业开发。中国的农业要解决吃饭问题，最终要靠科技，而大批的农业科研成果确实有个推广的问题。搞推广不靠科技人员，只靠另外的人是不可能的。推广本身也是一个不断试验、提高、改进的过程。农业科学家最好还是到田间地头去，如沙漠所、农科所，做出了成绩，就是因为在田间建立了实验室。

现在的中小企业、乡镇企业很多，科学院要考虑如何利用这个阵地。你们有科研成果，可以利用他们的厂房、劳动力、销售渠道，不一定都要自己开办一个新的工厂，这样投资太大。

国际合作要支持，要走出去请进来，搞科技外交，让国外的学者来看看中国的情况，交流科研成果，增进了解，有利于打破西方对我们的制裁和想孤立我国的企图。

这两年是经济调整时期，经费不可能有大的增加，你们思想要有准备，主要要把队伍巩固住。

重视教育，重视教学，重视教师*

（一九九〇年一月十七日）

今天，国家教委隆重召开全国普通高等学校优秀教学成果奖励大会，表彰党的十一届三中全会以来在教书育人、教学改革、教学管理、提高教育水平方面取得优秀成果、作出突出贡献的教师、教学辅助人员和教学管理干部。这件事情办得很好！我们对在教学方面取得优秀成果的同志进行表彰，多年来这还是第一次。我代表党中央和国务院向同志们表示热烈的祝贺！并借此机会向全国广大教师、教学辅助人员、教学管理干部致以崇高的敬意！

建国四十年来，由于党和国家的重视，我国的高等教育事业取得了很大的成就。全国普通高等学校已经发展到一千零七十五所，累计向国家输送了各种专门人才六百多万人，初步形成了不同层次、多种形式、学科和专业门类比较齐全的高等教育体系。

教学工作是学校经常性的中心工作，学校应该把提高教学质量当作学校工作的重点。学校的工作包括各个方面，比如说最主要的是教学和科研，但两者比较起来，还是应该把主要力量放在教学方面。在今后一个时期，高等教育的发展要把重点放在优化结构、提高水平上面。高等学校必须认真

* 这是李鹏同志在全国普通高校优秀教学成果奖励大会上的讲话。

贯彻德智体全面发展的方针。重视智育是应该的，但是忽视德育的现象一定要坚决改正。对学生的德育教育，最重要的就是通过各种教育活动和教学环节对学生进行马克思列宁主义的基本观点、立场、方法方面的教育，并且要进一步加强和改进马克思主义理论课的教学，促进学生逐步树立马克思主义世界观和革命的人生观。各类学校，特别是高等学校，要进一步端正教育思想，改革教育内容和教育方法，重视培养学生的分析和解决问题的能力，克服脱离社会实际的现象。高等学校应该坚持教学同科研、生产劳动和社会实践相结合，把科学研究和生产劳动、社会实践引入教学的过程，引导学生走同工农和实际相结合的道路。

振兴民族的希望在教育，振兴教育的希望在教师。因此，建立一支政治和业务素质优良的教师队伍是教育事业的根本大计。教师要为人师表，既重教书又重育人。贯彻德智体全面发展的方针，首先要在教师身上体现出来。国家有关部门正在讨论和制定《中华人民共和国教师法》，这是使教师队伍的建设走上规范化、法制化的轨道，使教师的工作成为受人尊敬的职业的重要措施。作为一个高等学校的教师，必须坚持四项基本原则，坚持改革开放，旗帜鲜明地反对资产阶级自由化，全面关心学生的成长。学校要特别重视对青年教师的培养工作，加强对他们进行马克思主义基本理论的教育，引导他们参加社会实践，注意教学基本功的训练，逐步成为教书育人的骨干。

教师的生活条件比较清苦，工作条件也不那么好，有的教师在历史上还曾经受过不公正的待遇。但是我们这支队伍几十年如一日，忠于人民的教育事业，为培养中国的建设人才作出了很大的贡献。事实表明这是一支值得人民信赖的好队伍，是中国工人阶级的一个重要组成部分。

重视教育、重视教学、重视教师，不仅要靠提高认识，还要靠制度来加以保证。我国在科技方面有自然科学奖、科技进步奖、发明奖，对鼓励和推动我国的科技事业发挥了重要的作用。现在国家教委决定从一九八九年开始在全国普通高等学校中开展优秀教学成果的评奖活动，今后每四年进行一次，这也是一项意义重大、影响深远的重要的制度建设。我们的各级政府和学校，都要对在教书育人、教学改革、教学管理、提高教育水平方面作出显著成绩的教师和教育工作者进行精神和物质的奖励，成绩特别突出的要给予重奖。我们要采取措施，在高等学校树立一种认真从事教学工作，积极研究改进教学工作的好风尚，通过这次奖励大会，我希望能对高等学校的教育、教学工作有一个大的推动。让我们大家在党的领导下，进一步动员起来，振奋精神，团结一致，为办好具有中国特色的社会主义教育事业而努力奋斗！

大学生立志成才要与工农群众相结合*

（一九九〇年一月十七日）

高等学校培养的人才，应该是具有正确的世界观和人生观、坚持社会主义道路、有为人民服务的思想和为祖国建设献身的精神、有良好的道德风尚、德智体全面发展的人才。

大学生的个人理想应当与国家的利益、人民的愿望结合起来，大学生立志成才，需要一个艰苦锻炼的过程，通过深入基层、深入实际，实现与工农群众相结合，在扎扎实实的工作中不断增长才干。

希望各级政府和社会各方面继续支持教育事业的发展，要提倡社会办学，改善教学条件，切实为教师提供和改善必要的生活和工作条件。

---

* 这是李鹏同志与国家教育委员会工作会议代表座谈时讲话的要点。

团结科技工作者，推进科技事业发展*

（一九九〇年二月二十二日）

中国科协对于全国科技事业的发展，各个行业科学技术的进步都起着很大的作用。中国科协可以广泛团结广大科技工作者，也便于联系实际。同时，中国科协同国际上的科技组织也有着广泛的联系，有利于加强国际合作和交流。

去年我国经历了一次历史性的考验。尽管我们还存在一些困难，但我们的改革开放政策仍然要继续执行下去。我们不会自己把自己的门关起来，我们将继续开展国际交流。但我们要更多地依靠自己的力量，依靠自己的科学家来完成四化建设大业。

新中国成立四十年来的实践说明，我们有一支很好的科技队伍，我们寄希望于这支队伍，并相信这支队伍能在祖国四化建设中作出自己应有的贡献。

---

* 这是李鹏同志会见中国科协第三届全国委员会第五次会议代表时讲话的要点。

致国际横穿南极大陆考察队的贺电

（一九九〇年三月三日）

国际横穿南极大陆考察队的队员们：

在你们胜利到达此次横穿南极大陆的终点站——苏联和平站时，我代表中国政府和中国人民向你们表示热烈的祝贺！

在过去七个月中，你们不畏艰难险阻，翻越雪岭冰隙，横穿南极大陆六千三百公里，揭开了南极考察史上光辉的一页。你们的壮举赢得了世界人民的注目与尊敬。

中国愿为人类了解南极、认识南极、和平利用南极作出自己的贡献。你们在考察中表现出来的热爱南极、热爱和平、团结合作、献身科学的精神将永载史册，在未来的南极考察中发扬光大。

中华人民共和国国务院总理　李鹏

一九九〇年三月三日

在治理整顿和深化改革中推动科学技术进步，保证教育事业稳步发展*

（一九九〇年三月二十日）

无论是克服当前经济困难还是实现国民经济的长期稳定发展，都必须高度重视和认真促进科学技术的进步。农村科技工作的重点，是引进、示范和推广先进适用的科技成果，继续抓紧抓好“星火”、“丰收”计划的组织实施，加强重大科技项目的研究开发，确保农业和农村经济的发展后劲。在工业生产建设中，重点推广一批对能源、交通、原材料基础工业和基础设施发展有较为显著的效益，对企业调整产品结构、降低物质消耗、提高经济效益有重要作用的科技成果。大中型企业和企业集团都要建立和完善厂长领导下的总工程师负责的技术开发和技术管理体系，增强技术开发能力。小企业和乡镇企业也要以多种方式形成自己的技术依托。继续抓好“火炬”计划以及其他高、新技术开发计划的实施。鼓励科研机构、高等院校、军工企业等有条件的单位兴办科技开发型企业，生产高、新技术产品。继续抓好“七五”科技攻关计划和高技术研究发展计划的实施，加强软科学研究，

* 这是李鹏同志在七届全国人大三次会议上所作的政府工作报告《为我国政治经济和社会的进一步稳定发展而奋斗》的一部分。

办好一批重点高、新技术开发区，重视和支持基础性科研工作，保证中长期探索性科学研究的稳定发展。健全自然科学科研基金制度，充分发挥专利制度的作用，发展和完善技术市场，深化和完善科技体制改革。国务院今年将组织有关方面的力量，制定我国中长期科技发展纲领，以便更好地指导和促进我国科学技术事业的发展。

发展教育事业的根本目的在于提高民族素质，为社会主义建设培养各类人才。这对于促进经济发展和巩固与完善社会主义制度，都具有深远的意义。因此，各级各类学校必须切实纠正忽视德育的倾向，贯彻教育为社会主义建设服务，教育与生产劳动相结合，德智体全面发展的方针，始终把坚定正确的政治方向放在首位。高等学校要对学生重点进行马列主义、毛泽东思想教育，进行社会主义道路和向人民群众学习、为人民服务的教育，认真整顿校园秩序，加强校纪校风建设，制定和实施大学生参加生产实习、社会实践、军事训练、劳动锻炼的具体措施。各级政府和各有关部门、企业事业单位，应该以积极的态度支持和欢迎学生参加各种形式的社会实践，为他们创造条件，做好安排。中小学校要根据学生的年龄特点，由浅入深，有步骤地进行爱国主义、集体主义、社会主义和共产主义的思想教育，加强国情教育和劳动教育，继续开展行为规范教育，广泛开展学习赖宁的活动。今年，要围绕纪念鸦片战争一百五十周年，在学生中开展揭露帝国主义侵华罪行和中国人民反帝爱国斗争历史传统的教育，提高对帝国主义和平演变战略的警惕性。要认真加强教师队伍的建设，帮助广大教师提高思想政治水平和业务水平。各级政府要加强对学校贯彻教育方针情况的督导工作。继续抓好基础教育，稳步推进九年义务教育，并采取积极措施，制止中小学生辍学。继续实施“燎原计划”，推动农村教育综合改革；加快职业技术教育管理体制的改革，促进职业技术教育健康发展。以整顿成人高等学历教育为重点，努力提高成人教育的水平。高等教育要在办好现有院校的基础上，加快结构调整，深化教育改革。广大教育工作者和各级各类学校，都要重视对社会主义教育思想的研究，不断改进教学方法，利用现代技术，开发新的教学手段，努力提高教育质量。各级人民政府和各有关部门要加强领导，妥善做好毕业生分配工作。本着充实基层、加强第一线的原则，合理安排使用人才。派遣留学生出国学习，是执行对外开放政策的组成部分。今后要在总结经验的基础上，根据德才兼备、按需派遣、保证质量、学用一致的原则，改进和完善派遣工作，并努力为留学生学成回国工作创造必要的条件。今年是国际扫盲年，要加强领导，把全国扫盲工作推进一步。

在今年财政相当困难的情况下，国家继续增加了用于教育的资金。同时，要充分调动各方面的积极性，鼓励社会力量办学，开辟多种渠道筹措教育资金，继续改善办学条件。

无论是发展科学技术和教育事业，还是在整个社会主义现代化建设中，都必须充分发挥知识分子的重要作用。我们已经有了一支坚持社会主义道路的很好的知识分子队伍。各级政府要认真贯彻“尊重知识、尊重人才”的方针，努力为知识分子创造和改善必要的工作条件和生活条件，使他们能够充分发挥出应有的作用。同时，我们也希望广大知识分子特别是青年知识分子加强马列主义、毛泽东思想的学习，坚持同社会实践相结合，同工农群众相结合，努力做到又红又专，在社会主义物质文明和精神文明建设中更好地发挥自己的聪明才智。

社会各方都要关心支持教育*

（一九九〇年三月二十五日）

教育是提高全民族素质，培养社会主义事业接班人的大问题，是全民的事业。既然是全民的事业，就要大家来努力，要发动社会的力量支持教育。现在教育工作还存在一些困难。克服困难，发展教育，政府责无旁贷，教育部门责无旁贷。但只有政府的力量、教育部门的力量是不够的，是不能把教育事业办好的。

中国中小学幼儿教师奖励基金会在王震同志的倡导下，三年来进行了卓有成效的工作。基金会对鼓励中小学幼儿教师更好地为人民服务、为孩子们服务起到了很大的作用。希望各省、自治区、直辖市和社会各界都来支持这项工作，把基金会的工作做得更好。

---

* 这是李鹏同志会见出席中国中小学幼儿教师奖励基金会第四次理事会理事时讲话的要点。

积极推动化工技术进步*

（一九九〇年五月二十六日）

化学工业是一个非常重要的行业，它既是基础行业和原材料行业，又是一个新兴行业。化工产品涉及人民的衣食住行和工业建设，它为衣食住行、工业建设，包括一些军事工业提供新兴的尖端技术。可以这样讲，一个国家的化学工业是否兴旺发达，标志着一个国家的工业现代化水平的高低。

四十多年来，我国已经建起了一个门类比较齐全的化学工业体系，为国家的四个现代化建设作出了很大的贡献。现在，我国化学工业的某些领域已达到了世界先进水平；而有些领域还需要进一步探索，还要学习国外先进技术。希望这次科技进步会议的召开，对推动化学工业技术进步、振兴化学工业发挥重大作用。

---

* 这是李鹏同志会见化工科技进步工作会议代表时讲话的要点。

科研要和国民经济发展紧密结合*

（一九九〇年五月二十九日）

第一，为了四个现代化，在下一个五年计划或十年规划中，应该逐步地增加科研的费用，这应该作为一条方针定下来，使中国的科技事业有更大的发展。现在我国的整个经济体制已不是五十年代的那种统收统支、高度集中的经济体制，科研的投入应当是多渠道的。这一点我们应该有一个新的认识，既有政府的投入，也有企业的投入；既有中央的投入，也有地方的投入；有的还要靠一些科技工作者去搞一些新技术的开发。一些从事高科技方面工作的单位自己办公司，无非是为了推广科技成果。科学技术不推广，不运用到工业和农业方面去，也不能形成生产力。我们给了企业自主权，但一些企业赚了钱向奖金方面倾斜，向福利方面倾斜。今后得有一个机制，促使企业向开发上倾斜，向科研上倾斜，向推广上倾斜。世界上有许多企业之所以有竞争能力，就是因为他们有相当大的开发力量和开发基金。这里有一个政策导向的问题。要在政策上保证科研经费能有更大的增长，有更多的经费投入到科研中去。中央政府和地方政府的科技投入这一部分也应该增加。

第二，如何改善科学家、工程技术人员的生活条件和工

* 这是李鹏同志在科学家座谈会上讲话的主要部分。

作条件。这个问题也肯定是要解决的，但只能随着经济的发展逐步加以解决。这里要讲三层意思：普遍地提高只能随着经济的发展来实现，比如像最近这次调整工资就带有物价补贴的性质，这也是因为经济上有这种可能；对于有特殊贡献的人，可以实行特殊政策；某一个课题、某一项专题任务完成以后，国家可予以特殊的奖励。有些老科学家多年没涨工资，现在物价也涨了，生活也有困难。过去学部委员每月有一百元的津贴，“文化大革命”中给取消了，现在酝酿着要恢复，但是情况发生了很大变化，光这一部分人恢复也不行，所以大体上选了三部分人：一部分是科学家中原来的学部委员；一部分是老专家，虽然不是学部委员，但是他们多年来工作有贡献；还有一方面，也是作为一种导向，我们想选一部分有突出贡献的中年和青年科学家。这个范围不大，先搞起来约一千三百多人，这个名单是经过人事部、科委、科学院等部门共同酝酿的，很快就可以执行。现在发一个信号，而且只能是发一个信号，表示党和政府对有贡献的科学家的待遇要实行一点倾斜，做得当然还很不够，以后随着经济的发展逐步解决。

第三，必须把科研工作和五年计划、十年规划结合起来考虑。我们是发展中国家，不可能像发达国家那样，什么课题都研究；如果太集中了，像五十年代就搞“十二项”[1]也不行。现在我们的事业大了，我们各方面都还要发展，吃、穿、用各个方面都不可缺少，但是面也不能太广。所以，整个科研的工作要和长远的计划结合起来，要紧密地和国民经济相结合，和生产相结合。而且，有些科研要发挥我们的优势，还要利用国际交流。有的问题我们要研究，有的我们可以利用国际上的研究成果。我完全同意刚才江总书记讲的基础研究和应用研究、开发研究之间的关系。基础研究具有长远的意义，是一个长远的东西，忽视了不行，忽视了就会影响长远的发展。这方面我们的自然科学基金是成功的，要支持基础性研究，逐步地增加费用。在我们的钱宽裕一点的时候，再增加一点，使得我们有一批科学技术人员能围绕这个方向开展工作。这种做法比把钱分到单位要好得多。因为基金会有项目，有要求。

注　释

〔1〕这里所说的“十二项”，指《一九五六——一九六七年科学技术发展远景规划纲要（修正草案）》提出的五十七项重要科学技术任务中的十二项重点任务，它们是：（1）原子能的和平利用；（2）无线电电子学中的新技术；（3）喷气技术；（4）生产过程自动化和精密仪器；（5）石油及其他特别缺乏的资源的勘探，矿物原料基地的探寻和确定；（6）结合我国资源情况建立合金系统并寻求新的冶金过程；（7）综合利用燃料，发展重有机合成；（8）新型动力机械和大型机械；（9）黄河、长江综合开发的重大科学技术问题；（10）农业的化学化、机械化、电气化的重大科学问题；（11）危害我国人民健康最大的几种主要疾病的防治和消灭；（12）自然科学中若干重要的基本理论问题。

促进中外地质矿物界科技合作*

（一九九〇年六月二十八日）

首先请允许我代表中国政府，并以我个人的名义对国际矿物学协会第十五届大会的隆重召开表示热烈的祝贺！向来自世界各国、各地区的地质学家、矿物学家表示热烈的欢迎！

本次大会是国际矿物学协会首次在中国举行的会议，也是这一国际学术组织自一九五八年创建以来召开的规模较大的一次会议。

中国是一个矿产资源比较丰富、矿物种类比较齐全、矿物开发应用历史悠久的国家。中国政府在发展民族经济、建设社会主义现代化国家过程中对矿产资源的勘查、研究、开发和利用历来十分重视。到目前为止，我国已发现矿产一百六十二种，有探明储量的矿产一百四十八种，其中二十五种矿产的探明储量居世界前列。在此基础上兴建了国营矿山八千座，一九八九年矿石采掘量达二十亿吨，进入了世界矿业和能源原材料生产较多国家的行列。但是，由于中国人口众多，大部分矿产资源的人均拥有量低于世界平均水平。中国是一个发展中国家，随着国民经济的发展，对矿物原料的需求将会大幅度增长。因此，我国政府将继续加强矿物资源的

---

* 这是李鹏同志在第十五届国际矿物学大会开幕式上的讲话。

科学研究和勘查工作，寻找更多更好的新矿床，进一步加强矿物资源开发利用的研究，更科学合理地开发利用已有的矿产资源，努力研究发现新的矿物和开发矿物的新用途。要完成这一任务，需要中国地质学家和矿物学家的努力，同时十分欢迎外国的地质学家和矿物学家同我们进行广泛的学术交流与合作，这也是我国实行对外开放政策的一个组成部分。过去我们在矿物学研究、地质勘查、矿产开发和人才培训工作中曾得到许多外国地质学家和矿物学家的热情支持和合作，对此我们表示深切的谢意。中国政府继续实行对外开放政策，继续为发展我国地质矿物界与国际地质矿物界的合作和交流创造良好条件。我相信，通过大家的共同努力，这种合作与交流必将获得进一步发展并结出更丰硕的成果。

第十五届国际矿物学大会在北京召开，不仅为中国的地质学家和矿物学家同各国、各地区同行交流提供了一个良好机会，而且为增进各国和各地区的地质学家、矿物学家之间的相互了解和友谊，加强科技成果、经验和信息的交流和科技合作将起到积极的促进作用。

这次大会前后，许多外国朋友已经并还将赴我国各地参加地质旅行，考察我国的一些著名矿山、矿物产地和游览一些地质名胜风景区。我希望通过这些活动，能增加你们对中国社会生活、自然地理风貌和文化传统的了解，加强与中国人民的友谊。我可以预言你们将会看到中国是一个政治稳定、经济稳定、社会稳定的发展中的社会主义的国家，我祝愿大家在中国过得愉快，野外考察顺利！预祝大会圆满成功！

培养博士硕士应基本立足国内*

（一九九〇年六月二十九日）

中国的学位评议制度建立已近十年，对我国学术水平的提高、科技发展和人才培养发挥了重要作用。我们现在已经有了一支门类比较齐全、指导力量比较雄厚的学位评议队伍，评议制度也比较完善，今后培养博士生和硕士生应该基本上立足于国内。这不仅不排斥国际间的合作，而且还要加强国际间的多种形式的交流活动。

我们希望培养出来的具有较高学术水平的人才，不仅业务上是合格的，而且政治上也应该是合格的，是热爱社会主义制度的，是有为人民服务思想的。

一个人取得了博士或硕士学位，这只代表了他的学历达到一定水平，并不完全代表他的实际工作能力，因此还要到实践中锻炼。各级政府、研究机关、工矿企业要为博士生和硕士生创造更好的工作条件，使他们健康地成长。

---

* 这是李鹏同志会见国务院学位委员会学科评议组第四次会议全体代表时讲话的要点。

依靠科学技术发展副食品生产*

（一九九〇年七月九日）

农业上我们提倡科技兴农，副食品生产也要更多地依靠先进的科学技术，加强管理，提高效益，这一点很重要。首先，根据我国的条件，提倡发展立体农业，间作套种，不断提高复种指数，解决好蔬菜和粮食、棉花等作物争地的问题，现在许多地方采取了这个办法。其次，就是要应用一些国外的先进经验，并与我国的实际情况相结合，比如机械化养鸡，使用配合饲料，科学饲养，产蛋量高，这几年城市里普遍搞了，是成功的。还有鲜活产品的贮存和运输，在国外都有一些先进的经验，我们都应该因地制宜地加以应用。第三，各地也创造了很多实用技术，这些技术也要加以总结和推广。总之，还是那三句话，发展副食品生产也要一靠政策，二靠科技，三靠投入。

---

* 这是李鹏同志在全国大中城市副食品工作会议上的讲话《市长负责，进一步丰富“菜篮子”》的一部分。

在全国青联七届一次会议和全国学联二十一次大会上的祝词

（一九九〇年八月十九日）

青年朋友们，同学们，同志们：

中华全国青年联合会七届一次委员会和中华全国学生联合会第二十一次代表大会，今天开幕了。这是全国青年瞩目的两个盛会。我代表党中央、国务院向两个会议表示热烈的祝贺！向出席会议的全体委员和代表，向工作、劳动在各条战线的各族各界青年，向全国大、中学生和留学生，表示亲切的问候！向台湾青年同胞、港澳青年同胞、国外青年侨胞致以良好的祝愿！

党的十一届三中全会以来，以邓小平同志为核心的中央领导集体，坚持马克思主义同我国具体实践的结合，开创了我国社会主义现代化建设的新时期。伴随这场伟大变革而成长起来的我国青年一代，跟随党奋勇前进，为建设四化、振兴中华作出了积极贡献。在经济建设、改革开放和精神文明建设中，广大青年工人、青年农民、青年知识分子发挥了主力军的作用，在平凡的岗位上创造出不平凡的业绩。在保卫祖国、建设祖国和维护社会稳定的斗争中，人民解放军的广大青年官兵甘为人民献青春、洒热血。在祖国九百六十万平方公里的土地上，到处都有广大青年的奉献和创造。十多年来各条战线涌现的一批又一批青年英模和先进人物，就是当代中国青年的优秀代表。事实充分说明，当代中国青年是大有作为、大有希望的，正在成长为有理想、有道德、有文化、有纪律的新一代。

我在这里，还要提到青年学生的进步。通过学习和锻炼，广大青年学生增强了辨别政治是非的能力和维护社会稳定的自觉性。校园里出现了许多新气象：同学们有的组织起来读马列和毛泽东著作；有的积极开展社会调查，了解国情，了解工农；有的热情参加重点工程建设和社会公益劳动；有的努力用学到的知识为治理整顿和深化改革服务。这些变化表明，中国的广大青年学生是完全可以信赖的，同时也说明，青年学生的健康成长，关键在于党的正确引导。

世界已经进入九十年代。今后的十年，是实现我国社会主义现代化建设总体战略目标的关键阶段，也是决定中华民族在未来世纪兴衰荣辱的紧要关头。不管国际政治风云如何变幻，最重要的是把我们国内的事情办好；不管国内有什么样的矛盾困扰，坚持以经济建设为中心、坚持四项基本原则、坚持改革开放的基本路线不能变，实现我国经济发展分三步走的战略目标不能变。实现这个宏伟蓝图靠什么？靠改革开放，靠科技进步，靠发挥我们的政治优势。正如邓小平同志所指出的："改革，现代化科学技术，加上我们讲政治，威力就大多了。"在这种新的历史条件下，青年们应当做些什么呢？我们认为，在以江泽民同志为核心的新的中央领导集体率领下，各族各界青年团结一致，继续为实现我们的共同理想——建设有中国特色的社会主义而奋斗，这就是当代中国青年的历史使命。

为了肩负起这个伟大的历史使命，青年们要发挥自己的优点和长处，克服自己的弱点和不足，在改造客观世界的同时，改造自己的主观世界，在实践中锻炼成长。这里，我特别希望大家在爱国、团结、学习、创业四个方面，不断作出新的努力。

第一，要热爱祖国，发扬爱国主义的光荣传统。在中国历史发展的长河中，爱国主义作为一种巨大的精神力量，在维护祖国统一、抵御外来侵略和推动社会进步中，显示了伟大的凝聚力和生命力。在中国青年的身上，爱国主义同样有着鲜明的体现。“五四”时期，千百万热血青年以天下为己任，为拯救民族而不畏强权、英勇奋斗；在创建新中国的征程中，无数革命先烈从青少年时代起即不惜毁家纾难，浴血奋战；在社会主义建设时期，亿万有志青年为了改变祖国贫穷落后的面貌，四海为家，艰苦创业。青年们要学习历史，深入了解祖国的过去和现在，继承和发扬爱国主义的光荣传统，准确把握新时期爱国主义的内涵，使爱国热情建立在更加坚实的基础上。从根本上讲，青年的前途命运与国家的荣辱兴衰息息相关。面对祖国许多方面还比较落后的现状，面对现实生活中存在的困难、问题，应当奋发图强，把爱国之心化作为建设社会主义祖国而矢志奋斗的切实行动。

第二，要维护稳定，巩固和发展安定团结的政治局面。我国还是发展中的国家，稳定、改革、发展三者必须很好统一、相互促进。稳定是压倒一切的大局。没有稳定，根本谈不上改革、发展，也根本谈不上人民生活的改善和青年理想抱负的实现。当前，维护稳定，巩固和发展安定团结的政治局面，仍然具有头等重要的意义。一切有爱国之心和社会责任感的青年和学生，都应当做维护稳定的模范。不仅自己不说不利于稳定的话，不做不利于稳定的事，而且要积极宣传维护稳定的重要性，敢于同危害稳定的言行作斗争。我们的稳定是充满生机和活力的稳定。我们的既定目标是造成一种又有集中又有民主，又有纪律又有自由，又有统一意志、又有个人心情舒畅的生动活泼的政治局面。建设和改革事业的发展，需要广大青年的参与；各项工作的改进，需要听到来自广大青年的声音。欢迎大家本着对国家和民族负责的精神，通过正常民主渠道，提出自己的意见和建议。这样做，不仅不会影响稳定，恰恰是国家长治久安所必需的。

第三，要勤奋学习，掌握建设四化的过硬本领。当今世界科学技术突飞猛进。我国综合国力的强弱，经济发展后劲的大小，越来越取决于科学技术和劳动者的素质。面对严峻的挑战，如果科学技术搞不上去，我们的国家就难以立足于世界先进民族之林；作为一个公民，如果没有知识、没有技术，也难以在将来的社会中找到自己的位置。当代青年将是开创二十一世纪大业的主力军。青年们要珍惜青春时光，刻苦读书，勤学苦练，以顽强的毅力攀登科学技术文化高峰。目前，社会分配不公等不合理现象，国家正在努力加以改变。读书是有用的。知识越多，对人民、对社会贡献就可能越大，通过勤奋努力，为社会作出了贡献，是会得到应有的肯定和奖赏的。大家不仅要学习书本知识，而且要积极参加实践，培养解决实际问题的能力；不仅要提高业务水平，而且要提高思想觉悟和加强品德修养。要认真学习马列主义和毛泽东思想，认真学习邓小平同志的著作，逐步掌握马克思主义的世界观和方法论，加深对党的一个中心、两个基本点的基本路线的理解，增强反对和平演变和抵御资产阶级自由化影响的能力。青年学生还要到实践中去，向具有实践经验的工农群众学习，从人民群众的历史创造活动中汲取营养，增长才干。

第四，要艰苦奋斗，在各自的岗位上建功立业。我们的国家大，人口多，底子薄，只有长期艰苦奋斗，才能赶上发达国家的水平。将来我们经济发展了，生活改善了，还要提倡艰苦奋斗。艰苦奋斗是我们在整个社会主义现代化建设过程中必须长期坚持的方针。对于广大青年来说，提倡艰苦奋斗，不仅仅是提倡勤俭节约、反对奢侈浪费，更重要的是提倡辛勤劳动、奋力拼搏，为社会多作贡献，多创造财富。分布在各行各业的三亿青年，都要像雷锋那样，从自己做起、从现在做起、从小事做起，干一行、爱一行、钻一行；不嫌弃平凡琐碎的工作，不畏惧艰苦繁重的劳动，把做好本职工作作为实现理想的起点。当前，企业经济效益的提高，农业再上一个新台阶，科技难关的攻克，以及改革开放和经济社会发展中许多难题的突破，都需要广大有志青年勇挑重担，求实、创新、实干，披荆斩棘，建功立业。

青联和学联，都是党领导下的青年群众团体，青联又是爱国青年的统一战线组织。几十年来，青联、学联同共青团一起，为了中华民族的独立和自由，为了祖国的繁荣和昌盛，进行了长期不懈的努力，发挥了重要的作用。在新的历史时期，党和国家殷切希望你们继续高举爱国主义、社会主义旗帜，最广泛地团结广大青年和学生，充分发挥党与政府联系青年和学生的桥梁纽带作用，引导他们奋发向上、健康成长，为建设有中国特色的社会主义，为实现祖国统一，为增进中外人民和青年的友谊、维护世界和平而努力。各级党委和政府都要重视和关心青联和学联的工作，尽力为它们创造良好的工作条件，提供必要的社会支持。

青年朋友们，同学们，同志们！毛泽东同志曾经把青年比作早晨八九点钟的太阳，并说“世界是属于你们的。中国的前途是属于你们的”。历史不会也不可能越过任何一代青年，青年总要用自己的创造推动历史前进。处在世纪之交的我国青年一代，任重而道远。党和人民期待着你们，二十一世纪召唤着你们。相信你们一定会创造出无愧于我们伟大的社会主义祖国、无愧于人民、无愧于时代的英雄业绩。

预祝两会圆满成功！

进一步推动全国扫盲工作*

（一九九〇年八月二十日）

扫盲工作是一件重要的工作，因为它关系到提高全民族的素质和推动四个现代化的建设。按照现在中国文盲分布的状况，扫盲工作的重点主要在经济不发达地区，尤其是在农村，扫盲的主要对象是妇女。因此，各地要根据这一特点进行工作。扫盲工作要和群众的劳动、生活相结合，使他们把学习文化作为自己的需要，从而改善他们的劳动和生活，进一步巩固扫盲工作的成果。

* 这是李鹏同志会见全国扫盲工作会议代表时讲话的要点。

祝贺北京理工大学建校五十周年的信

（一九九〇年十月八日）

北京理工大学：

值此母校建校五十周年及《徐特立教育学》、《徐特立读书眉批选》发行之际，我感到十分高兴，谨此致以热烈的祝贺！

延安自然科学院是我们党创办的第一所理工科大学，她不仅培养了一批优秀人才，而且积累了不少新的教育经验。徐特立院长是一位德高望重的革命教育家，他以身作则，身体力行，贯彻马克思列宁主义与中国革命实际相结合的教育原则。在今天，继承发扬延安革命传统，学习徐特立院长的办学精神，对于深化教育改革，发展社会主义教育事业，具有十分重要的意义。在新的历史时期，我们面临更加艰巨而复杂的任务。我希望北京理工大学的全体干部及师生员工，努力工作，勤奋学习，为发展我国的科技事业，搞好社会主义现代化建设，培养出更多的政治上坚定，精通业务的优秀人才，为祖国作出更多的贡献。

李　鹏

一九九〇年十月八日

采用国际标准是我国重要的技术政策*

（一九九〇年十月十七日）

我今天是以双重身份参加大会的。我既是中国政府的总理，也是一位电力工程师，我们是同行。

中国早在五十年代就加入了国际电工委员会。一九七八年又加入了国际标准化组织。国际电工委员会的工作对中国电力电子工业的发展起到了积极作用，也促进了国际交流和国际贸易的发展。采用国际标准是我国一项重要的技术政策，目前我国约有百分之四十的产品已经采用了国际标准。

中国的政治形势和经济形势是稳定的，目前，我们正在制定下一个五年计划及十年发展规划。在未来的五年中，中国的经济将以每年递增百分之六的速度发展，机电工业将会得到更大的发展。中国将继续执行改革开放政策，我们愿意继续保持和扩大国际间的交流与合作。

---

* 这是李鹏同志在国际电工委员会第五十四届大会上讲话的要点。

以教育为本，依靠科技振兴经济*

（一九九〇年十二月一日）

在社会主义现代化建设中，要以教育为本，依靠科技振兴经济，这是我们坚定不移的方针。

教育中的根本问题是培养什么人的问题。要进一步端正办学的指导思想，把德育放在首位，对学生进行爱国主义、集体主义和社会主义的教育，培养德、智、体全面发展的，为社会主义建设服务的人才。要进一步加强基础教育，大力发展职业技术教育，提高职工素质和全民族的素质。高等教育发展的重点是调整结构和提高教学质量。要继续通过各种途径、各种形式发展成人教育，使更多的在职职工接受中等和高等教育。这是一条成功的经验。

科学技术是第一生产力。为了使科学技术迅速转化为生产力，要重视科技成果的推广应用。科技工作必须面向经济建设，这是科学技术发展的主战场。要抓好国民经济和社会发展中重大科技课题的攻关。同时，要继续加强基础研究，这不仅是培养人才的需要，也是增强科技发展后劲，推动应用科技发展的需要。兴办高技术开发区和科技开发区，有利

* 这是李鹏同志在全国计划会议上的讲话《大力调整经济结构，努力提高企业效益》的一部分。

于科研与生产的结合，要继续从政策上给予支持，引导他们发扬成绩，克服弊端，开发自己的科研产品。明年在计划和财政上都要适当增加对教育和科技的投入。

在国家科技奖励大会上的讲话

（一九九〇年十二月七日）

同志们：

今天我们欢聚一堂，向荣获今年国家自然科学奖、国家发明奖、国家科技进步奖的科学家和专家们颁奖。我很高兴能参加这次大会，并代表党中央、国务院向获奖的同志们，并通过你们，向奋斗在全国各条战线上的科技工作者，表示崇高的敬意！

获得国家奖励的项目都是具有较高水平的优秀科技成果。如这次荣获国家自然科学奖一等奖的《液氮温区氧化物超导体的发现》的科学家们，首先突破了超始转变温度高于四十八点六开（尔文）的纪录，公布了超导体成分，得到世界各国科学家的承认，这项发现具有广阔应用前景。荣获国家发明奖一等奖的《小麦高产、抗锈的优良种质资源“繁六”及姊妹系》项目，创造出新的小麦种质资源，在育种上广泛应用。二十年来，累计推广面积二亿多亩，增产小麦三十一亿公斤。荣获国家科技进步奖特等奖的《武钢一米七轧机系统新技术开发与创新》项目，推动了武钢的企业技术改造，成为企业依靠科技进步，自力更生走技术改造之路的典范。此外，如《北京正负电子对撞机和北京谱仪》、《激光十二号实验装置》等高技术领域的优秀成果，对现代科学研究工作具有重大意义，还带动了多项高新技术的进展，为我国基础研究和高科技的发展，创造了良好条件。还有国防科技领域的科技工作者，打破封锁，攻克重大关键技术也取得了优秀成果。这些成果对推动科技进步和经济的发展，加强国防和保障国家安全，都起到了重要的作用。

事实说明，当代科学技术确实已成为第一生产力，世界各国社会生产力的发展和综合国力的提高，在相当大的程度上要依靠科学技术进步。当然，科学技术及其成果只有推广到生产中去，转化成新材料、新工艺、新产品，实现产业化、商品化，才能变成现实的生产力。

党的十一届三中全会以来，全党工作的重点转移到经济建设上来。科学技术的发展和进步，是实现我国经济振兴的希望所在。正如邓小平同志所指出的："四个现代化，关键是科学技术的现代化。"我们必须用科学技术现代化武装和带动农业、工业和国防的现代化。党中央和国务院把发展科学技术，推动科技进步列为一项基本国策，确定了经济建设必须依靠科学技术，科学技术工作必须面向经济建设的战略方针，把发展国民经济作为我国科学技术工作的一项首要任务和主战场；作出了关于科技体制改革的决定；对我国科学技术发展战略、方针、政策及机制、格局等逐步进行了一系列调整；推动了科技成果商品化，开拓培育了技术市场；改革了科技拨款制度和科技人员管理制度；推动了企业、农村的科技进步和高新技术产业的发展；成功地制定和执行了"星火计划"、"火炬计划"和"八六三计划"等科技发展计划；在开展国际科技合作交流等方面也取得了显著成效。通过这些工作，大大加强了科技界为经济建设服务的观念，加快了科技成果向生产的转移，为国民经济发展作出了重要贡献。实践证明，党中央、国务院关于科技体制改革和科技发展工作的方针、政策是正确的，是成功的。我们要保持政策的稳定性和连续性，要继续贯彻执行这些方针、政策，并使之不断深化和完善。科学技术面向经济建设主战场、跟踪和发展高新技术和加强基础研究，这三个层次的科技工作是互相促进、有机联系的整体。要注意处理好基础性研究与开发研究之间的关系，处理好当前和长远发展之间的关系。基础性研究是人类认识自然规律的科学，是指导人们改造世界的科学原理和哲学基础，也是科技发展的后盾和源泉，因此必须统筹兼顾妥善安排，保证其持续稳定地发展。要随着经济的发展逐步增加对基础研究的投入，使有限的人力、财力集中用到有学术价值和有应用前景的项目上。

发展科学技术，推动科技进步，不仅指自然科学技术自身及其在生产中应用等“硬科技”，同时包括科学决策和科学管理中的“软科技”。当前，对“硬科技”的认识和重视程度已有较大提高，对“软科技”的认识还要提高，研究工作要继续加强。党中央、国务院多次强调决策要科学化、民主化。民主化是为了科学化，归根到底，是为了提高国家对重大问题的决策水平，使之合乎科学和经济的客观规律。在科学决策方面，要提倡用定量和定性分析相结合的综合研究方法，建立和发展科学咨询事业，建立决策科学化的规范程序，以保障各项重大决策的正确性。

同志们，党的十一届三中全会以来，我们取得了举世瞩目的成就。综合国力得到增强，人民生活有了明显的改善，生产得到发展，但是在经济发展中也出现过暂时的困难。两年多来的治理整顿工作已经取得了明显成效，目前经济状况已向好的方向发展。当前，在新形势下，我们的迫切任务是提高经济效益和推动科技进步。因此，国务院决定从明年起，要以调整产业结构、产品结构和提高经济效益做为经济工作的重点，并把一九九一年定为“质量、品种、效益年”，推动我国经济建设逐步转向依靠科技进步提高经济效益的轨道。

我国的科学技术研究和管理队伍是一支优秀的队伍。是热爱祖国，拥护中国共产党的领导，坚持走社会主义道路，具有强烈的事业心和高度的责任感的队伍。四十多年来，这支队伍克服了种种困难，自力更生，艰苦奋斗，无私奉献，为社会主义现代化建设事业，作出了不可磨灭的贡献，表现出对党、对祖国、对人民的无限忠诚，赢得了全党全国人民的高度尊敬。这支队伍，是我们党、国家和民族的宝贵财富，是推动科学技术进步的主力军。党和人民对我国的科技战线寄予深切的期望。我们要继续推动尊重知识、尊重人才的社会风尚，努力改善科技战线的工作和生活条件。我们深信，我国科技战线一定能在九十年代完成新的历史性任务，为具有五千年文明历史的中华民族争得新的荣誉，为我们伟大社会主义祖国的繁荣富强，作出更大的贡献。

今后十年和“八五”时期要重点加强科技和教育*

（一九九〇年十二月二十五日）

科学技术是第一生产力。世界各国生产力的发展和综合国力的提高，在相当大的程度上都是依靠科学技术进步。我们要显著地提高经济效益，增强综合国力，逐步缩小同发达国家的差距，归根到底，取决于科学技术进步和管理水平的提高。我们要继续贯彻“经济建设必须依靠科学技术，科学技术工作必须面向经济建设”的战略方针，事实证明，这个方针是正确的，不仅促进了科技本身的发展与繁荣，也促进了经济的发展。我们要继续把发展国民经济作为科学技术工作的主战场，加快科技成果向现实的生产力转化。加快科技进步，关键在于稳定和完善促进科技进步的政策，采取切实有效的措施，逐步建立一种科研、引进、创新、推广和应用相结合的机制。发展教育事业是提高全民族素质的根本大计。为了适应经济、科技和社会发展的需要，应当进一步合理调整教育结构，在加强基础教育的同时，形成多方面、多层次的普通教育和职业教育体系，进一步发展在职职工培训和成人教育。中央、地方和企业都要努力增加对科技、教育

* 这是李鹏同志在中共十三届七中全会上所作的《关于制定国民经济和社会发展十年规划和“八五”计划建议的说明》的一部分。

的投入。必须全面贯彻党的知识分子政策，在全社会造成一种尊重知识、尊重人才的良好风尚。在这个问题上，光说空话不行。在今后十年中间，在改善知识分子工作条件和生活条件方面，要根据国家经济发展的水平和能力多办一些实事。

科技兴农，教育兴农*

（一九九一年一月二十二日）

科技兴农现在又加上教育二字，要提高劳动者的素质，成为科技、教育兴农，这个提法好。农业科研成果最终要靠农民运用到生产实践中去。这几年，“星火”计划、“丰收”计划向农民推广科技成果，“燎原”计划培养农村实用人才，效果都很好。在我国农村文化水平还比较低的情况下，要把对农民的培训工作继续抓紧抓好。

现在农村文盲还很多。我到延安考察时，去了一些地方，小孩入学率在百分之九十以上，问题是流失现象严重，小学没有上完回到家里，又成了文盲。学习的东西与生产、社会生活结合得不好。在学校里除了学习文化，还要学习科技知识，促使其生活富裕，家庭美满。只有这样，农民学习文化才能成为真正的自觉行动。

要抓好农业综合开发工作，重点抓好改造中低产田，同时可适当开垦一部分荒地。我国荒地资源有限，东北三江平原、新疆、湘南等地以及沿海滩涂还可以开垦一些耕地，但主要靠提高现有耕地的单产。根据国家统计局提供的情况，去年，粮食增产大约百分之十靠增加种植面积，百分之九十靠提高单产，平均每亩提高二十公斤。我国还有大量的中、

* 这是李鹏同志与全国农业工作会议部分代表座谈时讲话的一部分。

低产田，要靠水利建设、推广良种、科学用肥、防治病虫害、地膜覆盖等多种措施，进一步提高单位面积产量。这些方面是很有潜力的。

水利是农业的命脉，在“八五”计划和十年规划的建议里，提出二〇〇〇年要新增一亿亩水浇地。这还不够，不仅是要把旱地变水田，还要改善灌溉的方式，发展节水农业、旱地农业。特别是干旱地区，要搞好水土保持，发展水浇地和半水浇地。河北省用管道灌溉节水百分之三十，还有许多耐旱作物。

要科学施肥，现在化肥不算太少，但肥效流失严重，氮磷钾不配套。要在增加化肥、科学施肥、提高肥效的同时，多种绿肥，增加有机肥料，提高地力。还有耕作制度的改革，潜力也很大。要科学使用土地，提高复种指数，现在东北一些地方春小麦套种玉米效果很好。增加复种指数，劳动力是够的，主要是改善水肥条件。

病虫害问题要跟踪国际先进技术，开发新的农药品种。一种农药品种使用几年以后就产生抗药性，所以农药品种要不断更新。用生物的办法消灭病虫害，我们是有经验的，也是一个好办法，我们要提倡、推广。我在马来西亚访问时，看到他们的棕榈树鼠害严重，他们利用猫头鹰防治，效果很好。我们过去也有用赤眼蜂防治棉铃虫的经验。

科技兴农要解决基层农业技术推广组织的性质、编制问题，使这个组织有一定的权威。

社会科学要为现实政治服务*

（一九九一年二月二十三日）

听了大家的意见以后，我有这么几个想法。

第一，如果说自然科学、科学技术是第一生产力，可以直接转变成为生产力，可以促进我们的经济的发展，那么社会科学在我们的四化建设中、在我们国家的发展中，也同样起着重要的作用。而且，它更偏重于接触到上层建筑的问题，关系到国家政权的巩固。对于不够重视社会科学的问题，我们应该接受这种批评、意见和建议，今后中央和国务院都要加强对社会科学界的关心和领导。

第二，自然科学现在提出一个很明确的目标，就是把经济建设作为主战场。社会科学是不是也可以套用？有的同志不同意，说这是急功近利；有的同志表示赞成，认为社会科学应为现在的政策服务，为国家的奋斗目标直接服务，对国际问题进行一些课题研究，向中央提供咨询，如人权问题等。我觉得社会科学有一部分是为了教育我们的人民、培养我们人民高尚情操、伦理道德的，可以为我们社会主义建设服务，为安定团结服务，为国际斗争服务。现在一些西方国家拿人权这张牌对我们实行和平演变，可是到现在为止，我们的报纸上、杂志上还没有一篇很有说服力的文章来解释人

* 这是李鹏同志与中国社会科学院部分专家学者座谈时讲话的主要部分。

权问题，回击敌人，教育人民，我们应该在国际上发出自己的声音。另一部分是从事长远研究工作，可能不能直接为当前政策服务，不能直接为当前的社会发展服务，但是从长远讲、从学术上讲是有价值的。比如历史研究，近代史可能对当前的国际斗争、反殖民主义、反帝国主义这种斗争有直接意义，也能够教育人民，几千年来的文化历史也有很多东西可以借鉴，但是直接为现实服务恐怕也不可能。我们的社会科学工作者，确实应该有直接为我们四个现代化服务、为我们的政权的巩固服务、为社会主义建设服务的精神。如果说这一条都没有了，要党和政府十分重视这个行业，十分重视这个单位，恐怕也就很难了。我们社会科学战线是不是能够把当前的社会主义建设作为一个主战场，请你们研究一下。社会科学和自然科学是不同的领域，研究的对象也不一样，也不能完全用自然科学来套用，我只是提出这样一个问题来请大家研究。

今天我讲的，比较着重于社会科学战线怎么能为现实政治服务。现在遇到一个最尖锐斗争就是和平演变与反和平演变、颠覆与反颠覆。不承认这个客观存在，恐怕也是不现实的。我们怎么来做？怎么为中央出些主意？怎么来抵制？用简单方式来进行抵制那是不行的，不会有什么效果。喊口号、开群众大会，不能解决思想问题，应该以理服人。有人说，美国一个炸弹把四百多个伊拉克的平民炸死了，难道不违反国际公法吗？他们有个解释，对于交战双方，这是不可避免的，因为炮弹没有长眼睛。类似这样的一些事情，殷切地希望社会科学界能做出有力的批驳和揭露，以教育我们广大的人民。难道这样的文章能叫急功近利吗？我们的社科院应该为巩固社会主义制度服务。特别是现在社会主义制度在全世界处于低潮的情况下，要能够坚持住我们的社会主义的阵地，能够力挽狂澜，能够使得我们这个理想最终地站住脚，并得以实现，而且能造福于中国人民。我听江泽民同志讲过，不管压力怎么大，他的社会主义信念不变的，这给我们领导集体以极大的鼓舞。今天我也作这个表示，我对社会主义的信仰是不会变的！但社会主义是发展的，社会主义现在并不完善，如果一切都完善就不要改革了。我看第二次世界大战以后，资本主义的政策也做了很多很多的调整和改变，才使它保持了繁荣，何况我们社会主义是个新生的制度，又犯过很多错误。但是从历史发展角度看，对这样一个信仰我们是不会变的，是充满胜利信心的。

第三，大家很强调“百花齐放，百家争鸣”这一政策的重要性，在比较活跃的学术空气中才能发挥聪明才智，才能够出成果。应该有一种活跃的空气，我们的看法是一致的。但是有一个问题，就是“百花齐放，百家争鸣”究竟是一种方法，或者是一种政策，还是一种目的？“百花齐放，百家争鸣”是为了活跃学术空气，但不是目的，目的是树立起我们社会主义的文化体系，巩固和发展马克思列宁主义。马列主义确实是需要有发展，完全拘泥于过去马克思、列宁讲的话，字字句句照搬，这是毛主席早就批评过的，甚至在三四十年代就反对过的教条主义和本本主义。到现在，马克思已经逝世一百多年了，社会在不断变化、进步。我们现在讲的马克思主义，主要是指它的立场、观点、方法，而且也不是绝对真理。马克思主义也必须在斗争中发展，或者说是在争论中、探讨中发展。比如说，马克思主义就没有很好地解决如何建设社会主义的问题，他那个时候要来解决社会主义的问题是不大可能的，因为他没有那个实践，没有那样一个历史的舞台。“百花齐放、百家争鸣”作为发展社会科学的政策应该完全加以肯定，但社会科学界还应该有一个明确目标，就是树立进一步丰富和发展马克思主义的思想。丰富和发展马克思主义，既是伟大的理论家、政治家的工作，又是每个从事这方面工作的人应该做的事。在某一个问题、某一个观点或某一件事情上来发展和丰富、宣传马列主义毛泽东思想，是可以做到的。

社会科学院要发挥思想库的作用。我们现在确实需要对许多国际问题进行咨询，提一些有见解的建议。我们是需要思想库的，不是不需要。美国有个兰德公司，为美国政府提供了许多政治、军事情报，世界趋势的分析。不见得每一份报告都是正确的，但是这样一个思想库对决策是有帮助的。

第四，关于人才的问题。许多同志提到，过去社科院集中了社会科学界的一些精华，成为全国的有权威的、声誉比较高的一个研究机关，现在一些同志年龄比较大了，后继乏人。要研究如何解决这个问题。选拔的人才，我想最好是经过实践锻炼的、确实是在学术方面有一定水平、有独立研究能力、有一定造诣的人。最好这样的人能够选拔到最高学府、最高研究机关来，就像当年选拔到社会科学院来一样。我们不能完全走那种“从家门到学校门、从学校门到社会科学院门”的路，虽然他们以后还是有机会到实践中去锻炼，而且我们也不完全否定这样的培养方法。如果完全都是这种培养方法，那我们的研究机关就可能越来越脱离实际，越来越不了解中国的国情，就会不知道中国究竟是怎么回事情。

我们中国确实有许许多多与外国不同的地方，我们有几千年的历史文化传统，有我们的现状。我们现在已经有十一亿多人口，每年还要增加相当于一个伊拉克的人口，这是谁也很难和中国比较的。昨天我们还研究了“八五”计划，准备提交全国人大审议，大概我们新增国民收入的四分之一，就要拿来提供新增人口的吃、穿等基本生活资料。所以在这方面就决定了中国的发展速度，决定了人民的生活水平，也决定了社会制度。为什么说只有社会主义制度在中国是最适合的，这是由我国国情决定的，因为我们就只有这么大的生产力。社会科学院的人才培养，除了自己带一些研究生之外，也应该能够从地方、部门选拔一些经过实践锻炼的、确实在学术上有造诣的同志。只要我们把培养的来源和方针定了，入京户口等具体问题是可以得到解决的。

第五，关于待遇问题。待遇是个大问题，现在看来解决的办法有两个。一个办法是，通过我们国家经济的发展，财政收入的增加，工资的改革来解决。我们在今后十年，在每一个五年计划里面，扣除物价因素后，还要提高一些工资。通过工资改革，适当地向知识分子这个阶层进行倾斜，这是国家政策。另外一个办法是，对那些有特殊贡献的人实行特殊政策，但数量不能太多。最近有些同志提出来，为了解决知识分子待遇问题，是不是可以找几个单位来试点，向单位进行倾斜。这个方案一提出来，马上就有很多单位攀比，所以到现在还难以定下来。经过研究，最后我们设想，还是对大家公认的一些有特殊贡献的人，在工资序列之外，给予特殊的优惠。去年我们试了试，虽然财政困难也比较大，但还是给了一千多位科学家的特别津贴，反映和效果都是比较好的。我们就想用类似这样的办法，逐步再扩大，然后将来再把它制度化。

许多同志住房有困难，在今后的十年中间，我们的住房条件要逐步改善，解决住房是列入十年规划的。这在十三届七中全会文件中已经讲了，改善城乡人民的居住条件以提高人民生活水平的标准。当然居住条件只能逐步改善。比如，北京市已经解决了五十万平方米小学教师的住房问题。这个事情是三年前提出来的，抓了三年，就解决了第一批。对于一些有特殊贡献的人，在解决住房问题上，我看也可以采取倾斜的特殊政策，这样比较容易得到社会的理解和支持。

第六，关于社会科学院经费的问题。我作为总理总要设法为社科院解决一点困难，我想有这么几个办法：一是国家提出一点需要解决的课题，院里报一点课题，然后对这些课题进行专项的研究，我们拨一些专项费用。我们对自然科学界也采取了这种办法。二是增加一些社会科学研究的基金，大家评论评论哪些项目最重要，就先拿资金去支持这些项目。今后随着我们经济的发展，我们可以逐渐增加基金费用。三是充分利用电子计算机进行研究，要充分地利用现在已经建立的系统，比如国内已有的检索系统。大型的国民经济方面的电子计算中心已有好几个，国家计委、统计局的都是大型的，能够综合利用，进行联网，或给你院一个终端。将来请中科院，或者请科委电子办来帮助你们一起设计一下。我们现在讲决策民主化、科学化，决策的民主化也不是目的，决策的科学化才是目的，民主化是达到科学化的一种手段。现在，为决策提供的一些咨询不能只满足于定性的分析，还要有定量的分析；不能只满足于简单地说发展趋势如何如何，还要讲具体发展到怎样一个数量级的概念。举个例子，国家统计局的计算中心，经过研究与模型计算以后，为去年国民经济发展提供了一个定量分析，说原计划确定的基本建设的规模大概少了百分之五，他们主张提高百分之五，否则供给大于需求，最终影响发展速度达不到预定的目标。国家采纳了他们的建议，逐步地增加了一些基本建设的费用。实践证明，这个预测是正确的。

多渠道筹集科技资金*

（一九九一年三月七日）

科技工作非常重要，科技是第一生产力。我们现在讲要建设四个现代化，四个现代化首先是科技现代化。我们现在讲要把国营大中型企业经济效益抓上来，也主要要靠科技进步。把农业搞上去要靠科技，或者叫科技的投入。进一步加强我们的国防力量，要靠高技术。所以到处都有科技的存在，要靠科技的进步，都需要科技的发展。现在我们正在编制科技发展十年规划和五年计划，这个计划应该根据中央《建议》[1]的精神，根据国务院提出的计划，结合各地的实际情况进行编制。要有开拓精神，利用改革开放的大好形势，把科技工作搞上去。另外也要实事求是。当前我们财政还比较困难，首先科技经费就不那么够。靠国家、地方政府的投入，也靠把各种各样的力量结合起来，筹集资金办好科技。

另外一方面，还有一个不断地改善科技人员的工作条件和生活条件的问题。这是个大问题，是个大政策。我们有这样一个打算，随着经济发展，提高人民生活，大家都要达到小康水平。我们的科技工作者，搞科技的人，应该是放在政策的优先地位。但是有一条，也不能吃大锅饭，也要看科技

---

* 这是李鹏同志会见全国科委主任、科技司长会议代表时的讲话。

人员的具体贡献。那些对科技贡献大，对社会贡献大的人，应该改善得多一点，改善得快一点。

注　　释

〔1〕 这里所说的中央《建议》，指中共十三届七中全会通过的《中共中央关于制定国民经济和社会发展十年规划和“八五”计划的建议》。

推动科技进步，发展教育事业，提高国民经济的整体素质和促进社会的全面进步*

（一九九一年三月二十五日）

科学技术是第一生产力。当今世界各国生产力的发展，综合国力的提高，在很大程度上都取决于科学技术的发展。国际经济竞争也越来越表现为科学技术和人才的竞争。我们要显著地提高经济效益，增强综合国力，逐步缩小同发达国家的差距，就要真正把发展科技和教育放在十分重要的战略地位，使经济建设转到依靠科技进步和提高劳动者素质的轨道上来。

科学技术的发展要继续贯彻“经济建设必须依靠科学技术，科学技术工作必须面向经济建设”的方针。这不仅是为了促进经济的发展，而且也是科学技术本身繁荣与发展的必由之路。要继续深化科技体制改革，逐步建立引进和创新、应用和推广相互结合、相互促进的科研机制。要把发展国民经济作为科学技术工作的主战场，加快科技成果向现实生产力的转化。在应用技术研究、高技术研究、基础研究三个层次上的科技工作，要统筹规划，合理配置力量，推动我国经

* 这是李鹏同志在七届全国人大四次会议上所作的《关于国民经济和社会发展十年规划和第八个五年计划纲要的报告》的一部分。

济和科学技术的全面发展。要注意跟踪世界新技术发展进程，努力在生物工程、电子信息技术、自动化技术、新型材料、新能源、航空航天、海洋工程、激光、超导、通信等高技术领域取得新的成果。加快科技进步，关键在于稳定和完善促进科技进步的政策，采取切实有效的措施，增加科技投入。逐步建立健全保护知识产权的制度，进一步发挥专利制度在发展科技事业中的作用。

发展教育事业，提高全民族的素质，是社会主义现代化建设的根本大计。我国社会主义现代化事业，需要大批专门人才，也需要亿万受过良好教育的劳动大军。要继续深化教育体制改革，加强教育科学的研究，努力贯彻党和国家的教育方针，培养德、智、体全面发展的社会主义建设者和接班人，为现代化建设事业服务。要根据现代化建设的实际需要，把教育工作的重点放到提高教育质量和办学效益上来。到二〇〇〇年，要在全国普及初等义务教育，在城镇以及经济比较发达的农村基本普及初中阶段义务教育，在全国范围内基本扫除青壮年文盲；通过大力发展职业技术教育和培训，使绝大多数城乡劳动者掌握必要的知识和技能，在业人员的劳动技能和专业技术水平得到进一步提高；高等教育要在基本稳定规模、合理调整结构的基础上，下大力量重点抓好一批大学，使教育质量和办学效益有明显提高，努力使一批重点学科达到国际先进水平。继续执行和完善出国留学生政策，鼓励留学生学成归国工作。进一步促进国际间的教育交流与合作。要大力加强师资培训，提高教师的业务水平和思想政治水平。各级各类学校都要切实加强德育和思想政治工作，提高教育者和受教育者的社会主义觉悟和道德水平。

《纲要（草案）》[1]要求，各级政府要随着经济的发展，逐步增加对教育的投入，同时积极多渠道地筹措教育资金，提倡和支持社会办学，鼓励自学成才，努力促使教育与经济协调发展。

注　释

〔1〕 这里所说的《纲要(草案)》,指国务院向第七届全国人民代表大会第四次会议提交的《国民经济和社会发展十年规划和第八个五年计划纲要(草案)》,草案经会议审议后批准执行。

加强社会主义精神文明建设*

（一九九一年三月二十五日）

建设社会主义的精神文明，是建设有中国特色社会主义的重要目标，也是促进物质文明建设的重要保证。过去十年，精神文明建设取得很大成绩，但也发生过一些大的失误，主要是削弱思想政治工作，导致资产阶级自由化思潮泛滥，造成严重的社会后果。未来十年，国际形势风云变幻，国外敌对势力不会放弃对我国进行和平演变的图谋，国内建设与改革任务又十分艰巨复杂，因此必须坚定不移地贯彻两个文明一起抓的方针，切实加强社会主义精神文明建设。

社会主义精神文明建设的根本任务，是培养有理想、有道德、有文化、有纪律的社会主义公民，提高整个中华民族的思想道德素质和科学文化素质。围绕这一根本任务，需要进行思想道德建设和教育科学文化建设。思想道德建设是精神文明建设的灵魂，规定着精神文明的性质和方向。纠正“一手硬、一手软”的现象，主要是指加强思想道德建设。要长期不懈地进行坚持四项基本原则的教育，抵制和反对资产阶级自由化，保证经济建设和改革开放的正确方向。要继承和发扬思想政治工作的优良传统，认真研究在改革开放新

* 这是李鹏同志在七届全国人大四次会议上所作的《关于国民经济和社会发展十年规划和第八个五年计划纲要的报告》的一部分。

的历史条件下，思想政治工作的特点和规律，采取广大群众喜闻乐见和生动活泼的方式，使思想政治教育更加深入人心，更加切实有效。要深入持久地进行爱国主义、集体主义、社会主义教育，用共同理想动员和团结全国各族人民，投身到建设祖国、振兴中华的伟大事业中来。要动员和吸引亿万群众广泛参与社会主义精神文明建设，在全社会形成积极向上、健康文明的良好风尚。我国五亿多青少年是跨世纪的一代，是祖国的希望和未来。要充分认识到培养社会主义事业建设者和接班人的极端重要性和紧迫性，把学校教育、家庭教育和社会教育紧密地结合起来，共同努力，培育一代又一代社会主义新人。

教育科学文化建设与思想道德建设相互促进，共同推动着物质文明建设的发展。没有全民族科学文化素质的提高，就没有社会主义的现代化。要坚持“百花齐放，百家争鸣”的方针，在发展科技、教育的同时，加强社会科学研究，进一步繁荣新闻出版、广播影视、文学艺术等各项文化事业。《纲要（草案）》立足于八十年代的基本经验和各项行之有效的方针政策，对教育科学文化事业的发展已经作了具体安排，各级政府都要把发展教育科学文化事业放在突出位置，认真抓紧抓好。

要进一步重视和发挥广大知识分子在社会主义精神文明建设和整个现代化建设中的作用。建国以来，特别是党的十一届三中全会以来，我国知识分子在国民经济和社会发展的各个方面，作出了重大贡献。今后十年，实现第二步战略目标的艰巨任务，迫切要求广大知识分子充分发挥积极性和创造性，承担起历史赋予的重任。要在全社会继续发扬尊重知识、尊重人才的良好风尚。逐步完善有利于人才辈出的政策与制度，努力做到人尽其才，才尽其用。随着经济的发展，努力在改善知识分子工作条件和生活条件方面多办一些实事。提倡和鼓励广大知识分子深入实际，了解国情，在社会主义现代化建设和改革开放的伟大事业中创造出新的成绩。

为祖国为人类开发利用大洋矿产资源作出新的贡献*

（一九九一年四月二十日）

值此中国大洋矿产资源研究开发协会成立大会召开之际，谨向你们表示热烈的祝贺，并通过你们向奋战在海洋、地矿、冶金、有色金属战线上的广大职工和科技人员表示亲切的慰问！

我国既是一个大陆国家，又是一个海洋国家。维护国家海洋权益，开发利用海洋资源，对我国四化建设具有重要的现实意义和深远的历史意义。

今后十年，是我国实现国民经济发展战略方针重要的十年。我国人口众多，矿产资源人均占有量远低于世界人均水平，为了适应经济的发展，必须开辟新的矿产资源。希望海洋、地矿、冶金、有色金属战线上的广大职工和科技人员认真贯彻党的十三届七中全会和七届全国人大四次会议的精神，在已取得成就的基础上，继续发扬艰苦奋斗的光荣传统，团结协作，开拓进取，在大洋多金属结核勘探开发工作中取得更大的成绩，为祖国、为人类开发利用大洋矿产资源作出新的贡献。

---

* 这是李鹏同志致中国大洋矿产资源研究开发协会贺信的主要部分。

致“八六三”计划工作会议的贺信

（一九九一年四月二十四日）

宋健[1]、丁衡高[2]同志并“八六三”计划工作会议全体代表：

以跟踪世界高科技领域最新成果为目标的“八六三”计划实施以来，取得了重要进展和成功经验。值此“八六三”计划工作会议之际，我代表国务院向大会和参加会议的科学家及全体同志，表示衷心的祝贺，并通过你们，向拼搏在“八六三”各领域高技术前沿以及全国各部门、各地区的科学家、专家和科技工作者致以崇高的敬意和问候。

五年前，王大珩、王淦昌、杨嘉墀和陈芳允四位科学家提出发展我国高技术的建议，代表了我国老一辈科学家强烈的历史责任感和使命感。现在，许许多多承担课题的科学家、专家和科技工作者，夜以继日地忘我工作。在他们身上，体现了中国科学家和广大科技工作者那种无私奉献、艰苦创业的优良传统。祖国和人民将永远铭记和感谢他们的拳拳报国之心和业已建立的丰功伟绩。

科学技术是第一生产力，必须把经济建设的发展转到依靠科学技术进步的轨道上来。我深信，我国科学家和广大科技工作者，一定会继续以高度的历史责任感、紧迫感，发扬“八六三”计划倡导的公正、献身、创新、求实、协作的精神，为社会主义现代化建设事业奉献全部智慧和力量，走出一条有中国特色的发展高新科学技术之路。

李　鹏

一九九一年四月二十四日

注　　释

〔**1**〕 宋健，时任国务委员兼国家科委主任。

〔**2**〕 丁衡高，时任国防科工委主任。

发展高新技术产业具有战略意义*

（一九九一年四月二十七日）

高新技术产业开发区是改革开放的产物，现在有了二十七个区的规模，它的产生和发展，将对高新技术产业开发和科技转化为生产力起到很大的推动作用。

我们国家对高新技术产业开发区，给了一些优惠政策，目的是为了使高新科技能进一步得到发展。在开发区内的不属于高新技术的产业，不能享受这些优惠政策，而对于那些不在开发区的高新技术产业的发展，也应给予鼓励和支持。办好高新技术产业开发区，发展高新技术产业，是摆在我们面前的一项重要的、具有战略意义的历史任务。这一重担首先放在了我国广大科技工作者的肩上。各级政府、国务院各有关部门，过去对高新技术产业开发区的工作给予了高度重视和积极的支持，今后大家要继续努力，以改革开拓精神，发展我国的高新技术产业，为国民经济的协调发展，为我国的社会主义建设作出更大的贡献。

---

* 这是李鹏同志会见全国高新技术产业开发区工作会议和全国技术市场会议代表时讲话的要点。

科技攻关是促进我国科技进步的重要形式*

（一九九一年九月二日）

我们今天在这里隆重集会，总结“七五”科技攻关成果，表彰在攻关中作出突出贡献的先进集体和先进个人，这是非常有意义的事情。我代表党中央和国务院，向出席大会的获奖单位、获奖科学家和科技专家表示热烈的祝贺，并通过大会向全体参加科技攻关的同志和全国科技工作者致以衷心的感谢和崇高的敬意。

“七五”国家重点项目攻关，是在“六五”的基础上，根据“七五”期间经济和社会发展的需要提出来的。科技攻关的规模、深度、成果的应用以及获得的经济社会效益，都有很大的进展。国家共安排重点科技项目七十六项，三百四十九个课题，分解为四千九百四十六个专题，组织了跨行业、跨地区的统筹和协作。参加联合科技攻关的有中国科学院、高等院校、各产业部门的研究所以及重点企业等众多部门和单位，直接参加工作的科技人员达十三万多人，汇聚了我国科技界的一大批精华。通过艰苦的努力，他们已经出色地完成了任务。五年间，共获得科技成果一万零四百六十二项，经各部专家委员会的验收，其中达到八十年代国际水平

* 这是李鹏同志在国家“七五”科技攻关总结表彰大会上的讲话。

的六千零六十八项，占百分之五十八；填补国内空白的四千一百一十二项，占百分之四十。有百分之八十的研究成果，已经或正在转化为生产力，在全国重点建设和工农业生产中不同程度地得到推广和应用，为经济和社会发展解决了一大批重要课题，办成了一批大事。根据国家统计局的统计，五年累计获得直接经济效益达四百零七亿元。

以下的几项具体实例充分地显示了科学技术对经济和社会发展的巨大推动作用。在农业科技战线方面，通过攻关，培育了水稻、小麦、棉花、大豆等主要农作物良种三百九十七个，推广面积六点四亿亩，增产粮食二百八十亿斤。在黄淮海平原、东北三江平原和西北黄土高原地区，建立了十二个试验示范区，形成了综合配套的技术体系，以点带面，推动了中低产田的治理，获得了重大的经济效益；在资源勘探的研究开发方面，由于理论和方法都有了突破，促成了陕甘宁盆地天然气田、塔里木盆地油气田，以及新疆和长江中游等地区有色金属矿藏的发现，为国家提供了重要的战略资源贮备；在钢铁生产方面，转炉炼钢顶底复合氧气吹炼技术、连铸技术得到了大面积推广，为国家节约了大量能源；在交通运输方面，铁路机车牵引能力有很大提高，结束了我国蒸汽机车的生产历史；在发展大规模集成电路方面，成功地研制了十万个晶体管集成电路的计算机辅助设计系统，开发了近五百种专用集成电路；在自动化技术上，完成了计算机分散型控制系统的研究，为实现电力、冶金、化工、纺织、轻工各行业生产过程自动控制创造了条件。轻工纺织等消费品领域的科技攻关，开发了一大批新技术和新产品，提高了加工深度和产品质量，丰富了市场，改善了人民生活，增强了出口创汇能力；在环境保护、预防自然灾害、重大疾病防治、中医药的研究以及节育技术等方面，都取得了不同程度的重要进展，缓解了工业化过程中的环境污染问题，保障了人民的健康。

在全国范围内组织这种大规模的科技攻关，我们已经锲而不舍地坚持了九年。这是我国人民在社会主义现代化建设中一项极其重要的科学实验活动，它的成功，使我们进一步加深了对以下几个问题的理解和认识。

第一，必须坚持科学技术是第一生产力的思想。科技攻关的实践充分证明，科学技术是社会生产力中最活跃的决定性因素，是构成现代社会生产力并促进其发展的主要力量。关于科学技术在生产力发展中的地位和作用，早在七十年代中期和后期，针对“文化大革命”中造成的思想混乱，邓小平同志就鲜明地提出了科学技术是生产力的论断。八十年代，邓小平同志又根据世界经济科技发展的经验和我国现代化建设面临的问题，进一步强调指出科学技术是第一生产力。这个科学论断，对我国社会主义现代化建设，具有重大的现实意义并将长远地发挥指导作用。各级领导同志都要结合实际情况，贯彻到自己的工作中去，特别是在促进科技与经济发展的结合，使科技研究成果尽快实现向物质生产力的转化上狠下功夫，以加速我国科技和经济现代化的进程，推动我国社会主义经济和社会的发展。

第二，我国的科技队伍是一支具有高度觉悟和爱国热忱，富于献身精神，能够承担国家的重大科技任务，敢于闯难关、打硬仗的队伍，他们为国家为民族立下了伟大的功勋。参加科技攻关的同志以国家大局为重，不计个人得失，坚持在第一线拼搏，涌现了大量的感人事迹。各级党委和政府应大力表彰科技工作者所作出的贡献，宣传他们的事迹，并尽一切可能改善他们的生活条件和工作条件。

第三，我国社会主义制度具有推动科技发展的巨大优势和潜力。科技攻关是我国社会主义现代化建设中促进科技进步，进行大规模科学实验的一种重要组织形式，具有强大生命力，是落实改革开放政策的重要组成部分。攻关课题的提出，既从国民经济和社会发展近期需要出发，又充分考虑了国际科技发展趋势和我国长期发展的需要，一般都具有起点高、综合性强的特点，需要打破行业和地区的界限，运用多种学科和工程部门的力量，统筹规划，联合攻关，并与重点建设、技术改造紧密衔接，才能取得好的效果。攻关的实践证明了这种组织形式是可行的和有效的，应该长期坚持下去，并不断发展和完善。

第四，我们所取得的成就标志着我国科学技术的水平已经发生了很大的变化，但是同我们实现中国社会主义现代化的艰巨任务相比，还是很不够的。到本世纪末，我国要实现国民生产总值翻两番，人民生活达到小康水平的战略目标。我们清楚地认识到，要实现十年规划和“八五”计划，关键是必须依靠科技进步，并在运用现代科技改造传统产业方面取得更大的进展；在发展高新科技及其产业化方面取得更大的进步；在人口、环境、资源等重大领域取得扎实的成果；在基础性研究，包括基础科学和基础技术方面，有进一步的突破。我们要以发展国民经济为主战场，瞄准当前，兼顾长远，集中力量再办成一批大事。

第五，要继续推进和深化经济体制改革和科技体制改革，并且把这两方面的改革结合起来，逐步建立和完善互相促进的机制，特别是建立能促进科技成果向物质生产力转化的机制。要用整体观念和系统工程的思想协调科技攻关和其他各项科技工作的关系，使之同基本建设、技术改造、引进创新等各项经济技术工作很好地配合。为了发展科学技术事业，必须增加投入，形成国家、企业、社会相结合的多渠道增加科技投入的体制。今后国家拨款将主要用于重大、长远和基础性研究上，企业的科技投入要增强自我发展能力，一些与市场联系的项目，金融信贷也要予以支持。各级政府和有关部门，对于已经建立的不同规模和层次的高新科技开发区，要加强领导和管理，务必使之正确地发挥促进科技成果交流和向物质生产力转化的作用。

第六，经济建设必须依靠科技进步和劳动者素质的提高，这是党中央的重大决策。各级领导干部一定要进一步提高对提高劳动者素质的认识，切实加强教育工作。要重视全社会科技知识的普及，宣传科学思想、增强科技意识、推动群众性的科技活动。

我们正处在世界科技和经济突飞猛进的时代，我们要坚定不移地执行改革开放政策，积极开展国际合作与交流，学习国外先进科学技术和先进的管理经验，以及一切对我们有益的东西。但是，由于激烈的竞争，交流与封锁、合作与控制往往是交织在一起的。特别是在当前国际风云变幻的形势下，我们要保持清醒的头脑，树立坚定的信心，坚定不移地走有中国特色社会主义的道路。坚持以经济建设为中心，坚持四项基本原则，坚持改革开放的基本路线，建立适应于计划经济与市场调节相结合经济体制的科技发展机制。把科技攻关、发展高技术的立足点建立在主要依靠自己力量的基础上。我坚信，只要我们全党、全军、全国各族人民，在以江泽民同志为核心的党中央领导下团结一致，齐心合力，坚决把科学技术搞上去，把生产搞上去，把经济搞上去，我们就一定能够立于不败之地，任何压力都无所畏惧，任何困难都可以克服，社会主义事业一定会在中国这块土地上兴旺发达起来。我们的事业一定能够取得成功！

在教师节表彰大会上的讲话

（一九九一年九月十日）

教师们，同志们：

今天是中国第七届教师节，是我国教师的盛大节日。来自全国各地的教师和教育界代表在祖国的首都，在庄严的人民大会堂隆重召开表彰大会，我代表党中央、国务院向各族教师致以节日的问候，向这次受到表彰的全国教育系统劳动模范、全国优秀教师和教育工作者，表示热烈的祝贺。

现在，我国各级各类学校的教师有一千多万人。长期以来，在党的基本路线指引下，广大教师忠诚于人民的教育事业，坚持正确的政治方向，辛勤工作，教书育人，为社会主义现代化建设作出了宝贵的贡献，培养出了大批人才。事实证明，我们的教师队伍是一支受到党和人民信赖和尊敬的队伍。

教育是社会主义现代化建设的基础工程。今后十年，是我国现代化建设关键的十年。根据《国民经济和社会发展十年规划和第八个五年计划纲要》，教育是建设的战略重点之一。而发展教育事业，关键在于努力培养壮大又红又专的教师队伍。近些年来，我国的教师队伍建设取得了很大成绩。教师的社会地位得到提高，生活待遇逐步改善，尊师重教的社会风气正在进一步形成，教师队伍的政治思想水平和业务水平都有明显的提高。各级党委和政府要从战略高度出发，继续加强这方面的工作。最近，全国人大常委会审议了《中华人民共和国教师法（草案)》，它将会有力地促进我国的教师队伍建设。

当前国际形势急剧变化，我们一方面面临着世界新技术革命的挑战，一方面面临着坚持和保卫有中国特色社会主义阵地的严重考验。能否很好地迎接这两个挑战，同教育工作有着密切的关系。希望教育战线的全体教师、干部和职工，充分认识到我们所担负的重大历史责任，进一步坚定社会主义信念，振奋精神，克服困难，努力工作，不断提高自己的政治思想素质和业务素质，为培养社会主义事业的建设者和接班人，保证我们国家千秋万代不变颜色，作出新的贡献。

我国的社会主义现代化建设取得了举世瞩目的成就。今年尽管遇到了历史罕见的洪涝灾害，但全国人民在党和政府的领导下，团结奋斗，万众一心，一方有难，八方支援，取得了抗洪救灾的初步胜利。灾区的中小学克服重重困难，基本做到了按时开学。当前，我国政治稳定，社会稳定，经济建设稳步发展，全国人民坚定地沿着建设有中国特色的社会主义道路前进。我们知道，广大教师在工作和生活中还存在许多亟待解决的困难。各级党委和人民政府要更加理解他们，关心他们，随着经济的发展，为改善教师的工作条件和生活条件做出不懈的努力。

教师们，同志们！尊师重教，是我们一贯坚持的重要政策。我们的教师队伍一定不会辜负党和人民的殷切厚望，一定能进一步发扬为人师表的优良传统，创造出更加光辉的业绩。展望未来，尽管在我们前进的道路上还会遇到这样那样的困难，但在以江泽民同志为核心的党中央的正确领导下，我们有信心战胜各种艰难险阻，坚持党的基本路线，坚持改革开放，坚持四项基本原则，推动建设有中国特色的社会主义事业，不断地取得新的胜利。

祝大家身体健康，节日愉快！

加快企业技术进步，推广高新技术[*]

（一九九一年九月二十三日）

进一步加快技术进步。科学技术是第一生产力。加快技术进步，是增强企业活力的重要手段和物质技术基础。凡是前几年技术改造抓得比较紧的，企业活力就强；没有搞技术改造，或者技术改造搞得少的，处境就比较艰难。所有国营大中型企业，都必须积极提高自己的技术开发能力，推广应用新技术、新工艺，使自己的产品更好地适应国内外市场的需要。长期以来，企业在技术改造中搞了不少单纯扩大生产能力的低水平重复的项目，技术水平提高不多，这种状况要改正过来。要坚决淘汰一批消耗高、性能差、污染严重的落后产品。

要特别注意开发和推广高新技术，加快高新技术的产业化和商品化进程。我国每年都有大量的科研成果。把科技转化为现实生产力的工作抓好了，就可以大大提高企业效益。这对于缩小我国同发达国家在技术上的差距，也具有极为重要的意义。

要多渠道筹措技术改造资金。适当提高折旧率、有计划地减免大中型企业的“两金”，以及增加新产品开发基金，

---

* 这是李鹏同志在中央工作会议上的讲话《关于当前经济形势和进一步搞活国营大中型企业的问题》的一部分。

为企业技术改造提供有利的条件。此外还准备对那些经济效益好、见效快的技改项目，给以利率比较优惠的贷款。还有一种企业技改专项贷款，要用在工期短、效益好的技术改造项目上。企业还可以通过使用生产发展基金、发行债券等方式，筹集改造资金。吸引外资，要按照国家产业政策，正确引导资金投向，支持办技术先进型和出口创汇型企业。由于国际市场竞争激烈，在引进外资时要注意限制那些与我国争夺出口配额和国内外市场的项目。要注意把吸收外商投资与加快企业技术改造结合起来，推动我国技术进步和产品的升级换代。

加强国际人才交流合作*

（一九九一年九月三十日）

在中华人民共和国建国四十二周年之际，我很高兴与大家见面。

在座的各位朋友，都是在我国的文化教育、新闻出版、科学研究、工农业生产等各个不同的工作岗位上，与中国人民朝夕相处、真诚合作，为中国人民的社会主义现代化建设作出突出贡献的专家、学者。你们有的为我国培养了大批建设人才；有的帮助我们建成了一批骨干企业和工程项目；有的为我国引进国外人才和在国外培训我国专业技术人员等作出了贡献。在我们所取得的建设成就中，都包含着各位外国专家和中华海外学者辛勤劳动的成果。中国政府和人民是很珍视各位专家、学者对中国人民的友好情谊和对我国四化建设事业的热情支持和帮助的。在此，我向各位专家、学者及夫人表示衷心的感谢！同时预祝大家在今后的工作中，与中国同事密切合作，取得更大的成就。

大家知道，今年在我国部分地区，尤其是淮河和太湖流域遭受了严重的洪涝灾害，受灾面积和造成的损失是历史上罕见的。在巨大的洪涝灾害面前，伟大的中国人民经受住了这场严酷的考验。在中国共产党的领导下，我们充分发挥社

* 这是李鹏同志会见荣获友谊奖章的外国专家和中华海外学者时的讲话。

会主义制度的优越性，组织全国人民，特别是灾区人民展开了一场规模浩大的抗洪救灾斗争，并取得了伟大胜利。如今，灾区人心安定，社会稳定，经济建设正在逐渐恢复，我们对战胜灾害，重建家园充满信心。在这场抗洪救灾的斗争中，我们也得到了国际社会、国际友人的支援，其中也包括各位专家、学者以各种方式表示的援助。对此，我谨代表中国政府，向你们表示感谢！

今年我国的经济建设虽然受到了严重自然灾害的影响，但工农业生产仍然取得了比较好的成效。现在全国政治稳定，社会稳定，市场繁荣，整个国民经济正朝着持续、稳定、协调的方向发展。

当前，国际关系正处在新、旧格局交替时期，但是任凭国际风云如何变化，中国人民走有中国特色的社会主义道路是坚定不移的，我们的社会主义改革开放政策不仅要继续坚持，而且要搞得更好。今后我们将按照十年规划和“八五”计划确定的奋斗目标和基本指导方针，在建设有中国特色的社会主义的过程中，在坚持独立自主、自力更生的基础上，进一步扩大对外经济、技术交流与合作，把引进外资、引进技术、引进国外智力的工作提高到一个新的水平。加强国际间的人才交流与合作是我国对外开放政策的一个组成部分，它对世界的科技发展、经济振兴有积极推动作用，我们要在现有的基础上把这项工作做得更好、更有成效，使其更好地为我国社会主义现代化建设服务。我们欢迎有更多的外国专家和中华海外学者来我国工作，并将根据需要，派遣一些人员到国外学习先进的科学技术和经营管理经验。同时，我们将采取措施不断改善在华国外专家、海外学者的工作和生活环境，以便更好地发挥你们的作用。

各位朋友，你们既是热情帮助我国建设的专家、学者，也是带来各国人民对中国人民友好情谊的使者，我希望各位朋友利用在中国工作的机会，更多地了解中国，把中国人民对世界各国人民的深厚情谊带回去，共同为世界的和平与发展作出更多的贡献。

致首次全国科技宣传工作会议的贺信

（一九九一年十月八日）

中共中央宣传部、国家科委暨全国科技和宣传工作者们：

全国首次科技宣传工作会议的召开具有极为重要的意义，我代表党中央和国务院对会议的召开表示热烈的祝贺！

科学技术是造福于人类的伟大事业，是推动社会前进的强大动力。党和国家一贯重视和支持科学技术的发展与应用。为了贯彻邓小平同志提出的“科学技术是生产力，而且是第一生产力”的指导思想，党中央、国务院决定把发展科学技术放在经济和社会发展的首要位置，做出了把经济建设转移到依靠科技进步和提高劳动者素质上来的战略部署。这对于实现我国第二步发展战略目标具有十分重要的意义。

社会主义现代化建设的首要任务，就是要大力解放和发展生产力，特别是解放和发展科学技术这个第一生产力，创造出比资本主义更高的物质文明和精神文明。实现这个伟大的战略目标，不仅需要科技界的努力奋斗，也需要广大科技和宣传工作者以强烈的时代感和紧迫感，担负起宣传科学技术这一重任。大力宣传“科学技术是第一生产力”的思想，提高各级领导和广大人民群众的科技意识；广泛传播科技知识，弘扬科学精神，提高全民族的科技水平；采取多种形式宣传，介绍各种科技成果，加速科技成果向生产的转移，为搞好大中型企业，促进企业的技术进步，提高农业生产技术水平贡献力量。同时要大力宣传广大科技人员中涌现出的艰苦奋斗、无私奉献的感人事迹，教育广大青少年努力学力科学知识，学习老一代科学专家的求实、拼搏、奉献精神；推动尊重知识、尊重人才良好社会风尚的形成，努力把科学技术这个第一生产力真正落到实处。

祝同志们身体健康，工作顺利。

李　鹏

一九九一年十月八日

祝贺钱学森同志荣获“国家杰出贡献科学家”荣誉称号的信

（一九九一年十月十五日）

国防科工委丁衡高同志转钱学森同志：

首先，我向钱学森同志荣获国务院、中央军委授予的“国家杰出贡献科学家”荣誉称号和一级英雄模范奖章表示热烈祝贺。

新中国建立初期，学森同志和许许多多爱国知识分子一样，冲破重重阻挠，返回祖国参加社会主义建设。他热爱中国共产党，热爱社会主义，热爱人民。为发展我国科学技术事业，特别是国防科技事业作出了杰出贡献。学森同志所一贯表现的崇高民族气节、严谨科学态度、朴实工作作风，以及坚持运用马克思主义哲学指导科研工作和社会活动的精神，特别值得广大科技工作者学习。学森同志是我国知识分子的杰出代表；他的高尚情操充分体现了中国知识分子的优秀品德。

我相信，我国广大科技工作者定会以钱学森同志为榜样，在以江泽民同志为核心的党中央领导下，在伟大的爱国主义和社会主义旗帜下，奋发努力，战胜困难，做好工作，把社会主义建设事业推向前进。

李　鹏

一九九一年十月十五日

技术进步是搞好国营大中型企业的关键*

（一九九一年十二月二十一日）

邓小平同志多次讲过，科学技术是第一生产力。加快技术进步，是增强企业活力、提高经济效益的重要手段和物质技术基础。搞好大中型企业，提高经济效益，需要有两个条件：改善外部环境和加强内部管理。从加强内部管理看，一是要深化改革，转变企业经营机制，调动广大职工的积极性、创造性；二是靠科学管理；三是靠技术进步。在所有因素中，归根结底是要依靠技术进步，企业才能大幅度提高经济效益。

企业技术进步，第一个重点是节能降耗。中国的主要能源生产在世界上大都是名列前茅，煤炭产量第一，发电装机容量每年增加一千万千瓦，石油虽受资源的限制，但也到了一点四亿吨。可是能源消耗太高，发达国家的能耗只是我们的二分之一，日本是我们的四分之一。因此，从这个意义上讲，节能降耗就等于增产，就等于提高经济效益。第二个重点是开发新产品，提高产品质量和档次，扩大出口创汇和增加有效供给。这一条很重要。在目前社会总供给与总需求平衡，一些商品出现买方市场，相当多的产品供大于求的形势

* 这是李鹏同志会见全国企业技术进步工作会议代表时的讲话。

下，企业必须依靠技术进步，面对市场，生产适销对路产品，满足用户要求。第三个重点是加速引进国外先进技术，加快消化吸收和国产化进程。要进一步扩大对外开放，不但要引进外资来弥补国内资金不足，更重要的是，还要引进先进技术、先进管理，加强对外交流，发展外贸，适应国际市场需求变化。企业技术进步是搞好国营大中型企业的关键，各级党委、政府要把这项工作作为一件大事列入自己的议事日程，主要领导同志要亲自过问，争取在三五年内，使我国国营大中型企业生产技术有一个明显的进步，上一个新台阶。

利用校史教育学生是个好方法*

（一九九二年一月一日）

贵校利用校史进行革命传统教育，对其中烈士事迹报告会的录像和同学们写的心得，我都认真地看过了。录像和同学们的心得都十分感人。它使我看到了热爱教育事业的老师们，在自己光荣的教育岗位上所作的热情努力和无私奉献。老师们虽然有的已退（离）休，有的身体不好，但仍然关心着同学们的思想教育，为社会主义祖国培育人才，通过各种教育活动使青年学生牢固地树立起建设有中国特色的社会主义的信念，全心全意为人民、为祖国服务的思想，做到人民的需要就是自己的工作岗位，非常令人敬佩。

* 这是李鹏同志致北京二龙路中学信的主要部分。

建设具有中国特色的社会主义教育体系*

（一九九二年一月十日）

近十年来，随着全党全国工作重点的转移，党中央和国务院对教育工作十分重视，作出了一系列重要决策。教育被列为社会主义建设的战略重点之一。一九八五年中央作出了关于教育体制改革的决定，提出“教育必须为社会主义建设服务，社会主义建设必须依靠教育”的方针，标志着教育进一步转向为以经济建设为中心的社会主义建设服务的轨道。党的十三届四中全会以后，以江泽民同志为核心的党中央进一步提出了要把教育放在优先发展的战略地位，要求各级各类学校要把坚定正确的政治方向放在首位，要把培养德智体全面发展的社会主义事业的建设者和接班人作为教育工作的根本任务。十三届七中全会通过的《关于制定国民经济和社会发展十年规划和“八五”计划的建议》，明确了今后教育事业发展的方针、任务和目标。十三届八中全会在讨论农业工作时，又提出了“科技、教育兴农”的战略。近年来，我国的教育体制也进行了改革。总体上看，我国教育事业正在发展壮大，教育改革逐步配套，教育发展的一些主要思路渐趋成熟。因此我认为，建设具有中国特色的社会主义教育体

---

* 这是李鹏同志在国家教育委员会工作会议上讲话的主要部分。

系的基本原则和重大方针，已经基本明确。今后要在实际工作中认真贯彻实施这些原则和方针，并且不断加以丰富和发展。

根据当前教育工作的实际，我提几点意见，供同志们参考。

第一，我们的教育是社会主义教育。其根本任务是提高全民族的思想道德和科学文化素质，培养德智体全面发展的社会主义事业的建设者和接班人。教育工作必须适应建设具有中国特色的社会主义这一基本目标的需要。也可以说，教育是具有中国特色的社会主义这一总题目的一个组成部分。为此，不仅要向青少年和广大人民群众传授先进的科学文化知识和生产技能，让他们掌握改造自然的本领，而且要传授人类的先进思想，这就是马克思列宁主义、毛泽东思想，让他们掌握改造社会的武器。加强学校思想政治教育，是社会主义教育的一个本质特征。在当前国际政治风云变幻的形势下，尤其要从坚持有中国特色的社会主义、反对和平演变的战略高度来认识德育在学校工作中的重要地位。

美国等西方国家的敌对势力推行和平演变的战略是不会改变的。他们在苏联得手后，将对中国采取更多的策略。因此在学校里，要联系当前的国际形势，对师生进行社会主义信念的教育，增强坚持社会主义道路的信心。苏联搞了七十年垮掉了。我们还没有很深入地研究它垮台的原因。但我对外宾讲，中国和苏联不一样，三十年前我们的方针就与他们的方针不一样。比如，苏联国民生产总值的百分之三十用于军备开支，与美国搞军备竞赛。我们的军费比例则很小，因为我们不搞霸权主义，执行独立自主的和平外交政策，实行以经济建设为中心、改革开放的基本路线。再比如，我们的改革搞得早，是在安定团结稳定的局势下搞改革，而且卓有成效。他们则一会儿是政治改革，一会儿是经济改革，越改越乱，老百姓没有得到实惠。这是浅层次的分析。从深层次分析看，社会主义事业是受到了相当大的挫折，但这并不等于马列主义、毛泽东思想关于社会主义的理论破产了，相反我们中国的社会主义越搞越好。我国政治稳定，社会稳定，经济向好的方向稳步发展，这是举世公认的。如果说一年前一些人对这一点还有不同看法的话，那么现在世界舆论已经承认这一点。一九九一年，我国国民生产总值增长百分之七，而这一增长又是在遭受严重自然灾害的情况下取得的，去年进出口总额也有了大幅度增长。如果我们不坚持搞有中国特色的社会主义，而搞苏联那一套改革，那么今天的苏联可能也是今天的中国，也许我们会更乱更惨。我想，现在广大干部、教师和同学，面对现实，也都在思考这个问题。我们要把苏联演变的后果作为反面教材教育干部群众和师生。

进行反对和平演变的教育，就要从根本上增强广大师生坚持有中国特色的社会主义的信心。这个社会主义不是一般概念的社会主义，而是中国共产党和中国人民从实践中总结和发展起来的具有中国特色的社会主义。它的理论标准就是十三届七中全会总结的十二条。到十四大，这些理论会进一步得到丰富。我们中国就是要坚持这样的社会主义道路，因为这条道路能够给国家带来繁荣，给人民带来幸福，能够迅速提高我们的综合国力，使每一个中国人都能够堂堂正正地站立在世界上。社会主义这面旗帜一定能够在我国九百六十万平方公里的土地上高高飘扬、永远飘扬。我们学校的教育工作者、党政领导干部，腰杆子要硬起来，要随着政治经济形势的发展，反复阐明我们党的路线、方针和政策是正确的，鼓舞人民的信心。当然也会有一些人一时不接受这些观点，那也不要紧。逐渐地会有越来越多的人转到正确观点上来。我对这一点是充满信心的。也正因为如此，在高等学校，除了意识形态方面中毒很深而又顽固坚持不改的极少数人外，对于绝大部分在一九八九年政治风波期间有过错误言行的人，要采取宽容的态度，团结大多数，团结一切可以团结的人。青年是可塑的。这是我们制定和执行政策的立足点之一。

第二，近年来全党全社会对教育的地位和作用的认识发生了很大变化。中央的方针逐步深入人心，许多省、自治区、直辖市提出了“科教兴省”或类似的方针，许多企业的领导人、乡村干部以至农民都越来越重视教育，这是非常可喜的现象。前几年我兼国家教委主任的时候，教育是热点问题之一。其中中小学危房问题，群众意见很大。经过这几年的努力，已经得到较好的解决，主要是地方财力和全国人民支持的结果，也是经济发展后国力增强的结果。如果我们到农村去看，那里最好的房子是学校，就说明教育已经引起了当地的重视。今后，随着农村社会主义教育的深入和农村集体经济的发展壮大，农村教育事业一定会得到更快更好的发展。其中有一个问题要注意研究解决，就是接受普通教育的农村中小学生，到了一定年龄，学校要把传授文化知识同传授生产、生活需要的知识、技能结合起来，这样学生的学习积极性会增强，辍学、复盲等现象会减少。女童教育的问题要重视解决。我希望各级政府继续重视和支持教育工作，加强对教育工作的领导。在发展教育事业和深化教育改革中，会遇到一些矛盾，有些事，如实行农业、科技、教育结合，发展职业技术教育，调整高等学校布局等，都是教育部门难以单独解决的，需要地方政府加强统筹和协调。昨天国务院有关部门召开的农科教结合座谈会，就是政府协调的一种方式。中央有关部门要支持地方政府根据本地经验和实际情况，在改革和发展教育方面所作出的决策。在教育经费的筹措上，各地已经作出了努力，随着经济的进一步发展，要尽力增加教育拨款。同时地方在执行中央大政方针的前提下，要支持通过各种渠道筹措预算外教育经费。群众集资和捐资助学的措施，只要经过合法程序，符合国务院规定的政策，是允许的。

第三，要把建设一支又红又专的教师队伍，全面提高教育质量，摆在教育工作的突出位置。我国教育事业已有相当的规模。今后无论是进一步加强思想政治工作，还是全面提高教育质量；无论是进一步发展教育事业，还是深化教育改革，最终都要通过教师来实现。我国的教师队伍总体上是好的。但从发展的需要看，无论是思想政治素质，还是业务素质，都面临着进一步提高的问题。今后，在继续改善办学条件的同时，要十分重视教师队伍的建设，不断提高教师队伍的思想政治和业务素质。近几年来，国家采取了许多措施提高教师的地位和待遇，但各地进展不平衡。希望各地各级政府要为广大教师多办一些实事，继续改善他们的工作条件和生活条件。学校也要经过试点，稳步地进行人事制度和分配制度的改革，稳步地建立起能够激励和调动广大教师积极性的内部机制，不断提高我们的教育质量和办学效益。

加快科技体制改革，促进科技成果转化*

（一九九二年三月十四日）

这次全国科技工作会议是在关键时刻召开的。大家认真学习了邓小平同志的重要讲话和中央政治局关于进一步解放思想、加快改革开放、集中力量把经济建设搞上去的精神，研究了今后几年科技工作的任务和方针政策，会议是开得好的。现在我讲几点意见，供大家参考。

第一，关于科技战线的形势。

目前，我国政治稳定，社会稳定，经济进一步向好的方向发展，形势是好的。科技战线的形势也是好的，在改革和发展两方面都迈出了较大步伐。我国科技体制改革，无论在理论还是实践方面，都是成功的、富有创造性的，各项科技发展项目也取得了丰硕成果，科学技术的整体水平有比较明显的提高，对于推动经济发展起了很大作用。全社会的科技意识得到加强，依靠科技进步促进经济发展，已经成为各级领导干部的共识。这是一个很大的进步。

第二，关于科技发展的基本方针。

基本方针要保持稳定性和连续性。九十年代，我们要继续坚定不移地执行“经济建设必须依靠科学技术，科学技术

* 这是李鹏同志在全国科技工作会议代表座谈会上的讲话。

工作必须面向经济建设”的方针。这一提法已经为大家所公认，代表了科技工作的主导方向，要保持长期不变，当然，还要在实践中进一步完善，丰富其内涵。现在有一些这样那样的提法，也有些新意，但基本方针不要变，变了会使人无所适从。

科技战线有几个方面军。一个是面向经济建设主战场的，一个是从事高新技术的研究和开发的，一个是从事基础性研究的。科技面向经济也好，经济依靠科技也好，首先要求科学技术事业自身不断发展与提高。从我国现代化建设的需要出发，经济建设是科技工作的主战场，这一点不动摇。同时，加强基础性研究、高新技术研究，发展高新技术产业，也是非常重要和不可缺少的。只有从这三个层次全面推动科技事业的发展，科技和经济的发展才有后劲。这次会议提出要把努力攀登科学技术高峰，多出成果，快出人才，作为对科技工作的战略要求，具有十分重大的意义。我们期待着广大科技工作者在三个层次的科技工作中，为祖国和人民建功立业。

第三，关于加快科技体制改革。

这次全国科技工作会议以及不久前召开的全国经济体制改革工作会议，都提出要进一步加快科技体制改革的步伐，这是非常重要的。改革是发展生产力，也是解放生产力。前几年，科技体制改革虽然已经取得一定的进展，但现行的科技体制在许多方面仍然束缚着科技事业的发展，进一步深化改革势在必行。改革的核心是科技与经济的结合问题，要把是否有利于解放和发展科技这个第一生产力，作为判断是非、权衡利弊和决定政策的标准。要大胆实践，大胆试点，加快改革步伐，促进科技事业更快地发展。深化科技体制改革要着重解决好这么几个问题：

（一）加速科技成果的转化。加速科技成果商品化、产业化，使之从潜在的生产能力转化为现实生产能力，这是经济与科技结合的关键。这里我想强调两点。一点是要发挥计划与市场两个优势。计划和市场都是调节经济的手段，科技领域也应该很好地运用这两个手段。比如通过计划组织国家级的、省一级的科技攻关，并有计划地组织推广和应用。这是长期以来行之有效的方法，还要继续实行。这样做，可以发挥社会主义制度集中力量办大事的优越性。同时，要利用市场机制推动科技成果的转化。国家已制定了专利法、技术合同法，技术市场已初具规模，但是还不够，还要大力促进技术市场的发展。我们既要把自己的科技成果推向国际市场，也要从国际市场上吸收更多的科技成果。对自己开发的成果，要通过国内市场渠道来推广和转化。要把计划与市场很好地加以结合，推动科技成果的转化。另外一点，科技成果的转化需要条件，需要纽带和桥梁，因此，要抓好转化这个中间环节，比如加强中介机构、中试基地，建立风险基金、建设工程中心，等等。在这方面，发达国家和我们自己都有不少成功的经验，应该善于学习和借鉴。

（二）要做到人尽其才，才尽其用。这是一篇大文章。我国有一支很好的、很有水平的科技队伍，一千多万科技人员，五千多个独立的科研机构，这是我们的优势所在。要用好这支队伍，就必须进行体制的改革，克服科研机构与国营大中型企业同样普遍存在的弊端。现在这支队伍的作用还没有得到充分的发挥。不是科技人员不努力，不是他们不想努力，主要是体制上的许多问题阻碍着他们积极性的充分发挥。如何才能进一步发挥他们的积极性？这需要大家去摸索，大胆地试验，然后把大家的经验加以总结，成功的加以推广，还是“从群众中来，到群众中去”。科研机构的聘用制度、工资制度、人事制度都要改革，才能创造出人尽其才、才尽其用的环境和条件。这几年不少单位已经在这样做了。比如，通过政策的引导，从科研院所、高等院校中分流出一部分科技人员，专门从事科技成果的转化工作。这个经验是成功的，应该加以肯定。同时，要注意保留一支精干力量，从事基础性研究、高新技术研究和重大项目攻关，二者不可偏废。要引入竞争机制，竞争才能出人才、出成果、出效益。有些科研机构在分配制度上实行工效挂钩，但是有一个前提，就是这些单位首先应该成为自主经营、自负盈亏的经济实体，实行企业化管理。不能一方面工效挂钩，一方面接受财政拨款，按事业单位管理。

（三）增加科技投入。科技是需要投入的，人才的培养也要投入。科学实验，有成功，也有失败，是有风险的。重大的科技项目要投入相当的资金和力量。我国科技投入是不足的，这是现实，为了发展科技事业，从总体上讲，国家要增加科技投入。现在国家的分配格局已经发生了很大变化，财政收入在整个国民收入中的比重现在不到百分之二十。增加科技投入，出路在于形成多渠道、多层次的全社会投入的新机制，并且要注意投入的效果。随着经济的发展，国家要增加对科技的财政拨款，重点是支持基础建设、基础性研究和一些大型的科技攻关项目。地方政府可以拿出一定的财政收入搞科技。对一些有明显经济效益的项目或科技企业，可以采取集资的办法，多渠道筹集资金。解决科技投入，很重要的一个来源是依靠企业集团，因为企业集团具有较强的科技投入力量。在西方发达国家，石油、汽车、钢铁等大公司，自己都有强大的科研机构，直接为公司的发展提供科研成果。中国石化总公司今年要投入八亿元搞科技，这种做法很好。

刚才大家提出一个建议，能不能从销售收入中提取一定比例建立技术开发基金。搞活国营大中型企业的二十条政策措施中，有一条是可以从销售收入中提取百分之一用于技术开发，已经做了规定，现在的问题是落实。

农业也要依靠科技进步。刚才山东的同志讲得好，要搞高效农业。现在是产量上去了，效益没上去，虽然达到了吨粮田，但是成本很高。农业方面的科技投入，比如良种的实验和推广，节水性农业，以及综合实验基地等，国家和地方政府要予以支持。像水产、养殖、畜牧和经济作物，也可以从销售收入中提取一定比例建立技术开发基金。有的形成了农工商或贸工农一条龙的联合开发体，这些单位就有力量进行科技投入。总之，要动员全社会共同努力，通过多层次、多渠道筹集资金的办法，提高我国科技投入的总体水平。地方政府和一切经济部门都要真正把科技工作当作大事来办。没有科技的进步，就没有经济的持续增长，就没有现代化。真正牢固树立起这样的观念，积极性就有了，科技投入就来了。

第四，关于培养科技人才。

科技进步最关键的是人才问题。邓小平同志对人才的培养是十分关心的。社会主义现代化建设是亿万人民的伟大实践，有计划地培养和造就大批科技专门人才，并且充分发挥他们的聪明才智，是摆在我们面前一项极为重要的战略任务。这里我想强调两点。一是要注意培养科技成果转化方面的人才，造就一批新型企业家。办科技型企业，要有这样一种人才，他们不仅是科技人员，而且是企业家。这个问题已经提上我们的议事日程。二是要加强青年科技人才的培养。青年是国家的未来，是实现社会主义现代化的希望。当然我们要继续发挥现有科技人员包括老专家的作用，但是从根本上来说还是要靠青年，把希望寄托在年轻人身上。要大胆地培养和使用年轻的科技人员，为充分发挥他们的聪明才智创造条件，放手让大批具有新的知识结构的优秀青年科技人员进入关键技术岗位和管理岗位，使他们成为新技术革命的骨干和学术带头人。对于近年来到国外学习的科技人员，不管他们过去的政治态度如何，我们都热情地欢迎他们回来工作，参加祖国的社会主义现代化建设。有些科技人员在国外也并不都能人尽其才，为了谋生，有的不得不放弃自己的专业，从事一些低层次的工作，心情也不舒畅。祖国这么宏伟的建设事业，才是他们施展抱负的广阔天地。对于因种种原因留在海外的人员也欢迎他们回国进行学术交流、合作研究，参加科技成果商品化、产业化、国际化的工作。国家从政策上保障他们来去自由，往返方便。

目前，我们国家科技人员的待遇是比较低的。从国务院到各级政府，要随着经济的发展不断改善科技人员的工作条件和生活条件，还要有计划地实行对有贡献的科技人员给予奖励的制度。要随着工资制度的改革，普遍地提高科技人员的待遇，同时，对有较大贡献的科技人员给予各种形式的奖励，这件事中央在做，地方也在做，效果是好的。

第五，关于办好高新技术产业开发区。

高新科技是当代科技竞争和经济竞争的制高点。建立高新技术产业开发区，这是我们的一个创造。去年国家批准建立二十七个高新技术产业开发区，这是贯彻执行邓小平同志“发展高科技，实现产业化”思想的重要步骤。开发区的建立和发展，最重要的作用是将高新技术转化为现实生产力，实现产业化；有了经济效益，反过来又可以加强高新技术的研究和开发。在九十年代，要集中力量把高新技术产业开发区建设好，这个意义是非常深远的。各省市积极性都很高，安徽的同志说，我们不是沿海开放城市，也不是经济特区，但是合肥有高新技术产业开发区，可以利用这个渠道来发挥合肥科技人才比较集中的优势，促进安徽经济的发展，并作为对外开放的窗口。刚才沈阳的同志也讲了加强南湖开发区建设的经验。

目前，我国高新技术开发区的发展势头是很好的。开发区是新事物，新事要新办。要敢于试行新的机制、新的制度。在开发区内可以大胆地试行股份制，进行按劳分配的分配制度、人事制度、社会保障制度等方面的改革，及时总结经验。成功了，推广；失败了，继续探索前进。开发区的企业领导，既是科技人员，又是企业家，肩负着重要的历史使命。从事高新技术开发性工作的科技工作者要做坚持社会主义精神文明建设的模范，在实行和传播先进管理方式的同时，开创科学、文明、诚信和协作的经营新风。要讲职业道德，树立信誉，不能搞低档的甚至伪劣产品，砸自己的牌子。希望各部门、各条战线都关心、支持开发区的发展，希望科研单位、高等院校和大中型企业以各种形式参与开发区的建设，在这里干一番事业。国务院对于办好高新技术产业开发区，和办好经济特区、办好沿海开放城市一样重视，一样支持，希望真正办好，办出成果来。

依靠科技进步和提高劳动者素质来促进经济的发展*

（一九九二年三月二十日）

我们要认真贯彻邓小平同志提出的科学技术是第一生产力的指导思想，依靠科技进步和提高劳动者素质来促进经济的发展。必须坚持经济建设依靠科学技术，科技工作面向经济建设的方针，促进科技与经济有机结合。

企业技术进步要围绕提高经济效益，大力推广先进适用的科技成果。现在我国每年有省部级以上的重大科技成果几万项，其中国家级的重大科技成果数千项，当前的主要任务是认真做好科技成果的推广应用，尽快形成科学技术能够较快地转化为现实生产力的机制。要积极扩大电子技术的应用，改造传统产业，促进节能降耗，开发新产品，提高产品质量。

要推动农科教的结合，逐步建立起有利于农村科技进步、教育发展、农业振兴的机制。继续实施“星火计划”、“燎原计划”和“丰收计划”，并使之更好地结合起来，发挥综合效益。

为了实现现代化的宏伟目标，必须认真执行高新技术研究和发展计划，充分重视科研院所、高等学校和重点企业的

---

* 这是李鹏同志在七届全国人大五次会议上所作的政府工作报告的一部分。

作用，努力办好高新技术产业开发区，促进高新技术产业化。在高新科技领域，中国也要在世界上占有一席之地。这样人民高兴，国家实力也才能增强。必须继续加强基础性研究，增强科技实力与发展后劲。要增加科技投入，健全和完善保护知识产权的制度，发挥专利制度在发展科技事业和经济建设中的作用。

发展教育事业，提高全民族素质，是社会主义现代化建设的根本大计。要深化教育改革，适应改革开放和现代化建设的需要。要认真贯彻德智体全面发展的方针，不断提高教育质量。要在全社会形成尊师重教的良好风尚。继续重视和改进德育工作，对学生认真进行我国历史和国情教育，激发爱国主义热情，坚定建设有中国特色社会主义的信念。高等教育要稳定规模，优化结构，进一步面向经济建设。继续推广农村教育综合改革，搞好城市教育综合改革的试点。有步骤地改革中小学升学考试制度，以利于教育方针的贯彻。继续采取有效措施，进一步完善基础教育、职业技术教育、高等教育和成人教育体系。增加对教育的投入，改善办学条件。各级各类学校都要抓紧改革内部管理体制和分配制度，提高办学效益，充分调动广大教师的办学积极性。

充分发挥广大工人、农民和知识分子的积极性和创造性。社会主义现代化建设是亿万人民群众自己的创造性事业。我国经济建设和各项社会事业要有大的进步和发展，必须在各条战线上充分走群众路线，发挥人在生产力发展中的决定性作用，切实保障广大人民群众的主人翁地位，调动和发挥工人、农民、知识分子和其他劳动群众的主动精神和创造精神。各级政府要为知识分子创造必要的工作条件和生活条件，鼓励知识分子面向实际，深入工农，更好地发挥聪明才智。海外留学人员是国家的宝贵财富。不管过去的政治态度如何，我们都欢迎他们回来，参加社会主义现代化建设，报效祖国，回来后要妥善安排。继续大力宣传工农劳动模范、先进工作者和优秀知识分子的模范事迹，在全社会提倡无私奉献精神，进一步树立尊重知识、尊重人才的良好风尚。

加快科技体制改革步伐，加强高技术基础科学研究*

（一九九二年四月二十日）

中国科学院第六次学部委员大会，在我国加快改革开放步伐、集中精力把经济建设搞上去的新形势下召开，具有重要意义。我代表党中央和国务院，向大会表示热烈的祝贺，向你们，并通过你们，向为发展我国科学技术事业而勤奋工作的广大科技工作者，表示亲切的慰问！

新中国成立四十多年来，我们在一穷二白的基础上，建立起了一支实力雄厚和优秀的科技队伍，形成了比较完整的科学技术研究体系。广大科技工作人员，发扬自力更生、艰苦奋斗、努力拼搏的精神，同时也注意吸收国际上先进的技术和经验，解决了国民经济和国防建设中的许多重大科技课题，并在一些领域取得了突破性进展，跻身于世界先进行列。这对于推动我国经济发展，增强综合国力，发挥了非常重要的作用。实践充分证明，邓小平同志关于科学技术是第一生产力的科学论断，对于指导我国社会主义现代化建设，具有极其深远的意义。

党和政府对于科技在经济建设中的战略地位，一贯是重视的。特别是近十多年来，中央根据党的“一个中心，两个

---

* 这是李鹏同志在中国科学院第六次学部委员大会上的讲话。

基本点”的基本路线，制定了“经济建设必须依靠科学技术，科学技术工作必须面向经济建设”、“把经济建设转移到依靠科技进步和提高劳动者素质的轨道上来”的方针。各级政府和部门，各科研机构及大中型企业，均应根据国家总体改革和发展规划，制定出发展科技的具体部署。借此机会，我想谈以下几点意见。

首先，要加快和深化科技体制改革的步伐，以动员、吸引广大科技力量投入到发展社会主义生产力、发展国民经济的主战场。当前，我国经济和社会的发展形势很好，国际环境也有利于我们，具备深化改革和扩大开放的良好条件。特别是全国上下，通过学习小平同志讲话，解放思想，实事求是，行动积极。我们要不失时机地加快改革开放的步伐，紧紧抓住发展经济这个中心。各行业各部门，都要鼓实劲，抓落实，出成果，踏踏实实地工作，科技工作是来不得半点虚假的。现在，我们的大中型企业正面临着转变机制、调整结构、技术进步的任务，中心目的是提高效益、增强活力。可以说，这是在整个经济工作中的一场硬仗，而现代科技的推动作用，是一个决定性的因素。科技管理体制和运行机制的改革，不但应该有利于促进科学研究早出成果、快出成果，而且更应该有利于推动科研成果尽快转化为社会生产力。我们已经创办了二十七个高新技术产业开发区，农业战线创造了农科教相结合的经验，都已见到了良好的经济和社会效益。希望科技战线在实现科技成果商品化、产业化等方面继续下功夫，大胆试验，勇于创新，为经济发展作出贡献。同时也要在人口控制、环境保护、资源和能源的保护与合理开发利用、自然灾害监测与防御等方面作出新的贡献。

第二，组织精干力量，加强高技术研究和基础科学研究。当今世界，科学技术空前广泛地渗透到人类社会的各个领域。高科技领域的每一个突破，往往可以带动一批新产业的出现，对于国民经济产生巨大影响。我们的科技工作，要瞄准国际科学前沿去拼搏，起点要高，要有雄心壮志，在世界科学竞争中为国争光。要下决心造就一支精干的、敢于攻关、敢于攀登高峰的科技队伍。希望老科学家发挥指导作用，中年科学家发挥骨干作用，更要注意为优秀年轻人才提供良好的条件，鼓励他们在科研能力最旺盛的时期，做出成绩，脱颖而出。高技术研究和基础科学研究，离不开国际合作与交流，需要及时掌握世界科技信息，要吸收、借鉴最新技术，引进先进设备。

第三，充分发挥科学家的咨询作用，以保证重大决策的正确性。在加快经济建设的进程中，会有许多重要事情提上日程。每一项重要计划的制定，或者一项重大工程的决策，往往是一个复杂的系统工作。要做好它，单凭经验和热情是不够的，必须科学决策、民主决策，尤其需要科学家、专家和技术人员参加论证，听取他们的意见。各级政府和各个部门，凡属对国计民生有重大影响的决策，应向有关方面的科技人员进行认真咨询或组织论证，并逐步建立起相应的制度。

第四，欢迎海外学子，适时而归，投入祖国四化建设的行列。民族振兴、国家富强、人民幸福，是一百多年来多少仁人志士的愿望和为之奋斗的理想。现在，我国现代化建设事业的发展，为科技人员报效祖国提供了极好的机会。江泽民总书记在去年中国科协“四大”会上说：“九十年代将是科技工作者大展宏图的黄金时期”。我们希望广大科技人员，包括以各种方式出国留学的人员，发扬我国知识分子热爱祖国、乐于奉献的优良传统，积极投身到社会主义现代化建设事业的洪流中去，作出新的贡献。

第五，学部委员分布在国民经济各产业部门和国防、卫生、教育、科研等单位，我们希望各位学部委员在各自不同的岗位上发挥重要的作用：带头攀登科学高峰，不断有所创新，有所发现；保持和发扬优良学风，为全国科技界、知识界作出表率；不断发现和精心培养人才，使我国的科技事业兴旺发达，代代相传。

中国科学院学部委员在国内外学术界享有很高声誉。这次增选学部委员的工作受到国内外各方面的广泛关注，在全体学部委员的共同努力下，经过各方面的推荐和严格的选举程序，增选了一批新的学部委员。今后要继续做好增选学部委员工作，逐步做到制度化、规范化，把那些在科研工作中创造出重大成果的专家学者增选到学部委员行列中来，以体现党和政府以及全国人民对知识、人才的尊重。中国科学院的工作是有成绩的，对国家和人民是作出了卓越贡献的，希望你们继续努力，积极探索，进一步做好学部工作。学部还要加强与高等院校和其他科研单位的合作，为国家经济建设、社会发展和科技进步作出新的贡献。

同志们！

中华民族曾在人类文明史上写下了光辉的一页。今天，我们有邓小平同志倡导的有中国特色的社会主义理论的指导，有改革开放以来的丰富经验，有人民群众蕴藏着的巨大积极性，我们相信，中华民族将会不断为人类文明史谱写出新的篇章。让我们在以江泽民同志为核心的党中央领导下，同心同德，艰苦奋斗，在新的历史时期作出新的贡献，以实际行动迎接党的十四大召开。

发展高新技术，加快科技成果产业化*

（一九九二年五月十五日）

几年来，国务院已批准了二十七个国家级高新技术产业开发区。现在，全国各地高新技术产业的发展方兴未艾、前景喜人，这是贯彻改革开放政策的重要成果。

我们的实践表明，搞好高新技术产业开发区，有利于实现科技人才合理分流，充分发挥他们的作用，有利于改善他们的工作和生活条件，尤其重要的是，有利于促进科技研究成果产业化，促进向现实生产力的转化。

开发高新技术产业，必须面向国内、国外市场的需要。要坚持以市场为导向，努力开拓销售渠道，坚持走科工贸相结合的路子。

发展高新技术产业，最终目的是发展我国社会主义生产力，发展国家经济和综合国力，所以，高新技术产业的开发，一定要密切结合国内经济建设的需要。

为了开辟国内外市场，高新技术产业可以适当方式结成联合体，形成拳头，以发挥综合优势。

高新技术的开发，要与当前改革开放和发展相结合，充分利用国营大中型企业、军工企业、乡镇企业现有的人力、

* 这是李鹏同志考察北京市新技术产业开发试验区时讲话的要点。

物力、技术和设备的潜力，为高新技术加工服务。发展高新技术开发区，还是一件新事物，尚存在不少困难。国务院有关部门要抓紧落实已经给予高新技术开发区的优惠政策，支持并促进它们健康发展。

发展农业要靠科学技术*

（一九九二年六月五日）

今天同大家在这里见面，我感到很高兴。下面，我就同志们刚才谈到的问题，讲两点意见。

一、中国农业的发展要靠科学技术。

中国是个农业大国，十一亿人口要吃饭，农业是基础，农业的发展是国家稳定的重要因素。这一点，大家通过近几年来粮食不断增产和农、林、牧、副、渔各业的发展，对社会稳定、经济发展、人民生活改善的作用，看得很清楚，认识也是一致的。农业发展靠什么？我想还是那几句话，一靠政策，二靠科技，三靠投入。现在看来，投入也应是科技的投入。本世纪最后几年，我国农业要有一个大的发展，农业要迈上新台阶，实现以追求产品数量为主转向以高产、优质、高效并重的战略转变，关键是靠科学技术。因此，国家级的科研院所、科技工作者应当审时度势，抓住机遇，发挥自身的优势，实现科技与经济的结合，尽快进入国民经济主战场，使科技成果转化为生产力。我看在这方面，你们是可以大有作为的。

最近我国跟美国达成了保护知识产权协议，这样做虽然国内尚有争议，但不能不做，因为我们要改革开放，要进入

---

* 这是李鹏同志与中国科学院遗传研究所科研人员座谈时的讲话。

国际社会，就不能长期无偿使用国外的知识产权。中美保护知识产权协议中有一项就是农药和化工产品，其中棉花除草剂和抗棉铃虫品种又是我们购买的重点。假如你们能在最短的时间里，在抗棉铃虫生物抗体的研制上有所突破，培养一个品种来抗棉铃虫的话，贡献就很大了。希望你们继续努力，两三年之内拿出成果。有关的经费问题，请中国科学院向国务院报一个专项作为试点，国务院从专项资金中予以解决。

我曾经批过一个项目，是关于农田节水的。我国北方大都是旱区，那里的灌溉方式多是漫灌，浪费水太多。后来他们想出了一种很简单的办法，就是把渠道改成塑料软管，灌溉的时候，让水从管子里直接流到地里，结果一下子节水百分之三十，效果很好。另外，你们参与治理黄淮海平原的项目，就是所里培育的抗盐碱的种子，我也去看过，当然那又是另一套技术，要排水要植树，不过种子本身抗盐碱，也能高产。所以说农业的发展归根结底还是要靠科学技术。

我们今天在这里说的科学技术，是指基因工程、染色体这一套遗传工程。现在看来，农业生产仅仅高产还不够，比如普通的杂交早稻产量就很大，但是连农民都不愿吃，这样下去这个品种非退化不可，最终是要被淘汰的。因此，在高产的同时还要优质，并且能够抗自然灾害、稳产。目前有些地方有吨粮田，但是增产不增收，化肥投得很多，水用得很多，电也用得很多，这些因素加起来，成本当然很高，即使是吨粮田，经济效益也不好。所以，发展农业应当走高产、优质、高效的路子。

二、关于如何解决科研经费和科研人员生活条件问题。

如何解决科研经费和科研人员生活条件，这个问题比较复杂，几乎所有搞基础科学研究的科研单位都存在这个问题。这个问题如何解决，我们要很好地研究。一个办法是从机制上来解决。比如说，看能不能从保护知识产权的角度来解决这个问题。将来种子公司采用你们的技术专利，你就可以照章提成，等等。我想，有了政策比一次性给你钱强得多，因这样做可以激发科研工作者的积极性。有了钱以后，其他问题就迎刃而解了，房子可以盖得多一点，工资可以多发一点，出国的钱多一点，没有物质基础，干什么事都困难。第二个办法是通过其他渠道解决。比如说向国家自然基金会申请课题费；参加一些为地方服务的工作得到一定的报酬；另外就是从国家给予的一次性奖励中解决。

说到这里，有一个问题请科学院考虑一下，就是能不能到一定的时候，在科学院的范围内有所调剂，对比较清苦的单位予以扶持。

目前，科技人员的住房比较困难，解决起来矛盾也比较多。比如说，为了吸收留学的硕士生、博士生回国工作，我们建了一些留学回国人员住房。可是分配时，这些洋博士的老师的住房还没有解决，很难做到平衡。很明显，解决一个人、两个人的困难并不难，但要解决所有科研人员住房紧张问题就不那么简单了，就需要考虑整个政策怎么制定。去年国务院批给科学院三千万元，在科学院建了一批专门吸收留学人员的宿舍，今年又给了一笔，目的是想尝试通过集资的办法解决科研人员住房紧张问题。留学人员从国外回来，可能积蓄了一点钱，回国以后，他们自己出一部分，国家再补贴一部分，这样两方面努力，就可以部分解决这个问题。

总之，大家应该看到这一点：我们的改革开放正在深化和扩大，祖国将更加繁荣和进步。大家应当透过目前的困难，看到光明的前途，相信眼前的困难是可以逐步改善的。

高等教育要为现代化建设培养更多“四有”人才*

（一九九二年六月三十日）

高等教育战线肩负着培养人才的重要任务。现在，大家正在学习和贯彻邓小平同志的重要谈话和中央政治局全体会议精神，努力加快改革开放步伐，力争经济更快更好地上一个新台阶。高等教育战线同样需要加快改革。国家希望高等学校培养出更多的四化建设需要的人才。我们的教育方针是德智体全面发展，思想政治工作非常重要。我们培养出的人才应该是有理想、有道德、有文化、有纪律的。

我们党的基本路线是以经济建设为中心，一手抓加快改革开放，一手抓坚持四项基本原则。对于高等学校来说，这方面的教育不能有丝毫放松。这几年，大家做了很多工作，有很大成绩。随着国内形势的变化，广大师生思想水平有了明显提高。希望大家抓住这个有利时机，继续深入地做好改革和教育工作。

---

* 这是李鹏同志会见全国高等学校党的建设工作会议代表时讲话的要点。

致中国农业科学院的信

（一九九二年七月十五日）

中国农业科学院：

我在巴西出席联合国环境与发展大会期间，巴西政府送给我一批农作物良种。回国后，经有关部门检疫，符合我国植物进口检疫要求。现将这批种子赠送给你院。

“科学技术是第一生产力”，发展农业科技是九十年代我国农业跨上新台阶的重要措施。在农业生产中，优良品种的推广和应用对农作物的增产起着关键作用，巴西农业科技有许多可供借鉴之处。请你们组织力量，结合中国实际条件进行试种，精心培育，作为中巴友谊的象征，希望在培育我国新品种中发挥作用，以促进我国农业与世界农业的交流与合作。

李　鹏

一九九二年七月十日

搞好科技领域的对外开放*

（一九九二年十月三十一日）

中国近年来在科学技术方面取得了一些进展，但与科技发达的国家相比仍有一定差距。科学技术现代化是中国的奋斗目标之一。随着经济的发展，中国政府将对科学技术的研究与开发给予更多的支持。

从根本上来说，农业的发展、企业经济效益的提高和经济实力的增强都要依靠科技的进步。随着社会主义市场经济体制的建立，科技领域引进了竞争机制，这将为科技的进一步发展创造条件。

科技成果是人类的共同财富。中国实行对外开放政策，其中一个优先课题就是搞好科技领域的对外开放。中国重视同其他国家在基础科学研究方面的合作，这次研讨会就此进行讨论是很有益的。

* 这是李鹏同志会见出席科学基金制完善与发展国际讨论会的二十三个国家和地区的科研资助机构、科学基金会和科学院领导人及高级专家学者时讲话的要点。

积极走向国际宇航市场*

（一九九二年十二月二十七日）

新中国成立以来，我国航天事业发扬自力更生、大力协同的精神，取得了举世瞩目的成就。最近我国又运用“长征二号”火箭发射澳星〔1〕，送入预定轨道，实现了我国航天事业走向国际市场。这是鼓舞全国各族人民加快改革开放和经济建设，进一步振奋精神、为国争光的大喜事。

我代表党中央、国务院、中央军委，向为我国航天事业作出卓越贡献的有功人员，向所有参加研制、生产、发射和测控的工程技术人员、解放军指战员以及从事勤务保障工作的同志们，向所有参与协作的地方和部门的同志们，表示热烈的祝贺！并致以诚挚的谢意和亲切的问候！

党感谢你们，祖国感谢你们，人民感谢你们！

从原子弹、氢弹的爆炸，到“银河-Ⅱ”巨型计算机的诞生，从第一颗“东方红”卫星飞向太空，到大推力运载火箭的成功，同志们都以无比的创造才能和大无畏牺牲奋斗精神，创造出辉煌的业绩。事实充分证明，我国航天战线和整个国防科技战线这支队伍，是一支经得起种种考验的队伍，是一支思想素质好、技术水平高、能打硬仗的好队伍。这是我们党和祖国的骄傲，是中华民族的骄傲。希望你们坚持党

---

* 这是李鹏同志会见澳星发射有功人员代表时的讲话。

的基本路线，认真贯彻党的十四大精神，继续发扬自力更生、艰苦奋斗、大力协同的优良传统，戒骄戒躁，谦虚谨慎，为建设有中国特色社会主义，做出更大的成绩，争取更大的光荣！

注　释

〔1〕一九八八年十一月一日，中国长城工业总公司与美国休斯公司正式签署了卫星发射服务合同，由长城公司发射两颗美国休斯公司为澳大利亚奥赛特公司制造的大容量商业通信卫星。这两颗卫星即澳星。一九九二年八月十四日和十二月二十一日，在西昌卫星发射中心，中国两次成功发射“长征二号 E”捆绑式运载火箭，将两颗澳星送入太空，圆满完成了为澳大利亚发射两颗通信卫星的合同。这标志着我国对外承揽卫星发射任务胜利地迈出了第一步，表明我国的航天发射能力进入了一个新的发展阶段。

在中国全民教育国家级大会开幕式上的致辞

（一九九三年三月一日）

尊敬的总干事马约尔先生，

尊敬的执行主任格兰特先生，

女士们，先生们，同志们：

为总结和部署我国普及初等教育和扫除文盲的工作，配合今年九月即将召开的“国际全民教育大会”，中国政府决定召开这次国家级会议。我代表中国政府，并以我个人的名义，热烈欢迎马约尔总干事、格兰特执行主任和各国的朋友们光临这次会议并在我国进行参观考察。

发展教育事业是关系到国家富强、人类文明和社会进步的根本大计。基础教育是整个教育的奠基工程。中国政府历来十分重视发展教育事业。最近，我们党召开的十四大再次强调要把教育摆在优先发展的战略地位，制定了到二〇〇〇年中国教育改革和发展的目标、方针和政策，指出“科技进步、经济繁荣和社会发展，从根本上说取决于提高劳动者的素质、培养大批人才”，重申要大力加强基础教育。建国四十年特别是改革开放的十四年来，在各级政府和全社会的共同努力下，我国各级各类教育都获得了不同程度的发展和提高，普及初等教育和扫除文盲取得重大进展，职业技术教育规模迅速扩大，成人教育和岗位培训得到前所未有的发展，高等教育已建立起层次、科类比较齐全的体系，培养了大批合格人才。

中国是世界上人口最多的国家，我们深知，在推进世界全民教育目标中，我国承担着重大的责任，面临着巨大的挑战。

九十年代的最后八年是实现我国经济和社会发展战略目标的关键时期，也是完成普及九年义务教育和扫盲任务的决定性阶段。要继续坚持并不断完善基础教育实行地方负责、分级管理的体制；要继续坚持并不断完善以国家拨款为主、多渠道筹措教育经费的投资体制；要继续坚持并不断完善各级教育督导制度；各级政府特别是县、乡两级政府，要继续把发展教育同发展农村经济与推广科技成果结合起来，统筹安排；在教育内部，要把基础教育同职业教育与成人教育结合起来，统筹安排，使之相互促进，共同提高。

中国人口的百分之八十在农村，普及九年义务教育和扫除文盲的重点和难点都在农村。我国农村地域辽阔，发展又很不平衡，要分区规划，分类指导。经济上比较富裕的地区要尽早普及九年义务教育，对比较困难的边远地区，中央和地方都要采取扶持政策和特殊措施，争取到本世纪末基本普及初等教育，基本扫除青壮年文盲。

民族振兴的希望在教育，教育振兴的希望在教师。造就一支质量合格、数量足够的师资队伍，是摆在各级政府面前的一项重大战略任务。要继续办好师范教育和从中央到地方的各级教师培训基地，采取有力措施，切实提高教师的待遇和地位，在全社会造成尊师重教的良好风尚，真正使教师成为人们羡慕的职业！

发展教育事业要继续坚持改革开放的方针，要借鉴和学习世界上一切有益的经验，争取一切可能的支持。十多年来，我国与联合国教科文组织、儿童基金会、开发计划署和世界银行等国际组织和许多国家进行了成功的合作，为促进我国教育事业的发展取得了良好的效果。在这里，我代表中国政府表示衷心的感谢！并真诚地希望这种交流与合作日益扩大和加强。

尊敬的女士们，先生们，同志们！

实现人人受到必要教育的宏伟目标，是一项功在当代、利在千秋的伟业。正在加快改革开放和现代化建设的中国政府和人民，将把握当前有利时机，积极发展教育事业，承担与我国发展水平相适应的国际责任和义务，并愿与国际组织和世界各国尤其是发展中国家一道，为实现世界全民教育的目标作出积极贡献。

谢谢诸位。

大力发展科技事业，开创教育事业的新局面*

（一九九三年三月十五日）

大力发展科学技术事业。要继续贯彻科学技术是第一生产力的指导思想，提高全民族的科技意识。经济建设必须依靠科学技术，科学技术工作必须面向经济建设。科技发展要面向经济建设主战场，把应用技术研究、发展高新技术、加强基础性研究三个方面结合起来，统筹规划，合理配置力量，为经济发展作出更大的贡献。科学技术的开发与应用要重点解决发展高产优质高效农业、促进工业技术水平和产品质量提高、节能降耗和合理利用资源等经济建设中的迫切问题。高新技术研究要跟踪世界科技革命进程，有重点地赶超世界先进水平，组织重大课题攻关，搞好引进技术的消化、吸收和创新，切实办好高新技术开发区，加快产业化步伐。把电子信息等高新技术放到重要位置，提高投资强度，努力在各个领域广泛推广应用。基础科学研究是科学技术发展的先导，关系科技进步和社会经济发展的未来，要给予特殊扶持，稳定队伍，重点抓好一批国家级的研究机构和实验室。继续深化科技体制改革，开拓技术市场，鼓励有条件的科研单位与企业联合、参加企业集团或转变为科技型企业。

---

* 这是李鹏同志在八届全国人大一次会议上所作的政府工作报告的一部分。

开创教育事业的新局面。提高全民族素质是国家的根本大计。必须认真贯彻《中国教育改革和发展纲要》，把教育摆在优先发展的战略位置。坚持“教育必须为社会主义现代化建设服务，必须与生产劳动相结合，培养德、智、体全面发展的建设者和接班人”的方针。教育要从小抓起。今后五年，各级政府都要采取切实措施，大力加强基础教育，在实行义务制教育、扫除青壮年文盲方面取得明显进展。积极发展各具特色的职业教育和成人教育，使劳动者就业和上岗前受到合格的职业训练。高等教育要改革管理体制、教育结构、教学内容和教学方法，改革招生和毕业生就业制度，努力办好一批重点院校和学科。各级政府都要增加教育投入，多渠道筹集教育经费。积极探索建立以政府办学为主体、社会各界共同办学的新体制和多种办学模式。加强师资队伍建设，提高教师的政治素质和业务水平，提高教学质量和办学效益。

知识分子在现代化建设中具有特殊重要的作用。要在全社会进一步形成尊重知识、尊重人才的良好风尚，创造有利于充分发挥知识分子作用的社会环境。下决心采取重大政策和措施，积极改善知识分子的工作、学习和生活条件，解决知识分子收入偏低的问题。继续对有突出贡献的知识分子给予特殊津贴和奖励。改革人事管理制度，促进人才合理流动。加强知识产权保护，完善专利制度。鼓励知识分子面向实际，发扬奉献精神，在现代化建设事业中发挥自己的聪明才智。对出国留学人员实行支持留学、鼓励回国、来去自由的政策，欢迎他们采取多种方式参加祖国建设。

培养更多更好高层次专门人才*

（一九九三年九月二十五日）

我代表党中央、国务院对这次会议表示祝贺，并向辛勤耕耘在学位工作与研究生教育战线上的指导教师、管理工作者以及全体同志表示衷心的感谢。

自从一九八一年颁布学位条例和建立学位制度以来，经过十多年的努力，我们逐步形成了适应我国经济和社会发展需要的学位体系和研究生教育体系，培养出了博士一万多名，硕士二十三万多名。他们已成为我国科技战线上的骨干力量。现在可以说，我国立足国内培养高层次人才的能力已经形成。

所有这些成绩的取得，是与国务院学位委员会及其学科评议组成员以及教育战线上广大教师的努力分不开的。长期以来，同志们在比较困难的条件下，兢兢业业，任劳任怨，培养了大批科技人才和管理干部，为提高我国综合国力作出了可贵的贡献。

百年大计，教育为本。今年二月，党中央、国务院发布了《中国教育改革和发展纲要》，对九十年代我国教育的改革和发展作出了全面部署，研究生教育和学位工作也要按照

* 这是李鹏同志会见国务院学位委员会学科评议组第五次会议部分代表时讲话的要点。

《纲要》提出的各项要求，紧密围绕经济建设这一中心任务，通过深化改革，扩大开放，培养出数量更多、质量更好、学科结构更加合理的高层次专门人才，以适应发展社会主义市场经济和建设两个文明的需要。

希望各级政府和部门要更加注意发挥高层次人才的作用，为他们创造必要的工作和生活条件。在当前国家财力有限的情况下，要选择重点，选择一些条件较好、管理制度比较健全的高等院校，使之成为我国高层次专门人才的培养基地。

加强地质领域国际交流合作，促进地质科学发展*

（一九九三年十月四日）

欣闻第三十届国际地质大会组织委员会成立大会今天正式召开，这是我国地质界期待已久的一件大事。请接受我对大会的衷心祝贺，预祝大会圆满成功。

国际地质大会具有百余年的悠久历史，规模宏大，是国际科学会议中一个高层次的国际学术组织。中国为第三十届国际地质大会在中国召开感到十分高兴，相信国际地质界的这一盛会将对加强世界各国在地质领域的合作与交流，对于我国扩大开放，促进社会主义现代化建设，都具有重要的意义。希望大会组委会及各工作委员会齐心协力，团结广大地学工作者，在各有关部门和地区的大力支持下，共同把这次国际地质大会筹备好，为地质科学和地质工作的进步和发展作出应有的贡献！

* 这是李鹏同志致第三十届国际地质大会组织委员会贺信的主要部分。

要靠科技教育解决我国农业问题*

（一九九三年十月二十一日）

小平同志指出，科学技术是第一生产力。解决我国农业问题的根本出路要靠科技、靠教育、靠实现农业的现代化。各级政府要采取有效措施，支持农业科研、教育和技术推广事业的发展。农业科技人员是科技、教育兴农的主要力量。在机构改革中，要充实和加强县乡农业科技服务组织。各级财政用于科技服务组织的事业费不但不能减少，还应逐步增加。允许农业科技服务队伍开发推广新技术，实行有偿服务，所得收入用于装备服务设施和改善科技人员的工作、生活条件。县乡科技服务机构不能撤，经费不能断，队伍不能散，这要作为推动农业科技进步的一项基本政策，长期稳定不变。要十分重视农村教育事业，农村教育的重点是普及义务教育，扫除青壮年文盲，大力发展职业技术教育和成人教育，把学文化与学农村所需的各种实用技术和经营管理技能结合起来，提高农村劳动者的科学文化素质，为发展农村经济培养更多的人才。农村教育事业费附加应列入农民百分之五的负担之内，予以保证。拖欠教师工资现象是不能允许的，各级政府在春节前必须保证解决，让教师过一个好年。有条件的地方，要鼓励富裕起来的农民投资兴办教育。

---

* 这是李鹏同志在中央农村工作会议上讲话的一部分。

优秀的技术工人是国家建设的中坚力量*

（一九九三年十一月二十六日）

党的十四届三中全会作出了关于建立社会主义市场经济体制若干问题的决定。到本世纪末，我国要建立社会主义市场经济体制，人民生活要达到小康水平。实现这两个目标，需要全国人民的共同奋斗。优秀的技术工人是国家建设的中坚力量和重要人才，社会主义现代化建设需要一批又一批的青年源源不断地加入技术工人队伍，掌握过硬本领，成为合格劳动者。令人欣喜的是，在首届中国青年奥林匹克技能竞赛中，许多不过二十来岁的青年，已经具备了相当高的技术水平，获得全国技术能手的光荣称号。我在此对你们取得的成绩表示热烈的祝贺。希望你们继续努力，为企业、为国家作出更大的贡献。

社会主义市场经济体制的建立和现代化的实现，最终取决于国民素质的提高和人才的培养。我们要建立现代企业制度，必须要有大量的与经济发展和现代社会生产相适应的科技人员、管理人员，有大量的技术精湛的劳动者。尊重知识，尊重人才，包括尊重技术精湛的劳动者。技术精湛的劳动者也是人才。

---

* 这是李鹏同志会见首届中国青年奥林匹克技能竞赛百名获奖选手和十五名杰出青年企业家时讲话的要点。

致中国科学院工作会议的贺信

（一九九四年一月二十九日）

光召[1]同志并转中国科学院工作会议全体代表：

中国科学院一九九四年工作会议是一次重要会议，开得很成功，我表示热烈的祝贺。

我们的国家，要实现社会主义现代化，从根本上来说，要依靠科学技术的进步。广大科学技术工作者，肩负着光荣而艰巨的历史使命。我衷心希望广大科技工作者，在这次会议以后，进一步发扬党的十四大和十四届三中全会精神，深化科技体制改革，根据世界科技发展趋势，结合我国的实际情况，不断推动科学技术的进步，为我国经济持续快速健康地发展，作出更大的贡献。

我国人民传统的节日——春节即将来临，我向你们，并通过你们向全国辛勤工作在科技战线的同志们，拜个早年。

祝大家新春愉快。

李　鹏

一九九四年一月二十九日

注　　释

〔1〕 光召，即周光召，时任中国科学院院长。

抓住机遇，加快发展航天事业*

（一九九四年二月十八日）

航天事业在我国国民经济建设和国防现代化建设中占有十分重要的地位。保持我国航天事业的发展势头，加速航天技术向国民经济建设的转移，是党中央、国务院、中央军委的一贯方针。你们肩负着十分光荣而艰巨的历史使命。在过去的三十多年中，你们通过自己的不懈努力，取得了巨大成就，为我国航天事业发展作出了贡献。我衷心希望，你们通过这次大会，进一步用小平同志建设有中国特色社会主义理论统一思想，转变观念，抓住机遇，深化改革，进一步贯彻党的十四大和十四届三中全会精神，按照“发展航天，加强民品，提高效益，走向世界”的发展思路，加速发展，适应社会主义市场经济的要求，全面完成国家交给的各项任务，为加强我国的国防实力，促进国民经济的发展，增强我国的综合国力作出新贡献。

* 这是李鹏同志致中国航天工业总公司第一次工作会议贺信的主要部分。

促进科技和经济的紧密结合，抓好教育改革和发展*

（一九九四年三月十日）

发展科技教育文化事业，加强社会主义精神文明建设，既是现代化建设的重要内容，也是改革开放和经济建设顺利进行的重要保证。我们在集中精力进行经济建设的同时，要十分重视这些领域的改革和发展。

促进科技和经济的紧密结合。科学技术是第一生产力，经济建设必须依靠科学技术，科学技术工作必须面向经济建设。今年要全面实施科技进步法，加大对科技的投入，办好高新技术产业开发区，促进科技成果向现实生产力的转化。要实行“稳住一头，放开一片”的方针，大力支持基础研究、应用研究和高新技术研究，鼓励科技开发机构同企业联合，积极走向市场，增强自身的发展活力。科技开发和应用，要紧紧围绕用先进技术装备国民经济各行各业，着重解决发展高产优质高效农业、企业技术改造、军工技术向民用领域转移，引进国外先进技术的消化、吸收和创新等迫切问题。要广泛开展群众性的技术革新和合理化建议活动。大力培育技术市场，发展技术中介组织，切实保护知识产权。集中力量办好现有的国家高新技术产业开发区，使之在推动技

---

* 这是李鹏同志在八届全国人大二次会议上所作的政府工作报告的一部分。

术进步、改造传统产业和发展新兴产业等方面发挥示范和辐射作用。今年要继续在基础研究和高新技术研究中，选出若干项能够对下世纪科技发展产生深远影响的课题，组织攻关。为了推动我国工程科学技术的发展，国务院决定成立中国工程院，筹备工作正在进行。

抓好教育改革和发展。现代化建设有赖于国民素质的提高和人才的培养。各级政府要有长远眼光和紧迫感，认真落实《中国教育改革和发展纲要》，把教育放在优先发展的战略地位。要加快教育改革步伐，切实增加教育投入，加强教育经费管理，促进教育事业的发展。各级政府宁可在别的方面节省一点，也要千方百计为教育办几件实事。教育改革要把重点放到调整教育结构、提高教学质量和经费使用效益上来。各类学校都要贯彻德智体全面发展的方针，加强和改善德育教育，重视国情教育、形势教育和优良传统教育，培养有理想、有道德、有文化、有纪律的新人。中小学教育是全民教育的基础。基本普及九年义务教育，基本扫除青壮年文盲，是九十年代一项重要任务，必须切实抓紧抓好。要重视做好农村适龄儿童入学的工作，努力降低辍学率。动员社会力量，继续实施“希望工程”。要采取切实措施，减轻学生过重的负担，改变学生学习只是为了应付考试的状况。要充分调动社会各界的积极性，利用广播电视等现代传播手段，大力发展职业教育、成人教育和各种社会教育，逐步做到“先培训再就业”、“先培训后上岗”，培养大量的专业人才和熟练劳动者。在有些地区，义务教育要适当增加职业教育的内容。高等教育要改革办学体制，积极稳妥地改革招生、收费和毕业生就业制度，调整学科结构，加强内部管理，重点建设一批院校和学科。认真执行教师法，充分发挥教师的作用，努力改善教师待遇，在全社会形成尊师重教的良好风尚。

积极创造人尽其才、人才辈出的环境和条件。逐步形成人才合理流动的机制，把积极培养人才和合理使用人才结合起来。继续改善知识分子的工作条件和生活条件，重视中青年知识分子的培养和使用。继续实行“支持留学、鼓励回国、来去自由”的政策，鼓励海外人才以多种方式为祖国服务。

积极推广农业科学技术，大力办好农村教育*

（一九九四年三月二十三日）

积极推广农业适用技术，加强农业科技队伍建设。当前主要是推广高产、优质、抗病虫害的优良品种，扭转某些农产品品种退化的趋势。如大豆，销路好，价格高，农民有生产积极性，但品种开始退化，不解决品种更新问题，就会影响生产。要抓好合理施肥和综合施肥，提高化肥利用率。大力提倡施用农家肥。推广节水灌溉、旱作技术和水稻旱育稀植、地膜覆盖技术。做好棉铃虫等病虫害防治工作。防治棉铃虫，去年有很好的经验，就是要早打、打小。这里，我要强调指出，推广秸秆过腹还田，发展养牛业，可以增加优质动物蛋白，改善食物结构，可以增加农家肥，节约化肥，改良土壤，是农民致富的一条有着广阔前景的路子。我国有丰富的秸秆资源，应充分利用。这方面，河北的三河县、河南的周口和南阳地区都有成功的经验。

推广农业科学技术，必须有稳定的科技队伍和必要的经费作保证。总的要求是，县乡农业技术推广机构要稳定，队伍要充实，手段要加强，经费要增加。对此，各级政府都要给予高度重视，切实帮助农业科技部门解决一些实际问题。

---

* 这是李鹏同志在中央农村工作会议上讲话的一部分。

我在政府工作报告中也谈到，要培养一大批用得上、留得住的农业技术人才，才能做好农业技术推广工作。

要大力办好农村教育，重视适龄儿童入学工作，努力降低辍学率。经济不发达地区，在义务教育的一定阶段，要适当增加农业科学技术和职业教育的内容，才能学有所用。实行农科教相结合。农村教育经费，包括财政预算、乡统筹提留以及乡镇企业产品税、增值税、营业税的教育费附加，必须足额征收，用于农村教育，严禁挪用。

贯彻科教兴农战略方针，发展高产优质高效农业*

（一九九四年三月）

科学技术是第一生产力，一旦被群众掌握，就会对推进生产和社会发展产生巨大作用。科学技术在促进农产品增加产量的诸因素中，我国目前只占三分之一，大大低于许多发达国家。今后农产品产量的增加，将主要依靠科技进步。要发展高产优质高效农业，把我国农业搞上去，就必须把科学技术放在十分重要的地位。要继续深入贯彻落实科教兴农的战略方针，把农业科研、教育和技术推广工作尽快地转移到以发展高产优质高效农业为主的轨道上来。把我国几千年来精耕细作的优良传统技术与现代高新技术应用到发展高产优质高效农业中去，鼓励科研单位和科技人员深入农业生产第一线，在发展农村商品经济的主战场，帮助广大农民实行科学种田、科学管理和科学经营。要充分发挥目前农民技术研究组织的作用，大力发展多种形式的农民职业技术教育，努力提高广大农民的科技文化素质，这是农业现代化的希望所在。

---

* 这是李鹏同志为《建设高产优质高效农业》一书所作的序言《发展高产优质高效农业》的一部分。

希望各条战线涌现出更多的发明创造*

（一九九四年五月十日）

邓小平同志说，科学技术是第一生产力。一个企业的兴旺发达，要靠科学技术进步，靠发明创造，一个国家要兴旺发达，增强国力，提高人民生活水平，实现四个现代化，也要靠科学技术进步。奖励优秀发明企业家是一件非常有意义的事情。你们是发明家，又是企业家。你们把科学技术成果转化为生产力，推出好的产品，适应市场需要，给企业创造好的经济效益，这是很值得提倡的。

发明有大、中、小等各种各样的发明。大的发明可以开创科学的新纪元，我国的基础科学和应用科学都有了一定基础，具有很大潜力，是大有可为的。小的发明，同样可以促进社会进步，方便群众，给社会带来效益。我们国家需要重大发明，攀登科学高峰。但是，在重视重大发明的同时，也要重视小的、实用性的发明。

希望各条战线上涌现出更多的发明、更多的创造，以促进祖国繁荣昌盛。

---

* 这是李鹏同志会见出席首届十名全国优秀发明企业家颁奖大会的优秀发明企业家时讲话的要点。

在中国工程院成立大会和中国科学院第七次院士大会上的讲话

（一九九四年六月三日）

各位院士，同志们：

首先，我代表党中央和国务院，热烈祝贺中国工程院的成立！热烈祝贺中国科学院第七次院士大会的召开！并且借此机会，向对我国科技事业作出突出贡献的两院全体院士，向全国科学技术工作者，表示亲切的慰问和崇高的敬意！

中国工程院的成立，是工程技术界的一件大事，对于我国的社会主义现代化建设具有重要意义。工程技术是人类应用科学理论改造和保护自然的实践结晶，在科技成果转化为现实生产力的过程中起着必不可少的重要作用。当代工程技术以前所未有的速度迅猛发展，在促进经济和社会发展中显示出巨大的威力。新中国成立以来，我国广大工程技术人员发扬爱国主义和艰苦奋斗精神，努力提高工程技术水平和设计、施工能力，建成了大批重大工程和基础设施，为促进经济建设和国防事业发展作出了卓越贡献。在建设实践中，我国的工程技术在某些领域形成了自己的特色和优势，成长起一大批优秀的工程技术人员。成立以工程技术界优秀专家为主体的中国工程院，对肯定工程技术界的业绩，提高工程技术界的社会地位，进一步调动工程技术人员的积极性，并发挥其整体优势，加速我国工程技术的发展，都将产生重要影响。中国工程院是工程技术界的最高荣誉性、咨询性学术机构，希望成立之后能够按照章程规定，在接受政府委托，对重大工程技术规划、计划和方案等提供咨询方面，在研究、讨论重大工程技术的发展问题并提出建议方面，在团结和带领全国工程技术界贯彻落实党和国家关于科技工作的方针政策方面，在开展国内外学术交流与合作方面，作出积极的贡献。

一九五五年成立的中国科学院学部，是国家在科学技术方面的最高咨询机构，为国家制订和实施重大的科技决策和科技规划，发挥了重要作用。为便于进行国际交流，体现其权威性和荣誉性，国务院决定，在中国工程院实行院士制度的同时，将原中国科学院学部委员改称为院士。这是符合国际科技界惯例的重要举措，也是全国科技界的强烈愿望和普遍呼声。作为中国科学院院士大会，这是第一次，但考虑到和过去学部委员制的继承关系，我们还是把这次大会称为中国科学院第七次院士大会。在这次院士大会上，还将选举产生中国科学院第一批外籍院士，这对我国科技领域的进一步对外开放，加强同国际科技界的交流与合作，促进我国科技事业的发展，将会产生积极的影响。

在社会主义现代化建设进程中，我们要始终不渝地贯彻邓小平同志关于“科学技术是第一生产力”的指导思想，坚持“经济建设必须依靠科学技术，科学技术工作必须面向经济建设”的方针，努力形成面向经济建设主战场、发展高新技术及其产业、加强基础性研究三个层次的合理布局。改革开放以来，我国科技战线在组织重大科技课题攻关，应用和推广科技成果，推动企业和农村的科技进步，开展高新技术研究，加强基础研究，以及重点工程项目建设等方面，取得了显著的成就。国家科学基金制度和专利制度的实行，高科技园区的建设，“八六三计划”、“星火计划”、科技兴农和科技扶贫计划的实施，科技成果的商品化和产业化，都取得了明显的进展。同经济体制改革相适应，科技体制改革也在逐步深入。科技体制改革的目标，是建立适应社会主义市场经济发展，符合科技自身发展规律，科技与经济密切结合的新型体制，促进科技进步，攀登科技高峰，以实现经济、科技和社会的综合协调发展。

当前，国际上以经济和科技实力为基础的综合国力较量日益激烈。我国的科学技术队伍，是国家实现现代化和迎接国际竞争挑战的一支十分重要的力量。中国科学院与中国工程院，作为中国科学技术界的两个最高学术机构，要携起手来，密切配合，为祖国的现代化事业作出更大的贡献。中国科学院与中国工程院的院士们，作为我国科学界和工程技术界的杰出代表和中坚力量，重任在肩，要团结合作，带领全国广大的科技工作者，发愤图强，积极进取，努力攀登科技高峰，赶超世界先进水平，为把我国建设成为伟大的社会主义强国，贡献自己的聪明才智。科学家和工程技术专家是我们国家不可多得的宝贵财富。我希望各级党政领导，都能在政治上、工作上和生活待遇上，爱护我们的科学家和工程技术专家，关心他们的工作和生活，为他们更好地发挥作用创造条件。

预祝大会圆满成功！

动员起来，为实施《中国教育改革和发展纲要》而努力*

（一九九四年六月十四日）

同志们：

这次会议，是改革开放以来党中央、国务院召开的第二次全国教育工作会议，也是我国教育发展史上的一次重要会议。这次会议的召开，对全面部署和动员实施《中国教育改革和发展纲要》，研究解决我国教育改革和发展中的重大问题，实现九十年代教育改革和发展的战略目标，促进我国的社会主义现代化建设，必将产生重大影响。

刚才江泽民总书记作了重要讲话，希望大家深入领会，认真贯彻。下面，我就全国教育工作讲几点具体意见。

一、目前教育工作的形势和任务

当前，我国改革开放和社会主义现代化建设事业进入了一个新的发展时期。我们要在九十年代实现第二步战略目标，必须坚持党的基本路线，深化改革，扩大开放，集中精力把经济建设搞上去。在加强物质文明建设的同时，要切实加强社会主义民主法制和精神文明建设，促进社会全面进

---

* 这是李鹏同志在全国教育工作会议上所作的报告。

步。经济建设和社会进步，从根本上讲，必须依靠科技和教育。适应建立社会主义市场经济体制的需要，面对二十一世纪的发展机会和挑战，必须进一步深化教育改革，加快教育事业的发展，提高全民族的素质，为实现我国国民经济和社会发展战略目标培养跨世纪的人才。这是摆在我们面前的一项紧迫任务。

党的十一届三中全会以来，在邓小平同志重视教育、尊重知识、尊重人才的思想指导下，全党全社会对教育的认识有了很大提高，教育工作取得重大成就。就全国来说，九年义务教育全面展开，小学入学率达到百分之九十八，初等教育基本普及；大城市和部分经济较发达地区基本普及了义务教育。职业教育迅速发展，中等职业技术学校在校学生已占高中阶段学生人数的百分之五十。成人教育成绩显著，众多职工参加了岗位培训，广大农民接受了各种形式的文化和技术教育。扫除文盲有明显进展，青壮年中的文盲率下降到百分之七左右。高等教育有很大发展，在校普通高校和成人高校本科和专科学生共四百三十九万人，硕士生八点九万人，博士生一点八万人。此外，还派出大批留学生，不少人已经学成归国。高等学校已经成为我国基础科学、高科技和应用科学研究的重要阵地。教育与科技、经济的结合日益密切，取得了相得益彰的效果。许多地方提出了“科教兴省”、“科教兴市”的方针，涌现出一大批改革和发展教育事业的先进地区和单位。广大的教师、教育工作者和社会各界人士，为发展教育事业作出了重要贡献。

必须清醒地看到，我国教育事业的发展还不适应现代化建设的需要，教育改革还滞后于建立社会主义市场经济体制的要求。一些地方和部门不同程度地存在着忽视教育，特别是忽视基础教育的现象，对教育改革缺乏紧迫感，教育优先发展的战略地位在实际工作中还没有完全落实。在改善办学条件和教师待遇等方面也做得不够，还存在不少困难和问题。一些地方中小学生特别是初中生辍学问题比较突出。各级党委和政府对此必须高度重视，在实际工作中认真研究解决。

教育是我国现代化建设的重要组成部分和战略重点。江泽民同志在党的十四大报告中指出："我们必须把教育摆在优先发展的战略地位，努力提高全民族的思想道德和科学文化水平，这是实现我国现代化的根本大计。"教育事业能否得到较快较好的发展，将直接影响到我国现代化战略目标能否顺利实现。党中央、国务院发布的《中国教育改革和发展纲要》，是我国教育事业发展的纲领性文件。为了实现《纲要》所确定的发展目标，必须重点做好以下几个方面的工作：

在本世纪末基本普及九年义务教育，基本扫除青壮年文盲。这是提高全民族素质的根本要求，也是今后一个时期我国教育事业发展的"重中之重"。要力争到本世纪末在百分之八十五左右人口的地区普及九年义务教育，使青壮年中的非文盲率达到百分之九十五左右。实现这个任务的难点在农村，特别是占人口百分之二十左右的边远和贫困地区。广大的农村地区要根据不同情况，因地制宜，实行"三教"统筹[1]，农科教相结合。应当把普及九年义务教育、扫除青壮年文盲和职业技能教育结合起来，作为脱贫致富的一项根本性措施，制定规划，分步实施。要重视少数民族教育事业，进一步做好对边远、贫困地区和少数民族教育事业的对口支援。重视发展幼儿教育，解决好女童入学问题。重视发展特殊教育。“希望工程”是一种有益的社会助学活动，所筹集资金应主要用于资助贫困儿童就读。

大力发展职业教育和成人教育。职业教育和成人教育是现代化教育的重要组成部分。大力发展职业教育和成人教育，是提高劳动者素质和振兴经济的必由之路，其重要性不仅为经济发达国家的经验所证明，也为我国这些年来的经验所证明。现在我国职工队伍的总体素质还不适应现代化建设的要求，必须十分重视办好各类职业学校和成人学校，积极开展多种层次的职业培训，使城乡新增劳动者受到必要的职业训练，使广大从业人员的文化素质、职业技能和职业道德得到普遍提高。要特别重视电视教育，提高电视教材的制作水平，这是一种花钱少效率高的办学方式。对函授教育、业余进修以及自学辅导等各种办学形式以及在职人员的继续教育，都要予以重视和支持。

以提高教育质量和办学效益为重点发展高等教育。高等学校是培养高级专门人才，发展高新科学技术的重要力量。高等教育要通过改革，走内涵发展为主的道路，使规模适当，结构合理，质量和效益明显提高。今后一个时期，适当扩大规模的重点是高等专科教育和高等职业教育，注重培养广大农村、中小型企业以及乡镇企业所需要的人才。大学本科教育要把重点放在提高教育质量上。面向二十一世纪，重点建设一百所左右的高等学校和一批重点学科点，即“二一一工程”，是一项国家重点建设项目，要分期分批地加以实施。通过这一计划的实施，推动高等教育改革和多种形式联合办学，促使高校布局和结构趋于合理，提高办学规模效益和教育质量。要充分发挥科研优势，发展同企业的结合，推进科研成果的产业化，特别是发展高新技术产业。

积极开展国际学术交流与合作。硕士生、博士生的培养基本上立足于国内。同时进一步做好派遣留学生的工作，对出国留学人员继续实行“支持留学，鼓励回国，来去自由”的政策，鼓励他们以多种形式为祖国服务。

二、深化教育改革，促进教育事业发展

社会主义市场经济体制的建立为教育的改革和发展提供了机遇和动力，同时也要求加快教育改革步伐，使教育与经济紧密结合起来，逐步建立起有中国特色的社会主义教育体制。在教育方面，我国的基本国情是发展中国家办大教育，这就要求我们在以政府办学为主体的前提下，积极鼓励社会各界多方筹集资金办学。同时要通过改革，把教育办成高质量和高效益的教育。加快教育改革步伐，重点是做好以下几个方面的工作：

调整教育结构，把提高劳动者素质、大力发展职业教育摆在突出的位置。从我国当前社会生产力水平出发，教育结构调整的方针是：以九年义务教育为基础，办好普通高中，大力发展初、中级职业教育和成人教育，适当发展高等专科教育和高等职业教育，努力提高高等院校本科教育的质量和水平。近年来，人们对职业教育的认识有了明显提高，但还没有达到应有的高度，在实际工作中也没有得到足够的重视。要克服轻视职业教育的陈旧观念。必须明确，在相当一

个时期内，我国教育工作的一项十分重要而紧迫的任务，是在普及九年义务教育的基础上，大力发展职业教育。这是符合我国国情的培养大量应用性人才的一条根本出路。各级政府都要结合当地的资源条件和产业优势，因地制宜地办好各类职业学校或职业培训中心。要根据初、中级专门人才的需求情况和基础教育的普及程度，有计划地实行小学后、初中后、高中后三级分流。小学后的分流，主要是在九年义务教育尚未普及的地区进行，相应发展初级职业教育。有的地区，九年义务教育中也可以根据实际需要，适当增加一些职业教育的课程。初中后的分流是开展职业教育的重点，要逐步做到初中毕业生的百分之五十至百分之七十进入中级职业学校或职业培训中心。高中后的分流，即高中毕业生除进入普通高等学校外，都能逐步接受多种形式的职业培训或进入高等职业学校。接受过各级各类职业教育的毕业生，根据本人的意愿、条件和可能，都允许接受更高层次的教育，获得继续深造的机会。通过上述结构调整，逐步形成初等、中等、高等普通教育和职业教育共同发展、相互衔接、比例合理的教育体系。职业学校的招生要逐步规范化，克服高、初中毕业生交叉报考各种职业学校的混乱现象，提高教育质量。在全社会实行学历文凭和职业资格证书并重的制度。国家教委和地方教育行政部门，对职业教育和成人教育负有统筹、协调和宏观管理的责任。以进行学历教育为主的各级各类职业学校和成人学校，原则上由各级教育部门进行管理。在职的岗位培训工作，原则上由各级劳动、人事部门和有关业务部门进行管理。职业学校的培养目标应以各行各业熟练劳动者和社会需要的各类技术人员、管理人员为主，当前要特别注意培养发展社会主义市场经济迫切需要的财税、金融、工商管理等各类应用学科的人才。企业的岗位培训要法制化。新招职工上岗前必须经过培训，取得合格资格才能上岗。

改革办学体制。过去由政府包揽的办学体制，在当时的历史条件下曾经起过积极作用，现在已经不能适应发展社会主义市场经济的要求，不能满足社会日益增长的需要，也不利于调动社会各方面力量办学的积极性。近年来，由政府包揽办学的格局已经开始打破。今后，要把这项改革进一步引向深入，逐步建立以政府办学为主体、社会各界多方筹集资金办学的体制。基础教育特别是义务教育主要由政府来办，同时鼓励企事业单位和其他社会力量按照国家法律和政策，采取多种形式办学，有条件的地方也可以采取“民办公助”、“公办民助”等办学形式。职业教育和成人教育应在政府的管理下，主要依靠行业、企事业单位、社会团体举办，或者由社会各方面和公民个人联合举办，政府给予适当资助和扶持。职业学校要走教育和产业相结合的路子，增强学校自身发展的能力。高等教育实行以政府办学为主、社会积极参与、各方面联合办学的体制。某些高等学校可以试行以学生缴费、社会集资为主，国家补助为辅的办学模式。社会各界办学应以职业学校为主。企业举办的中小学应继续办好，有条件的地方在政府统筹下也可以逐步交给社会来办。欢迎境外机构和个人按照我国法律和教育法规，来华捐资办学或合作办学。

改革教育管理体制。要按照各级各类教育的特点，理顺政府、社会和学校的关系，建立科学的管理体制。基础教育自一九八五年实行地方负责、分级管理以来，增强了地方各级政府的责任，调动了社会各方办学的积极性，改革方向是对的。但是，一些地方将农村管理基础教育的责任层层下放到乡、村，由此带来经费筹措和教育管理上的某些困难，这也是近两年来出现拖欠农村中小学教师工资问题的一个原因。要进一步明确中央和省、地、县、乡管理基础教育的责任，对县、乡分级管理作出相应的调整。农村基础教育，除少数经济比较发达的地区可以实行县、乡两级管理外，多数地区应该责任主要在县。在学校经费无法保证的贫困地区，教育经费的统筹管理权要放在县级政府，县以上各级政府要设立专项基金支持这些地区义务教育的实施。教育管理体制改革的难点和重点在高等教育。现行的高等教育管理体制，基本上是五十年代初院系调整时按大区和按行业为主布局的。后来各省因发展地方经济的需要又办了不少院校，其中相当一部分与中央部委所属院校性质雷同。随着部门管理职能的转变，部门办学的管理体制也应逐步改变。今后，高等教育要逐步实行中央和省、自治区、直辖市两级办学、两级管理，以省级为主的办学与管理体制。中央部委所属高校要扩大服务面和专业面，拓宽经费来源渠道，面向社会自主办学。中央行业主管部门除继续办好少量行业特点明显、有特殊需要的高等学校外，多数中央部委所属高等院校要逐步下放给省级政府领导，或实行中央部委和省级政府多种形式的联合办学。加强省级政府对所在地区高校的协调、统筹和领导的责任。要打破条块分割和“小而全”的状况，逐步减少单科性院校，对校、院、系、学科或专业进行调整、联合、合并，充分发挥现有师资和设备等方面的潜力，提高教学质量和办学效益。这项改革牵动面比较大，要通过试点，总结经验，逐步展开，不要一哄而起，搞形式主义。高校数量不宜再增加，应集中人力、财力、物力，办好现有大学。要深化高等学校内部管理体制的改革，增强学校办学活力。要合理调整系科、专业和课程设置，拓宽专业基础和知识面，逐步实行“学分制”，在确定必修课的同时设立和增加选修课，扩展学生知识视野，激发学生学习的主动性和创造性，增强他们适应社会实践需要和进一步学习、研究的能力。

改革普通高等学校、中等及中等以上各类职业学校招生、收费和毕业生就业制度。高等学校和中等专业学校、技工学校的招生，现在实行的是国家任务与调节性计划相结合的体制。在劳动力市场逐步完善、全面实行上学缴费制度后，国家教育行政主管部门的主要任务，是调控招生总规模和结构，管好学历文凭，参与制定和监督教育经费使用，监督教学质量和教育行政法规的贯彻执行。普通高等教育、普通高中、中等及中等以上职业教育属于非义务教育，实行缴费上学是世界许多国家通行的做法。从我国已经试行的学校看，都取得了比较好的效果，已经逐步为社会所接受。收费的标准，要按培养成本的一定比例确定，也要考虑社会和学生家长的承受能力。在建立收费制度的同时，要有相应的配套措施。收费主要是为了转换机制，调动学生学习的积极性，而不是减少教育经费的财政拨款。对家境困难的学生设立贷学金，发放面可以适当宽一点；对品学兼优的学生设立奖学金，奖学金的发放面可以小一点，数额应该大一些。需要毕业生的部门、地区或单位可以出资设立定向奖学金，但在招生时不得降低录取标准，毕业后要按合同规定到定向的部门、地区或单位工作。对一些国家特殊需要的专业实行特殊优惠政策。缴费上学制度在试行阶段，实行“老生老办法、新生新办法”。条件成熟后，毕业生除少量按合同就业外，其余的在国家政策指导下自主择业。改革方案要周密制定，加强宣传和思想工作，处理好改革、发展和稳定之间的关系。

三、加强和改进学校德育工作，努力提高教育质量

教育质量是教育事业发展的生命力所在。各级各类学校都要认真贯彻“教育必须为社会主义现代化建设服务，必须与生产劳动相结合，培养德、智、体全面发展的建设者和接班人”的方针，把提高教育质量摆在突出的位置。

贯彻教育方针，提高教育质量，必须十分重视德育。现在，广大青少年学生总的思想倾向是好的，是积极向上的。他们把个人的命运和国家的发展联系在一起，为社会主义现代化事业而努力学习，这是主流。但也出现了新的“读书无用论”和拜金主义等错误思想，对青少年学生产生了不良影响。面对新的形势和要求，必须切实加强党的领导，加强和改进学校德育工作，积极探索新形势下德育工作的新思路。要用通俗易懂的方式向学生讲解马克思主义理论，进行毛泽东思想特别是邓小平同志建设有中国特色社会主义理论的教育，进行爱国主义、集体主义、社会主义思想教育，进行中国历史特别是近代史、现代史教育和国情教育，进行中华民族传统美德教育、革命传统教育和法制教育。要教育学生树

立科学的世界观、正确的人生观和高尚的道德情操，以及民族自尊、自信、自强的精神。帮助学生增强抵制剥削阶级腐朽思想和腐朽生活方式的能力，使中华民族传统美德和光荣革命传统能结合时代精神在青年一代身上发扬光大。德育要根据形势发展的要求和学生各个阶段身心发展的特点来进行。对中小学生，重点进行文明礼貌、遵纪守法、公民义务和基本道德规范教育。对高中生和大学生，要简明扼要地讲授马克思主义的基本观点，学习毛泽东同志的重要哲学著作，学习邓小平同志建设有中国特色社会主义的理论。中小学的美育（包括音乐、美术、劳作等）对全面提高学生素质、陶冶学生情操、培养全面发展人才具有重要作用，应该切实加强。各级领导干部要经常深入学校调查研究，与师生座谈，听取他们的意见，给他们做形势报告，进行生动而实际的国情教育。全社会都要关心和保护青少年的健康成长。广大教师和教育工作者要发扬敬业奉献精神，以身作则，为人师表。

必须下决心纠正长期存在的单纯应付考试的倾向。这种不良倾向使学校和学生忽视德育、体育，脱离实际，脱离社会，不注重素质的全面提高而一味应付考试。如果不认真解决这个问题，势必误人子弟，造成严重后果。要大胆吸收和借鉴当今世界先进的教育方法，认真总结我国成功的教育经验，坚决摒弃陈旧过时的、与现代教育不相适应的教育内容和方法。努力改变教育同社会和生产实践相脱离的状况，培养学生的进取精神、创造精神和适应社会需要的良好心理素质。加强教材建设，改革和完善考试方法和考试制度，切实减轻中小学生过重的课业负担，使青少年一代全面发展和茁壮成长。

四、各级党委和政府要进一步加强对教育工作的领导，努力为教育办实事

加强党和政府对教育工作的领导，是落实教育优先发展战略地位的根本保证。改革开放以来，各级党委和政府对教育的重视程度有了很大的提高。但是也要看到，在一些地方和部门，对教育重视不够的现象依然存在。邓小平同志曾尖锐地指出："忽视教育的领导者，是缺乏远见的、不成熟的领导者"。各级党委和政府的主要负责同志，都要用邓小平同志的教育思想衡量一下，看你那个地区或部门，教育优先发展的战略地位是否真正得到了落实。对于实现《纲要》提出的目标，必须有紧迫感。各级领导要从本地实际出发，加强对教育工作的全面统筹，把教育发展目标纳入社会发展的总体规划之中，并采取切实措施加以实现。要把重视教育、为教育办实事作为各级领导干部的任期目标责任和政绩考核的重要内容。各级政府要就教育发展和改革情况每年向同级人大作出报告，并接受社会各界的监督。

各级政府都要注意解决教育工作中以下几个方面的实际问题：

切实增加教育投入。改革开放以来，我国教育经费的总量有了一定的增加，但教育经费紧缺的状况依然存在，必须尽快改善。各级党委和政府要树立教育投资是战略性投资的观念，合理调整投资结构，在安排财政预算时，优先保证教育的需求，并切实做到《纲要》提出的"三个增长"[2]。

国家财政对教育的拨款，是教育经费来源的主渠道，必须予以保证。《纲要》提出，到本世纪末，国家财政性教育经费支出占国民生产总值的比重应达到百分之四，国务院有关部门要制定相应的政策措施，认真加以落实。关于各级财政支出中教育经费所占的比重，财政部要会同教委，根据财税体制改革后财政计算口径的变化，尽快提出中央财政和省财政中教育经费应占的比例，确保教育投入实际有较大的增长。

农村和城市教育费附加问题，已明确城乡教育费附加以新“三税”的百分之三为准。农村不缴纳“三税”[3]的乡镇企业、个体企业，缴纳教育费附加的办法要认真落实。农民负担的百分之五里面，已规定教育费附加占一点五至二个百分点，具体比例由各个地方规定。教育费附加是农村民办教师工资补贴和学校公用经费的主要来源，不能扣减，更不得挪用甚至取消。各地对此都要建立严格而有效的监督检查制度。

实施义务教育主要是政府的责任，各级政府要对义务教育的投入作出切实安排。为保证贫困地区实施义务教育，中央、省、地、县四级政府要设立专项经费。中央财政现有的扶助贫困地区义务教育专项经费要逐年增加。省、地、县财政预算也应作出相应的安排。

实施“二一一工程”，需要设立专项基金，各级政府和有关部门要作出统筹安排。今年中央财政将拨出专款，作为实施这一工程的启动资金，以后还要逐年增加。省级政府和有关部门也要相应地作出安排。

改革国家教育经费管理体制，实行教育经费预算单列，使教育事权和财权相统一。教育经费预算应由各级教育部门每年提出方案，由各级政府列入预算，批准后认真实施。从今年开始，国家统计局、国家教委要对教育经费支出情况分别统计并予以公布。

进一步完善多渠道筹措教育经费的体制。根据财税体制改革的新情况和当地实际需要，允许各省、自治区、直辖市政府开征用于教育的地方税费，但必须专款专用。根据人民群众的承受能力，适时调整义务教育阶段的杂费标准和非义务教育阶段的收费标准，各类学校不得以任何名目乱收费。国家支持学校开展勤工俭学，兴办校办产业，对包括各类职业学校在内的校办产业继续实行税收优惠政策。继续鼓励厂矿企业、社会力量以及境内外各界人士捐资助学和农村集资办学。城乡中小学危房改造和新建校舍要列入政府基建计划，农村教育集资审批权放在县一级，这部分集资款也主要用于义务教育的危房改造和新增校舍。教育方面除此之外的乱集资必须严格禁止，社会也不得向学校乱摊派。

为使用金融手段支持教育的发展，原则同意建立教育银行。

加强教师队伍建设，提高教师待遇。建设一支具有良好思想品德和业务素质的教师队伍，是教育事业发展的关键。依靠广大教职工，充分调动他们的积极性和创造性，是我们制定教育政策的一个基本出发点。改革开放以来，党和国家坚持尊师重教的方针，加强教师队伍建设，不断提高教师的社会地位和待遇，取得很大的成绩，但是还有许多不够的地方。现在要采取切实有力的政策措施，认真落实以下几件实事：

努力提高教师素质。认真办好各类师范教育，鼓励优秀学生报考师范学校，引导师范学校毕业生乐于从教。有计划地对教师进行培训，以提高其思想、业务素质和教学水平。

依法提高教师工资待遇。教师法规定教师的平均工资水平应当不低于或者高于国家公务员的平均工资水平的目标，各级人事、财政和教育部门应采取切实措施认真加以落实，并尽快到位。要建立有效机制，杜绝拖欠教师工资的现象，对侵犯教师合法权益和挪用教育经费的，要坚决依法追究责任。

加快改善教师住房条件。应把城市教师住宅建设纳入城市建设总体规划和建设计划，对教师采取优先和优惠政策，使城镇教职工家庭人均住房面积达到当地居民的平均水平。

切实解决教师尤其是农村教师看病就医的问题。教师的医疗要同当地国家公务员享受同等待遇。

妥善解决民办教师问题。我国农村中小学民办教师，为发展农村教育事业作出了重要贡献。各地政府要采取积极措施，改善民办教师待遇，逐步做到民办教师与公办教师同工同酬。合格的民办教师要逐步经过考核转为公办教师，不合格的要予以调整。有关部门要作出规划，分年度实施，争取在今后六七年内基本解决民办教师的问题。教师必须按照编制和资格聘用，不得以代课教师等名义增加教师编制。

大力表彰和奖励优秀教师。各级政府都要表彰和奖励优秀教师，让那些为教育事业作出优异成绩的教师和教育工作者，获得应有的精神和物质奖励。要继续通过多种途径，在全社会形成和发展尊师重教的良好风尚。进一步做好离退休教职工的工作。

加强教育法制建设。社会主义市场经济体制的建立和完善需要有完备的法制作保证，教育发展和改革目标的实现也有赖于法制的健全。改革开放以来，我国相继颁布了学位条例、义务教育法、教师法等一批重要的法律和行政法规。但是，教育立法工作还不能适应教育改革和发展的要求，无法可依、有法不依、执法不严的现象还比较普遍。今后，要加快教育立法步伐，尽快制定教育法、职业教育法、高等教育法以及教师法的配套法规。各地也要制定和完善地方教育法规，逐步形成适合我国国情的教育法规体系。各级政府要带头执法，也希望各级人大加强执法的检查和监督。

同志们！

实现《中国教育改革和发展纲要》提出的目标和任务，是一项伟大而光荣的使命，任重而道远。让我们在邓小平同志建设有中国特色社会主义理论和党的基本路线指引下，紧密地团结在以江泽民同志为核心的党中央周围，艰苦奋斗，少说空话，多干实事，坚定不移地实施《纲要》，努力把我国教育改革和发展推向一个新的阶段，为社会主义现代化建设作出更大的贡献！

注　释

〔1〕“三教”统筹，指县、乡两级政府分级统筹管理基础教育、职业技术教育、成人教育。

〔2〕这里所说的“三个增长”，指各级人民政府教育财政拨款的增长应当高于财政经常性收入的增长，并使按在校学生人数平均的教育费用逐步增长，保证教师工资和学生人均公用经费逐步增长。

〔3〕这里所说的新“三税”和“三税”，指产品税、增值税、营业税这三个税种。

为教育事业献身无上光荣*

（一九九四年九月九日）

一

明天是我国的教师节，也是我国的第十个教师节。借此机会，我代表党中央、国务院向在座的各位模范教师代表，向辛勤工作在教育战线上的全国广大教师和教育工作者致以节日的祝贺和亲切的慰问！

二

党的十一届三中全会以来，在邓小平同志重视教育、尊重知识、尊重人才的思想指导下，全党全社会对教育的认识有了很大的提高，九年义务教育已经全面展开，职业教育迅速发展，成人教育取得了显著成绩，高等教育有了长足的进步，高等学校已经成为我国科学研究的重要基地。教育领域的国际交流与合作不断扩大，是我国改革开放政策的重要组成部分。整个教育战线近年来的思想政治形势一直保持稳定，教育改革正在逐步展开和深化。应该说，我国教育事业的改革和发展取得了举世瞩目的成就，教育为国民素质的提

---

* 这是李鹏同志在全国模范教师代表座谈会上的讲话。

高、对国家的经济建设、科技进步和社会发展作出了重要的贡献。

当前，教育战线面临着进一步改革和发展的大好时机。去年二月，中共中央、国务院发布了《中国教育改革和发展纲要》，之后，全国人大常委会又通过并颁布了教师法。今年六月，党中央、国务院召开了改革开放以来的第二次全国教育工作会议，这是我国教育发展史上的一次重要会议。会议对《纲要》的组织实施工作进行了全面部署和动员，讨论、确定了九十年代教育改革和发展的战略目标，研究、明确了我国教育改革和发展中的重大问题。七月三日，国务院已下发了《关于中国教育改革和发展纲要的实施意见》。不久前，中共中央政治局常委会已讨论通过了关于进一步加强和改进学校德育工作的若干意见，并已正式下发。教育法草案即将报送全国人大常委会审议。目前，各地、各部门都在积极落实全国教育工作会议精神。我相信，只要认真贯彻落实这次全国教育工作会议精神，认真执行有关教育的法律法规和文件，认真依法治教，我国的教育事业一定会进一步得到较快、较好的发展，一定会探索出一条在经济还处在发展中的人口大国如何办好教育的成功之路。

三

我国的改革开放和现代化建设事业已进入了一个新的阶段，全国按照“抓住机遇，深化改革，扩大开放，促进发展，保持稳定”的二十字方针，各方面的工作都取得了可喜的成绩。今年以来一系列重大改革方案已经出台，国民经济继续向持续、快速、健康的方向发展，虽然工作中还存在不少的困难和问题，但总的形势是好的。在这里，我要强调指出的一点是，大家必须清醒地看到，我国加快改革和现代化建设步伐，特别是建立社会主义市场经济体制，既为教育的改革与发展提供了一个难得的机遇，也向教育工作提出了更高的标准和要求。当前，教育事业的发展还不适应现代化建设的需要，教育改革还滞后于建立社会主义市场经济体制的要求。教育优先发展的战略地位在一些地方和部门的实际工作中还没有完全落实，措施还不够有力，在教育改革和发展过程中还存在不少困难与问题。

党和政府一贯重视教育工作，在建设有中国特色社会主义的总体发展战略中，始终把教育作为关系社会主义现代化建设全局和社会主义历史命运的一个根本问题，始终把教育看成是我国现代化建设的重要组成部分和战略重点。各级党委、各级政府和教育行政部门都必须进一步提高思想认识，认真采取实际有力的措施，在行动上要切实抓紧抓好教育工作，全面贯彻教育方针，努力提高教育质量，认真地抓好《纲要》的实施，努力开创教育新局面。

四

建设好一支具有良好思想品德和业务素质的教师队伍，是教育事业发展的关键。尊重知识和人才、尊师重教，是我们党的一贯政策。这些年来，随着我国社会主义现代化和教育事业的发展，教师队伍在数量上不断增加，质量上也有了可喜的变化，工作和生活条件正在逐步改善，教师的社会地位也在逐步提高。全国的一千多万教师，为培养新中国的社会主义建设者，呕心沥血，无私奉献，不计辛劳，教书育人，忠诚于人民的教育事业，为我国教育事业的改革和发展，作出了重大的贡献。对此，党、政府和人民都决不会忘记。今后，各级党委和政府的主要领导，要带头尊师重教，亲自过问教师工作，确保教育投入的增加，加强教师队伍建设，努力提高教师素质，提高教师工资待遇，杜绝拖欠教师工资的现象，保障教师的合法权益，认真改善教师住房和看病就医等实际问题，抓紧解决民办教师问题。同时，也希望社会各界继续关心教育、关心教师，弘扬我们中华民族尊师重教的优良传统。为教育事业献身无上光荣，教师一定会真正成为全社会受人尊敬和爱戴的职业。

教师是人类灵魂的工程师。中华民族正处在历史上难得的发展时期，我们伟大的祖国欣欣向荣、气象万千，走向繁荣富强。在这种情况下，广大教师肩负着非常光荣而艰巨的任务。我们的教师不但要给学生传授知识，还要培养学生具有高尚的品德、科学的人生观，指导他们把自己的前途和国家命运紧密联系在一起，成为“四有”新人，成为对国家民族有用之人。希望广大教师和教育工作者继续发扬默默耕耘、开拓进取的精神，不断提高自身的思想和业务素质，教书育人，为人师表，在以江泽民同志为核心的党中央的领导下，为我国的社会主义现代化建设和教育事业作出新的贡献！

最后，祝在座的老师们身体健康！节日愉快！

提高国家公务员的素质*

（一九九四年九月二十一日）

国家行政学院是适应我国现代化建设和建立社会主义市场经济体制的要求组建的，是改革开放的产物，也是党中央、国务院为配合干部人事制度改革和推行国家公务员制度而实行的一项重要举措。因此，国家行政学院的成立是一件具有深远意义的大事。

国家行政学院将主要担负高、中级国家公务员的培训任务，是培养现代行政管理人才的重要基地，对于提高国家公务员的素质，造就一支以为人民服务为宗旨的、适应社会主义市场经济需要的、廉洁高效的国家公务员队伍，有着十分重要的地位和作用。

目前，我国社会主义现代化建设已进入了新的时期。在党的十四大和邓小平同志重要谈话精神指引下，国内政治稳定、经济发展、社会进步、民族团结，国际形势也为我们提供了加快发展的机遇。在这种形势下，政府工作还面临着许多新情况、新课题，有不少复杂的问题需要认真研究解决。现在，各级公务员迫切需要学习，需要培训，以增强在新的环境和条件下处理政府事务的知识和能力。国家行政学院应当在这项关系政权建设的基础性工程中发挥应有的作用。

---

* 这是李鹏同志在国家行政学院成立大会上讲话的要点。

要完成这一光荣而艰巨的任务，就要坚持以邓小平同志建设有中国特色社会主义理论为主线，围绕建立社会主义市场经济体制，重点开展经济管理、行政管理、领导方法和法制建设等方面的教学。各项教学活动都把理论原则同实际应用有机地结合起来，开拓创新、注重实效，实行开放办学，办出自己的特色。

要十分重视建立一支专兼结合、以兼为主、德才兼备的教师队伍，还可以请有关部委的负责同志来讲课，这不仅是对学院的支持，而且对于各部门的同志也是一个系统总结工作经验的机会。要在政治上、生活上、工作上多给教师们关心、爱护和支持，要树立尊师重教的良好风尚。学院的机构和人员配备要精干，后勤服务工作要尽量采取社会化管理的办法。

要搞好高中级公务员的培训，特别要注意选一些年轻、优秀的中层干部来校深造。学院同时还应选拔一些优秀的大学毕业生，采取在学院学习与到县以下政府机关挂职锻炼相结合的办法，为政府机关培养业务骨干和后备力量。学院不仅要培训人才，还要发现人才、推荐人才。

办好国家行政学院是一项崭新的事业，需要不断地进行探索和创造。要很好地继承和发扬我们党长期积累的培养教育干部的成功经验和优良传统，根据新的形势和任务大胆地开拓创新，并借鉴国外有益经验，在实践中闯出一条有中国特色的国家公务员培训的路子。

寄语炎黄子孙，共图兴国大业*

（一九九四年十二月二十日）

中华民族是一个了不起的民族，我们不但在发展自己国家方面，做出了举世瞩目的成就，创造了辉煌和灿烂的历史与文化；同时，一大批海外的炎黄子孙，也为人类与世界的文明发挥了聪明才智，作出了贡献。目前，生活在世界各地的华侨和华人已有几千万之多。他们和当地人民和睦相处，其中不乏卓有成就者，有的甚至成了世界知名人才。这批人，是我们炎黄子孙的骄傲，他们的事迹与精神，应当得到发扬和光大。积极调动海外华侨华人的力量，在支持他们为居住地、所在国作出贡献的同时，鼓励他们用各自不同方式参与国内的经济建设，这是我们国家的希望，也是广大海外华侨华人“心系故土，报效桑梓”的一种行动。

改革开放以来，我们国家向世界各国派出了十几万留学人员，他们当中有些人已经学成归国，在国内的一些重要科学研究领域中施展才华；同时，还有一大批学子正在海外继续完成学业。这是一支重要力量，各级政府应为他们的学习工作和生活提供方便条件。《中华英才》杂志在内容上向华侨、华人、港澳台同胞及留学生“倾斜”一些，介绍一些国

* 这是李鹏同志与《中华英才》总编辑谈话的主要部分。

外的杰出人物，这种做法我赞成。

对外宣传是一个重要的阵地，要扩大对外报道的渠道，我看《中华英才》在这方面有一定的能力和优势。希望你们抓住一切机会，利用一切渠道，多报道一些海外华侨、华人和留学生的学习工作和生活情况，反映他们的意见和要求，多介绍一些祖国建设的情况。

要通过媒体，使华侨、华人和留学人员感受到祖国的关怀和人民的期望。同时，也要向他们多介绍一些国内改革和建设的情况。我年轻时在苏联留学期间，就特别渴望尽可能多知道一点儿国内的事情。

我想每一位在海外生活的炎黄子孙，恐怕都有十分强烈的思念祖国之情。这种感情，是千百年来我们的民族在发展过程中形成的一种宝贵的精神财富，也是民族凝聚力的体现，是爱国主义的基础。

我接见海外同胞时，每次都能感受到那种热烈气氛，场面确实感人至深。没有海外生活经历的人，恐怕很难体会这种感情。有不少老华侨和华人，在海外生活了一辈子，最后要回到祖国，叶落归根。还有不少人，带上他们的后代，到祖国来寻宗问祖。这种至大至深的情怀，任何力量也割不断。我建议《中华英才》，可以开办一个栏目来探索这种感情世界的奥秘。

我请你通过《中华英才》，向广大海外华侨、华人、台港澳同胞、留学人员和一切炎黄子孙，转达我对他们的新年问候，并祝他们事业成功，工作顺利，生活愉快，身体健康，家庭幸福。同时也请你告诉他们，现在国内形势总的看来是很好的，一九九四年我国的经济建设和各项改革都取得了很大成绩。最近，中央刚刚召开了全国经济工作会议，一九九五年我们将继续坚持深化改革，扩大开放，保持稳定，促进发展的方针，争取取得更大的成绩。

依靠科技是农业发展的一条根本出路*

（一九九五年二月二十七日）

根据我国人多地少、农业资源有限的国情，依靠科技提高单产、增加总产，是农业发展的一条根本出路。经过几十年的艰苦努力，我国农业科技已经具备一定的基础和实力，为推动农业和农村经济发展起了很大作用。“八五”期间，农业科技在农业增长中所占份额已达到百分之三十五左右。但是，只相当于发达国家的一半。这种实际情况说明，我国农业依靠科技增长的潜力巨大。我们的目标是到本世纪末提高到百分之五十。

当务之急是加快对增产效果显著的先进和适用的科技成果的推广应用。加强对成功技术的推广，花钱不多，效果很好，能很快提高农产品产量和质量，节约和充分利用资源，减少生产成本。中央和各地都要因地制宜地排出一批推广项目，培训农民，大力推广。中央和地方都要拿出一些钱来增加推广经费，保证农业科技推广的实施。

加强农业科学技术研究、引进和储备。我们要赶上世界发达国家水平，必须走研究与引进相结合的路子。完全依靠

---

* 这是李鹏同志在中央农村工作会议上的讲话《增加粮棉生产，开创农村经济新局面》的一部分。

国内研究所需要的时间较长，跟不上世界先进水平，可以通过引进解决目前急需而国内缺乏的高新技术，在引进的基础上进一步开展国内研究，增加技术成果储备。有关部门提出，到本世纪末，花一亿美元，引进一千项农业先进技术。这个计划很好，这点钱值得花，我们也花得起，有关部门要给予支持。

发展科技教育事业，促进社会全面进步*

（一九九五年三月五日）

促进科技成果向现实生产力转化，充分发挥科学技术在社会经济发展中的作用。要坚持科学技术是第一生产力的指导思想，坚定不移地贯彻经济建设必须依靠科学技术，科学技术工作必须面向经济建设的方针。当务之急是努力创造条件，加速科技成果向现实生产力转化。要保护知识产权，培育技术市场。大力开发先进适用技术，办好高新技术产业开发区。加强基础研究，重视解决与社会经济发展密切相关的基础理论和基础技术问题。鼓励发明创造，广泛开展群众性的技术革新和合理化建议活动。要深化科技体制改革，按照“稳住一头，放开一片”的方针，加快科技系统的结构调整和人才合理分流，加强科研院所、高等院校和企业之间的协调与联合，解决科研机构重复和科技力量分散问题，努力提高效率。抓紧培养中青年科技骨干队伍，为长远发展准备后续力量。今年要召开全国科学技术大会，对科技工作进行全面部署。

深化教育改革，加快发展教育事业。认真实施《中国教育改革和发展纲要》，进一步落实教育优先发展的战略地位。

---

* 这是李鹏同志在八届全国人大三次会议上所作的政府工作报告的一部分。

切实抓好基础教育，特别是九年义务教育和扫除青壮年文盲的工作。义务教育要以政府财政投入为主，多渠道筹措资金。继续调整教育结构，逐步形成初等、中等、高等普通教育和职业教育的合理比例。大力发展职业教育，有计划地实行初中后、高中后的分流，目前还不能普及九年义务教育的地方，也要进行必要的职业教育。加强成人教育和职业培训，实行职业资格证书制度。高等教育实行中央和省级政府两级办学、两级管理的体制，通过调整、改革和联合共建，逐步过渡到以省级为主。继续办好一批重点大学和重点学科。鼓励社会力量办学，以调动各方面办学的积极性。从中央到地方，各级政府都要继续增加教育投入。各类学校都要充分利用现有条件，努力提高教学质量和办学效率，合理配置和有效利用教育资源。积极稳妥地推进高等学校、中等及中等以上各类职业学校招生、收费和毕业生就业制度的改革，建立和完善奖学金、贷学金制度。对家庭经济特别困难的学生要给予适当帮助，有条件的学校要组织勤工俭学。各类学校都要认真贯彻德、智、体全面发展的方针。加强和改进德育工作，家庭和社会要紧密配合，创造有利于青少年健康成长的环境。改革考试方法和考试制度，改变学生片面为应付考试而读书的现象，切实减轻中小学生过重的课业负担。要在全社会形成尊师重教的良好风尚，认真办好各级师范教育，进一步加强中青年教师队伍建设，改善教师工作条件和生活待遇，继续解决民办教师转正的问题。

设立基金，支持青年科学家追踪赶超*

（一九九五年四月十四日）

我们党和国家对青年科学家们寄予很大的希望，不管是我们国内培养的还是留学回国的科学家，大家都要共同奋斗，为振兴中国的科技事业贡献力量。

在科技发展上，国家不仅要考虑到当前，更要着眼于未来。设立国家杰出青年科学基金，就是为了给青年科学家们创造一个比较好的工作环境，以便发挥大家的才能。我国当前在农业、工业、资源和环境等领域都有很多重大课题，需要不断地组织科技攻关。基础科学既是基础也是先导，世界上不少前沿学科也需要中青年科学家们去追踪和赶超。

希望青年科学家们继续努力探索，在科研中取得更大的成绩，并在两个文明的建设中为全国青年学者做出榜样。

---

* 这是李鹏同志会见获得一九九四年度国家杰出青年科学基金的青年科学家时讲话的要点。

把握高技术发展的趋势*

（一九九五年四月）

科学技术是第一生产力，在经济和社会发展中发挥着日益显著的作用。二十世纪下半叶，以电子信息、生物、新材料、航天、新能源等为代表的高技术的重大突破及其产业的迅速崛起，带动了世界产业结构的调整和升级，促进了世界经济的发展，也引起了人们生产方式和消费结构的深刻变革。当今世界各国经济乃至综合国力的竞争，关键是科技实力的竞争，竞争的焦点是高技术及其产业。高技术及其产业的发展，代表了当今世界科技进步的主流，成为综合国力的一个重要标志。可以预见，下世纪高技术及其产业的发展将更加迅猛，并将给人类社会经济发展带来重大的影响。

高技术及其产业的发展在我国受到高度重视。一九八六年国家组织实施了高技术研究发展计划，即“八六三”计划，选择生物技术、航天技术、信息技术、激光技术、自动化技术、新能源技术和新材料技术等七个关键领域，组织精干科技队伍，跟踪世界高技术发展。经过近十年的努力，取得一批重要成果，为社会经济发展作出了贡献。这种努力，要按照既定计划坚持下去。

我们正处在世纪交替时期。今后十五年或者更长一些时

---

* 这是李鹏同志为《世纪之交：与高科技专家对话》一书所作的序言。

间，是我国现代化建设的重要时期，也是建立社会主义市场经济体制的关键时期。经过几十年的建设，我国经济特别是工业的总体规模已经不小，但技术水平和管理水平差，经济效益不高，不少方面还是粗放式经营，不能适应经济发展和国际市场竞争的需要。改变这种状况，归根到底要靠科学技术的力量。大力发展高技术及其产业，用高新技术改造传统产业，是加快产业结构调整、提高国民经济整体素质的重要措施，也是实现现代化战略目标的必然选择。抓好高技术及其产业就抓住了科技进步的龙头。我们要切实重视和支持高技术及其产业的发展，把握高技术的发展趋势，并把它摆在国民经济的优先位置，使之有一个较大的发展。

由五十多位科学家参与编写的《世纪之交：与高科技专家对话》，用通俗易懂的方式，向读者讲述了高技术及其发展趋势。这些科学家在普及高科技知识方面带了个好头。为了提高全民族的科学文化素质，需要大力加强高技术乃至一般科学技术知识的普及工作。各级领导干部更要努力学习科学技术知识。这就需要有大量的优秀科普读物。希望有更多的科学家和科技工作者重视和参与科学技术知识的普及工作，为提高全民族的科学文化素质作出贡献。

企业发展要依靠科技进步*

（一九九五年五月二日）

我国工业部门目前已经形成了比较完整的技术开发体系，特别是经过改革开放，工业企业技术开发工作取得了巨大的进步。今后，要注意尽快地把展品变成经济适用、性能良好的产品。企业要改变单纯依靠基本建设求发展的观念，而要更多地依靠科技进步，努力提高产品的质量、效益，增加花色品种，这是中国工业发展的重要出路。一个企业如果没有先进的技术和产品作后备，是没有出路的。

这次展览充分证明，大中型国有企业凡是搞得好的，重要的一条经验是靠技术进步。科技成果产业化的主体是大中型企业。产学研结合是一个重要的方向。要鼓励和支持有条件的大中型企业和企业集团建立技术中心。

---

* 这是李鹏同志参观第二届全国工业企业技术进步成就展览会时讲话的要点。

科教兴国战略是实现我国现代化的必由之路*

（一九九五年五月三日）

党中央、国务院决定于五月下旬召开全国科技大会，进一步明确新时期科技工作的大政方针和战略部署。为此，在广泛听取各地方、各部门以及科技界、经济界专家意见的基础上，起草了《中共中央、国务院关于加速科学技术进步的决定》。

今年是《中共中央关于科学技术体制改革的决定》发布十周年。十年来，我国科学技术有了很大进步，综合国力明显增强，认识也比过去更加深刻，经验更加丰富。在新的形势下，中央召开全国科技大会和发布这个《决定》，就是要抓住当前有利时机，把邓小平同志“科学技术是第一生产力”的思想真正变成国家战略，把国民经济和社会发展真正转移到依靠科技进步和提高劳动者素质的轨道上来，为实现社会主义现代化建设三步走的战略目标提供有力的保障。

科技靠人才，教育是培养人才的根本。要把科技、教育摆在经济和社会发展的重要位置，进一步加速科技成果向现实生产力的转化。《决定》提出的科教兴国战略，是落实邓

---

* 这是李鹏同志在中共中央征求各民主党派、全国工商联负责人和无党派人士对《中共中央、国务院关于加速科学技术进步的决定（修改稿）》意见座谈会上讲话的要点。

小平同志“科学技术是第一生产力”思想的重大举措，是建设有中国特色社会主义现代化事业的必由之路。这个战略的确立，必将极大地鼓舞广大科技工作者，必将进一步促进全国人民科技意识的提高，必将推动社会生产力产生新的飞跃。

必须坚定不移地深化科技体制改革。要正确处理基础科学与开发转化之间的关系。国家要发展，没有基础科学研究不行。要保持和稳住一支精干的高水平的科技队伍。同时，要逐步放开、搞活绝大多数技术开发机构，推动其进入市场，进入企业和企业集团，或选择适合自己的形式与经济结合，主要从事科技成果转化工作，走自负盈亏、自主发展的道路。

全社会各个方面都应重视加速科技进步工作。要努力加强企业科技进步工作，使企业真正成为技术开发的主体；要大力发展高技术产业；要加强农业方面的高技术研究和科技成果的推广工作；要进一步普及科技知识；要重视社会发展领域的科技进步，促进经济和社会的持续发展。

加速科技进步，实现国家富强*

（一九九五年五月二十六日）

这次会议是我国科学技术发展史上的一次重要的会议，对促进我国经济和社会发展将产生重大影响。刚才江泽民总书记作了重要讲话，希望大家深入领会，认真落实。下面，我就贯彻中共中央、国务院最近发布的《关于加速科学技术进步的决定》的问题，讲几点意见。

一、关于科技工作的形势和任务。

我国的科学技术事业，是在旧中国极其薄弱的基础上起步的。四十多年来，在老一辈革命家的领导和关怀下，经过广大科技工作者的艰苦努力，建立了比较完整的科技体系，培养了一支优秀的科技队伍，取得了丰硕的科技成果，解决了经济建设、国防建设和社会发展中一系列重大问题，有力地推动了社会主义建设，也为科技的进一步发展奠定了坚实的基础。特别是改革开放以来，在邓小平同志“科学技术是第一生产力”的思想指导下，贯彻经济建设必须依靠科学技术、科学技术工作必须面向经济建设的方针，科技工作进入了一个新的发展时期。围绕建立社会主义市场经济体制、促进科技与经济结合、加速科技成果转化这一核心，积极稳妥地进行了科技体制改革。在发展技术市场，改进科技拨款制

* 这是李鹏同志在全国科技大会上的讲话。

度，建立科学基金体系等方面，取得显著成效。全国大部分科技力量已进入经济建设主战场。过去单一封闭的科技体制已经打破，科技与经济脱节的状况大为改观。在改革的推动下，按照技术开发与推广、发展高技术及其产业、加强基础性研究这样三个层次的部署，实施了一系列科技发展计划和重点项目，建立了一批国家级实验室和研究中心，取得了一批重要的成果。在农业领域，通过培育新品种，推广杂交水稻、地膜覆盖、水稻旱育稀植等技术，促进了粮食产量的提高。在工业领域，解决了一批关键性、综合性技术难题，研制了一批成套先进技术装备，对工业技术改造和重大工程建设发挥了重要作用。在高技术方面，取得了同步卫星发射、大型程控交换机、高性能计算机、工业机器人、生物乙肝疫苗等重要成果。高新技术产业获得一定发展，高新技术产业开发区已初具规模。在科学研究与技术开发工作中，近年来每年都取得三万多项重大科技成果，批准专利三万余项。实践充分说明，科技体制改革和科学技术进步，已经为促进我国经济和社会发展，增强综合国力，提高人民生活水平作出了重要贡献。

科学技术是推动社会生产力发展的首要力量，也是人类文明的重要标志。在人类社会发展史上，科学技术的每一次重大突破，都会引发生产力的飞跃和人类社会生活的深刻变革。在我们实现社会主义现代化建设宏伟目标的整个进程中，科技工作者肩负着光荣而艰巨的任务。我国当前和今后的经济发展，比以往任何时候都要更加倚重于科技进步。我国国民经济经过这些年的快速增长，已经有了相当大的基础。为了在此基础上实现第二步战略目标，并且逐步实现第三步战略目标，必须坚定不移地依靠体制改革和科技进步。为了解决经济发展中的深层次矛盾，例如加强农业基础，优化产业结构，提高劳动生产率和经济效益，节约资源和实现可持续发展，都要依靠科技进步。从农业来看，我国每年人口增长一千三百多万，耕地面积还在减少，必须提高单位面积产量，发展高产优质高效农业，才能保证人民的基本需要。从工业来看，虽然我国已经建立了门类比较齐全的工业体系，但是产业结构不合理，经济效益不高，技术水平同发达国家相比还存在较大差距。只有依靠科技进步，加强科学管理，提高科技成果转化率和科技进步对经济增长的贡献率，才能解决这些问题，推动我国现代化建设的进程。

当今世界新的科技革命正在引起社会经济结构、生产方式和消费结构的重大变化，深刻地改变着世界的面貌。科技进步已经成为各国经济增长的主要推动力，成为国际经济竞争和综合国力较量的焦点。江泽民同志指出："振兴经济首先要振兴科技。只有坚定地推进科技进步，才能在激烈的竞争中取得主动。"这次中共中央、国务院发布的《关于加速科学技术进步的决定》，是全面落实邓小平同志"科学技术是第一生产力"指导思想的重要战略措施，是推动我国科技进步的纲领性文件。《决定》中一个要点，就是明确提出了科教兴国战略，这对实现我国现代化和中华民族的振兴有着十分重要的意义。我们要在全党、全国人民中牢固地树立起科教兴国的意识。提高全民族的科学文化素质，大力加强科技工作，推动科技进步，把经济建设转移到依靠科技进步和提高劳动者素质的轨道上来，促进国民经济持续、快速、健康发展。这绝不仅是科技工作者的事情，而且是全党、全国人民的共同任务。

二、加速科技成果转化，提高经济增长质量。

提高经济增长质量是我国当前经济发展中迫切需要解决的问题。经过几十年的社会主义建设，我国经济的总体规模，特别是工业规模已经不小，但在不少方面至今还是粗放式的生产经营。某些反映经济增长质量的指标，不仅低于发达国家，也低于一些发展中国家。在我国人均资源相对不足、就业压力增大，同时又面临激烈国际竞争的条件下，如果不坚决改变这种状况，经济的进一步发展就会遇到很大困难。解决这些问题，归根到底要靠科技的力量。现在，我国每年都有数以万计的科技成果问世，但是真正应用于生产和社会实践，转化为现实生产力，形成规模生产能力的比较少。今后一定要把科技成果转化工作摆到科技和经济发展的突出位置，千方百计促进科技成果在生产实践中得到广泛应用。

加快科技成果向现实生产力的转化，要靠正确的政策引导和科技成果供需双方的共同努力。科技界要进一步转变观念，把促进经济发展作为首要任务，从科技立项开始就要瞄准生产应用和市场需求，注意提高科技成果的成熟度和实用性。生产建设和流通部门也要提高依靠科技进步的自觉性，通过深化改革增强应用先进技术的内在动力，把科技进步作为提高经济效益和市场竞争力的根本出路。

要大力推广农业先进适用技术。按照发展高产优质高效农业的要求，选择一批先进适用的科研成果，积极加以推广，力争尽快取得成效。要做好动植物新品种的培育和推广工作，特别是加快推广新的栽培技术、饲养技术和病虫害防治技术。要继续实施“星火”计划和“丰收”计划，促进乡镇企业科技进步，促进农产品及其他农村自然资源的开发和深加工，提高农产品附加值，全面发展农村经济。继续开展科技扶贫工作，帮助贫困地区人民依靠科技脱贫致富。

积极选用工业生产和建设的关键性技术。科技部门和产业部门要密切配合，解决工业生产和建设中的关键性技术问题。大力推广电子信息技术、先进制造技术、节能降耗技术和环保技术，促进传统产业的升级换代。要加快军用技术向民用技术的转移。企业要建立技术创新机制，在广泛应用国内外新技术的基础上，加快生产设备和工艺的更新改造，推进现代化管理，开发适销对路的新产品，以提高经济效益和竞争能力。

加快发展高新技术产业。要把发展高新技术产业纳入国家经济发展规划，摆在优先发展的位置。调动各方面特别是大中型企业的积极性，共同参与高新技术产业的发展。继续实施“火炬”计划，坚持研究开发、生产经营和贸易一体化，缩短高新技术成果商品化、产业化的周期。继续鼓励科研院所、高等院校分流人才，自主创办高新技术企业，形成产业集团。高新技术产业开发区要真正成为发展高新技术产业的重要基地。要在财务、税收、商业、贸易、交通运输等社会服务领域广泛应用计算机技术，加快国民经济信息化进程。

依靠科技进步促进经济和社会的协调发展。认真贯彻落实《中国二十一世纪议程》，加强对人口、环境、资源、劳动安全、减灾防灾等领域重点技术的攻关和推广。重视国土、海洋等资源的综合开发利用。提高对常见病、传染病、地方病、职业病的预防和治疗技术，提高生物疫苗和新医药的开发能力。努力发挥科技在改善人民生活条件方面的作用，使科学技术成果造福于人民，造福于子孙后代。

我在这里要强调指出，在加速科技成果转化的同时，必须加强基础性研究，重视解决与社会经济发展密切相关的基础理论和基础技术问题。基础性研究不仅可以为当前的经济建设服务，还是现代科学技术的源泉。加强对基础性研究的支持，确保基础性研究的稳定发展，是加速科学技术进步的一项重要方针。我国是发展中国家，百业待举，国力有限，基础性研究也要量力而行，按照“有所赶有所不赶”的原则，选择重点，集中力量攻关。

国家将逐年增加投入，通过自然科学基金、国家重点基础性研究计划以及各类专项基金，加强对基础研究的支持。要贯彻“百花齐放、百家争鸣”的方针，鼓励科学家在科学前沿大胆探索，发明创造，攀登世界科学高峰。国家继续实施“八六三”等高技术研究发展计划。国家将根据工农业生产和国防建设的需要，选择一些基础较好、优势较强、对国民经济和社会发展有重大影响的科技项目，集中人力、物力、财力，建设一批重大科技工程，力争在一些最重要的基础性研究和高技术领域达到世界先进水平。

科技振兴的关键是人才。加速科技成果转化，搞好基础性研究，都必须充分发挥现有科技人员的聪明才智。同时要着眼于二十一世纪，培养和造就大批青年科学家、工程技术人才和经济管理人才。国家已拨出专项经费，建立青年科学基金。教育部门要为培养新一代科技人才做出更大的努力。各级领导干部和老一辈科学技术专家，要从发展科技和民族振兴的高度，重视人才培养，充分发挥中青年科技人才的作用。欢迎和鼓励留居海外的科技人员以各种方式为祖国建设服务。各行各业都要注重在工人、农民中培养、造就技术人才，加强职业技术教育。为了提高全民族的科学文化素质，要大力加强科学技术普及工作，破除迷信和愚昧，在全国形成“爱科技，学科技，用科技”的良好风尚。这是精神文明建设的重要组成部分，也是经济发展的客观要求。

三、深化科技体制改革。

科技体制改革已经取得成效。下一步改革的目标是，适应社会主义市场经济的需要，建立有助于科技进步的新型科技体制。这种体制要有利于科技与经济相结合，研究开发与工程设计、生产建设相结合，科技机构与企业相结合，军用科技与民用科技相结合，以及发展科技事业与人才培养相结合。

实现上述目标，必须坚持“稳住一头，放开一片”的方针。“稳住一头”，就是保持一支精干的科研力量，从事基础性研究、有关国家长远利益的应用研究、高技术研究以及重大科技攻关活动。这些研究，以政府投入为主，也要实行开放、流动、竞争、协作的运行机制，以增强科研工作活力。“放开一片”，就是在国家政策引导下，发挥市场机制的作用，让大批从事技术开发、技术服务的机构面向市场，从事科技成果转化工作，逐步走上自我发展的道路。

科技系统结构调整，是一项重大的改革。国家将逐步减少由财政支持的科研院所的数量，分流科研院所的人员，保持一支精干的、高水平的科研队伍，并以此为基础，建设一批开放的国家级科研基地。绝大多数科研机构要根据自身特点，选择适当形式与经济结合，或进入大中型企业，或走自负盈亏、自主发展的道路，转变成科技型企业。咨询、信息等科技服务单位，要进入第三产业领域，开展多种形式的有偿服务。要通过结构调整，在科技研究、开发应用方面形成以企业为中心的开发应用体系，在科技活动的全过程中健全社会化服务体系，保证科技事业顺利发展，为经济建设作出贡献。

建立健全科技进步机制，是深化科技体制改革的要求，也是科技进步的必要条件。在农村，要充分发挥基层农业技术推广组织的作用，坚持实行农科教结合，促进专业技术推广组织与农村生产销售等经济组织合作，大力发展技工贸一体化的农村社会化服务网。鼓励科研部门、高等院校通过技术入股、人员兼职和承包等形式与农村技术经济组织建立稳定的协作关系，促进农村经济发展。在企业，要把推动技术进步与建立现代企业制度结合起来。继续推动企业、高等学校、科研院所科技力量的结合，鼓励科研院所以多种形式进入企业或企业集团，联合进行技术开发，以及合作建立技术开发中心等。在发展社会主义市场经济条件下，企业应该逐步成为技术开发的主体。面对市场竞争，开发适销对路产品已经成为企业生存和发展的重要条件，客观上要求企业成为技术开发投入的主体。经济发达国家走的都是这样的路子，随着改革的进展，我国企业也有能力逐步做到这一点。要继续实行对外开放政策，学习外国先进技术和经验，贯彻行之有效的“引进、消化、开发、创新”的方针。国家要利用经济杠杆引导和鼓励企业增加对技术开发的投入。要完善产业技术政策，强化技术监督措施，推动企业科技进步。科技体制改革和企业改革，要努力在这方面有所突破。

科技系统结构调整和人才分流，涉及科技部门和科技人员的切身利益，必须制定切实可行的措施，妥善处理好改革和稳定的关系，积极稳妥地向前推进。要充分调动广大科技人员的积极性和创造性，尊重他们的意见，听取他们的建议，引导他们以主人翁的姿态投身到改革中去。

四、加强领导，为科技进步创造更好的条件。

各级党委和政府都要切实加强对科技工作的领导。要把科技进步工作列入重要议事日程，及时解决科技工作中的问题。国务院已经决定，每年至少要开两次常务会议或者办公会议，专门研究和解决科技工作问题。重大建设和科技项目的成立，要进行可行性研究，进行科学评估与论证，倾听科技人员的意见。各级领导干部都要努力学习现代科技知识，提高领导水平。现在正在制定的“九五”计划和远景目标规划，将把科技进步放在突出位置，要求经济管理部门和科技管理部门密切配合，做好产业政策与科技规划的衔接。

切实增加科技投入。建立适应社会主义市场经济体制的科技投入机制，多层次、多渠道地增加科技投入，是发展科技事业的重要保证。在“九五”计划和远景目标规划中，国家将增加对农业科技、高技术、重点科研基地和科研装备的投入。中央和地方财政对科技事业的投入，在一般情况下，要做到高于当年财政收入增长的速度。到二〇〇〇年，要通过多种途径，使我国全社会科研开发经费占国内生产总值的比例达到百分之一点五。要鼓励、引导企业特别是大中型企业和企业集团增加对科技研究开发的投入，逐步实现企业成为技术开发投入的主体这一目标。在用于农业综合开发、重点建设项目的经费中，要有必要的数量用于解决相应的科技问题。通过多种方式吸引海外资金，发展我国科技事业。在增加科技投入的同时，要优化投资结构，重视发挥基金制的作用，提高资金利用效益。

继续改善科技人员的工作和生活条件。要优先改善农业科技人员的工作和生活条件，稳定农业科技队伍。对从事科技成果转化的科技人员，实行工资收入与经济效益挂钩，有突出贡献的科技人员可以取得较高的报酬。对承担国家重点科研任务的科技人员，可以实行课题津贴制。继续改善科技人员的住房条件。各级政府在改善科技人员的工作条件和生活待遇方面要多做几件实事。要大力表彰和奖励对国家有贡献的优秀科技人员，以调动广大科技人员献身祖国现代化建设事业的积极性。

重视法制建设，保护知识产权。科技进步法已经颁布实施，这是促进我国科技事业发展的一件大事。需要进一步制定和完善与之相配套的法规和政策措施。继续抓好有关知识产权保护的执法工作，严厉打击侵犯知识产权的违法行为。在保护知识产权方面，我国已经做了大量的工作，并将做出进一步的努力，目的是保证我国科技和经济发展的根本利益。保护知识产权是我国政府的一贯立场，但我们坚决反对任何以保护知识产权为名干涉别国内政的做法。

进一步扩大国际科技合作与交流。要坚持平等互利、成果共享、尊重国际惯例的原则，多渠道、多层次地开展国际科技合作与交流。要围绕科技和经济发展的要求，大力加强高技术领域、先进生产技术和基础性研究领域的国际合作。鼓励境外企业通过合资、合作、独资等形式，来我国创办高技术企业。要进一步扩大国际学术交流，不断拓宽合作研究的领域。支持更多的科学家，特别是优秀中青年科学家以多种形式参与国际学术活动，提高学术水平，为发展科技事业贡献聪明才智。

实施科教兴国战略，加速科技进步，实现国家强盛，是新的历史时期全党和全国人民的一项光荣而艰巨的任务。让我们在邓小平同志建设有中国特色社会主义理论和党的基本路线指引下，紧密团结在以江泽民同志为核心的党中央周围，艰苦奋斗，自力更生，不断开拓创新，努力把我国的科技改革和发展推向前进，为社会主义现代化事业作出更大的贡献！

工程技术界大有用武之地*

（一九九五年七月十一日）

在全国科技大会闭幕后不久，召开了中国工程院第二次院士大会，按照中国工程院的有关章程，增选了二百多名院士，使院士总数达到了三百多名，这是值得高兴的事情。我们正在建设有中国特色的社会主义，今后一段时期是实现国民经济三步走战略的关键时期，中央提出了科教兴国战略，摆在我国工程技术界面前的既有繁重的任务，也有很多机遇。

要全面贯彻邓小平同志“科学技术是第一生产力”的思想，把经济建设切实转移到依靠科技进步和提高劳动者素质的轨道上来。我们正在制订“九五”计划和下个世纪初期的发展规划蓝图，有许多新的工程在等待着大家；另一方面，我国不少现有企业也要进行技术改造，调整产业结构，工程技术界大有用武之地。希望大家共同努力，为美好的明天而奋斗。

---

* 这是李鹏同志会见出席中国工程院第二次院士大会全体院士时讲话的要点。

关于高等学校党建工作*

（一九九五年七月十一日）

首先，非常高兴能够与高校的同志们见面。我在兼任国家教委主任期间，每年都有若干次机会与高校的同志们见面，后来国务院领导同志分工有了变化，但作为总理，关心教育工作是责无旁贷的。今天与大家见面即席讲几点意见。

第一，中组部、中宣部和国家教委有这样一个制度，即每年召开一次高等学校党的建设工作会议，这是非常必要的，效果也是好的。自党的十三届四中全会以来，在邓小平同志建设有中国特色社会主义理论和党的基本路线的指引下，在以江泽民同志为核心的党中央领导下，各地、各部门和高校党的组织，认真落实党中央的一系列重要决策，采取措施，坚持不懈地抓高校党的建设和思想政治工作；各地党委、各部门党组也改进并加强了对高校的领导。高校党的建设和思想政治工作不断取得进展，收到了明显成效。这次会议是第五次高校党的建设工作会议。会议重点是研究在高校领导班子新老交替之际，如何加强班子建设。题目选得很好。因为，无论是学校，还是企业，都需要一个好的制度和一个好的班子。从根本上来说，要办好一所学校，主要是看

* 这是李鹏同志在中共中央组织部、中共中央宣传部和国家教育委员会党组联合召开的第五次全国高等学校党的建设工作会议上讲话的主要部分。

领导班子。看是不是有了一个团结的、战斗的、能够执行党的路线方针政策的领导班子。有了这样一个领导班子，再加上有一支好的教师队伍，有良好的教学设备，那么我们的学校就一定能办好。去年党的十四届四中全会的主题就是研究加强党的建设。所以，这次会议也是一次贯彻党的十四届四中全会决定的会议。

第二，这几年高校的成绩很大。高教事业继续发展，改革不断深化，教师队伍更加充实，教学内容与方法逐步改进，教学、科研装备条件也有了很大改善。最近我在访问俄罗斯期间，曾回到莫斯科动力学院与一些老师同学见面，参观了当年我学习过的一些地方，很有感触。相比之下，深感我们的高等教育事业正在蓬勃发展，欣欣向荣，而俄罗斯高校教学、科研设备相对陈旧，改变不大。连动力学院这样一所俄罗斯的一流高校尚且如此，其他可想而知。在座的同志中也许有去动力学院参观过的，不知是否与我有同样的感觉。

首先要肯定高等教育战线这些年的变化与发展，但同时也应看到还面临着不少的困难和问题。对这些困难和问题，也不可忽视。去年全国教育工作会议上，大家要求增加教育投入，国家确定了到本世纪末整个国家和社会对教育的投入要达到国民生产总值的百分之四。这个数字不能说是很高的，也还不能完全满足我们学校现代化的需要，但比过去也算进了一步。现在高校还面临着不少实际的问题，其中特别突出的一个是教师住房问题，大批青年教师生活条件和工作条件还比较艰苦。这在某种程度上也会影响学校的稳定。高校的研究、教学设备还需要进一步现代化；教学内容也应该更加符合社会主义市场经济发展的需要，等等。对上述这些困难和问题，党中央、国务院是知道的，当然不像你们了解得那么具体，但大的方面，是知道的。那么，出路何在？我想，出路是改革。要靠改革的深入，来发展高教事业，来解决高校所面临的一些问题。高等学校是培养高等专门人才的场所，承担着非常重要的任务。关于改革，昨天我跟李岚清同志交换了一下意见，想说这样几条：

一是要实行联合办学。可以是中央与地方之间联合，有关部门与学校之间联合，也可以是学校与学校之间联合。通过多种形式的联合办学，改变原来“小而全”、“条块分割”及封闭办学的格局，充分利用现有的教学资源，避免进一步向“小而全”发展，以便最大限度地实现教育资源的优化配置，进一步提高办学效益，使教育事业在较短的时间内能够有进一步的发展。“二一一工程”是经过国务院批准的，要坚持搞下去，但必须作好规划，要有重点，也要有所区别。有的学校要办成教育、科研型，使科研在学校占有重要地位，但不能每一个学校都按这个模式来搞；更多的学校应该以教学为主。这样就可以集中兵力打歼灭战，能够把人力物力集中到一些有条件的学校去。

二是关于高等学校两种办学方式的问题。国家需要大量受过高等教育的人才，但现有的、常规的高等学校接受能力有限。如果再去盲目建立新校，学校就会越办越多，势必会带来一系列新的矛盾和问题。所以在中国搞高等教育，不能只走常规办普通高校这一条路子，还应该有另外一条路子，就是社会办大学。利用社会的力量办各种形式的电视大学、函授大学、夜大学和进修大学。这样可以使更多的知识青年和已经就业、在岗的工作人员接受高等教育。社会办大学，我们已经开始走出了一条路子，应当继续走下去。

三是关于我们正在进行的招生、收费和毕业生就业制度的改革。这些都是一些重大的改革，牵涉到学生的切身利益，也涉及到教师本身。这些改革的核心所在，是为了进一步激发和提高广大学生学习的热忱，减少吃“大锅饭”，使学生能够在考入大学后，还继续保持一种积极进取、奋发有为的学习精神，广泛接触实际，主动全面发展。当然在进行这些改革的时候，必须要考虑到那些品学兼优、家境比较贫寒、生活条件比较差的学生，要采取各种配套措施，保障他们的学习机会。

第三，高校党建工作的一项重要任务，也是一个长期的工作主题，就是要不断加强高校的思想政治工作和德育工作，全面贯彻德智体全面发展的教育方针。思想教育和德育工作应随着变化的形势，有针对性地进行。这方面，在座的同志都在学校工作，积累了许多心得和体会。思想政治工作和德育工作从根本上讲还是一个人生观和世界观的教育问题。在中学、小学都要进行树立正确人生观和世界观的教育。进入大学以后，人更成熟了，知识面、接触面更广了，要求也就更高一些。现在的大学生比我们那个时候要聪明、能干，更易接受新鲜事物，很多人都会电子计算机，所掌握的信息量也很大。但最重要的问题，还是应该有一个正确的人生观和世界观。我们所进行的人生观和世界观教育，其内容当然主要是马克思列宁主义、毛泽东思想、邓小平同志建设有中国特色社会主义理论，是唯物史观和辩证唯物主义；其方式方法当然不是教条式的而应该是生动活泼的、密切结合实际情况的；其重点是确立正确的立场，掌握正确的观点和方法。

最近在反腐败的过程中，出现了北京市王宝森自杀这样一个重大案件。此事已在全党进行了通报。知道情况后，中央和大家的心情一样，感到非常憎恨，非常震惊。对案件的揭露和处理，充分显示了党和政府有能力有决心，来清除自己肌体里面的腐败蛀虫，决心把反腐败斗争进行到底。就这个具体案子来说，不管涉及到什么人，什么事，都要把它一查到底。这对我们国家建设、政权建设都具有十分重要的意义。同时，我们还得深思一下，究竟王宝森事件给了我们一些什么教训。首先是，作为王宝森这样一个高级干部，他在掌握了权力以后，以权谋私，发展到腐化堕落，其中固然有多种原因，但根本问题还是一个人生观和世界观的问题。他不能正确对待改革开放的新形势，被新的糖衣炮弹打中、打倒。所以不论对高级干部来讲，还是对刚刚走上社会的年轻人以及中青年教师和干部来讲，最重要的问题还是树立起全心全意为人民服务的世界观，掌握辩证唯物主义的方法论。老百姓希望我们的政府勤政廉政，根本问题还在于各级政府的组成人员要树立起正确的世界观和人生观，只有这样，才有勤政廉政的思想基础。

高等学校培养的毕业生将来都是社会各条战线的建设者和接班人，他们之中的相当一部分，今后要逐步进入各级大小不同的领导岗位，有的要成为学术带头人。总之，高等学校培养出来的人，发展前途是比较大的，将来要担负一定范围的领导责任。因此，培养他们具有正确的人生观和世界观，就更为重要和迫切。另外，从王宝森案件中还可吸取其他一些教训。例如，每一个干部无论职位高低，都应该接受监督，接受人民群众的监督，接受党的监督；财政管理工作要加强，要严格财经纪律；个人的财政权力不能太大，要实行集体领导，贯彻民主集中制，等等。总之，教训是非常深刻的，但归根到底就是一条，一定要进行正确的世界观、人生观教育。

高等学校在进行这个教育的时候，除要以马克思列宁主义、毛泽东思想和邓小平同志建设有中国特色社会主义理论为主要内容外，还要进行中华民族优秀传统道德的教育。当然，毛泽东思想和邓小平同志建设有中国特色社会主义理论，也已吸收了中华民族传统道德的精华。前天，国务院通过了《中国妇女发展纲要》，其中就谈到发扬中华民族的优良传统，希望家庭是一个稳定的家庭，一个和睦的家庭。这是一种传统道德观念。这个传统，不但要继续巩固，而且在新的形势下还应得到发展。因为家庭是社会最基本的细胞，家庭巩固了稳定了，社会才能稳定和发展。中国的传统道德中，有糟粕，有精华，糟粕和精华并存。有很多传统的道德值得我们重视。当然也要有批判，要批判地继承，有选择地吸收。

现在高校面临一个好的形势。高教改革和发展步伐正在加快，高校的政治形势保持稳定，广大师生员工的精神状态健康向上。其中最主要的一个特点，就是现在青年学生的思想产生了积极可喜的变化。他们对于建设有中国特色社会主义的信心增强了，都愿意为祖国的现代化事业贡献自己的力量，把自己的命运、前途和国家的命运、前途结合在一起，在校园里出现了一种积极向上、好学求实的风气。教育部门的领导同志，高校的领导同志，特别是做党的工作的同志，一定要看到这样一个好的趋势。当然，在学校的内部和外部也还存在这样那样的问题，还有不少影响安定的因素，不可忽视。希望大家继续努力，把高校党建和思想政治工作提高到一个新的水平，使青年大学生在德智体等方面全面发展，努力把他们培养成为跨世纪的、有中国特色社会主义事业的建设者和接班人。

必须重视气象事业的发展*

（一九九五年七月十三日）

关于气象事业“九五”计划和到二〇一〇年规划问题，请国家计委综合平衡。总的来说，中国多灾害，特别是农业靠天吃饭，大家都有共识，还有台风等灾害对工业和国民经济的影响都很大，及早知道就可以及早预防。气象对人民的生活影响也很大，现在是每周五天工作制，假期休息都要看天气，气象对社会活动的影响是大家都公认的，必须重视气象事业的发展。

在现代化建设的方针指导下，原来的气象系统有了发展，向现代化前进，在发展中国家占领先地位，与发达国家相比也达到了中等水平。我们与发达国家各有优势，装备不如人家，但我们有综合优势，我们有全国的网络，有技术人员的智慧和勤劳，我们的软件优势也是靠人。相比起来，我们的投入还是少的，搞了两部巨型计算机，把中期预报作出来了，由中央气象台向各地台站提供总的情况，各地提供短期的，可以更具体、更准确。气象事业发展水平的高低是一个国家现代化水平的标志。

现在全国气象部门形成了电子计算机联网系统，这样的

---

* 这是李鹏同志听取中国气象局气象事业“九五”计划和到二〇一〇年发展规划汇报时讲话的主要部分。

系统在国内真正投入使用的不多，统计局形成了，气象局也形成了。气象部门是利用已有的条件，用简陋的设备通过邮电部门的通信网把系统联起来，今后的方向还要进一步搞现代化。

以前有一个目标，要突破中期数值预报，现在五天的预报时效达到了，今后要提高七天预报的准确性。我赞成作更长期的预报，使其有更大的参考作用，要搞月、季、年的预报，进一步掌握大的规律，就可以纠正民间吓人的传说，像今年的闰八月就是这样。东北今年怎么样？有没有早霜？黄河流域有没有洪水？长江三峡工程没有建成以前，长江的大水也是非常令人担心的，今年长江中下游的洪涝还是局部的，如果上下游一起洪涝，像一九五四年、一九三五年那样，影响就大了，对大范围的趋势要作出准确的预报当然很难，但要向这方面努力。

总之，第一，中期预报要进一步提高准确率；第二，要做长期的预报；第三，要对特殊灾害作出预报。

关于“九五”要求花的钱，请计委总体平衡。气象部门在国家计划里是挂上号的，总是要给钱的。卫星、雷达是不是要那么多，可以研究，但总要搞一些。大的基建看来就是三方面，第一搞巨型计算机，第二搞卫星，第三搞雷达。通信技术是综合利用，光靠一个系统不行，如果气象卫星坏了怎么办？要和邮电部门互相补充。

中国的希望寄于青年一代*

（一九九五年七月二十三日）

要把中国建设成繁荣富强的国家，困难很多，希望也很大，但最关键的是人才。最近中央提出了科教兴国的战略方针，归根到底，中国的希望在青年，在青年一代。今天在座的各位是青年中成熟的代表，事业有成就。在世纪之交，你们要发挥承前启后的作用，把有中国特色社会主义事业推向前进。一九五七年毛主席在莫斯科接见中国留学生时说，青年"好像早晨八九点钟的太阳，希望寄托在你们身上"。当时我不完全理解这句话，那时我们的主要想法是能学有专长，学以致用，没想那么多。美国杜勒斯曾提出，把和平演变的希望寄托在中国第三代、第四代身上，这只能是痴心妄想。到二十一世纪，担子就落在你们身上，还落在下一代、下下一代的身上，这是一项关系国家兴亡的大事，必须使广大青年牢记自己光荣的责任。

青年要有使命感，并不是要求每个人都去当领导，而是要在自己的本职岗位上发热、发光，也会产生一批经过实践磨炼的治国人才。青年要树立正确的人生观和世界观，用简单的办法不行，他们接受不了，要用青年喜闻乐见的办法进

---

* 这是李鹏同志考察甘肃期间在兰州与甘肃青年和共青团干部代表座谈时讲话的一部分。

行。党内出现的腐败、社会出现的腐败，这是党内的蛀虫，是社会的蛀虫。产生腐败的原因很多，有市场经济的影响，有外来腐朽思想文化的腐蚀等，但最根本的是在党内特别是在一些领导干部中没有树立正确的世界观和人生观，没有真正解决好人为什么活着的问题。

树立正确的世界观和人生观，一是要认真学习马列主义，学习毛泽东思想，学习邓小平建设有中国特色的社会主义理论，学习和发扬爱国主义精神，学习和发扬中华民族优良文化传统，学习世界上一切美好的东西。二是要有艰苦奋斗的精神。这一点在不发达地区尤为重要。甘肃目前有四百多万人没有脱贫，全国还有八千万人没有脱贫。虽然我国国民经济总量在世界排名较前，但人均值却排在七十多位。要真正把我国建成繁荣富强的国家，没有长期的艰苦奋斗，没有执著的追求，是很难实现的。三是要有建设国家的本领，就是要有专业、专长。现在国际间的较量无不依靠科技。培养人才，不仅要在学校培养，实践也是培养人才的大课堂。要广开学路，不仅要在学校学习，还要更多地进行职业教育，经受实践锻炼，很多人就是这样成长起来的。

中国把希望寄于青年一代，青年要有正确的人生观、世界观，要有艰苦奋斗的精神。要继承和发扬优良传统，但也要看到现在的青年有自己的特点。青年的思想、行为方式呈多样化，这不奇怪。但是青年一是要坚持爱国主义，把中国建设成繁荣富强的国家；二是要把自己的前途命运同国家的前途命运联系起来。各级党政和青年团的领导，都要考虑如何才能更好地使广大青年把掌握正确世界观和树立长期艰苦奋斗精神联系起来。过去如果不清楚，现在清楚了，只有走建设有中国特色的社会主义道路，中国才有前途。尽管前进道路上还有许多困难，但我们终究是能够战胜这些困难的。

发扬延安精神，发展气象事业*

（一九九五年八月三十一日）

我很高兴与大家一起纪念人民气象事业创建五十周年，首先，我代表党中央、国务院对人民气象事业创建五十周年表示热烈的祝贺，向全国气象工作者致以亲切的问候，向五十年来为我国人民气象事业创建和发展壮大作出贡献的历代气象工作者表示衷心的感谢！

我党我军创建的人民气象事业发祥于延安。当年就是从我的母校——延安大学自然科学院抽调了五位同志到美军军事观察组气象台去学习气象。当时延安气象台人数最多时期也只有十一个人。五十年来，人民气象事业从无到有，从小到大，获得了很大发展。气象队伍从延安时期的十几个人，发展到今天的六万五千多人，从一个延安气象台发展到今天的近两千六百多个气象台站。党的十一届三中全会以来，气象事业发展很快，现代化建设有了长足的进步。前不久，国家气象局已初步建成了自动化程度较高的气象综合探测系统，建成了由计算机控制的、以国家气象中心为枢纽的自动化通信系统，中期数值预报业务系统正式投入运行，使我国天气气候预测能力上了一个大台阶，已跻身于世界上少数几个能制作中期数值预报产品的国家。气候预测与气候变化研

* 这是李鹏同志会见延安时期气象工作者时的讲话。

究以及气候资源的合理开发也取得了进展。我高兴地看到气象现代化建设水平有了很大的提高，在发展中国家已居领先地位，与发达国家相比也达到了中等水平。气象现代化水平的提高，使气象预报和服务能力也相应得到了增强。不少地方和部门都反映，气象预报的准确程度比过去有了明显的进步。气象部门为国务院和各级人民政府指挥生产、部署防灾抗灾的决策服务，服务也更加主动、准确、及时，取得了很大的社会效益和经济效益，受到了各级政府和广大人民群众的好评。你们制作的电视天气预报节目已成为全国人民每日必看的节目。这些充分说明了你们工作很出色，为保护人民生命财产安全和国家建设作出了贡献。我再次向你们，向多年来一直在防灾抗灾中作出贡献的气象工作者表示感谢。

今天，我们纪念发祥于延安的人民气象事业创建五十周年，就是要继承和发扬自力更生、艰苦奋斗的延安精神。党中央、国务院对继承和发扬延安精神非常重视。延安精神永远要发扬，永远不会过时。抗日战争、解放战争的艰苦岁月需要延安精神；社会主义初级阶段也离不开延安精神；改革开放，发展气象事业，搞现代化也要继承和发扬延安精神。对广大干部职工开展发扬延安精神、继承优良传统的教育，意义深远。

我国自然灾害，特别是天气、气候灾害频繁，防灾和抗灾能力还比较低，气象对社会活动和经济发展的影响是大家公认的。农业主要是靠天吃饭，台风、暴雨等灾害对工业、交通以及其他各行各业，对人民的衣食住行等生活影响都很大。因此，我们必须重视和支持气象事业的发展。

发展气象事业，今后的方向还是要进一步依靠科技进步，坚定不移地搞现代化。一九八四年你们召开全国气象工作会议，审议通过了《气象现代化建设发展纲要》，对十几年来气象事业发展起到了很重要的指导作用。那次会议，我出席了开幕式并讲了话。现在你们正在制订“九五”计划和到二〇一〇年气象事业发展规划，要使气象现代化建设在已有的基础上再向前进。气象现代化水平的高低是一个国家现代化水平的标志。在我们国家，首先使用巨型计算机的是气象部门；建成由计算机控制的、连通全国甚至世界各地的自动化通信系统的也是气象部门；应用气象卫星，特别是卫星云图这种效益高、影响大的先进遥感技术的还是气象部门。与发达国家相比，我们的现代化设施还有相当差距，但是我们有综合优势，其中也包括我们要继承和发扬的自力更生、艰苦奋斗的延安创业精神，有广大技术人员的智慧和勤奋，有全心全意为人民服务的传统，我们要利用综合优势，发挥综合效益。当然，先进的装备也要搞，要争取在尽可能短的时期内赶上去。从大的方面看，第一搞巨型计算机系统，第二搞气象卫星，第三搞现代化气象雷达。短期天气预报要准确、及时，主要是局部灾害性天气。现在已经可以作中期数值天气预报了，要进一步提高准确率。我赞成作更长期的预报，这对重大社会活动和国民经济建设将会有更大的参考作用。

国务院对气象事业的发展一直都很重视，气象事业是公益性事业，投入在气象部门，受益在全社会、在全国、在地方，因此我们也要求各级政府都要更加重视当地气象事业的发展。气象现代化建设的大中型骨干工程和项目，先进的大型设备由国家投资建设，与国家建设的大中型工程项目相配套的、主要为地方经济发展服务的项目要由地方投资，有些地方原来不肯出钱，等受了灾造成很大损失，有了教训就愿意干了。要未雨绸缪，积极发展地方气象事业，促进国家气象事业和地方气象事业的快速、协调发展。

我们庆祝人民气象事业创建五十周年，再过五年，我们就要进入二十一世纪了，我祝愿中国的气象事业继续快速发展，取得新的更大的成绩，胜利跨入二十一世纪，为建设有中国特色的社会主义作出更大的贡献！

要有一支高质量的全心全意为学生服务的教师队伍*

（一九九五年九月八日）

再过两天就是教师节，明天又是中秋佳节，我代表党中央、国务院向各位代表，并通过你们向辛勤工作在教育战线上的全国广大教师和教育工作者致以节日的祝贺和亲切的慰问。

新中国成立以来，特别是改革开放以来，我国教育事业有了很大发展。教学水平、教育质量都有很大提高。教师的工作条件和生活条件不断得到改善。去年，全国人大常委会通过并颁布了教师法。今年，党中央、国务院又召开全国科技大会，提出了科教兴国的战略方针。我相信，我们的教育事业必将得到全社会更加普遍的重视，一定会得到更大的发展。

我们的教育方针是德智体全面发展，培养社会主义事业的建设者和接班人。全体教育工作者们必须全面理解，认真贯彻。

各级政府都有责任关心教育，努力使教育经费、教育投入在本世纪末达到占国民生产总值的百分之四。

中国的教育有四个组成部分，这就是基础教育、高等教

* 这是李鹏同志会见全国优秀教师、优秀教育工作者代表时讲话的要点。

育、成人教育和职业教育。它们的教学方式、手段不同，对象也不同，培养目标和要求也有区别，但是都很重要，而且是互相联系的不可分割的。希望各级政府对这四个方面的教育都要予以关注，使它们能够共同发展。

现在我们国家正在制定“九五”计划和十五年的长远规划。这个规划要体现科教兴国的方针，同时要求实现两个转变。这两个转变，一个是改革经济体制，由传统的计划经济转向社会主义市场经济；另一个是经济增长方式的转变，即由过去的粗放型向集约型转变，向有效益的方向转变。教育的改革要适应这两个转变，并为这两个转变服务。

要办好一个学校，无论是大学、中学、小学，或是职业学校，都需要具备一定的条件，比如：要有一个好的领导班子，一支素质比较高的师资队伍，一定的先进设备，结合实际的有水平的教材等，但最主要的是有一支高质量的能够全心全意为学生服务的教师队伍。广大教师肩负教书育人的重任，相信大家一定能严于律己，为人师表，辛勤耕耘，为我们的教育事业作出更大的贡献。

转变经济增长方式的关键是抓好科技和教育[*]

（一九九五年九月二十五日）

转变经济增长方式，归根到底要靠科技进步和提高劳动者素质，关键是抓好科技和教育。科学技术是第一生产力，教育是科技进步的基础，科技教育的发展关系全民族素质的提高和中国现代化的前途。去年以来，中央先后召开了全国教育工作会议和全国科技大会，明确提出科教兴国战略，并对今后科技与教育的改革和发展作了全面部署。这次中央的《建议》把实施科教兴国战略作为一条重要方针，并提出了今后十五年的工作任务和重点。现在大家对于科技和教育的重要性，认识比较清楚了，方针政策也明确了，最重要的是落实。为了促进科技和教育的发展，一是抓好改革，充分发挥科技教育现有基础的作用，这方面的潜力是很大的。二是抓好重点，科技要抓好技术开发与推广、发展高技术及其产业、加强基础性研究，使科技与经济更好结合起来；教育要抓好“九五”期间基本普及九年义务教育，并积极发展职业教育和成人教育，提高高等教育质量，优化教育结构。三是随着经济发展和国家财力的增加，逐步增加对科技和教育的投入。

---

* 这是李鹏同志在中共十四届五中全会上所作的《关于制定国民经济和社会发展“九五”计划和二〇一〇年远景目标建议的说明》的一部分。

中国教育的四个组成部分*

（一九九五年十月十日）

我是在一九八五年以国务院副总理的身份兼任国家教委主任的。原来中国有教育部，后决定建立国家教委，扩大了权限。中国国务院和地方政府的一些部门，以及企事业单位都有各自管辖的教育机构。举一个例子来说，冶金部就有各类学校，包括大学、中专和技工学校。不但部办学校，冶金企业也办学校，有大专、中学，直到小学，简直是一个完整的教育体系。一九八八年我就任总理后，不再兼任教委主任了。

教育在中国是件大事情。中国人大制定了义务教育法，实行九年制义务教育，即六年小学，三年初中。这个任务到本世纪末基本实现。只能说是基本实现，因为中国经济发展不平衡，有些地区还很贫困，甚至当地人民连温饱都没有解决，普及九年制义务教育还有困难。为了保证教育事业的发展，除了政府要投入，还要有社会投入。到本世纪末，全国教育经费要占国民生产总值的百分之四，占国家财政预算的百分之十五。教育法还规定，教育经费的增长要超过国家财政收入增长的速度。达到这几个指标并不容易，各级政府要

---

* 这是李鹏同志访问秘鲁期间在利马会见秘鲁部长会议主席兼教育部长科尔多瓦时谈话的主要部分。

作出很大的努力。每年召开人大、政协会议时，代表和委员经常反映的问题是教育经费不足。他们依法对政府的教育事业包括对教育的投入进行监督，这对保证教育事业发展是一种促进。

中国的教育由四个部分组成，它们之间相互关联、有机结合，即：义务教育、职业教育、高等教育和成人教育。义务教育是中国教育工作的重点。学校是培养人才的地方，而一个人在少年时代所接受教育的程度往往会决定他的前途和命运。中国的初中生在接受义务教育以后，大部分人不可能进入高中，而社会又需要大量有技能的劳动者，所以中国政府大力提倡建立各种类型的职业学校，对初中毕业的学生进行职业教育。近年来职业教育有了很大的发展。职业教育包括的行业很多，如机械工、电工、司机、家用电器修理工、打字员、饭店服务员，还有厨师、裁缝，可以说社会上的职业，无所不包，无所不有。这是从德国学来的办法。现在中国高中阶段的在校生约一千六百万人，其中各类职业高中的学生占百分之六十。我们还准备大力发展职业高中，到本世纪末使职业教育比例进一步提高。

中国已有一千多所高等学校，在校学生三百多万人。

中国有十二亿人口。小学生一点三亿人，入学率比较高，达到百分之九十八。初中学生四千七百万人，入学率只有百分之七十八，我们的目标是，到本世纪末达到百分之八十五左右。考虑到人口增长因素，初中在校学生届时将达到五千五百万人。这样，就可以说在中国基本上实现了九年义务教育制。

中国有文盲，其中大部分是上过小学的农村妇女。我们扫盲对象主要是四十五岁以下的人，这样的文盲占百分之十。有些人上了学而又中止了学习。主要原因，是学校教育内容同日常生活与劳动没有结合。许多人，特别是农村妇女从事家务劳动，在学校学习的文化知识对她们没有什么用处，所以很快就忘记了，重新成了文盲。为了消除这种返盲的现象，在农村小学，特别是五、六年级增加了一些职业教育、家务教育的内容。

成人教育在中国发展比较快，很多青年人甚至老年人都希望通过学习增加知识，提高自己。我们办了多种形式的社会教育，包括电视大学、夜大和函授大学，以及社会办学。

中国的教育方针是德、智、体等全面发展，培养社会主义事业的建设者和接班人。智育是指知识教育，包括基础知识和专业知识；体育是保证学生有健康的体格，除体育教学，也搞一些力所能及的劳动；德育是指树立正确的人生观、世界观，培养爱国主义、集体主义精神和社会主义的信仰，培养为社会献身的精神，以及良好的道德修养。中国是一个有五千年历史的文明古国，学习中华民族传统文化的精华也是教育的重要内容。前几年，有些大学生思想比较混乱，盲目接受西方的思想，热衷于西方的自由民主，强调个人享乐，向往不受法律约束的“人权”。现在情况有了很大变化，绝大多数大学生看到，中国发展了，进步了，路子走对了。现在他们想的是将自己的前途与国家的命运结合起来，因此学习努力了，关心社会的人也多了。这是中国当代大学生的重大思想变化。

原来我国的大学都是免费的，由国家办大学，现在有些热门专业开始收费。将来条件成熟了，一般大学和专业都要收费。收费不但有利于改善教育条件，更重要的是提高学生的学习积极性。对那些品学兼优的大学生，国家和社会会向他们提供奖学金。对低收入家庭的学生，银行提供低息贷学金，将来他们毕业找到职业后，有了收入再归还给银行。对国家要求发展的一些专业是免费的，比如教育、森林和采矿专业。

要办好学校，最重要的是要有高质量的教师队伍。十多年来我们不断改善教师的生活待遇和工作条件。根据中国的现行体制，教学经费和教师的报酬由各级政府提供。教师不是国家公务员，但他们的平均收入同国家公务员一样多。

中国教师的平均收入，我不便用货币进行说明，我可以给你打个比方，目前大学教授和政府司局长收入是一样多的，一二级教授的收入和部长一样或许更多一些。但这并不能说明在中国教师生活和工作条件就很好了。在大学普遍存在的问题是中青年教师工资低、住房困难。在一些经济欠发达地区的农村，乡镇政府还常常拖欠教师的工资。和前些年相比，中国教师的业务水平有了提高，社会地位也有所改善，尊师重教的风气开始形成。但是还远远没有达到我们所期望的“教师成为人们最羡慕的职业”的那种状况。

在高等教育和职业教育中，毕业生的就业采取双向选择制度，即用人单位录用和学生自己选择就业相结合。用人单位可以选择学生，学校向用人单位推荐，学生也可以选择用人单位。现在，中国实行了公务员制度。国家公开招聘公务员，考试录用，大学生报名的不少。

每年报考专业人数的多少是社会需求的反映。现在比较热门的是外语、财经、外贸以及计算机。以前，理工科比文科相对较热一些，江主席和我都是学电机专业的。许多现任国家领导人都是学工科的，当过工程师。法律也是热门专业。随着中国法制的逐步健全，中国社会对律师的需求也越来越大。

现在我们提倡两个转变，一个是从计划经济体制向社会主义市场经济体制的转变，一个是经济增长方式由粗放型向集约型的转变。中国的大学也面临两个转变的问题。要办好一所大学，一方面要靠国家和地方增加投入，另一方面也要靠学校自己提高办学效益，二者缺一不可。大学改革的措施，一是提倡联合办学。中国许多大专院校规模偏小，专业设置重复，教学设备落后，师资不足，因此我们提倡联合办学，以充分利用教育资源，使教师和仪器、装备充分发挥作用。我们还准备重点办好一百所大学和一百个专业，把有限的资金投入到重点上去。专业的设置也必须适应社会的需要，这就是说，学校的产品——各类专门人才，应以市场为导向。一个新的现象是教育专业也逐渐成为热门之一。

大学生入学实行全国统一考试，分区录取。考试题目全国是统一的，由于各地区的文化、经济发展水平不一样，因此录取分数线也不一样。今后这种制度是否有效，还要看看。为了保证成人教育的质量，入学也实行全国统一考试。对社会办的大学，毕业生也由国家设在各地的考试委员会实行统一考试，才能发给文凭，正式取得大专学历。

中国有大批学生在国外留学，我们的政策是“支持留学，鼓励回国，来去自由”。实际情况是大批留学生学成回国，在各个岗位上发挥重要作用。还有一部分尚未完成学业。也有相当一部分留学生，在国外居住就业。出现这种现象，原因是多方面的。有的人是专业不对口，国内工作条件差，有的是留恋国外比较好的生活条件。西方国家与发展中国家争夺留学人才，恐怕是一种普遍现象。我想，随着中国经济和社会的发展，生活条件的改善，越来越多的留学生会回来报效祖国的。

为了培养高级专门人才，中国实行了研究生制度。大学毕业后可以报考研究生，毕业后授予硕士或博士学位。国家有一个学位委员会，专门管这件事。

提高农民科技素质，依靠科技致富奔小康*

（一九九五年十月）

中国农民勤劳勇敢、朴实智慧，为我国社会主义经济建设作出了巨大贡献。特别是改革开放以来，党在农村实行了以家庭联产承包责任制为主要内容的一系列改革，极大地激发了广大农民群众的积极性，解放了农村生产力，使我国农业持续发展，农村经济空前活跃，农民生活水平迅速提高。我国用占世界百分之七的耕地，基本解决了占世界百分之二十二人口的温饱问题，并正在向小康目标迈进，取得了世界为之称道的成就。农业的发展为我国国民经济的持续、健康、快速发展作出了重要的贡献。

但是，我国农业的基础设施还比较薄弱，抗御自然灾害的能力不强，农业“靠天吃饭”的因素还很大；农民整体科学技术水平不高，种田在很大程度上是依靠经验；还有一部分农民生活很困难；再加上我国人口每年净增一千三百多万，耕地面积逐年减少，人地矛盾日益突出，这些因素都制约着我国农业的继续发展。要解决这些问题，保证农业再跨上新台阶，从根本来说必须依靠科教兴农，就是使农业的增长转到依靠科技进步和提高农民素质的轨道上来。在过去的

---

* 这是李鹏同志为《农民实用技术教育读本》一书所作的序言。

几十年内，我国的广大农业科研人员、农业技术推广人员经过不懈的努力，研究开发和推广普及了一大批先进、实用的农业科技成果和技术，对我国农业的发展起到了巨大作用。面对新的形势，我们要比以往更加注重依靠科技进步，加速现有农业科学技术的推广与普及，并使之尽快转化成现实生产力。

推动我国农业科技进步，提高科技在农业增产中的贡献，必须提高广大农民的科技文化素质。作为一个现代农民，应该更多地掌握一些基本的农业科技知识，武装自己的头脑，变“种田靠经验”为“种田靠科技”、“致富靠科技”。在有些发达国家，农民种田必须具备一定的科技知识，必须经岗位培训取得相应的证书才能务农。我国虽然也开展了“绿色证书工程”，但还不够普及。希望广大农民积极响应党和政府的号召，多学一些科技知识，多掌握几门实用技术，为致富奔小康，同时也为国家经济发展多作贡献。

要提高农民的科技文化素质，提高农民科学种田水平，就要有一批好的教材，这本《农民实用技术教育读本》正是适应这一需要而编写的。它是由农业部组织农业各方面的专家，根据多年从事农业科学技术开发与推广工作的实践，精选出的一部分适合于当前农村和农民应用的实用技术。各地领导和广大干部要在抓好农民思想政治教育的同时，把科学技术普及作为对农民教育的重要内容，积极引导农民学习科技知识，在农村形成人人学科学、人人用科学的良好风尚；一定要利用各种形式有计划有组织地对农民开展科技培训，对于一些有条件的农村，可以开办农民技术学校和专题培训班，使之成为科学技术学习和传播的阵地。

我们认为，只有农民的科技素质提高了，科学技术才能发挥越来越重要的作用，我国的农业现代化才可能实现，到本世纪末农民达到小康生活水平才能成为现实。

用好作品鼓舞少年儿童奋发向上*

（一九九五年十二月九日）

你社制作的大型彩色卡通连环画《中华少年奇才》收到了，谨表示感谢。

这部作品的意义在于，通过卡通连环画的艺术形式，生动描绘了数十名中国古代杰出人物少年时代奋发向上的精神，以教育我们当今少年儿童努力学习，为建设祖国掌握更多的本领。你们的工作很有意义。

我衷心希望你们和其他文艺工作者，继续关心少年儿童的健康成长，创作出更多能鼓舞他们奋发向上的好作品。

---

* 这是李鹏同志致浙江人民美术出版社信的主要部分。

学好本领，为改变家乡面貌作贡献*

（一九九五年十二月二十日）

你们来自革命老区，有机会到祖国的首都北京学习，这是难得的。希望你们千万不要忘记自己的故乡，你们应当经常向父老乡亲写信，汇报自己的学习情况和如何克服学习中遇到的困难。

每一个同学的健康成长、学习进步，需要有社会各界的支持、叔叔阿姨的帮助、教师的谆谆教导等外部条件，这当然是重要的，但是，能否真正做到德、智、体全面发展，则要靠自身的努力和勤奋。

相信你们会牢牢记住，自己现在的任务就是学知识、长本领，将来要为改变家乡面貌，建设伟大祖国作出贡献，做一个诚实勇敢、敢教日月换新天的人。

---

* 这是李鹏同志和夫人朱琳同志致在京学习的老区学生信的主要部分。

留学人员报国有门*

（一九九六年二月七日）

今天，很高兴跟参加留学回国人员成果汇报暨慰问活动的代表见面。首先我代表党中央国务院、代表江泽民主席向大家问好。新春即将到来，向大家拜个早年。

自从改革开放以来，我们党和政府坚持实行向外派遣留学生的政策。实践证明，这个政策取得了很大的成功。到现在为止，我国公派留学、自费留学和出国访问学者已近二十五万人，其中有八万多人学成回国，工作在我们祖国的各条战线上，取得了很大的成果，为我国的社会主义现代化事业作出了贡献，许多成绩优秀的工作有成就的同志，已经获得了高级职称。所有这一切都说明，我们制定的“支持留学，鼓励回国，来去自由”的留学生政策，是完全正确的。世界上各国各界的知名人士，不论其意识形态和我们是否一致，或在这个或那个问题上与我们有不同的看法甚至某些偏见，但有一条是世所公认的，就是中国的经济在发展，社会在进步。党中央制定了今后五年和十五年的发展蓝图，中国经济将在今后十五年里保持良好的发展势头。现在各方面都需要人才，这为我们留学人员学到本领后回来工作创造了良好的

* 这是李鹏同志会见出席“留学回国人员成果汇报暨慰问留学回国人员活动”代表时的讲话。

机遇，可以说报国有门。中国经济正在实行“两个根本性转变”，即经济体制的转变和经济增长方式的转变。中国经济的增长和社会的发展，归根到底要依靠科技进步和人员素质的提高。我们将继续执行中央制定的留学生政策，欢迎在国外学有所成的留学人员回来为祖国服务。当然，有些留学人员由于这样或那样的原因，需要在国外继续求学，或在国外找了适当的工作，这也是允许的，是可以的。不论用什么方式为祖国服务，大家的目的应是一个，就是要使我们伟大祖国富强起来，使人民生活有更大的提高。希望大家在已经取得成果的基础上，继续努力，为伟大祖国的繁荣昌盛作出新的贡献。

关于实施科教兴国战略*

（一九九六年三月五日）

面向经济建设，加快科技进步。在当代条件下，科学技术作为第一生产力的作用越来越突出，成为推动经济社会发展和国家强盛的决定性因素。经济建设必须依靠科学技术，科学技术工作必须面向经济建设。一是促进技术开发和应用，加速科技成果商品化和产业化，自主开发和引进、消化先进技术相结合，集中力量解决经济社会发展中的重大和关键技术问题。二是积极发展高新技术及其产业，在一些重要领域接近或达到国际先进水平，应用高新技术改造传统产业，切实办好高新技术产业开发区。三是加强基础性科学研究，瞄准世界科技前沿，攀登科技高峰，力争在优势领域有所突破。在社会发展领域，要加强计划生育、重大疾病防治、环境保护、资源综合利用和再利用、防灾减灾等技术的研究和应用。深化科技体制改革，促进科研、开发、生产与市场的结合。按照“稳住一头，放开一片”的方针，合理分流人才，优化科研组织结构。加强科研院所、高等院校和企业之间的联合。鼓励大型企业建立技术开发中心，努力使企业成为技术开发的主体。加强知识产权保护，发挥专利制度

---

* 这是李鹏同志在八届全国人大四次会议上所作的《关于国民经济和社会发展“九五”计划和二〇一〇年远景目标纲要的报告》的一部分。

的作用。

优先发展教育，提高国民素质。这是我国现代化事业的百年大计。二〇〇〇年全国要基本普及九年义务教育，基本扫除青壮年文盲，在经费和师资等方面要予以保证，并加强对贫困地区的支持。高等教育发展规模要适度，着重提高教育质量和办学效益，重点建设好一批高等学校和学科。积极发展多形式、多层次的职业教育和成人教育。优化教育结构，使普通教育和职业教育的比例更加合理。加快教育体制改革，积极探索与我国改革和发展相适应的办学机制和办学模式。鼓励社会力量办学，逐步形成政府办学为主与社会参与办学的新体制。提倡多种形式的联合办学，优化配置教育资源。各级各类学校都要加强和改进思想政治教育，全面提高学生素质。重视师资队伍建设，全面提高教师素质，改善教师的工作、学习条件和住房等生活条件。教育要面向现代化，面向世界，面向未来，培养大批优秀人才。

优先发展教育，提高国民素质*

（一九九六年三月七日）

政协委员们就发展我国的教育事业提出了许多很好的意见，有一些是关于教育大政方针的，也有一些是具体问题，均应引起各级政府特别是教育部门的重视。针对不同情况，要经过细致的调查研究，认真地加以解决。中国这么大，在国家统一的方针政策下，有些问题不能搞一刀切，要采取多种行之有效的措施，因地制宜地去解决。

实施科教兴国战略和可持续发展战略，优先发展教育，提高国民素质，已写进了《国民经济和社会发展“九五”计划和二〇一〇年远景目标纲要（草案）》，这是保证我们向现代化迈进的重要方针。现在大家对以经济建设为中心的认识已经比较深刻了，还要进一步明确以经济建设为中心和实施科教兴国战略之间的重要关系。

学校是培养人才的地方，要把培养德智体等全面发展的社会主义的建设者和接班人作为最中心的任务。我国社会主义建设事业任重道远，各行各业都需要接班人。学生们既要有远大的志向，又要有丰富的知识和劳动的本领。尽管我们的大中小学还有不少不尽如人意的地方，我们的教育工作还有许多困难和失误，但总体上是在发展、在前进的，广大青

* 这是李鹏同志参加全国政协八届四次会议教育界联组讨论会时讲话的要点。

少年学生是蓬勃向上的。现在，实践使大家越来越清楚地看到，我们已经找到了一条适合中国国情的正确的发展道路，这就是有中国特色的社会主义道路。随着跨世纪宏伟蓝图的实施，在以江泽民同志为核心的党中央的领导下，经过全国人民的团结奋斗，二十一世纪初到世纪中叶，我国的综合国力就会比现在大大增强，同时也将为教育事业的进一步发展打下更好的物质基础。

我国的教育工作也面临两个转变问题。学校的教学、科研等应该更加适应社会主义市场经济对人才的需求，同时还要通过深化教育改革努力提高办学效益，提高教学资源的合理配置和利用率。要更加重视基础教育和职业教育。

实践证明，我国的“支持留学，鼓励回国，来去自由”的留学生工作方针是正确的。我们欢迎出国留学的学生学成后回来报效祖国，并努力为他们创造较好的工作和生活条件。我们已经根据一位留学回来的学者的建议，每年从国家预备费中拨出三千万元，资助中青年科学工作者的科研项目，其目的也是想为他们提供一个较好的工作环境。

各级政府要认真落实《中国教育改革和发展纲要》的规定，逐步提高国家财政性教育经费支出占国民生产总值的比例，本世纪末达到百分之四，各级财政支出中教育经费所占的比例平均不低于百分之十五。国务院、国务院有关部门、各级地方政府，都要按照《纲要》的规定，保证对教育的投入，做得好不好，有没有达到要求，欢迎大家监督。

要依靠科学和教育发展生产力*

（一九九六年三月十八日）

今天是国家科技领导小组第一次会议。刚才大家进行了讨论，现在我讲几点意见。

首先谈谈科教兴国战略问题。八届全国人大四次会议通过的《中华人民共和国国民经济和社会发展“九五”计划和二〇一〇年远景目标纲要》，为我们确定了一个宏伟目标，即：到二〇〇〇年实现人均国民生产总值比一九八〇年翻两番，到二〇一〇年实现国民生产总值比二〇〇〇年翻一番。我们依靠什么条件来实现这个目标呢？当然条件很多，其中很重要的一条，就是要依靠科学和教育来发展生产力。

因此，《纲要》将科教兴国提到很高的地位。在两个根本性转变中，经济增长方式的转变实际上就是要依靠科技进步、科学管理和劳动者素质的提高；经济体制的转变，也包括如何进一步深化科技体制改革的问题。尽管经过十几年的努力，科技体制改革取得了很大的成绩，探索出一些新的路子。但是，如何适应今天的新形势，如何充分发挥科技机构和人才的作用，仍面临着进一步深化改革的问题。

在旧中国，很多知识分子梦想着“科学救国”、“教育救国”。但是，如果不搬掉三座大山，不建立新中国，科学救

---

* 这是李鹏同志在国家科技领导小组成立暨第一次会议上的讲话。

不了国，教育也救不了国。同样，今天也只有在坚持小平同志提出的走有中国特色社会主义的道路，坚持党的一个中心、两个基本点的基本路线的前提下，科技和教育的发展才能兴盛我们的国家。没有这个大前提是不行的。

建国以来，特别是改革开放十八年来，我国的科技工作已经创造了一套比较完整的理论、方针和政策，其核心就是小平同志讲的“科学技术是第一生产力”的理论。人类社会发展的历史也证明了这一点。人类历史上几次大的社会进步都是与科技的发展紧密相关的，蒸汽机、电气化、原子能以及信息技术等都推动了社会生产力的发展。科学技术要成为第一生产力需要有两个条件：第一是必须实现向现实生产力的转化，光是科技研究成果本身还不能成为现实生产力；其二，成果转化以后还要看它对生产力提高的程度和带来的效益。这应作为衡量科技工作的标准。

在科技工作中，我们应坚持下面五个方针：

第一，经济建设必须依靠科学技术，科学技术工作必须为经济建设服务，努力攀登科学技术的高峰。这是基本方针，也是最重要的方针。这条方针是针对我们过去科学技术与经济建设相互脱节的问题而提出的。在发展社会主义市场经济的过程中，又赋予了它新的含义，那就是科技工作必须以市场和需求为导向。

第二，要坚持科技工作的协调发展。我们的科技工作大体可以分为三个层次，一是基础科学研究，它包括纯基础科学研究和应用基础科学研究；二是应用科学研究；三是科技的推广工作，这是科技转化为现实生产力的重要阶段，是科技工作的一个有机组成部分，因此要有一大批科技人员从事这方面工作。

这三个方面是有机联系的整体，要互相促进、协调发展。

第三，要深化科技体制的改革。目前，世界上有各种不同的科技体制。一种是原苏联式的高度集中计划型。它以独立的科研院所为主体，主要从事科研工作，这也是我国目前的主要科技体制。第二种是美国式，主要在高等学校中进行大量的科研工作。第三种是以日本和西欧为代表，其科研工作基本上在企业集团中进行，企业集团不仅从事应用开发，也进行基础科学的研究。这三种形式在所有的国家中都可能同时并存，但其中一种是主体。中国科技体制改革的方向，是把科研主体逐步由科研院所转移到企业中去。这里讲的转移不是指科研队伍的简单转移，而是工作任务的转变。以往一些同志曾经有过比较天真的想法，将一些科研队伍简单地合并到企业中去，这个设想没有走通。一些科研院所坚持“稳住一头，放开一片”的指导原则，在科技体制改革中积极探索，走出了一条成功之路。这只是改革的一个方面。我们要逐步发展一批有一定科技开发能力的大型企业集团。将来可以把基础性研究工作留在科研院所和高校，大部分应用、开发性的科研工作放在企业。但在目前的情况下，还是要几方面同时并举，科研院所、高等学校和企业都要充分发挥自己的长处和优势，积极进行探索。

第四，要联合各路科技力量，充分发挥各自的作用。中国的科技力量以五种形式分布在社会各个领域。一是国家和部门的专业科技力量；二是高等院校，在基础科学方面这是一支很强的力量；三是企业的研究开发力量，一些企业（如一汽）本身就有强大的技术力量和研究所；四是军事科技力量；五是社会上的一些科技力量。应该把这五种力量很好地联合起来，发挥各自的作用。

第五，要集中力量办成几件大事。我们是社会主义国家，政府对经济和社会发展各项工作负有进行宏观调控的责任。目前我国科技的总体水平虽然还比较落后，但只要我们集中力量攻关，在某些领域是可以进入世界先进行列的。

大家对科技工作的重点问题提了不少看法，我也赞成下次会议应专门讨论一下“九五”时期科技工作的重点问题，可以是领域的重点，也可以是重点项目。

这次制定《纲要》，我们没有像以前那样专搞一个开列具体项目的本子。除个别重大的、长远的项目以外，对行业的发展实行总量控制。在选择“九五”科技重点的时候，也不要搞罗列项目的本本，防止出现各地跑项目的现象。今后我们这个高层次的国家科技领导小组，也不管批准项目。否则，就变成代替国家计委、国家科委的机构了，整天处理项目及其资金来源问题。这种老的工作方法一定要改变。在根据国民经济发展需要挑选重点的同时，要注意发展的总量，把方向选准，这是非常重要的。

发展科技需要投入，这点毫无疑问。但要改革投入方式，集中力量把有限的资源用到关键点上。我赞成研究开发经费占国内生产总值在二〇〇〇年达到百分之一点五。但问题在于把着眼点放在什么地方。不能只是依靠国家财政，还要依靠企业和社会力量。如果把着眼点也放在调动企业的积极性上，要达到这样一个投入目标并不是很困难的。当然，财政投入是一个重要方面，要随着经济的增长而有所增加。但财政也包括两个方面：一个是中央财政，另一个是地方财政。目前，中央财政在国家财政总量中的比例正在下降，完全靠中央财政投入是不行的，必须注重发挥中央和地方两个积极性。在要求中央财政增加科技投入的同时，也要求地方财政每年在投入上有所增长。

关于科技工作的重点问题，我讲几个重点方向。

第一是农业。农业的课题很多，农林牧副渔都在这个范围之内。今天我重点讲一下粮食问题。到本世纪末，我国的粮食要增产一千亿斤，这是我们奋斗的方向，各方面都进行着不懈的努力，你们的汇报中也有一些措施，主要是良种、化肥和灌溉。其实这只是第一个一千亿斤。我国还有第二个一千亿斤，不过这个问题还没有正式讨论过。我们可以设想在下一个世纪头十年，中国要净增一亿人口，还有一个一千亿斤在等待着我们去奋斗。第二个一千亿斤必须提前开始做准备，因为农业从投入到产出需要有一个较长的周期。

第二是国民经济发展中的难点。基本上是大家刚才讲的基础产业、支柱产业中比较突出的问题，像能源、交通等。

第三是信息产业。信息产业有广阔前途。信息已经进入家庭，这是一个很大的市场。信息产业将为促进我国国民素质和生产效益的提高发挥重大作用。在信息产业方面，要正确处理好两方面的问题：一个是软件和硬件的关系问题。没有适合我们需要的软件，硬件也不可能发挥作用。另一个是信息源和网络的关系问题。要充分利用公用网络资源，并辅以一些专业网络。目前国内共有九至十个需要发展的全国性网络系统，科技网络是其中之一。这些网络的通道应是公用的，不能各搞各的通道。如果各行各业都要建立自己的通道，势必造成巨大的浪费。

第四是军事工业。在一定时期内，我们还是要做好打赢一场高技术条件下的局部战争的准备。发展军事高科技要根据我们的力量，有所为，有所不为，充分发挥我们的优势。在这方面有很多工作可以做。

第五是对外贸易。进一步对外开放，要求我们的产品在国际上要有竞争能力。提高我们的国际竞争力，必须依靠科技进步。没有科技进步，我们将很难自立于世界竞争之林。

还有前沿科学。在基础研究方面，我们不可能样样争取在世界上领先。但是根据我们的优势和条件，在某些前沿科学方面，也可以处于世界领先地位。

至于刚才提到的关于三峡、京九沿线等一些新经济区域的发展问题，属于经济发展或社会发展的范畴。不应该列入科技计划，但其中一些涉及科技的项目可以列入重点。

我们的科技工作有过很多好的方法，在改革开放过程中又出现了一些新的适合于市场经济的方法。这些好方法都应该继续加以坚持和发扬。

第一是我们的联合攻关。从建国初期我们就采用这种方法，把各方面的科技力量组织起来，针对重点项目集中优势兵力打歼灭战。这也充分体现了社会主义的优越性。

第二是群众性的活动。其中比较成功的典型就是“星火”计划。“星火”计划在扶贫和促进乡镇企业发展等方面都发挥了较大的作用。

第三是基金制。现有的自然科学基金、国家杰出青年科学基金和其他科技基金，也是市场经济的一种办法。刚才大家谈到了“稳住一头”，要求稳住十万人。请你们研究一下，用什么办法来稳。是按人头给人头费，还是用项目的方法？项目的办法就是通过专家评定，确定若干个基础研究项目，用基金的形式来稳住这支队伍。实行青年科学基金制度，主要是针对留学生，但也包括国内有成就的青年科技工作者。对于留学生，我们的政策是“支持留学，鼓励回国，来去自由”这十二个字。这主要是考虑到目前我国的发展水平还赶不上发达国家，在某些方面还提供不了从事科研工作的良好条件，同时有些专业国内还没有开展科研工作。着眼于未来发展，采取了这“十二字方针”，实践证明这是正确的。中国留学生利用国外提供的条件学成了，一方面对世界科学技术的发展作出了贡献，将这些成果通过不同形式转移到国内来，也能促进国内科技和经济的发展。现在的问题是要为回国的青年学者提供更好的工作和生活条件，特别是住房条件。

第四是合同制。它使高等院校、科研部门、企业及基金会之间通过合同的办法加以联系，通过这种方式使科研工作走向市场。

第五是在这些诸多的方法之间，现在又出现了高新技术园区。科研机构自己办工厂，到科技园区从事开发，进行产业化，既有科研又有产品。这种方法避免了因改革引起大的震荡。我们既不能用德国的办法，让原东德的科研机构破产、科研人员失业，然后再用社会保险基金把科技人员养起来，也不能采取前苏联的休克疗法。我们采用了一种适合于中国情况的、着眼于发挥技术人员作用的新路，这也是在改革中摸索出来的经验，应该把它继续办好。

高技术是相对的，它也要符合我们的整体发展方向和市场需求。当然高技术有些要超前一些，应该看到高技术对我国经济发展有超前的作用。所以，在我们所列的重点里面有大量高技术的成分。更确切地说，高技术、新技术、先进技术、实用技术，都应该成为我们关注的焦点。现在中国农业最大的问题是缺水。我们要学习采用以色列的喷灌、滴灌技术。这个技术不能说是高技术，而是先进技术。先进技术拿到中国以后，转化为实用技术，于是出现了中国式的滴灌技术。这项技术有什么科学上的研究价值？看不出来。但现在经过推广，却能大大提高生产能力，产生很好的经济效果。另一个例子是棉铃虫问题，现在已经成为华北地区棉农的困难问题，其重要原因就是棉铃虫产生了抗药性，一般农药没办法消灭它。现在应用生物工程，正在培育一种能抗虫的新棉花品种，这是高技术，大量推广就是一种实用技术。二系法水稻是高技术，但它的大面积推广，就是实用技术。所以，我们既要重视高技术，又要重视新技术、先进技术和实用技术。要以是否能提高生产力，是否能提高经济效益作为衡量的标准。

领导小组的任务就是六个字：协调、研究、决策。协调就是协调中央、国务院各部委之间的关系。研究就是讨论科技工作中的一些重大改革方针和重大项目，决定科学发展的方向。我们不仅要研究科研项目，还要研究科技体制改革，改革可以进一步调动各方面的积极性，增加社会对科技的投入。决策分为两个层次：科技领导小组决策和更高层次的决策。某些重大问题要提交国务院常务会议或中央财经领导小组来作出决策。

科技领导小组建立以后，工作不要流于形式。要能够真正在改革方面、重点项目方面有所推进。不要求大，也不要求全，只求真正干几件实事，扎扎实实地做点工作。

打好教育基础，提高科技水平*

（一九九六年四月四日）

展览给我一个很深的印象，就是社会主义制度可以集中力量办大事。我们是发展中国家，但能够取得这些科研成果，就是我们能够集中人力、物力联合攻关，这体现了我们社会主义制度的优越性。

在信息系统方面，我们一定要重视软件开发。利用国际上的有利条件，创造我们自己的发展条件，利用国际市场开展我们自己的事业。

要正确处理基础科学、应用基础科学和应用科学之间的关系。很多方面，我们还处于初始状态。但只要我们抓准方向，坚持不懈，我相信，星星之火，将来可以燎原。基础科学研究中的某些发现，最后可以推动生产力大的发展。

“八六三”计划实施后，我们的科学技术提高了很大一步，一个很重要的原因，就是我们有一个教育基础，培养了大批人才。有了人才基础，再加上有效的组织，就能产生巨大的威力。“七五”起步，“八五”攻关，“九五”不仅是决战，要永无止境地搞下去。

---

* 这是李鹏同志参观“八六三”计划十周年成果展览时讲话的要点。

在中国科学院第八次院士大会和中国工程院第三次院士大会开幕式上的讲话

（一九九六年六月三日）

各位院士，同志们：

首先，我代表党中央、国务院热烈祝贺中国科学院第八次院士大会和中国工程院第三次院士大会隆重开幕！对两院院士历年来为祖国现代化建设作出的重大贡献，表示衷心的感谢和亲切的慰问！

今年的全国人大会议已通过了《国民经济和社会发展"九五"计划和二〇一〇年远景目标纲要》。这是一幅跨入二十一世纪的宏伟蓝图。到二〇〇〇年我们将全面完成现代化建设第二步战略部署：实现人均国民生产总值比一九八〇年翻两番；基本消灭贫困现象，人民生活达到小康水平；加快现代企业制度建设，初步建立社会主义市场经济体制。到二〇一〇年，国民生产总值比二〇〇〇年翻一番，使人民的小康生活更加宽裕，形成比较完善的社会主义市场经济体制。在推进经济改革和发展的同时，社会主义精神文明和民主法制建设要取得显著进展，实现社会全面进步。这个跨世纪的目标，表达了全国人民的心愿和中华民族自立于世界民族之林的坚强意志。

要实现"九五"计划和二〇一〇年远景目标，关键在于推进两个根本性转变和实施两项基本战略，这就是经济体制从传统的计划经济体制向社会主义市场经济体制转变，经济增长方式从粗放型向集约型转变；科教兴国战略和可持续发展战略。必须看到，实现两个根本转变特别是经济增长方式的根本转变，是一个非常艰巨的任务，需要下很大的力量。归根到底就是要加快科技进步，提高科技因素在经济增长中的含量，大力发展教育，培养德、智、体全面发展的各类人才，全面提高劳动者素质，发展生产力，提高综合国力。

当今世界上，各发达国家和发展较快的国家，无一不在加紧发展科技，特别是高新科技。科技水平已经成为衡量综合国力的重要标志。当前，我国经济和社会正处在高速发展阶段，对科技开发，尤其是对高新科技的开发利用，有着更急切的需求。为此，两院院士都肩负着艰巨而又光荣的任务。

中国科学院是我国科学技术方面的最高学术机构和自然科学、高新技术的综合研究发展中心。中国工程院是我国包括农业和医药卫生工程在内的工程科技界的最高学术机构。党和政府期望两院院士对经济和社会发展的重大科技决策积极提供咨询建议，促进国家宏观决策的科学化、民主化。两院建院宗旨有所区别，工作重点也不相同，这是社会分工的需要。比如，中科院院士，主要任务是组织开展基础科学研究和应用基础研究，开展重大科技攻关。另外，就是培养高层次科技后备力量，培养科技学术带头人。工程院院士，主要任务则是开展应用和开发研究，高新技术的攻关研究，使科学技术向现实生产力转化，并在国家重大工程规划和建设方面提出意见和技术支撑。当然，培养和训练高新技术队伍和带头人，也是工程院院士当仁不让的责任。两院分工虽然有所不同，但总目标一致，工作任务往往前后衔接，互相渗透。因此，两院之间应紧密合作，加强协作，以充分发挥两院的综合作用。

回顾过去的经验，搞好科技工作，要做到“五个坚持”，这就是：一、坚持经济建设必须依靠科学技术进步，科学技术工作必须为经济建设服务，努力攀登科学技术高峰；二、坚持科技工作协调发展，做到基础科学研究、应用科学研究、科学技术的开发利用和推广，互相促进；三、坚持不断地进行深化科技体制改革，探索并建立起适合于中国实际情况的社会主义市场经济的科技体制；四、坚持各路科技力量联合作战，大力协同、综合集成，充分发挥各自的优势和作用；五、坚持发挥社会主义制度的优势，集中全国力量组织攻关，办几件大事。

“九五”计划和十五年规划的确立，为两院院士提供了展示聪明才智的广阔天地。在基础科学领域，中国可以在某些有优势的方面达到世界先进水平。中国正在进行一系列规模宏大的建设工程，采用高新技术全面改造老企业。在应用科学和工程技术领域，中国完全有可能在世界上达到领先地位。

两年来，党和政府对发展科技事业做出了一系列重大部署，召开了全国科技大会，提出并部署实施科教兴国战略和可持续发展战略；成立国家科技领导小组，以加强协调工作，促进科技体制改革，研究制定重大科技决策，组织重大科技项目攻关，等等。这一切表明，以江泽民同志为核心的党中央，正在把邓小平同志“科学技术是第一生产力”的论断变为扎扎实实的行动。我相信，中国科学院、中国工程院一定能够为我们的科技、经济和社会发展作出更大的贡献！两院院士一定能够团结广大科技工作者，创造更多的科技成果，培育更多的科技人才！

预祝两院院士大会圆满成功！

加速科技成果转化必须突出重点*

（一九九六年六月十七日）

国家行政学院和国家科委联合举办的加速科技成果转化专题研究班，题目选得很好。举办省部级干部研究班，对政府工作中普遍关心的重大问题进行专题研究，这种形式也是好的。大家既是学员，又是老师，理论联系实际，交流经验，互相启发，开拓思路，学有所得，回去就能更好地开展工作。希望国家行政学院继续努力，把这种研究班办好。

“九五”计划和二〇一〇年远景目标确定了两个增长，两个转变，两个战略。认真实施科教兴国战略和可持续发展战略，围绕实现两个根本性转变，大力推进科技进步，这是中央的重大战略部署。实现两个根本性转变，特别是实现经济增长方式的转变，关键在于加快科技进步，提高科技因素在经济增长中的含量。促进科技经济一体化，是当今世界科技和经济发展的主潮流。在我国，能否提高经济增长的质量和效益，也取决于经济与科技结合的紧密度，在激烈的国际竞争和严峻的挑战面前，我们应该有强烈的责任感和时代的紧迫感，必须站在全局的高度抓科技，充分发挥科学技术在经济建设中的作用，促进我国经济实力、综合国力、人民生

---

* 这是李鹏同志与国家行政学院和国家科委联合举办的省部级干部加速科技成果转化专题研究班学员座谈时的讲话。

活水平尽快上一个新台阶。大家的发言，很有针对性，不仅分析了当前科技成果转化的现状和存在的问题，而且提出了一些积极可行的建议。下面我讲几点意见。

一、发展农业必须依靠科技进步

农业问题至关重要，民以食为天。农业与人口密切相关，与可持续发展战略也密切相关，谈到人类的生存状况与农业发展状况的依赖关系，必然涉及资源、环境和人口增长等问题。

农业问题对我国来说尤为突出。一是人口众多，而且不断增长；二是土地资源确实有限。我国九百六十万平方公里国土，耕地为二十亿亩，约一百三十多万平方公里，只占国土面积的七分之一多一点。有三分之一的土地是沙漠。要增加一些耕地，虽然还有一定的潜力，如黑龙江的三江平原，南疆和北疆，湖南、江西有些丘陵地带，吉林的白城地区，都可以开发，还有些滩涂可以搞围海造田等，再增加一两亿亩耕地是可能的，但可开发土地的总量是有限的。我们的人口还在不断增加，所以吃饭问题成了党和政府、全国人民关注的一件大事。现在国际上有人散布中国威胁论，一是说中国的经济发展很快，经济和军事力量不断地增强，将对世界构成威胁；一是说中国人口越来越多，粮食不能自给，就得进口，势必抬高国际市场的粮价。从而引起一些发展中国家的恐慌。当然，这种说法是毫无根据的，别有用心的。但是农业问题、粮食问题确实值得我们重视。可以说，中国的根本问题在农村，农村问题的关键在人口和粮食的增长。刚才黑龙江省同志的发言，使我想起两组数字。一组数字是粮食增长数：黑龙江省粮食增长第一个一百亿斤经过了十七年，第二个一百亿斤用了七年，第三个一百亿斤只经过四年，第四个一百亿斤可能只需要三年。前两个一百亿斤的增长主要是靠增加种植面积和政策的调整，调动了农民的生产积极性，后两个一百亿斤则主要是靠科技进步。另一组数字是我国的人口增长数：最快的五年增加一个亿；改革开放后十八年来，七年增加一个亿；到下世纪，争取达到十年增加一个亿。如果按照这两个数字增长，那我们的人口与粮食就可以逐步形成良性循环。

粮食的增长靠什么？一靠政策，二靠科技，三靠投入。投入也包括科技投入，教育投入。政策也包括科技政策，特别是那些把科技人员留在农村，发挥他们的作用，促进科技成果转化的政策。刚才有的同志提出从农副产品收购价格中提取一定基金，扶持科技队伍。这个建议可以考虑。但要从根本上解决问题，还是要农业形成一个良性循环的机制，使科技人员在农村不仅能养活自己，而且能有较多的收入，那样，农村科技事业就发展起来了。能不能考虑把农业技术推广站和种子站结合起来？有的同志甚至建议，把供销合作社与农业科技队伍融合起来，使农业技术推广站实行有偿服务。当然，承包也是个办法，由推广站去承包。今年收割小麦时，一些地方的农民自发组织起来，联合租用大型收割机械，这是一个新生事物。这不单是一个节省劳动力、提高机械利用率的问题，也是抢时间、龙口夺粮的需要。现在，联合收割机的队伍从南往北跑，规模越来越大，有的地方老百姓堵在村口不让过去，非让收割庄稼不可。看来，这个问题到了该组织起来的时候了。

现在培养的农技人员掌握的知识技术很单一，专业性很强，而农村更欢迎的是综合性科技人才，要有多方面的知识，什么都得会干，既会养猪，又会养鸡；既会种果树，还会种水稻、棉花，防止病虫害，等等。要培养一批土生土长、能扎根农村的中等科技人才。可以采取自费的办法，将部分农民送到培训班培训，或送到中等农业学校学习，使他们掌握多方面的农业科技知识，毕业后还回到农村。这样，农业的发展就有了后劲。

从这些年农村经济发展看，提高劳动者素质极为重要。同样的自然条件，种同样多的田，有的农民富裕起来了，有的不行，原因在于人的素质不同。我和李岚清同志商量，在农村的基础教育里面，对高年级的学生应该增加一些职业教育。有的地方没条件普及初中教育，只能普及小学教育。可在小学之后加一年职业教育，或从六年级就开始增加农业技术的教学内容，以便学生毕业后，把学到的知识直接用于农业生产、家庭致富上去。

种子是发展农业生产的重要问题。农业部长提出搞一个大的“种子工程”，“九五”期间将种子全部更新一次。“种子工程”可以与农技推广站结合起来，这样还有利于解决农业科技人员在农村生根的问题。

大力推广适用技术，将对农业生产发展起到关键性作用。一个薄膜，一个化肥，称得上是农业上的白色革命。东北以前冬季养猪不长膘，困难时期东北人到北京买肉。现在解决了，就是有了个塑料大棚。薄膜技术的应用，为高寒地区农业生产提供了很广阔的发展前景，原来海拔八百米以上的高寒地区，玉米亩产最多二百至三百斤，采用薄膜后，达到七百至八百斤。但另一方面还要设法解决塑料污染问题。关于化肥有三个问题值得注意：一是合理施肥；二是氮磷钾比例问题；三是怎么配合使用农家肥。特别重要的是合理施肥，科学施肥。

水利是农业的命脉。水多成涝，水少成旱，旱涝交替，影响了农业发展。我们国家大体上平均五年中有一个灾年、两个平年、两个丰年，这是一般的规律。平年受灾面积百分之十左右，约两亿亩。灾年，主要是旱灾。水灾损失虽然也大，但多是局部性的。如何与旱灾作斗争，这是农业战线的一个大课题。这个问题在世界上并没有从根本上解决。我国是缺水国家，节水方面有很多创造。目前的先进技术是用计算机控制喷灌、滴灌，但我们的大多数农村用不起。到以色列考察的同志回来说，以色列的喷灌和滴灌技术成本太高，不宜大面积用于农田。现在中国搞的喷灌滴灌技术，在原理上与以色列相近，但成本不高，难度不大，且很有效，便于推广。在节水方面还有一系列可采用的技术，如用塑料管道输送。用传统的渠道输水，要损失百分之三十，现改为塑料软管输送，仅此一项措施就可以节水百分之三十。甘肃的“一二一工程”，利用农民房屋院落的面积，建两个水窖，积存雨水。一百平方米居住面积，两口水窖可供一家人饮水，种一亩地。

怎样提高复种指数，很值得重视。南方有些地方，是一年三种、四种，有的地方甚至五种，重庆搞了再生秧，无形中就增加了一季庄稼。东北以前只是辽南地区种点水稻，现在水稻已发展到黑龙江了，三江平原开始种水稻。东北水稻采取旱育稀植，是从日本引进来的技术，到我国又有了发展和创造，现在已推广到南方。现在有人提出，东北能否种冬小麦，如果试验成功，可以使一季变为二季或一季半，如果从辽南地区开始种冬小麦，然后夏季再种一季玉米，粮食产量就能大幅度提高。冬小麦产量大大高于春小麦，面筋含量也高。即使玉米不能成熟，也可成为青饲料，发展养殖业。如东北的耕地逐步推广两季庄稼，相当于大幅度增加播种面积。现在北方棉花产量较低，虫害严重。新疆发展棉花前景较好，气候条件适宜，产量高、品质好，虽然也有棉铃虫，但比较容易防治。

我国在发展农业方面，群众有一系列发明创造，再加上现代的科学技术，就可以有效地解决水的问题、种子的问题、病虫害问题。正确分析了我国农业发展的形势，就可以看出，中国人能够解决自己的吃饭问题。最根本的是我国还有三分之二的耕地为中低产田，发展潜力还很大，进行技术改造，可增产大量粮食。本世纪末以前要增产的第一个一千亿斤，已落实到省。二〇一〇年前要再解决增产第二个一千亿斤的问题。中国农业的大发展，必须依靠科技进步，别无其他选择。

二、要把企业作为科技成果转化的主体

科研院所研制、开发新产品，一定要以适当的方式与企业相结合，同时必须看准市场。北大方正集团是由北京大学创办的，集中了一批人才，自己干企业，看准了市场，开发了产品。激光照排技术在国内外都有很大的需求，可以说促

进了印刷业的革命。他们之所以能发展，关键就在于把高新技术转化为生产力，产品又有广阔的市场，使企业具有了旺盛的生命力。再如，镍氢电池，可能有两大用途：一是微电子的电源，优点是寿命长；另一个主攻方向是用于电动汽车。这类的项目，至少要和一个有主导产品的企业相结合，或者成为它的一部分，才能解决开发资金等问题。移动电话、寻呼机等无线电通信市场也方兴未艾，也有很大的市场。今年年初，我到杭州汽轮机厂考察。这是个有科技水平的企业，也是一百家现代企业制度改革试点企业之一。这个厂原来不算景气，但他们注重技术进步，引进了西门子的技术，并得到了专利，可以到世界上去销售产品。他们还有一条经验，就是注意开发市场，由总工程师负责开发市场。其实，世界上早就是这样，销售经理是公司最优秀的技术人员，他了解市场，了解用户的需要，可以解答有关产品的任何问题。现在我国的企业还没有普遍做到这一点。由此可见，技术开发的主体应该是企业。当然，不是每一个企业都要搞一个研究开发中心，但大企业或企业集团，可以集中人力、物力和财力搞技术开发，科研、设计人员可统一调配使用，更有利于开发适应市场需求的多种产品。对中小企业，可以搞一些为其服务的综合性科研开发和技术咨询机构。

市场经济条件下，产品总是有畅销的时候，也有滞销的时候。社会主义市场经济也是如此。目前，我国的家电产品已处于饱和状态，有关部门正在考虑外贸市场多元化战略，把家电产品推向国际市场，推到发展中国家去。希望企业家们瞄准国际市场，带资金、带设备出去，开发适合当地消费需求的产品。

中央一再强调科研开发这个环节，实际就是抓转化这个环节。抓转化就要把着眼点放在企业，企业密切联系着市场。一项新产品开发，需要一个漫长的过程。如电动汽车，外国人说是十年、二十年以后的事，到那时才能真正进入市场。即使技术上过了关，如价格太贵，也没有市场，同样得不到发展。

搞活企业是整个经济体制改革的中心环节。国有企业的改革与发展，对于巩固社会主义制度，实现三步走的战略目标，具有极为重要的意义。当前，从总体上说，国有企业改革仍然是整个经济体制改革的薄弱环节。不少企业活力不足，生产经营比较困难。但是，对企业如何看，不能一概而论，不能认为国有企业都不好，用“企业亏损面”来衡量整个国有企业也不科学，需要有一个科学完整的指标体系衡量企业效益的好坏，这项工作统计局和有关部门正在研究。当然，也要承认，确实有相当一部分企业技术陈旧，设备老化，产品落后，包袱沉重，由于各种各样原因造成亏损严重。解决这些问题从根本上说也是两条：一靠改革，二靠技术进步。这几年，我们提出了一系列方针和措施，如实行分类指导，搞好现代企业制度试点，加强配套改革，转变政府职能，等等。当前，要特别注意把深化企业改革、强化企业管理与推进企业技术进步、加速科技成果转化有机结合起来。我们经常讲，企业要有一个好班子，一个好机制，一个好产品。产品的更新换代，工艺、设备、技术的改进，就要靠科技成果转化，靠引进技术的消化、吸收和创新。

现在正在推广邯郸钢铁公司的经验，许多大企业都很重视。邯钢经验归结起来就是两条：一是成本核算，逐级分解到基层，使大家关心成本利益，成为职工的共同行动；二是技术改造。一九八六年我去过邯钢，那时产量不到一百万吨，技术比较落后。近些年经过大量技术改造，产量上来了，现在达到二百多万吨，并实现了百分之百连铸、连轧。由于各种消耗下降，成本也降低了，在市场上也有竞争力了。从邯钢经验可以看出，企业一要加强管理，二要推进科技进步。特别是制造业，无论是生产消费类产品，还是投资类产品，都要不断开发新产品，都要有自己的技术储备，否则是没有出路的，在竞争中非被打垮不可。

三、立足国情，突出重点，重视发展信息产业

加速科技成果转化必须突出重点，要抓住国民经济的基础产业、支柱产业中比较突出的问题。除农业外，还要重点抓好能源、交通、环保、高新技术产业等，使这些产业的素质和水平上一个新台阶。

信息产业是新一轮技术革命，是世界产业革命的一个标志。人类经历了蒸汽机时代、电气时代、原子能时代，现已进入以微电子为代表的信息时代。这方面我国起步并不慢，但被十年“文化大革命”耽误了，使我们的技术远远落后于世界先进水平。现在中央下决心，集中财力、物力，迎头赶上，建设“九〇九工程”[1]，开发零点五至零点三微米技术，并要求快速搞成。这是一个方向。我们靠通用性电子元件去国际市场竞争，不具备条件，缺乏竞争力。应主要发展满足国内机电工业、通信工业需要的微电子产品。将来九〇九厂是加工型的，可以为国内各种需求服务，根据用户的要

求，生产高集成度的专用电路元件，这是一条路子。

中国要把信息产业摆到应有位置，看不到这一点，我们就要落后。但中国毕竟有中国的国情，现在首先要满足人民消费需求，也就是衣食住行用，这是消费需求。还有投资需求，如水利、电力、交通等，市场非常大。这些东西发达国家已相对饱和，如法国发电装机容量有一亿多千瓦，五千万人口。他们电力公司总经理认为没有必要再发展，只是设备更新，保持现在的发电量就已经够用了。而中国的发电装机容量现在只有二点一亿千瓦，每人不到二百瓦，如达到人均一千瓦，需要十至十二亿千瓦的装机容量，电力需求相当大。还有住宅需求，现在居住条件也很差，全国人均不到十一平方米，三口之家才二十多平方米，显然是很低的标准。但满足这些需求，就要花很大力气，需要一个很长的过程。资本主义发达国家在发展时期有两大支柱产业，一是住，一是行。行是汽车，我国还没有提到议程。现在一部分汽车进入家庭，但大部分还是公用车。发展电子技术，可用于改造这些传统产业，以提高生产力，提高劳动效率，使我们用最小代价，满足人们的这些基本需求。

我国的信息产业，可以不走资本主义国家走过的弯路，直接利用先进技术，迎头赶上。这方面主要是三大技术：一是光缆，二是程控，三是卫星通信。这三大技术可促使我国信息产业在世界上占有一席地位。特别是光缆技术，最近发展很快。现在全国除拉萨外，已基本联网。而拉萨通光缆要比通火车、通公路容易得多。卫星技术，我们已能发射卫星，并利用卫星通信。程控技术也是方兴未艾。现在，电话的普及率全国不到百分之五。北京不到百分之三十，上海百分之三十多一点。每提高一个百分点，全国就是一千二百万门电话，每年以增加一千五百万门电话的速度发展，应该是没什么问题的。发展信息产业，我国具备条件，也掌握了技术，经费来源较充足，可形成良性循环。我们要建立若干个全国性信息系统，比如建立银行信息系统。现在银行每天要流动一千亿元票子，信息联网后，流通量就会大为减少，信用卡的普遍使用也可减少发票子。三角债的根本原因不在于票子发得多，而在于产品是否适销对路，产品畅销了就不会有三角债。如果建立全国监控系统，对每个企业都能监控的话，就有助于解决有意欠账问题，这种不良现象可大大减少。再如海关查处骗税、走私，如能实行全面计算机监管的话，这种情况会好转。其他如电力、铁路、石油、气象都有自己的信息系统。经济信息网络可延伸到每个县。总之，这三大技术的应用，必将使我国现代化水平提高一步。

四、加强领导，完善技术市场，多渠道解决投入问题

坚持小平同志提出的“科学技术是第一生产力”的理论，认真贯彻科教兴国战略，必须在抓落实上下功夫。各级政府要加强领导，切实解决对科技成果转化的认识问题，将科技工作摆上重要议事日程，一把手抓，一班人抓，各个部门都要抓。政府要转变职能，加强宏观调控，统筹规划，使科技目标与经济发展目标相统一，从体制上、政策上加以保证。当前，各经济综合部门要加强协调，集中力量办几件大事。要调动各方面的积极性，进一步制定、完善科技成果转

化的政策、法规。全国人大已通过了促进科技成果转化法，各地、各部门要认真贯彻执行。当前重要的是进一步明确和完善国家采购政策，解决科技成果工程化和引进技术消化、吸收、创新问题。

要进一步培育和规范技术市场，通过科技、经济体制配套改革，综合运用经济的、法律的和必要的行政手段，促进技术市场在规模、结构、水平和管理上有新的发展。要大力发展技术交易中介组织，提供有关融资、法律、技术评价与评估、技术咨询、市场调查、风险担保等配套服务。要推动技术市场与信息、人才、金融、产权等市场对接。继续开展“打假”，保护知识产权，保护科技成果转化的积极性，为科技成果转化创造良好的外部环境。

大家的发言都关心投入问题，这个问题很现实，没有投入就没有产出。再说，高科技有风险，企业一般不愿意承担这个风险。当然，国家可以拨一部分资金。原来想到二十世纪末全社会对科技的投入达到国内生产总值的百分之一点五。各级政府财政的投入，每年要随财政增长。但要从根本上解决投入问题，还要发挥各方面的积极性。一方面还是要发挥社会主义的优越性，集中力量办几件大事；另一方面，要提倡多渠道投入。把科技开发的主体放到企业去，也是为了更好地解决资金问题。另外，银行要给予支持，但要看效益，将来要还账，无偿的不行，要建立这样的一种机制。科学家们多次提出建立专项科技贷款、贴息贷款或优惠贷款，这是可以考虑的。

我非常赞成基金制，由科学家自己来管理，特别是一些基础性的科研项目。国家就这么多钱，要有所为有所不为。

自然科学基金会还是有成绩的，现在越来越大了，每年有六个亿，可办不少事。

刚才有同志提到在国外不少留学生，由于种种原因，一时还不能回来。我们的态度是来去自由，学成后欢迎回来，有的希望留在国外，因为他们学的专业，在国内还没有条件为他们提供继续研究的机会，那就在国外研究好了，这也是对世界科学的贡献。但是，我们要积极创造较好的条件，吸收更多留学生到国内来，为发展祖国的科技事业贡献力量。主要解决两个问题：一是住房，二是科研条件。住房问题采取自己出一点、国家出一点、单位出一点的办法来解决。研究、实验条件，由各级政府去创造。我们已设立了一个国家杰出青年科学基金，开始是每年三千万元，现在到了每年五千万元，逐年有增加，就是帮青年科学家建一些实验室，为他们提供一定的科研条件。各省都有这样的做法，建立基金会，帮助科学家，特别是青年科学家，创造和改善一些科研条件和生活条件。还有一种做法，就是将一些科研人员派到下面当科技副县长，科技副乡长、副镇长，基本是成功的。下去后对他们也是锻炼，同时对科技扶贫、科技开发也有好处。从科研单位、实验室走向社会，走到政府，手中有一定指挥权力，可以促进当地经济的发展。这种做法，有条件的地方可以推广。

注　　释

〔1〕“九〇九工程”，指二十世纪九十年代我国国民经济和社会发展第九个五年计划期间实施的超大规模集成电路专项工程。

发展职业教育，提高劳动者素质*

（一九九六年六月十七日）

职业教育是我国教育事业的重要组成部分，在社会主义现代化建设中发挥了重要作用。一九八六年初中毕业生进入中等职业学校的比例还比较低，不到百分之四十。经过十年的努力，我国的职业教育取得了显著的成就，中等职业学校与普通高中招生的比例超过了一比一的发展目标，去年中等职业学校招生已经达到高中教育阶段招生总数的百分之五十八。从发展趋势看，到本世纪末，在实现“九五”计划和二〇一〇年远景目标纲要的过程中，中等职业学校的招生比例在发达地区达到百分之七十，一般地区达到百分之六十是可以实现的。

党中央和国务院历来十分重视职业教育工作。发展职业教育从根本上说是提高全民族劳动者素质，合理开发利用人才资源，促进提高产品质量的一项重要措施。一个产品有了好的设计、好的科研，并不一定能够转化为好的商品。如果生产第一线的劳动者素质不高，那么生产出来的产品质量是不会好的。许多人都到德国参观过，德国非常重视职业教育，他们生产的产品质量经得起考验，在世界上名列前茅。从某种角度说，我们发展职业教育是学习了西方的经验。当

* 这是李鹏同志会见全国职业教育工作会议全体代表时讲话的主要部分。

然，中专和技工学校是建国以来就有的办学形式。我们要在总结我国职业教育工作实践的基础上，注意借鉴和学习发达国家发展职业教育的成功经验。

随着社会主义市场经济体制的建立，经济发展对各类应用型人才的需求将越来越多。各级党委和政府要高度重视职业教育工作，要加强对职业教育工作的统筹管理，形成部门、行业、社会共同兴办职业教育的格局。当前发展职业教育中遇到的一个突出问题是师资力量不足。教育部门要下大力气，通过多种渠道，培养一批有志于职业教育事业的教师。培养职教师资不一定要专门办一批学校，可以在现有的大学中建立专门的学院或系。各类职业学校要加强与经济和社会的紧密联系，要全面贯彻党的教育方针，培养更多的既有一技之长，又热爱祖国，努力为建设中国特色社会主义事业作出贡献的德、智、体全面发展的新型劳动者。这样我们的教育才算达到了目的。

要充分重视农村的职业教育工作。普及义务教育的难点在农村，特别是经济不发达地区，往往基础教育发展到一定程度又出现返盲现象。一个重要的原因就是教育的内容与农村的实际生产、生活不相适应，实用的农业科技知识学得比较少，毕业生离开学校后，学到的一些文化知识不能很快用到现实生产和生活中去。因此，要在大力发展农村职业教育的同时，在农村基础教育中增加职业教育的内容，以巩固基础教育的成果，培养大批掌握现代科技知识的新型农民。

中等职业学校学生毕业以后，还可以进一步深造学习，可以接受高等职业教育，也可以进入其他大学或接受成人高等教育，不能堵死这条路子。有许多优秀人才，特别是一些优秀的领导同志，他们是从实践中来的，这也是培养人才的一条重要途径。职业教育的内涵是非常丰富的，希望大家认真总结十多年来职业教育发展和改革的经验，把职业教育工作进一步做好。

将实施科教兴国战略和加强环境保护结合起来*

（一九九六年七月十五日）

要加强环境科学技术的研究。国家已经制定了环境保护科研规划，要继续组织力量进行攻关，争取在环境科学的基础性研究和应用研究方面取得进展。要将实施科教兴国战略和加强环境保护结合起来，大力开发和推广环保实用技术和高新技术，加快环保科技成果转化，提高污染防治能力。环保产业是重要产业，有广阔的发展前途，要积极加以扶持，重点开发科技含量高、优质廉价的防治污染的设备，为企业技术改造和国民经济的发展服务。环保部门本身也要依靠科技进步，完善管理手段，提高对环境的监测和预警的能力。

* 这是李鹏同志在第四次全国环境保护会议上讲话的一部分。

促进地学理论新的突破，推动地球科学的更大进步*

（一九九六年八月四日）

女士们，先生们，朋友们：

我代表中国政府和中国人民对第三十届国际地质大会在北京召开，表示衷心的祝贺！对前来参加这次国际地学界空前盛会的各国和各地区的地质学家，表示热烈的欢迎！

我们都生活在同一颗蔚蓝色的星球上。地球是迄今为止所发现的唯一适合人类生存的行星，是我们的可爱的家园。我们要感谢一代又一代地质工作者，特别是近百年来地质学家的辛勤工作，使人类对地球的认识在深度和广度上产生了飞跃。本世纪地质学领域的一些重要革命性学说，不断向我们提供了与人类生活最密切的地壳整体演化的生动图景，对人类自然观的形成和深化产生了重大影响。值此世纪交替的历史时刻，来自世界各地的地质学家们站在地学研究的前沿，展示二十世纪地质科学的最高成就，探讨二十一世纪地学的发展方向，无疑地将使这次大会成为地质科学发展史上的一个重要里程碑。

地质学，是与资源开发和环境保护密切相关的一门基础性和综合性科学。这次地质大会，不仅为世界科学界所关

---

* 这是李鹏同志在第三十届国际地质大会上的开幕词。

注，也为世界其他各界人士所关注。

资源与环境，是人类生存与发展的基本条件，合理开发利用资源，加强生态和环境保护，是促进经济可持续性发展和社会全面进步的基础。我们认为，世界的前途，人类的未来，是光明的。但是也不能不看到，世界正面临着包括资源和环境在内的诸多全球性问题的困扰。一些非再生性矿产资源濒临枯竭，人类的生存环境日益受到自然作用和人为因素的破坏和污染，严重危及世界各国人民的切身利益。为了改善人类生存与发展的条件，不仅要求地质学和其他相关科学从区域性研究走向全球性研究，进行多学科的学术交流，而且要求各国政府和人民为切实解决这些全球性问题而加强国际合作。世界各国尤其是发达国家，有义务为此作出更大的努力和贡献。

中国政府对地质工作一向十分重视。随着经济的迅速发展，我国已成为世界上矿产品生产大国和消费大国。我们的国土地质研究水平有了提高，取得了一批重要的地质科技成果。我们制定了令人鼓舞的“九五”计划和二〇一〇年远景目标，再一次向世界表明了中国政府坚持改革开放、加快现代化建设的决心。我国的经济发展对矿产资源的需求越来越大，这将推进中国地质勘察和矿业开发规模的扩大。中国政府已经决定在未来经济发展中，重视转变经济增长方式，走可持续发展的道路，把加强矿产资源保护和合理开发利用，把保护环境和保护自然生态平衡提到了重要的战略地位。

中国幅员辽阔，地质构造多样。中国是个文明古国，历史遗迹遍布各地，并保存着极为丰富的文化遗产。这些都为地学研究和考察提供了良好的条件。我们欢迎世界各地的地质学家同我们进行广泛的学术交流与合作。

出席这次大会的有中外著名地质学家六千余人。这是一次世界地学界的空前盛会。人们对大会寄予厚望。我相信，在大家的共同努力下，第三十届国际地质大会一定能通过学术交流和研讨，促进地学理论新的突破，推动地球科学的更大进步，为世界和平与发展的崇高事业，为子孙后代的美好生活作出应有的贡献。

现在我以大会荣誉主席的名义宣布，第三十届国际地质大会开幕。

深化高教管理体制改革，提高办学质量*

（一九九六年八月五日）

我们的教育方针是培养德、智、体全面发展的社会主义建设者和接班人。高校是造就人才的地方，我国各条战线的骨干，包括各级领导干部、科研人员、企业管理者等大部分都是从高等学校毕业的，也有的是通过成人高校培养的。由此可见，高校肩负着培养社会主义建设人才的重任。

建国以来，我国高校有了很大发展。目前我们有一千多所高校，培养的学生总规模不小，但按人口来讲，大学生比例还不算高。现在的问题是，如何通过改革提高高等教育的质量和办学效益，把高校办得更符合改革开放和社会主义市场经济的需要，更适应我国科教兴国战略、可持续发展战略以及经济增长方式转变的需要。国家建设需要各类人才，过去比较重视工科，现在文科也发展起来了，经贸、法律、财会、金融、外语等方面的人才需求量扩大了。高校如何进一步完成为祖国建设培养各类人才的神圣使命呢？就是要靠深化改革。

党中央、国务院一直很关心高教管理体制改革的进展。

---

* 这是李鹏同志在北戴河会见高等教育管理体制改革工作座谈会代表时的讲话。

在高教改革中，管理体制改革是重点和难点。近几年来，在国家教委和各地方、各有关部委以及高教战线同志们的共同努力下，高教管理体制改革迈出了比较大的步伐，取得了显著成绩，出现了很好的改革势头。但是，从总体上说，高教管理体制改革的进程仍然滞后于经济体制改革和社会发展的需要，与社会主义市场经济体制的建立不相适应。因此，我们要在已有成绩和经验的基础上，加大改革力度，要在改革的重点和难点上有所突破。

我国的高校过去不同程度地受传统计划经济的影响，总体上讲要进行改革。当然，也有好的传统和作风，比如我们坚持了革命传统教育和社会主义思想教育等。这些好的传统和作风要继承和发扬。我们高校数量多，但有的学校形不成规模。要把一千多所高校武装起来，需要耗费很大的财力、物力。有的学校只有很少几个副教授，也要办成一所大学，教学质量就不会高。要办好一所高校，除需要有较大的投入和必要的设施外，更重要的是要有一支高水平的教师队伍，还要有好的校风、好的传统。要成为一所名牌大学，就更是这样。针对目前高校条块分割、多数是小而全、分散重复的情况，国家教委提出深化改革的一个方向，就是要联合、共建高等学校，我非常赞成。这件事已经取得相当的成绩，现在的一千多所大学，已有五种不同的联合、共建形式。这就使我们的教学资源能得以共享，如实验室、教师、教材都可以共享，互相补充，避免了重复建设，有的专业还可以合并，以提高办学的效益。

各级政府都要充分认识高教管理体制改革的必要性和重要意义，加强领导，制定规划，提出措施；国务院有关部门要加强指导和协调，支持高校管理体制改革，为改革的深入发展创造更好的条件和环境；各有关高校的领导同志要做好学校师生员工的思想工作，使管理体制改革稳步、健康地进行，为建立高校面向社会办学的新体制作出更大贡献。

有几个有关高校的问题，今天提出来和大家共同探讨。

现在有的高校是三个人的饭五个人吃，生活、教育管理混在一起，办学效率不高。生活部分能不能像企业改革一样，实行独立核算、自主经营，但为学校师生服务的经营宗旨不能变。

目前大多数高校是从全国招生，容易造成人口较大的流动，带来很大的社会负担，比如放寒暑假时，需要开学生专列。今后国家教委和其他部委所属高校要适当压缩在全国范围招收学生的数量，生源主要从高校所在省、地区招。当然，像清华、北大、上海交大、复旦这样的高校不能只招收北京、上海的学生，应从全国招生。可以区分三种类型，即以本地招生为主，以区域招生为主，或以全国招生为主。总的趋势是以前两种类型为主。

把高校交给地方管理或以地方为主管理是一个改革方向，国家教委等主要是管政策，管行业，管监督。

一些高校可以搞共建，要先试点，后推广，切不可一哄而起。企业参与办学也是一种趋势，有些高校可以与企业合作办学。现在教育经费比较少，搞共建要有经费来源。可以成立校董会或理事会、基金会等形式来多渠道筹集办高校资金。当然办学的经济效益和社会效益要统一，尤其要注重社会效益。高校招生收费、企业资助办学等都是深化改革的具体做法，应该不断总结经验，加以推广。

“二一一工程”是大家议论较多的话题。大家都想往“二一一工程”里挤，期望值很高。这种心情可以理解。但是，国家财力有限，不可能在短时期内把一千所高校都装备起来，这是不现实的。因此我建议国家教委研究一下，拿出一个意见，要定出明确的有限目标，逐步到位。不要把这件事同高校的学术地位联系起来，高校的学术地位只能由社会来公认。

在第六十二届国际图联大会开幕式上的讲话

（一九九六年八月二十六日）

女士们，先生们，朋友们：

值此金秋季节，第六十二届国际图联大会在中国首都北京隆重举行。这是国际图书馆界，也是中国图书馆界的一件大事。我谨代表中国政府和人民，对大会的召开表示衷心的祝贺！对来自世界五大洲的图书馆界的朋友们表示热烈的欢迎！

图书馆是人类知识的宝库，在保存文化遗产和推动世界文明发展中起着不可替代的重要作用。在漫长的历史岁月中，中华民族同世界各民族一道，为人类文明作出了积极的贡献。造纸术和印刷术的发明，曾经加速了人类文明的发展进程。随着科学技术的进步和社会生产力的迅猛发展，当代国际图书馆事业也得到令人鼓舞的发展。回顾历史，人们有充分理由为世界各民族在促进人类文明发展中所取得的成就而感到自豪！

历史即将跨入二十一世纪的门槛。知识、信息、文献在经济和社会生活中的重要性，比以往任何时候都更加明显。图书馆的重要性因此而更加突出。现在，中国政府和人民正致力于改革开放和现代化建设。我们尊重知识，重视人才，强调科学技术是第一生产力，倡导科教兴国，大力加强社会主义精神文明建设。这一切，都加大了图书馆和图书馆工作者的历史责任。中国政府以至全社会，将一如既往地重视图书馆和文献信息工作，提供必要的支持，使其发展与经济和社会的发展相适应。

图书馆事业是人类的共同事业，不同国家和地区之间的交流与合作，是加深相互理解、促进共同发展的重要条件。我相信，通过这次盛会，来自五大洲图书馆界的同仁有机会广交朋友，交流经验，一定能够把国际图书馆事业推向前进！

让我们携起手来，为世界和平与发展，为人类社会进步，作出自己应有的贡献！

祝第六十二届国际图联大会圆满成功！

谢谢。

经济振兴归根到底要靠教育[*]

（一九九六年九月十日）

全国千千万万的教师忠诚于教育事业，在各自的岗位上默默耕耘，无私奉献，为国家培养了大批人才。你们的工作受到全国人民的尊重。尊师重教，尊重人才，是中华民族的传统美德，也是我们党和国家的一贯政策。随着教育事业的改革和发展，教师工作已经成为一项光荣的、受人羡慕的职业，教师受到全社会的尊敬。

未来的十五年，中国将要进入一个崭新的发展时期。在我国，将实施科教兴国和可持续发展战略，教育战线面临着艰巨而繁重的任务。

希望各类学校，包括基础教育、职业教育、高等教育和成人教育都要认真贯彻党的教育方针，就是培养德智体全面发展的社会主义事业的建设者和接班人。

教育事业要为实现国民经济两个转变服务，为物质文明建设和精神文明建设服务。

希望广大教师和教育工作者继续发扬敬业献身的优良传统，不断提高自身的政治素质和业务素质，教书育人，为人师表，为我国的社会主义现代化建设和教育事业作出新的贡献。

---

* 这是李鹏同志考察宁夏期间在银川会见宁夏优秀教师代表时讲话的要点。

要实现经济振兴，归根到底要靠教育，靠人的素质的全面提高。希望各级党委和政府，一如既往地加强对教育工作的领导，重视教育事业，爱护和关心教育工作者，为他们创造更好的工作和生活环境，以促进我国教育事业有更大的发展。

智力扶贫是扶贫的根本*

（一九九六年九月二十三日）

贫困地区经济发展的一大制约因素，是人口素质比较低，文化水平、经营能力很难适应经济发展的需要。因此，脱贫致富必须依靠科技和教育。科教扶贫，实际上就是开发贫困人口的智力，就是智力扶贫。智力扶贫是扶贫的根本。现在，全国都在努力实现经济增长方式的转变。转变经济增长方式，对贫困地区来说，主要就是把成熟的农业实用技术，推广应用到生产实践中去，大幅度提高农产品产量，解决群众温饱问题。所以说，贫困地区实现经济增长方式的转变，也要依靠科技和教育。

科教扶贫的重点是抓好两个方面的工作：一是大力开展对青壮年的职业教育，对农民的农业实用技术培训，力争使贫困地区的每个劳动者都能掌握一两项实用技术。二是普及初等教育，不能再出现新文盲。现在的情况是，老文盲没有扫除，新文盲又不断产生。要普及初等教育，把产生新文盲的口子堵住。基本普及九年义务教育是对全国讲的，对少数贫困地区来说，主要是集中力量普及初等教育。同时，国家有关部门和社会各个方面，对贫困地区的科技和教育发展，

---

* 这是李鹏同志在中央扶贫开发工作会议上的讲话《加强扶贫攻坚力度，尽快解决群众温饱问题》的一部分。

要继续给予支持。“九五”期间，国家财政已安排专项资金，由国家教委实施“教育扶贫工程”，这项工程要重点覆盖贫困村、贫困户。还有社会各界捐资助学的“希望工程”、“文化扶贫工程”和智力支边，农业部的“丰收”计划、“温饱工程”，科委的“星火”计划等，对普及文化教育和科技知识，发展生产，都发挥了很好的作用。今后要继续为打扶贫攻坚战贡献力量。各级政府要重视和稳定贫困地区的教师队伍、科技推广队伍，充分发挥他们在科教扶贫中的作用。

实施星火计划，推动科教兴农*

（一九九六年九月二十七日）

星火计划实施十周年来成绩辉煌，对于改变农村面貌，带领广大农民奔小康起了决定性的作用，既推动了农业生产，又促进了乡镇企业的发展。星火计划已在蓬勃发展，希望继续保持这一发展势头。

全世界都在关注中国人是否能够养活自己，我们要用事实给予肯定的回答。我们要实施科教兴国的战略，科教兴农是一个重要方面。中国有许多中低产田，依靠技术提高粮食产量的潜力很大。希望通过星火计划的进一步实施，为我国的经济发展，特别是农村的经济发展作出更大的贡献。

---

* 这是李鹏同志会见全国星火计划工作会议全体代表时讲话的要点。

开展航天事业国际合作十分必要*

（一九九六年十月八日）

来自世界各国如此众多的宇航专家、学者和政府官员聚首北京，共同讨论空间技术发展及其应用，是一件很有意义的事情。

四十年前的今天，中国创建了自己的航天事业。经过四十年的艰苦努力，中国的航天事业有了很大的发展。

中国是一个发展中国家，经济实力还不雄厚，但中国的航天事业仍然取得了巨大的成就。主要有三个原因：第一，中国实行社会主义制度，这样我们就有条件集中力量办成几件大事，这是我们的优势所在，航天事业所取得的成就是例证之一；第二，我们有一支具有奉献精神的航天科技队伍；第三，中国的航天事业得到了党和政府的高度重视和关心，以及有关部门的大力支持与协作。

我们在取得成绩的同时，也清醒地认识到，我国的航天事业同世界先进水平相比还有不小差距，但我们有信心通过艰苦的努力，把中国的航天事业提高到一个新的水平。

我赞成朋友们的见解，航天事业是造福人类的事业，许多方面单靠一个国家是难以办到的，因此开展国际合作十分

* 这是李鹏同志会见参加第四十七届国际宇航联大会暨第四届空间机构论坛的各国航天局负责人时讲话的要点。

必要。中国政府和航天工业界愿意同世界各国开展广泛的交流与合作。航天事业同经济发展和人民生活息息相关，所以我相信航天事业的进一步发展一定能够为世界和平与人类进步作出更大的贡献。

实施科教兴农战略，加快推广农业先进实用技术*

（一九九七年一月十三日）

目前我国粮食等主要农产品的单产水平，与世界发达国家相比，仍有较大差距。即使在国内、在同一类型的地区，单产水平也有很大的差距。那种依靠科技增产的潜力已达极限的说法，是不符合实际的。

依靠科技进步，是投入少、见效快的农业发展路子，适合我国的国情国力。重点抓好先进实用技术的推广普及，把现有成功的增产增效技术推而广之，农业就可以实现较大幅度的增长。近两年农业增产较多的地区，主要是较大范围地推广普及了先进实用技术。在目前农业单产水平较低的地区，只要加大先进实用技术的推广力度，同样可以通过几年努力，实现农业单产水平的较大幅度提高。当前，最紧迫的是要重视农业科技推广网络建设，增加必要的资金投入，改善科技推广人员的工作条件和生活待遇，使科技推广工作适应农业发展要求，确保农业持续稳定增长。同时，积极普及基础教育，大力发展农民成人教育，举办各种专业技术培训，提高农民文化科技知识，增

---

* 这是李鹏同志在中央农村工作会议上讲话的一部分。

强吸纳和消化先进实用技术的能力。各级政府和有关部门一定要下大决心，舍得投入，采取有力措施，把科教兴农提高到一个新水平。

积极解决教职工住房问题*

（一九九七年一月二十八日）

在新春佳节将临之际，我代表党中央、国务院，向所有为教职工住房建设作出贡献的同志，向教育战线的广大教师和干部职工致以节日的问候。

全党全社会都要尊师重教，使教师这个职业成为令人羡慕的职业。各级党委和政府有责任为教师提供必要的和比较好的生活条件与工作条件，教育工作者也要为人师表，为培养德、智、体等方面全面发展的社会主义建设者和接班人做出更大努力。

科教兴国是我国的一项基本战略。科学技术是第一生产力，要发展科技首先要发展教育，教育是关系到提高全民族素质的大事。这些年来，在以江泽民同志为核心的党中央领导下，党和政府、全社会都十分重视和关心教育事业，使我国的基础教育、职业教育、成人教育和高等教育都有了长足的发展，各项教育改革也在逐步深化。一系列重要教育法规的出台，也使全国的教育工作开始走上依法治教的健康轨道。应该说，近几年来，我国教育事业的改革和发展取得了举世瞩目的成就，形势喜人，可以说是建国以来最好的时期

* 这是李鹏同志会见第三次全国教职工住房建设工作经验交流会议代表时讲话的要点。

之一。

尊师重教是我们党的一贯政策。由于全党、全社会的重视，教师的政治地位和社会地位有了很大的提高。当前，要采取各种措施，积极解决教职工的住房问题，这既是落实尊师重教政策的体现，也是提高教师待遇的一项实事和好事，同时又直接关系到教师队伍的稳定和全国教育改革、发展的大局。“八五”期间，各地、各部门都相继采取了不少积极措施，制定了不少适合本地区、本部门实际情况的好政策，使全国城镇中小学和普通高校教职工住房建设工作取得了明显的进展。特别是近三年来，各地区、各部门又进一步加大了教职工住房建设的力度，使全国教职工住房困难的问题得到了较大的缓解。从总体上看，这方面的工作取得了显著的成绩，并得到了广大教职工和社会各界的拥护。

由于历史欠账过多和各地经济发展的差异，目前全国教职工住房问题的解决程度还不平衡，如果到本世纪末要达到和超过全国城镇人均居住面积水平，教职工住房建设的任务还十分艰巨。为此，各级党委和政府在充分肯定成绩的同时，还要清醒地认识到解决这一问题的重要性、艰巨性和紧迫性，进一步做出努力。解决全国教职工的住房问题，在今后的一个时期内仍应主要是政府行为，必须由政府出面统筹规划，如在建房用地、规划等方面提供必要条件。一方面要结合教职工住房问题的特点，不断探索行之有效的新路子、好办法；另一方面又要注意把这项工作逐步纳入全国住房改革的整体轨道，实现同国家有关政策的衔接。对教职工的住房问题，一方面在总的安居工程中要给予优先考虑，同时还必须继续采取一些特殊措施，给予一些优惠的政策，采取政府、社会、学校、个人都出一点钱的集资办法，各方面力量结合起来，使教师住房在新的一年里得到进一步改善，争取再用两三年的时间，也就是到本世纪末，基本解决全国教职工的住房困难问题。

积极发展科技和教育事业*

（一九九七年三月一日）

在科技工作方面，要按照邓小平同志关于科学技术是第一生产力的思想，继续坚持面向经济建设主战场的方针，抓好技术开发和应用、高新技术及其产业、基础性科学研究三个层次的工作，促进经济增长方式的转变。要抓住应用技术研究和开发这个关键环节，按照市场需求和国家重点工程建设规划，确定科技攻关课题，加快新技术、新产品的开发和新产业的形成，适应企业技术改造、产业结构调整和社会发展的需要。在农业生产的各个领域推广先进适用技术。发展高新技术及其产业，关系我国经济整体素质的提高和未来的发展，要加快电子信息、生物工程、新材料、新能源、海洋、环境和航天、航空等领域的研究开发，促进科技成果商品化和产业化，用高新技术改造传统产业。继续办好国家高新技术产业开发区。完善专利、商标和著作权保护等制度，借鉴国际通行办法，保护知识产权。科学研究是人类认识世界的重要途径，也是技术进步的源泉，要加强基础性研究，特别是前沿领域的基础性研究，力争在我国具有优势的某些领域取得突破。继续深化科技体制改革，优化组织结构，推动人才分流，充分发挥现有科技力量的作用。在全社会大力

---

* 这是李鹏同志在八届全国人大五次会议上所作的政府工作报告的一部分。

加强科学普及工作，弘扬科学精神，破除迷信，形成学科学、讲科学、用科学的文明风气。

在教育工作方面，要认真贯彻国家的教育方针，全面提高学生素质，使学生在德智体等方面都得到发展。继续把基础教育作为教育工作的重点，大力普及九年义务教育，推进扫盲工作，全年再减少青壮年文盲四百万人，扶持贫困地区的教育事业。加强中小学校长和师资队伍的建设，积极进行升学考试制度改革，减轻中小学生过重的课业负担。职业教育是经济发展的重要支柱，要大力发展中等职业教育，通过改革、改组、改制积极发展高等职业教育，农村的义务教育也要增加职业教育的内容，改变目前生产、建设、服务和管理第一线实用人才缺乏的状况。成人教育要与职业教育结合起来，以满足就业和在职提高的需要。高等教育要深化管理体制改革，通过联合、调整、合并、共建等形式，优化教育资源配置，上水平，出效益，求发展。今年要基本完成高等学校招生、缴费制度改革，进一步完善助学金、贷学金和奖学金制度。认真改单课程体系，更新教学内容，改进教学方法，提高教学质量。鼓励和引导社会力量办学。继续重视教职工住宅建设，推进学校后勤服务社会化。

关于科技投入和基础研究规划问题*

（一九九七年三月二日）

大家在座谈中提出很多好的意见，现在我讲两个问题。

第一个问题，关于科技投入。大家关心的科技投入问题，是一个现实问题。如果没有一定的投入，科技是不可能有什么发展的。但增加科技投入有赖于经济发展。只有当人们吃饱了饭，维持基本生活需要还有剩余的时候，才可能从事文化、科技以及其他方面的工作。这是历史唯物主义的一个基本观点。现在经济发展了，有可能增加科技投入。为了促进经济增长方式的转变，进一步提高我国的经济水平，必须依靠科技进步。我国现在按人均收入计算离世界先进水平还差很远。我国人均国民生产总值现在究竟是多少？有不同算法。按汇率法来算，还不到一千美元。如果按照购买力平价法来算，比按汇率法计算就要高得多。从我国人民的实际生活水平来看，超过一千美元。总的来讲，我们还是一个发展中国家。我国是社会主义制度，可以集中力量办一些大事情，这是我们的优势。我国人口多，虽然平均水平不高，但经济总量大，综合国力强。钢现在达到年产一亿吨，发电装机容量到了两亿千瓦，都在世界前列。粮食更不用说，今年

---

* 这是李鹏同志参加全国政协八届五次会议科技科协界委员联组讨论会时讲话的主要部分。

是四千八百亿公斤以上，也是世界第一。对于我们粮食的产量究竟怎么估计？这个问题立一个科研课题也是可以的。不要以为这是小事，这是一件很大的事情，产量的估计影响政策的制定。粮食产量如果估计得不合适，估少了，得出缺粮的结论，就得出去购买粮食；估得过高，实际却没有那么多，一旦粮食真的短缺了，临时去买粮就难了。

国民生产总值的百分之一点五用于科研经费是应该达到的，也是可以达到的。关键是认识问题，特别是各级领导的认识问题。当然，从各级财政方面讲，有一定的困难，比如说我国现在财政收入占国民生产总值的百分之十多一点，如果教育要求百分之四，科技要求百分之一点五，最近环保也要求一点五，文化还要求多少，政府还要养活工作人员，还有三百万军队，加起来就不够了。我觉得要真正达到这个数字，要靠各方面的力量，也包括预算外资金，完全靠财政是不行的，国家现在用行政的手段是很难把它都拿出来的。我们已经用了一些行政手段来搞建设，这几年搞这么多电力，搞这么多水利，有一部分钱就是从预算外资金收集上来的。大家要认识到，如果没有科技的发展，企业的生命也就没有了，农业也发展不了。现在越来越多的企业家已经认识到，如果没有一个好的产品，在激烈的市场竞争中是要失败的，产品要滞销，弄不好企业是要垮台的。这样的事情已经屡见不鲜。有好多企业在改革开放初期引进了当时最先进的设备，但现在已经成为落后的设备，因为没有后续的开发能力。相反，有些企业既引进了设备，又有后续的科技开发能力，产品就畅销。要通过改革，形成企业主动增加科技投入的机制。我看企业越是按照社会主义市场经济的规律办，实力就会越雄厚。在企业集团形成以后，要把经费集中使用，用于技术改造，用于科研。凡是有远见的企业领导人，必定肯在科研上花钱，不仅支持技术研究与开发，而且支持基础科学的研究。

中央已建立了两项专项基金：一个是自然科学基金，每年六个亿，但是逐年增加，而且使用效果很好。我听说自然科学奖百分之八十的获奖项目与自然科学基金资助有关。还有一个是最近这几年搞起来的国家杰出青年科学基金，主要是资助青年科学家进行科学研究，第一次资助了四十九人，第二次资助了八十人。从今年开始，可以适当地加大力度。

第二个问题，就是大家说的基础研究。基础研究的工作确实容易被忽视。很多科学技术方面的进步，总是先从前沿科学基础研究开始，然后逐渐发展到应用研究，最终成为产品，要经历一个过程。从发展的眼光看，应该充分重视基础研究。现在我国已经把基础研究列入科技工作三个层次中的一个层次。不过有一个重要观点，还需要大家取得共识，就是江泽民同志讲的“有所为有所不为”。因为我们现在力量还有限，只能够在某些具有优势的前沿领域里发展基础研究，取得突破。当然，每个科学家都希望把自己的领域列为重点，但实际上不大可能。因此要每一个人都满意，就比较困难。这方面我看倒是可以吸引现有的大量留学人员参加研究，因为他们毕竟要学成回来为国家出力。我们要集中力量搞几样东西。在五十年代，当时周总理、聂老总、陈老总〔1〕他们领导科学规划的时候，就是全国集中了十二个重点项目搞科研。确实，那时刚刚解放，在经济极端困难的条件下取得了重大成果，那就是以任务来带科研。现在我们仍然要以任务带科研。比如我刚才点的题目，中国人首先是要解决吃饭问题，但中国人多地少，扩大耕地面积的余地不是很大，必须提高单位面积产量，所以我们要靠生物工程，要搞节水工程和防治病虫害等。还有金融的问题，现在搞社会主义市场经济，我们有一千多亿美元外汇储备，如何让它更好地发挥作用？还有股票市场和其他证券市场，如何避免国际上所发生的风险？还有如何提高财政收入在国民生产总值中比重的问题。现在城乡居民储蓄很多，去年就增加了八千亿元，如何把这些存款用好，这里面也有许多学问。在市场经济条件下防范金融风险也是个重要问题，如果在爆发金融大波动之前能够预见，并采取有效的防范措施，那就可能避免或者尽最大的可能来减少损失。有许多问题，需要自然科学家与社会科学家联合起来进行研究。总之，我赞成从我国国情和现代化建设的需要出发，制定基础研究的中长期规划。希望经过广大科学家的共同努力来制定一个好的规划。

注　释

〔1〕 陈老总，即陈毅（一九〇一——一九七二），四川乐至人。一九二三年加入中国共产党。曾任中共中央委员、中央政治局委员、中央军事委员会副主席，全国政协副主席等职。一九五四年起任国务院副总理，一九五六年二月至十月，任全国科学规划委员会主任，主持制定《一九五六——一九六七年科学技术发展远景规划纲要（修正草案）》。

科技进步希望寄托在青年身上*

（一九九七年三月三十一日）

再过两年，中国科学院就要迎来五十岁的生日。几十年来，中国科学院为祖国科技事业的发展、国防建设、国民经济建设等方面都作出了贡献，也为祖国培养输送了大批有用人才。

看到你们那么年轻，使我想到五十年代毛泽东主席说的，青年人好像早晨八九点钟的太阳，希望寄托在你们身上。毛主席这句话当时是对我们说的，现在要对你们说了。

改革开放以来，我们坚持邓小平同志建设有中国特色社会主义理论，发展社会主义市场经济，坚持科学技术是第一生产力的方针，国家的面貌和科学技术都发生了巨大的变化。在科学技术的一些领域，我们进入了世界先进行列。

人类历史的几次重大发展都是从科学技术进步开始的。因此，对于一个国家的发展、一个民族的振兴，科学技术都有十分重要的作用。中华民族是勤劳智慧的民族，曾经为古代人类文明贡献过第一流的科学家、发明家。今天我们已经拥有一批在世界上有影响的中老年科学家，几十年来，他们为国家作出了重大贡献。我们的“两弹一星”成功了，在其

---

* 这是李鹏同志会见中国科学院跨世纪年轻人才代表会议全体代表时讲话的要点。

他的各个领域都成绩显著。比如说，过去我们在长江上建了第一座桥，全国人民都欢欣鼓舞，现在长江上已经建起了十几座大桥。

要十分重视基础科学的研究。一个国家要进步就离不开基础研究，在这方面，我们有我们自己的优势领域，要保持优势。在其他领域也要加快研究、加快发展。

目前，在我国，中老年科技工作者仍是主力军，同时也有许多新的科研成果出自年轻人之手。你们正值年富力强的时期，思想解放，没有框框，勇于开拓创新，又有丰富的知识，科学技术进步的希望寄托在你们身上，要多发明，多创造，多作新贡献。我们要继续坚持鼓励优秀青年人才脱颖而出的政策，各级党委和政府也要继续重视对青年科技人员的培养，为二十一世纪造就出大批德才兼备的人才。

中外经济技术合作潜力很大*

（一九九七年四月二十三日）

长期以来，中德两国保持着良好的合作关系，两国经济互补性很强，发展经济、技术合作的潜力很大。

由中国江泽民主席和德国科尔总理倡议成立的中德高技术对话论坛，不仅能够加强两国政府间的高技术政策交流，而且将为两国科研机构和企业提供一个磋商高技术研究项目及其成果产业化问题的场所。高技术产业是一个面向二十一世纪的产业，它的发展将大大增强一个国家国民经济的实力，因此，中德加强这一领域的合作，必将带动两国经济、技术合作向纵深发展。

* 这是李鹏同志致中国和德国高技术对话论坛第一次会议贺信的主要部分。

致北京亚欧技术合作专家会议的贺信

（一九九七年四月二十三日）

各位代表：

首先，请允许我对北京亚欧技术合作专家会议的召开表示热烈的祝贺，欢迎来自亚欧各国的专家相聚北京，共同探讨如何加强亚欧技术合作。

在二十一世纪即将到来之际，国际经济联系日益密切，科学技术进步日新月异，为各国经济发展带来了新的机遇和挑战。亚欧会议的召开和亚欧新型伙伴关系的确立顺应了这一时代潮流。亚欧各国在经济领域各有优势，互补性很强，开展合作的潜力巨大，前景广阔。

此次会议将重点讨论农业发展、环境保护和企业技术改造问题。我相信，加强在这些领域的合作，将有助于亚欧国家更好地抓住机遇，迎接挑战，促进经济和社会发展。

中国政府高度重视科技在国民经济发展中的重要作用。中国已故的杰出领导人邓小平将科学技术称为“第一生产力”。我们确定了依靠科技进步使经济增长方式从粗放型向集约型转变的目标，决心走可持续发展之路。中国愿意与亚欧各国开展各种形式的技术合作与交流。

希望本次会议能就亚欧技术合作的指导原则和优先领域等问题充分交换意见，为亚欧新型伙伴关系注入实质内容，为推动亚欧各国的共同发展作出贡献。

预祝会议取得圆满成功。

引进国外智力，推进科教兴国*

（一九九七年六月三日）

今天很高兴同全国引进国外智力工作会议代表和全国引智先进集体、个人代表见面。首先，我代表国务院向大家问好！

改革开放以来，我国的引进智力紧紧围绕国家经济建设和社会发展的各项重要工作，开拓前进，取得了可喜的成绩，对加强农业的基础地位，促进国有企业实现两个根本性转变，推进科教兴国战略的实施和技术进步，保证国家重点工程的顺利建成投产，支持中西部地区的发展，培养高层次人才，促进文化教育事业的交流和发展起到了积极的作用，作出了很大的贡献。正如我以前讲过的，利用国外智力，加快四化建设，是我国对外开放的一个重要组成部分。事实证明，引智工作花钱较少，效果很好，事半功倍，大有可为。

这两年在华工作的外国专家有十六万人，他们分布在各个领域，有的是我们专门聘请来的，有的是随着引进项目而来的，有的是在中外合资企业工作的。这两年，我们派到国外培训的也有八万人。引进国外智力是一项政策性很强的工作，中央对这项工作十分重视。各地、各部门要继续提高认

* 这是李鹏同志会见全国引进国外智力工作会议代表和全国引智先进集体、个人代表时的讲话。

识、加强领导，采取多种形式，加强与外国专家的合作和交流。关键是要注意充分调动他们的积极性，使他们把对中国有用的技术和知识带进来，在产品开发、技术进步、改善经营管理、重点工程建设和培养人才等方面，发挥各自的特长。

引进国外智力，包括聘请专家，以及派人出国培训，学习国外先进技术和经营管理经验，都是对外开放的组成部分。要注意总结经验，继续努力，把这两项工作搞得更好。科学技术是第一生产力。通过引进智力，可以提高劳动生产率，提高产量。比如通过聘请日本专家引进水稻旱育秧稀植栽培技术，使我国的水稻大面积增产。我国过去大豆一直是低产的，通过聘请专家引进国外先进生产技术以后，现在高产了。我只是顺便讲两个例子，其他例子还有很多，就不一一说了。总之，大家所做的引进国外智力工作很有意义，有利于科教兴国战略，有利于提高我们的综合国力。

今年我们有两件大事：一个是再过二十多天，香港就要回归了。香港是我们发展经济和对外开放的一个窗口、一个桥梁。通过这个渠道可以引进我们所需要的外国专家和技术设备。再一个是我们党要召开十五大。十五大是我党我国历史上非常重要的一次会议，会议将高举邓小平建设有中国特色社会主义理论伟大旗帜，坚持党的基本路线，把我们的事业推向二十一世纪。希望国家外国专家局和所有从事引进智力工作的同志们再接再厉，以优异的成绩迎接香港回归和党的十五大的召开。

发展海洋地质事业*

（一九九七年十二月八日）

二十一世纪将是海洋开发时代。发展海洋产业，将对国民经济的发展和增强综合国力具有重要的意义。希望全国海洋地质科技工作者同心协力、团结奋斗，科技攻关、提高水平，为发展海洋地质事业，开发海洋矿产资源作出更大的贡献！

* 这是李鹏同志致全国海洋地质科技工作会议贺信的主要部分。

培养和造就一支高素质的技能人才队伍*

（一九九八年二月六日）

今天受到表彰的同志，都是全国技术能手，是在生产一线勤学苦练、岗位成才、为社会主义建设作出突出贡献的同志，你们是中国产业工人的优秀代表，是中国工人阶级的骄傲。首先，我代表党中央、国务院向你们表示热烈的祝贺！并借此机会，向辛勤工作在生产一线的全国广大职工，表示亲切的慰问和崇高的敬意！

未来的十五年是我国经济发展和现代化建设的重要时期，党的十五大确定了我国跨世纪的奋斗目标，全面实现这一目标，必须全心全意依靠工人阶级。同时我们要看到，二十一世纪世界各国的竞争，主要是经济和科技实力的竞争，归根到底是人才的竞争，是劳动者素质的竞争。我国和世界各国的经验都表明，提高生产一线劳动者的素质和技能水平，对产品质量和企业效益的提高具有重要作用。同志们在实践中依靠自己掌握的高技能，为企业、为国家作出贡献的事迹，也说明了这一点。因此，培养和造就一支高素质的技能人才队伍，是我们经济建设的重要基础，是我们进行现代

* 这是李鹏同志会见一九九七年度中华技能大奖获得者和全国技术能手表彰大会获奖代表时的讲话。

化建设的迫切要求。我们各级政府一定要高度重视，采取有力措施，抓好职业培训，抓好技能人才的培养，切实把经济建设转移到依靠科技进步和提高劳动者素质的轨道上来。

目前，在深化企业改革和调整经济结构中，出现了部分职工下岗，党和政府正在积极采取各种措施，发动社会各方面的力量，帮助下岗职工实现再就业。一方面，要千方百计安排好下岗职工的生活；另一方面，要大力加强职业培训，帮助下岗职工树立自强自立的新观念，提高技能，增强再就业的能力，积极拓宽就业门路，使更多的下岗职工尽快实现再就业。

劳动部联合各行业部门建立技能人才评选表彰制度，对于推动广大工人刻苦学习、提高技术、岗位成才、多作贡献，具有积极作用；对于在全社会形成尊重技能、尊重技能人才的良好环境，具有重要的意义。我们非常高兴地看到，一大批优秀技能人才已经涌现出来。今后要把这一制度继续坚持下去，使更多的技能人才脱颖而出。

希望受到表彰的同志戒骄戒躁，进一步发扬敬业爱岗的精神，不断攀登新高峰，作出新贡献。同时，希望全国广大职工以他们为榜样，刻苦学习，钻研技术，走岗位成才之路。我相信，在全社会共同努力下，各行各业的优秀技能人才一定会不断涌现，推动社会主义经济建设向前发展。

提高全民族素质和创新能力*

（一九九八年三月五日）

科技进步是经济发展的决定性因素，发展教育是科技进步的基础。世界范围内日趋激烈的经济竞争和综合国力的较量，归根到底是科技和人才的竞争。我国只有大力发展教育和科技事业，把经济发展切实转到依靠科技进步和提高劳动者素质的轨道上来，才能加快现代化进程，缩小与发达国家的差距。

科技、教育、文化工作的根本任务，是提高全民族的思想道德素质、科学文化素质和创新能力。这是我国现代化事业发展的需要，也是适应世界科技革命和经济竞争新形势的要求。

科技工作要注重在社会生产、流通、消费和环境保护等领域，大力推广先进适用技术。促进科技成果尤其是信息技术成果的商品化，完善社会化科技服务体系，使科技进步更好地为经济和社会发展服务，为人民生活服务。加快高技术产业化步伐，用高新技术改造传统产业，注重解决产业结构调整和可持续发展所面临的关键技术问题，办好国家高新技术产业开发区。积极推进科技体制改革，加快科研机构的改

* 这是李鹏同志在九届全国人大一次会议上所作的政府工作报告的节录。

革，促进科技与经济密切结合。加强企业和科研院所、高等院校之间的联合，逐步使企业成为技术开发的主体。集中必要的力量，在基础研究的优势领域取得进展。鼓励发明创造，提高创新能力，保护知识产权。大力开展科普活动，增强全民科技意识。

今年，基本普及九年义务教育的地区要增加到全国人口的百分之七十二，再扫除三百五十万青壮年文盲。积极发展中等、高等职业教育和成人教育，开展多种形式的岗位和技术培训。进一步发展和引导社会力量办学。大力推进高等教育管理体制改革，通过共建、调整、合作、合并等形式，合理配置和充分利用教育资源，提高教育质量和办学效益。实施全面素质教育，加强思想品德教育和美育，改革教学内容、课程体系和教学方法，以适应社会对各类人才的需要。继续改革完善教育投资体制，多渠道增加教育投入。加强教师队伍建设，提倡尊师重教，改善教师的工作和生活条件。

以高新技术产业为核心带动整个经济发展*

（一九九八年三月五日）

北京有多方面的优势，最突出的是科技、人才和信息的优势。抓住这些特点和优势，把发展高新技术产业作为核心，作为带动整个经济发展的先导，首都经济这篇大文章才能做得更有特色、更有活力。大力发展高新技术产业，符合人类科技进步和产业进步的规律，符合世界经济发展的潮流。处于世纪之交的世界经济正在大步向知识经济过渡，知识、信息、技术对经济发展的作用越来越大，高新技术产业已经成为世界经济竞争的焦点和前沿。北京是全国高科技园区和民营科技企业的发源地，高新技术产业的发展一直处于全国领先的地位，对北京经济增长的贡献也越来越大。联想、北大方正等一批新兴的企业，不仅在国内，而且在国外都有很大影响。这说明北京在发展高新技术产业上基础是好的，起点是高的。但是，要实现更大的发展，还需要做更多的工作。这里面很重要的一点是必须充分发挥首都科技、人才的整体优势，特别是要发挥好中央在京科研院所、高等院校的力量，通过改革和不断探索，解决好体制和机制方面的问题，搞好产学研结合，使科技优势真正转化为经济优势。

---

* 这是李鹏同志参加九届全国人大一次会议北京代表团讨论时讲话的一部分。

再有就是集中力量办好北京市新技术产业开发试验区，把它办成具有中国特色、体现首都特点、富有时代特征的高水平的科技园区，发挥示范、带动和辐射作用。高新技术产业要向传统产业渗透，大力促进传统产业的改造和提高，带动全市经济结构的调整和优化升级。要自觉地把发展高新技术产业与完善所有制结构结合起来，鼓励和支持民营科技企业发展，积极创办具有高技术等级的三资企业。这些企业机制灵活，市场导向明确，竞争意识强，发展的潜力很大。

依靠科教转变农业增长方式*

（一九九八年三月七日）

在我国农业发展中，科技、教育部门作出了贡献。农业的科技含量不断提高，增长方式也有所转变。但与发达国家先进水平比，还有很大差距。

从科技进步对农业的贡献率看，据农业部测算，目前我国为百分之四十二，二〇〇〇年争取达到百分之五十，而发达国家目前已经在百分之七十以上。

从耕地产出率看，与发达国家也差一大截。我国粮食单产比世界先进水平低百分之三十，棉花单产比世界先进水平低百分之八十。这意味着，如果我国粮、棉单产提高到世界目前的先进水平，即使面积不增加，粮食总产也可以增加三千多亿斤，棉花总产可以增加六千多万担。

以上事实说明，引进和推广现代科技成果，就可以把我国农业提高到一个新水平。再加上加强科研，开发新的技术，增产潜力是很大的。

农业发展靠科技，科技推广靠人才，人才培养靠教育。农科教三个环节必须很好地结合起来。这里我要强调一点，科教兴农同样要面向市场，要根据农民的需要开展服务。比

---

* 这是李鹏同志与全国政协九届一次会议农业界委员座谈时讲话的一部分。

如，当前农民调整粮食品种品质结构需要新的优良品种，南方农民需要优质早籼稻品种，东北农民需要优质春小麦品种，农业科技部门要尽力满足农民的这种需要。

培育新的经济增长点，解决大学毕业生就业问题*

（一九九八年四月十三日）

尽管现在人口自然增长率为千分之六，但每年还有大批劳动力要就业。高等教育增加了招生数量以后，在增加招生的这一年是好的，但过几年后还是要提供就业机会，只不过在时间上向后推迟了。从总体上来说，国家的科技发展、国力的增强，需要提高教育水平，提高人的素质。但增加了大学生，如果没有给他提供就业的机会，就会带来社会问题。所以最根本的一点还是要考虑如何培育新的经济增长点。

---

* 这是李鹏同志考察江苏时在南京听取江苏省委工作汇报后讲话的一部分。李鹏同志当时任中共中央政治局常务委员会委员、第九届全国人大常委会委员长。

制定高等教育法，保证高教事业健康发展*

（一九九八年四月十三日——八月二十九日）

一

经过多年的努力，我国的教育立法工作取得了很大的成就，为教育事业的发展发挥了重要作用。我国在教育立法方面，先后制定和实施了教育法、教师法、义务教育法、职业教育法及学位条例等。教育法律的框架正在逐步形成，但尚缺高等教育法。我们的教育方针是培养德智体等方面全面发展的社会主义事业的建设者和接班人。义务教育是基础，高等教育承担着培养高级专门人才的重任，而且对整个教育的改革和发展在一定程度上会起到引导作用。

因此，高等教育法是一部重要的法律，对保证高教事业健康发展，实施科教兴国战略，具有重要意义。高等教育法已经起草了多年，八届全国人大常委会对草案进行过两次审议、修改。即将召开的九届全国人大常委会第二次会议将要对这部法律草案进行第三次审议。在制订高等教育法的过程中，要广泛征求和听取各个方面的意见。

---

* 这是李鹏同志三篇文稿的节录。

高等教育法应该是建国近五十年特别是改革开放以来高等教育工作经验的总结，并可追溯到百年来我国兴办高等教育的经验。高等教育法的制订，要以宪法为依据，以教育法为基础，以邓小平理论特别是关于教育的论述为指导，适应建设有中国特色社会主义的需要。

大家对高等教育法草案提了很多很好的意见。对于这些意见，全国人大专门委员会将进行认真研究并对高等教育法草案进行修改，提交全国人大常委会审议。

（一九九八年四月十三日考察江苏时在南京大学主持召开征求高等教育法草案修改意见座谈会上讲话的要点）

二

在国家的宏观调控下，要给予高校更多的办学自主权，要重视发展高等职业教育，鼓励社会力量办学。二十一世纪的竞争是综合国力的竞争，科学技术特别是高技术的发展对增强综合国力影响重大，而科技进步很大程度上取决于人才的培养。高等教育法是教育法律的重要组成部分，它的制订和实施将使高等教育有法可依，对实施科教兴国战略和可持续发展战略有重要意义。我们要制订一部高质量的高教法，以保证高等教育事业的健康发展。

（一九九八年四月十六日考察浙江时在杭州主持召开征求高等教育法草案修改意见座谈会上讲话的要点）

三

高等教育法草案经过全国人大常委会会议四次审议，根据委员们的意见，并在广泛征求各方面意见的基础上，对法律草案进行了反复研究和修改，特别是对举办高等教育的形式、高等学校内部管理体制、高等学校校长的职权等问题作出了明确规定。本次会议通过这个法律，对于积极发展我国高等教育事业，实施科教兴国战略，以适应社会主义现代化建设的需要，具有重要意义。

（一九九八年八月二十九日在九届全国人大常委会第四次会议上的讲话）

合理配置资源，提高教育质量和办学效益*

（一九九八年四月十六日）

浙江大学为国家培养了大批优秀人才，取得了一批科研成果，为我国教育事业的发展作出了贡献。浙江大学、杭州大学、浙江农业大学和浙江医科大学四所高校实行强强联合，组建成新的浙江大学，这将有利于教育资源的合理配置和充分利用，发挥综合优势，提高教育质量和办学效益。希望在四校联合过程中，加强领导，统一认识，妥善处理好可能出现的问题，不断总结经验，把新的浙江大学办好。

* 这是李鹏同志考察浙江大学时讲话的要点。

信息、生命科学在二十一世纪将大有可为*

（一九九八年七月二日）

一

在我们即将进入的二十一世纪，信息、生命科学等学科将大有可为。令人高兴的是，中科院不仅有许多经验丰富的老科学家，还有一批年轻的科研人员，未来是属于年轻一代的，祖国对年轻一代寄予厚望。希望同志们继续探索，为祖国的振兴，为世界科学的发展作出更大贡献。

二

我国是一个农业大国，农业统计非常重要。中科院提供的统计数字比较准确，其中一个重要原因就是利用了遥感技术。现代信息技术在国民经济中发挥作用的空间还很大，除了农业统计外，还有灾害预报、土地规划、资源环境管理等。全国人大常委会正在修改土地管理法，一个重要原则就

* 这是李鹏同志考察中国科学院生物物理研究所、遥感应用研究所时讲话的要点。

是保护耕地。对耕地面积要进行动态监视，耕地面积的变化不但要看数量，还要看质量。

二十一世纪综合国力的竞争很大程度上是高科技的竞争，要加大研究和开发力度，切实把科技成果运用到国民经济中去，为中国的发展作出更大的贡献。

理顺高校办学体制，坚持党委领导下的校长负责制*

（一九九八年七月十三日）

关于国家的办学体制问题。国家的办学体制随着政府机构改革发生了变化。因为我们一千多所大学中有四百多所原来是部委办学，包括中央部委和地方厅局办学。由于一些部委，特别是一些经济职能部门在机构改革中撤销了，这样，一些部委办的高校就没有上级主管部门了，大家比较关心这个问题。这次我们在修改这部法时，对办学体制问题大体进行了表述。这些表述有的说得还不够清楚，但意思都有了。大致有两种办学形式。一种是学校归国家教育部管的，这是全国重点大学；一种是学校归地方管的，以省统筹为主。这两种办学形式性质是一样的，都是国家办学。部委办学已有四十多年历史了，很多学校还有很高的水平、很强的师资，也为国家培养了大量的人才。一旦没有了上级主管部门，人才流失，经费来源困难，学校可能毁于一旦，广大师生、教育工作者很担心这个问题。现在，我们这部法大体上有这样几个规定，有的学校要下放给地方，主要是下放给省，由省里来管。但也有个别学校专业性很强的，比如航天、航空还

---

* 这是李鹏同志考察吉林时在吉林大学主持召开征求高等教育法草案修改意见座谈会上讲话的主要部分。

以部委办学为主。还有一些部委现在没有撤销，还要继续让它办下去，不能一下子让四百多所大学来一个大折腾，全部下放，会搞得很乱，也没有什么好处。如民政、劳动等部门都有它自己的学校，应允许他们继续办下去。要为今后的教育体制改革留有余地，不能一下子就定得很死。国务院、教育部、各省市，在今后的实施过程中可以进一步加以完善。高等教育法草案第十三条、第十四条也准备合写。意思写清楚，有的是国家办的，有的是省里办的，有的是部门办的。部门办的用法律语言来说，即国务院授权的部门办的。总的方向是国家办的学校主要是一些重点大学，面向全国招生；一些地方大学是为地方服务的；个别专业很特殊，继续由部委来办。当然，过渡期间也不排除部委和地方联合办学。大家还提出国家没那么多钱，要动员社会力量办学。社会力量不完全是个人，在中国目前没有几个人能办大学。所以，在这部法中我们提出社会力量办学。社会力量就比较宽泛了，包括事业单位、企业单位，也包括个人。总之，有别于国家力量办学。

关于学校内部管理体制问题。在原来几稿中有一个“决策机构”。因学校举办者不同，便有不同的决策机构。原来写的决策机构遵照了国家有关规定。社会力量办学，它的决策机构也应遵照国家有关规定。但是，现实中存在一个问题。《中国共产党普通高等学校基层组织工作条例》明确规定，高等学校实行党委领导下的校长负责制。很多同志在讨论中提出不应该回避这个问题，应该把它明确化。目前，在国家办的学校里，实行的是这种内部管理体制，现在回避了它，仅提遵照国家有关规定，但《条例》又不是国家规定，而是中国共产党的规定，这样办不行。因此，现在主导的意见是应该很明确地规定，国家办的学校实行中国共产党基层党委领导下的校长负责制。因为一直就是这么做的，实践证明也是对的，应该把它写进去，而不要回避。但还应区别对待，社会力量办学应根据有关规定，可以是校董事会负责制、也可以是校务委员会负责制，哪种方式都可以，但要有别于国家办学。

党委领导下的校长负责制，不能只有前面一句话“党委领导下的”，没有“校长负责制”还不完整。校长还是应该有自主权的，他管些什么事应该是很明确的。党委应该管些什么事也是很明确的。校长、书记配合好才行。配合不好，不管什么制度，最后也要打架。党委应尊重校长的职权，支持他的工作，校长也应该尊重党委。党委不宜管得过多，重大的办学方针、重要的改革方案，以及干部问题等，要集体讨论，政治思想工作党委当然要管。大学属于上层建筑，应该强调党的领导，但党委不能包办一切。

关于学校办学自主权问题。高校专业的设置既要灵活，赋予高校一定的自主权，又要根据社会需要，进行必要的宏观调控。社会上需要电子专业，大家都报考，成了热门；需要法律就报考法律；需要财政、金融就报考财政、金融。报考完了，四年以后当时的热门不热了，学生的分配就成了问题。所以，没有宏观调控不行。有的学校提意见，说现在学生的专业搞得很窄。我同意这个意见，中国高等教育的一个弊端就是专业太窄。专业太窄，学生毕业以后到社会上的适应能力很差。你学环保不一定就搞环保。当年核能就是一个热门，大家都愿考核能发电专业，核能发电也成了高分专业，而中国的实际条件是没有那么多核电厂，就吸收不了那么多人，现在这个专业招生人数也减少了。一句话，就业有问题，社会需求有问题。比如说高能物理一段时间是热门，而我们国家就一两个高能物理研究所。虽然这个学科对科学的发展很有用途，但所需要的人是有限的。所以，高等学校的毕业生质量和数量要适应社会、市场的要求。总的来说现在是管得太死、管得太严，学校缺少自主权，主导思想就是给学校比较多的自主权。对科系、专业进行调整，课程设置在四年中也可根据社会变化进行调整。我是学工科的，工科一段时间热度下降了，文科上来了，经济类吃香了。现在又有向工科转化的趋向，工科就业是比较容易的。但是，不能没有国家的宏观调控。所以，把国家的宏观调控也写进这部法。比如招生数量问题。学校可制定招生计划，但招生总量的平衡还应由国家教育部门来统筹。

最后我要讲一下，要重视非学历教育、远距离教育。这也是提高国民素质的一个有效途径，可以使更多愿意求学的人，在进大学无门的情况下，通过这个方式达到学习的目的。还有一层意思，为了适应社会需要，高等职业教育在大学教育中应占有较大的分量。因为随着自动化水平的提高，很多技术工人没有大学水平是不行的。比如电力系统、石油化工系统的值班员，没有大学水平，就摆弄不了计算机。因此，在大学教育中，高等职业教育的分量将越来越大。

为老区建设和中西部发展多出人才*

（一九九八年九月八日）

延安大学即将迎来建校六十周年，我作为老校友，谨致以热烈祝贺，向大家表示亲切的问候和良好的祝愿，也向吴玉章、徐特立等老一辈无产阶级教育家们表示深切的怀念和崇高的敬意。

延安大学是我们党亲手创办的第一所比较正规的综合大学，具有光荣的历史和优良的传统。在战争年代，延安大学坚持教育为革命战争服务、为边区经济建设服务的办学方针，遵循理论联系实际、学以致用、适应战争和建设需要的原则，为革命战争和新中国建设事业培养了一大批具有坚定的政治信念、无私的奉献精神和专门技能的优秀人才。建国后，延安大学恢复重建，为陕西特别是陕北老区的经济建设、文化教育、医疗卫生事业的发展作出了积极贡献。

我希望，延安大学师生高举邓小平理论的伟大旗帜，在以江泽民同志为核心的党中央领导下，认真贯彻党的教育方针，发扬优良传统，多出人才、多出成果，为老区的建设，为中西部的发展作出新的贡献。

---

* 这是李鹏同志在延安大学六十周年校庆前夕对全校师生的录音讲话。

贯彻促进科技成果转化法，加快科技成果转化*

（一九九八年十二月二十九日）

促进科技成果转化法，是实施科教兴国战略、深化科教改革、加快科教发展的一部重要法律。这部法律实施以来，各级政府采取了一系列措施，推动科技成果转化，已经取得明显的成效。但是，我们也要清醒地看到，从总体上看，我国科技成果转化的比例还比较低，转化速度还比较慢，科技进步因素对经济增长的贡献率还远远低于许多先进国家的水平。现在，随着世界科学技术的迅猛发展，国际竞争日趋激烈，加强科技成果转化工作，对提高综合国力具有十分重要的意义。请国务院及其有关部门进一步加强贯彻促进科技成果转化法的力度，促进科技成果更多更好地转化为现实生产力，为推动我国经济的发展发挥更显著的作用。

* 这是李鹏同志在九届全国人大常委会第六次会议上讲话的一部分。

国家图书馆要为科教兴国作出更大贡献*

（一九九九年九月九日）

国家图书馆已经经历了九十年历程。在这九十年里，国家图书馆实现了从传统图书馆向现代化图书馆的转变；我们国家也从一个饱受列强欺凌、半殖民地半封建的国家发展为初步繁荣昌盛、有中国特色社会主义的国家。

国家图书馆在继承和发扬中华民族传统文化、传播现代科学文明等方面作出了杰出的贡献。国家图书馆被誉为“公众终身教育的课堂”是当之无愧的。

人类即将进入二十一世纪。二十一世纪是科技高度发达的世纪，也是高度信息化的世纪。希望国家图书馆能够适应时代的变化，加强自身的改革和建设，特别是要重视图书馆的信息化建设。各级政府要充分认识图书馆对社会发展的重要作用，从科教兴国的战略高度认识图书馆的重要作用，积极支持图书馆的现代化建设。

---

* 这是李鹏同志在国家图书馆揭牌仪式上讲话的要点。

开展中外交流合作，推动企业技术进步*

（一九九九年十一月三日）

这次中美工程技术研讨会，是海内外专家学者开展相互交流与合作、共同推动企业技术进步的一次盛会，也是吸引海外华人参与和支持国内现代化建设的一种有效途径。

人类即将进入二十一世纪，为迎接科学技术迅猛发展和知识经济带来的挑战，缩小与发达国家的差距，我国在自主创新的同时，必须大力开展广泛的人才交流与合作，吸收、借鉴世界各国和地区的一切文明成果。开展中外人才交流，包括海内外华人专家学者之间的交流与合作，对增进我国与世界各国和地区的相互了解、扩大经贸合作和科技交流有利，对世界的和平与发展也有利。

欢迎出席研讨会的专家学者对中国的改革开放和现代化建设提出意见和建议，为增进中外相互了解作出更大的贡献。

---

* 这是李鹏同志会见第四届中美工程技术研讨会代表时讲话的要点。

科教兴国要从娃娃抓起*

（一九九九年十二月二十五日）

本次会议听取和审议了全国人大常委会执法检查组检查义务教育法实施情况的报告。百年大计，教育为本，科教兴国要从娃娃抓起。实施九年制义务教育的重要意义在于，使儿童、少年在品德、智力、体质各方面全面发展，为大力培养有理想、有道德、有文化、有纪律的社会主义建设人才奠定基础。自义务教育法一九八六年颁布实施以来，我国的九年制义务教育取得了重大发展，但也还存在着一些需要加强和完善的地方。今后，国务院和地方各级人民政府应进一步贯彻实施好义务教育法，依法保证实施义务教育所需的各项事业经费，坚决纠正侵占、克扣、挪用义务教育经费的行为，加强和发展师范教育，提高教师的政治、业务水平，保障教师的合法权益，保证适龄儿童、少年依法接受义务教育，使科教兴国的发展战略落到实处。

---

* 这是李鹏同志在九届全国人大常委会第十三次会议上讲话的一部分。

要改变陈旧人才观*

（二〇〇〇年三月五日）

“千军万马过独木桥”，高考这个指挥棒影响到我们的素质教育。社会需要各种人才，要改变陈旧的人才观，提倡“行行出状元”。我们要看到中小学生减负的艰巨性，全社会要关心这一问题。

* 这是李鹏同志参加九届全国人大三次会议北京代表团讨论时讲话的一部分。

在全社会树立起正确的教育观*

（二〇〇〇年六月五日）

召开这次座谈会，主题就是贯彻实施预防未成年人犯罪法和未成年人保护法。这两个法的基本内容密切相关，都是为了让我们的青少年、我们的下一代，能够健康、茁壮成长。祖国的未来寄托在他们身上。

为了使预防未成年人犯罪工作有法可依，全国人大常委会经过三次审议，制定了预防未成年人犯罪法。在制定这部法律的过程中，常委会成员以及参与这项工作的同志，在调查研究的基础上，发表了许多很好的意见。法律通过后，各省市人大也正在着手制定相应的条例、细则等地方法规，全面开展预防未成年人犯罪工作。从今天的发言和一些书面材料看，各级人大和政府部门、社会的各个方面都在关心这个问题。希望各级人大结合当地情况，针对各种可能诱发青少年犯罪行为的因素采取相应的措施。也希望人大代表、政协委员、社会舆论和广大的人民群众共同来做好预防青少年犯罪的工作。

现在出现青少年犯罪逐渐增多、越来越低龄化、恶性案件增多的趋势，引起了社会各界的关注和家长的不安，成为迫切需要解决的问题。我们要从源头上分析原因，有针对性

---

* 这是李鹏同志在实施预防未成年人犯罪法座谈会上的讲话。

地采取预防措施。从大的方面讲，我国正处在深化改革、经济体制转型时期，经济建设和精神文明建设都还存在不少薄弱环节，某些地方党政部门对于改善不良社会风气重视得还不够。预防未成年人犯罪是一项综合性的社会工程，既有政府方面的工作，也有社会方面的工作。但我认为，工作的重点还是应该放在家庭和学校，因为孩子们的大部分时间是在家庭和学校度过的。一个人的未成年时期也是世界观、人生观、道德伦理观以及学业发展未定型的时期，家长的言行、老师的教育起着关键性的作用。孩子们总是把他们的父母、他们的老师作为自己学习的榜样。古代的《三字经》有许多封建糟粕，但有些话还是有道理的。比如说："养不教，父之过"，讲的就是家庭因素；"教不严，师之惰"，讲的就是学校因素。不过，现在的情况更加复杂，不仅是"教"与"不教"，"惰"与"不惰"的问题，更有一个如何教育的问题。从最近发生的一些恶性案件看，比如浙江发生的孩子将母亲杀死那件案子，并不是因为父母"不教"，而是因为父母要求太严，望子成龙之心太切。究其原因可以看出，人们的教育观念是存在一些问题的，这就是偏重应试教育，忽视素质教育。青少年学生有志于上大学、当博士、当科学家，固然应当受到鼓励，家庭和学校都应当创造必要的条件，帮助他们实现这一美好的愿望。但还必须看到，这并非成才的唯一途径。社会上三百六十行，行行都可以出状元。我们要在全社会树立起正确的教育观、求职观和成才观。教育者要多方面地考虑国家经济建设和社会发展的需要，加强对青少年基础知识和综合能力的培养，加强素质教育，以便他们将来在各种不同岗位上都能为社会尽一份力量。这样，我们的社会就有希望，就能发展。任何工作都是光荣的，都是可以对社会作出贡献的。如果每个人都形成这样的观念，素质教育的问题就比较好解决。

我是赞成学生减负的，因为这有助于学生德智体全面发展。但减负之后，学生如何利用课余时间，应加以具体引导，切不可放任自流，特别是不能放松德育方面的教育。学校的教育方法，应该循循善诱，要晓之以理，动之以情。据我了解，各地包括北京的一些学校和家庭，无论是家长还是老师，对于学习成绩不好，或有什么过失的学生，都存在程度不同的体罚现象，或者是种种变相的体罚，伤害学生的自尊心。一定要消除对未成年人的各种体罚手段，保护未成年人的合法权益，促进他们健康成长。

青少年犯罪有社会的因素。有的同志讲，要把预防青少年犯罪纳入社会治安综合治理工作中，这很有必要。青少年犯罪往往是受教唆而犯罪，因此，我们打击的对象应该是那些流氓团伙、教唆犯，是那些为青少年犯罪提供条件的人。刚才大家讲到黄赌毒行为、偷盗行为、强暴行为等，都与流氓团伙的教唆、与社会不良分子的影响有关。所以，这项工作应该纳入社会治安综合治理范围，以杜绝社会不良分子对青少年的毒害和利用。

对青少年犯罪问题，主要是立足于预防。当青少年发生违法犯罪行为时，我们要立足于教育、感化、挽救，实行“给出路”的政策。要根据情节轻重依法处理，有的送工读学校，严重一些的给予教养，情节特别严重的要依法惩处，进少管所管教。工读学校、少管所的老师和管理人员应该以满腔的热情对待这些青少年，促使他们转变。转变好了，回到社会以后，社会不应歧视他们，要妥善安排好他们的出路。社会要给他们以温暖，使他们感到有奔头，否则很容易再次出现犯罪行为。最近我听说山东省对一些情节不很严重的犯罪分子，包括未成年犯，实行在传统节日期间让他们回家与家人团聚的教育方式，使他们很受感动，都能按期回来，思想也有明显转变。这就是动之以情，促使他们转变。

我还要强调一下法制问题。预防未成年人犯罪法与未成年人保护法是姊妹法，使预防未成年人犯罪、保障他们的合法权益工作有法可依。有了法只是开端，还应该学习法、宣传法、加大执法力度。在这次座谈会上的发言中，有同志建议，专门为未成年人开办法制课，请司法部门的同志讲课，还可以聘请司法干部兼任中小学法制副校长。这些措施和建议的目的都是为了帮助青少年树立法制观念。如果家长和老师法制观念淡薄，就会影响到下一代。我们要依法治国，成为法治国家，加强民主与法制建设，就要从青少年抓起。

在城市里面，社区的作用越来越大。社区不光是我们的生活居住场所，也是我们的业余社会活动场所、工作场所。它不仅要有良好的生活环境、工作环境，而且还要有良好的治安环境。社区比较了解一家一户的情况，也容易掌握青少年的情况。现在大家对社区工作的重要性认识还不够，还是个薄弱环节。今年，全国人大常委会要对城市居民委员会组织法进行检查，目的是为了依法加强社区的功能，发挥社区的作用，这也有助于解决社区预防未成年人犯罪的问题。

现在学校教育水平和质量不大一样。我们实行就近入学，但也有一些家长通过各种办法让孩子进好学校。好学校当然表现在学业上，学习成绩比较好，同时家长找好学校，也是因为这些学校的校风比较好，学生的品德也比较好，家长觉得有安全感，比较放心。我们正在精简机构，减少人员，有大量的各种各类人才，他们有丰富的工作经验和组织能力，年富力强。我主张从这些人员中选派一些人加强中小学的领导，真正把德育工作放在重要的位置。对于一些校风不好、教育水平和质量太差的学校，教育部门应加强整治力度，使之迅速改变不良面貌。

大家还讲到一个问题，就是增强青少年的自我保护意识，这个问题很重要。一方面，青少年自己在学习法律的过程中要增加这方面的知识；另一方面，对家长和老师也应该加强这方面的教育。女孩子是一个最容易受到伤害的群体，不仅要通过创造良好的社会环境保护她们，她们自己也要有自我保护的意识。前年北京市发生的一个十四岁女孩因去看流星雨而被害的案件，那个女孩就缺乏自我保护意识。现在的孩子出了家门就进校门，出了校门又进家门，并且由家长带着他们，护着他们，一旦进入社会以后就非常不适应。应该让他们有机会接触社会，树立自我保护意识，因为他们最终总是要进入社会的。

预防青少年犯罪是很重要的工作。现在有了法，关键是执法。要依靠政府、社会、家庭、学校，还要依靠共青团、妇联等各社会团体，只有各方面都动员起来共同努力，才能保证我们的青少年健康、茁壮成长。

在中国人民大学命名组建五十周年纪念大会上的讲话

（二〇〇〇年十月十五日）

教师们，同学们，同志们：

今天，我们在这里欢聚一堂，隆重纪念中国人民大学命名组建五十周年。首先，我代表党中央、全国人大和国务院向中国人民大学的师生员工和全体校友表示热烈的祝贺。

中国人民大学是我们国家以社会科学、人文科学和经济管理科学为主的全国著名综合性重点大学，从创办到发展，一直受到党中央和中央政府高度的重视和关怀。一九五〇年十月三日，刘少奇同志、朱德同志出席中国人民大学成立大会。少奇同志的讲话，全面表达了党中央对中国人民大学寄予的深切期望，明确指出，创办中国人民大学，是要确立新中国高等教育事业的一种新的典范。

五十年过去了，我们十分高兴地看到，中国人民大学与党和国家同呼吸、共命运，坚持社会主义办学方向，发扬实事求是的传统，始终奋斗在时代的前列，以代表我国人文社会科学的高质量教育和科研水平，回报了党中央的期望。五十年来，中国人民大学坚持马克思主义、毛泽东思想、邓小平理论，在人才培养和科学研究方面都作出了突出贡献；五十年来，中国人民大学不断加强学科建设，形成了一大批在人文社会科学领域中处于前沿地位的学科专业，产生了一大批享誉国内外的著名学者。五十年来，中国人民大学大力提高办学质量和办学效益，为社会主义事业培养了一大批优秀建设者和接班人，培养了十六万名各类专门人才，其中在党政机关担任副部级以上干部的就有近三百名之多，百分之六十的全国高校马克思主义理论教师是人民大学培养的；五十年来，中国人民大学坚持理论联系实际的优良学风，面向现实，面向社会，产生了一大批优秀科研成果，为国家的经济建设和社会发展，特别是为经济体制改革、政治体制改革、民主法制建设和精神文明建设作出了重大贡献。这些成就来之不易，是与人民大学几代师生员工的艰苦奋斗和辛勤劳作所分不开的。这里也包含中国人民大学第一任校长、著名的无产阶级革命家和教育家吴玉章同志的功绩。

在新的世纪，我国的现代化事业将更加发展，建设有中国特色社会主义事业将更加完善。在这一伟大的创造性事业中，人文社会科学与自然科学是“车之两轮”、“鸟之两翼”，具有同等重要的地位，同样是科教兴国战略中不可缺少的组成部分。随着经济的发展，社会的进步，将需要更多人文社会科学人才。江泽民同志指出：“为了实现现代化，我国要有若干所具有世界先进水平的一流的大学。”我们坚信，中国人民大学已经是而且将继续是这类大学之一，并继续得到发扬光大。我衷心地希望中国人民大学继续发扬光荣传统，进一步解放思想、实事求是、深化改革、开拓创新，不断提高教学质量、科研水平和办学效益，努力建成以人文社会科学为主的世界一流大学。

谢谢大家！

发展法学教育，迎接新的挑战*

（二〇〇〇年十二月三日）

世纪之交的二〇〇〇年即将过去，人类正在迎接一个新的千年。今天，我们在北京欢聚一堂，隆重举行二十一世纪世界百所著名法学院院长论坛暨中国人民大学法学院成立五十周年庆祝大会。这是一次世界法学教育界的盛会。我代表中国人民向大会表示祝贺，向全国法学教育工作者和中国人民大学法学院的师生表示亲切的问候，向来自世界五大洲著名大学的法学家表示热烈欢迎。

“实行依法治国，建设社会主义法治国家”，是中国社会主义现代化的重要目标，已经写入了一九九九年修正后的《中华人民共和国宪法》。中国全国人民代表大会及其常委会作为国家最高权力机关，在建设社会主义法治国家的历史进程中，担负着制定法律和监督法律实施的重要职责。改革开放二十多年来，中国在发展社会主义民主、健全社会主义法制方面取得了长足的进步，以宪法为核心的有中国特色社会主义法律体系的框架已经形成，为实行依法治国、建设社会主义法治国家奠定了坚实的基础。这一盛会在中国举办，表明了中国法制建设所取得的巨大成就为世人所瞩目，也显示

---

* 这是李鹏同志在二十一世纪世界百所著名法学院院长论坛暨中国人民大学法学院成立五十周年庆祝大会开幕式上的讲话。

了中国的法学教育与法学研究在国际上的影响日益扩大，以及世界对中国建设社会主义法治国家的极大关注。

这次盛会，将有利于扩大我国与世界其他国家在立法与司法、法学教育与法学研究方面的交流与合作。中国的政治制度与世界上许多国家有所不同，我国实行的是人民代表大会制度，而不是三权分立的政治制度，但这并不妨碍我们之间的经验和学术交流。中国有句古话，“他山之石，可以攻玉”，通过学术交流，可以增进相互沟通与理解，既有利于世界了解中国，也有利于中国了解世界，促进中国法制建设的进一步发展和完善。

法制建设的发展离不开人才的培养。中国人民大学是以人文社会科学和法律、经济、管理科学为主的全国著名大学，从创办到发展，一直受到党中央和中央人民政府高度的重视和关怀。中国人民大学法学院五十年来，作为新中国诞生后创办的第一批正规高等法学教育机构，为中国的法学教育与法学研究，以及立法、司法部门培育了大批优秀人才。五十年来中国人民大学法学院教师积极参与国家的立法和司法建设工作，为国家的经济建设和社会发展，特别是为政治体制改革、民主法制建设作出了积极贡献。有四位中国人民大学的教授在全国人大常委会法制讲座上课。为了实现现代化，我国要有若干所具有世界先进水平的一流大学。我很高兴地看到，中国人民大学法学院正在向这一目标迈进。也可以说达到了这个目标，还要继续。

科技在发展，世界在前进，法学教育也面临着许多新的挑战。世界五大洲近六十所著名大学法学院的院长，以及我国七十多所著名大学法学院的院长，共同就二十一世纪法学教育的改革和发展等重要议题，进行学术交流，这是世界法学教育界具有十分重要意义的一次盛会，也是中国走向新世纪积极开展国际学术交流的一次盛会。我相信，它必将对新世纪世界的法律文化的发展作出更大的贡献。

完善有中国特色的知识产权法律制度*

（二〇〇一年二月二十八日）

完善有中国特色的知识产权法律制度，首先要符合中国实际，切实保护好自己的权利，促进经济与科学技术的发展；同时也要符合国际上通行的规则，承担相应的国际义务。

当今世界的竞争，实质是综合国力的竞争，而综合国力的竞争，关键在于科学技术，特别是高技术及其产业发展的竞争，归根到底是人才的竞争。依法保护知识产权，是各国十分关注的问题。知识产权，又叫智力成果权，是人类在生产生活中通过智力进行创造活动的结晶。它是随着人类社会的进步，特别是科学技术和文化教育的发展而产生的一种新的民事权利，在当代民事法律制度中占有重要的位置。当前，进入知识经济时代，科学技术日新月异，智力成果越来越成为经济发展和社会进步的主要推动力。知识产权法律制度对于鼓励科技创新，加快我国改革开放和社会主义现代化建设的步伐，将具有十分重要的意义。

改革开放以来，在尊重知识、尊重人才和科教兴国等政策的指导下，我国在知识产权法律保护方面已取得了一定的

---

* 这是李鹏同志在九届全国人大常委会第十九次法制讲座上讲话的要点。

成就。除了在宪法、民法通则、刑法等法律中对知识产权保护做出一些规定外，还制定了专利法、商标法、著作权法等专门法律，以及相应的一批行政法规和地方性法规。同时，我国还陆续加入了《世界知识产权公约》、《保护工业产权巴黎公约》、《保护文学艺术作品伯尔尼公约》、《世界版权公约》等国际公约，履行相应的国际义务。在知识产权立法方面，我国用短短十几年的时间，走完了西方国家通常要用几十年甚至上百年才走完的立法路程，成绩是可喜的。

但是应当看到，由于我国知识产权保护法制建设起步较晚，经验不足，仍存在一些立法的问题需要解决，特别是我国将加入世界贸易组织，与国际知识产权保护规则要相适应，完善我国知识产权保护法律制度的任务非常紧迫。全国人大常委会要对一些法律进行必要的修改。去年，常委会对著作权法、商标法的修正案进行了审议，根据世界贸易组织规则和我国知识产权保护的实际需要，还要抓紧制定一些法律。国务院和地方人大也要分别对行政法规和地方性法规进行清理。

我们要进一步加强宣传教育工作，使全社会正确认识知识产权的重要性，提高全民族知识产权保护意识。有关执法部门要采取切实有效的措施，严格执法，各级人大也要加强监督，加大打击盗版、制假贩假工作的力度，依法维护知识产权人的合法权益，为维护社会主义市场经济秩序、推动全社会的知识创新能力，创造良好的法制环境。

加快科技立法，促进科技发展*

（二〇〇一年三月四日）

“十五”期间，我国要进一步加快科技立法工作，促进科技事业的发展。

党和政府十分重视基础研究，没有基础研究就没有科技发展后劲，就无法形成自主知识产权。基础研究的突破，还往往对生产力的发展产生重要推动作用。二十一世纪以生命技术、信息技术为代表的科学技术，将给人类的生产和生活带来更为深刻的变化。必须从经济和社会发展的长远需求出发，综观全局，突出重点，有所为有所不为。要积极创造条件，使从事基础研究的科学家能够专心致志地工作。

我国目前尚处在工业化发展阶段，要以信息化带动工业化，促进国民经济实现跨越式发展。信息技术要进一步拓宽应用领域。应用领域的拓宽，也将创造更为广阔的市场空间，反过来促进信息技术的发展。

我国即将加入世界贸易组织，面对经济全球化的挑战，我们应做好充分的思想准备，抓住机遇，兴利除弊，尽量利用各种有利条件，引进、吸收、消化世界上先进的科学技术和管理经验，促进国民经济发展。

---

* 这是李鹏同志参加全国政协九届四次会议科协科技界联组讨论会时讲话的要点。

委员们提出的建议，有的已列入全国人大常委会的议事日程，正在审议过程中；有的已列入立法规划。全国人大常委会将认真研究大家的意见，加快科技立法工作，促进科技事业的发展。

要重视德育教育*

（二〇〇一年三月六日）

北京市民都非常关心自己的子女能否受到良好的教育，因为这关系到子女能否成才，能否找到好的工作，家庭能否幸福。义务教育应该坚持德、智、体、美全面发展的方针，特别要重视德育教育。对德育的理解应该有一个新的概念，不能把德育简单地理解为上政治课。上政治课是非常重要的，同时要更多地通过言传身教和开展各种活动、社会实践，培养学生尊师重教、团结互助等中华民族的传统美德。

* 这是李鹏同志参加九届全国人大四次会议北京代表团讨论时讲话的一部分。

义务教育是提高全民素质的根本*

（二〇〇一年三月八日）

已经到来的二十一世纪是高科技大发展的时代。综合国力的竞争，在很大程度上取决于国民素质，关键在人才，基础在教育。实施科教兴国战略，必须把教育放在突出位置。义务教育是提高全民素质的根本，是一项基础性工程，务必抓紧抓好。全国人大常委会今年准备对义务教育法进行执法检查，督促这部法律的贯彻实施。各级政府也应该根据发展了的新形势，采取与之相适应的改革措施，在“十五”期间进一步推进义务教育工作。

* 这是李鹏同志参加九届全国人大四次会议安徽代表团讨论时讲话的一部分。

保护好未成年人是百年大计*

（二〇〇一年十二月五日）

全国人大内务司法委员会、共青团中央召开未成年人保护法颁布十周年座谈会，我认为这个会开得是很好的。刚才听了几位同志的发言，特别是最后尚秀云法官讲述她如何以一颗母爱之心来挽救失足少年，令人非常感动，充分显示了这部法律的重大作用。

儿童是祖国的花朵，青少年是祖国的未来。颁布了这部法律，就是为了使他们的茁壮成长得到法律的保障，这就是这部法律的重要意义。听了几位同志的发言，我有这样的感想：第一，这部法律应该和其他有关少年儿童的法律，如预防未成年人犯罪法、婚姻法等形成一个完整的法律体系，各省可以根据自己的具体情况来制定配套的法规实施细则。第二，这项工作是关系到全社会的工作，涉及到方方面面，因此，作为各级政府，应该牵头进行执法，法院、检察院、各群众团体都要加以配合，这样才能够齐抓共管，只有齐抓共管才能产生效力。第三，少年儿童的大部分时间是在家庭和学校中度过的，所以家庭和学校对于执行未成年人保护法，保护孩子们茁壮成长负有特殊重要的责任。

下面，我讲三点意见。

---

* 这是李鹏同志在未成年人保护法颁布十周年座谈会上的讲话。

一、从培养社会主义事业接班人的战略高度，充分认识深入实施未成年人保护法的重大意义。

我国正处于并将长期处于社会主义初级阶段。建设有中国特色社会主义，是中华民族历史上空前艰巨的事业，需要一代接一代的革命者和建设者坚韧不拔的顽强奋斗。未成年人是祖国和民族的未来，代表着党和国家兴旺发达的希望。培养社会主义事业接班人是巩固和发展社会主义制度，保证我们事业后继有人的百年大计。在当前国际政治斗争错综复杂的新形势下，把未成年人教育好、培养好，更是关系到党和国家前途命运的大事。我记得在中华人民共和国刚刚成立的时候，美国当时的国务卿杜勒斯，把在中国复辟资本主义的希望寄托在中国第三代、第四代身上。事实上，他们在第三代人身上是不会看到什么希望了，我看他们在第四代人那里也不会找到什么希望。第五代、第六代会怎么样，就看我们如何来教育培养未成年人了。所以大家都讲到，教育、保护好未成年人是保证我们事业后继有人的百年大计，这个话是非常深刻的。

党和政府历来重视未成年人的健康成长。针对未成年人生理心理发育不成熟、思想行为不定型的特点，开展了大量工作，进行了有效培养。未成年人保护法的颁布实施，把未成年人保护工作纳入了法制化轨道。前年又颁布实施了预防未成年人犯罪法，这部法律是未成年人保护法的姊妹篇，填补了一项法律空白，进一步完善了未成年人法律保护体系，为未成年人的健康成长提供了更加全面的法律保护，充分体现了社会主义制度的优越性。深入实施未成年人保护法，能够帮助未成年人塑造良好的思想道德文化素质。

除了未成年人保护法和预防未成年人犯罪法以外，还有若干个法律，特别是婚姻法，对未成年人教育也非常重要。少年犯罪，或者品行不好，往往与他们的家庭教育有关系，特别是离异的家庭对孩子的伤害最大。离异家庭中最大的受害者是孩子，在这方面有很多的例子。作为父母亲，为了保护好、教育好自己的孩子，应该处理好家庭的矛盾，创造良好的家庭环境，这也是为孩子的前途着想。

二、深入实施未成年人保护法，要做好各方面的工作。

未成年人成长受到社会多方面因素的影响，深入实施未成年人保护法，要认真做好以下工作：

一是加强对未成年人的教育引导。当代未成年人总体上是健康向上的，但也有少数未成年人缺乏理想和追求，有的在思想道德方面存在一些不健康的因素。对未成年人的法制教育方法也需要改进。要采用未成年人喜闻乐见的多种方式对他们进行理想信念教育，帮助他们树立正确的人生观、世界观、价值观，引导他们树立远大理想，时刻准备为建设有中国特色社会主义的伟大事业而奋斗。

刚才尚秀云法官讲，她在改造失足青少年的过程中要寻找闪光点，要抓住闪光点，打动失足青少年之心。这就是一种能够为少年儿童所接受的工作方法。有些家长和教育者对儿童的教育方式往往过于生硬，不为儿童所喜闻乐见，不符合他们的要求，就不会有良好的效果，甚至会适得其反。所以采用儿童喜闻乐见的方法很重要。要对未成年人进行爱国主义、集体主义、社会主义教育，帮助他们树立为人民服务的思想，引导他们从小爱祖国、爱人民、爱劳动、爱科学、爱社会主义。

现在城市中的大部分青少年都是独生子女，他们往往缺乏集体主义精神。在家里是“老大”，到学校也是这样，不关心集体。所以进行集体主义教育，使他们珍惜学校的荣誉、珍惜班级的荣誉，这一点也是非常重要的。

目前正在全民中贯彻《公民道德建设实施纲要》，对未成年人更要加强这方面的教育。要以未成年人保护法和预防未成年人犯罪法为重点，加强对未成年人的法制教育，帮助他们树立遵纪守法观念，促进未成年人法律意识的形成和法律素质的提高。

二是要优化未成年人成长的文化环境。今年五月，全国人大内务司法委员会组织了对未成年人保护法的执法检查，发现不少地方未成年人成长的文化环境很需要清理和改进。比如，一些非法经营者利用网吧、电子游戏机房、录像厅、非法盗版出版物等散布色情、暴力、赌博、迷信等内容，危害未成年人身心健康，引诱毒害未成年人。家长对此很有意见，社会反映强烈。现在出现的网吧对孩子很有吸引力，如果正确利用，网吧本来是个好东西，通过上网可以学到有用的知识。由于孩子们缺乏辨别力，容易受网上不良信息的影响。如果再不采取有力措施加强管理，这样一个好的东西，就会走向它的反面，变成坏的东西。对此，各地不必等待全国性的法律出台，各省市应该根据保护未成年人法律的精神，来制定本地的法规。地方法规针对性很强，是非常有用的。在网吧管理的问题上，地方可以先立法规。我们的立法工作也要从群众中来，到群众中去。游戏厅、录像厅取缔以后，要有新的形式来代替它。

优化未成年人成长的文化环境，要一手抓管理，一手抓建设。抓管理，就要依法整治文化市场的混乱状况，打击违法犯罪活动。最近，国务院召开了全国整顿和规范文化市场秩序电视电话会议，有关部门将加大对文化市场的整治力度。营业性舞厅等不适宜未成年人活动的娱乐场所，有关主管部门和经营者应采取切实措施，禁止未成年人进入。互联网对未成年人的影响越来越大，我们要高度关注。据调查，网民中未成年人占相当比例，但目前适合中小学生的网络内容较少，中小学生经常浏览的网站中，百分之九十是成年人网站，百分之八是其他网站，少年网站仅占百分之二。而且，由于管理滞后，网吧经营秩序混乱，反动、恐怖、色情、迷信等违法内容时有出现，有关部门要对网吧加强管理。同时要建设好未成年人活动阵地。目前，不少地方未成年人活动阵地严重缺乏。比如，据说有的省份只有百分之二十五的地市有青少年宫，百分之十的县有青少年宫。现在的青少年宫，也只是为少数学艺术的未成年人开放，广大未成年人还是没有活动场所可去，这个现象不可忽视。还有，博物馆、纪念馆、科技馆、文化馆、影剧院、体育场馆、公园等场所，应当成为对未成年人进行教育的重要场所。

三是保障未成年人接受教育的权利，提高未成年人的教育水平。教育是培养“四有”新人的主要途径，受教育是未成年人的基本权利。十年来，未成年人教育事业发展很快，就学机会空前增加，教育质量大大提高，未成年人的教育状况总体上是好的。但是，对有些问题要高度重视，比如，一些农村义务教育率有所下降，贫困地区未成年人失学、辍学现象还较严重。在校外教育方面，中小学生每天都有一些闲暇时间，尤其是每年都有一百七十多个休息日，但校外活动场所和设施严重不足，校外活动单调贫乏。在家庭教育方面，不少家庭过分溺爱、放纵子女，也有的教育方法简单粗暴。有关方面要加紧研究，采取有力措施解决这些问题。

四是着力做好特殊未成年人群体保护工作。未成年人总体上都需要保护，而特困家庭未成年人、离异家庭未成年人、进城务工家庭未成年人、残疾未成年人、失足未成年人等，人数不少，情况特殊，尤其需要社会给予特别关注。对特困家庭未成年人，要开展扶贫帮困活动，确保未成年人生活有保障，上学有着落。对离异家庭未成年人，要维护未成年人的利益，减少家庭破裂对未成年人身心健康造成的负面影响。对进城务工家庭未成年人，当地政府和教育部门要一视同仁，不得歧视，并解决好他们上学等实际问题。对残疾未成年人，要在人格上予以尊重，多送温暖，多给关心，妥善安排他们的生活和学习，引导他们自强不息。对失足未成年人，要立足于教育、感化、挽救，实行“给出路”政策，促使他们向好的方向转变。

五是扎实开展未成年人维权工作。侵害未成年人合法权益的事件时有发生，维权工作决不能放松。现在有的家庭中存在暴力教育，在学校中还存在体罚和变相体罚等问题。我们要使未成年人投诉有门，有符合未成年人特点的维权方式。教育未成年人自我保护、防范侵害，是贯彻实施未成年人保护法的一项重要内容。要积极创造条件对未成年人进行自护教育，向未成年人普及防范侵害的知识，引导未成年人学会以法维权。

三、全社会共同努力，形成合力，推动未成年人保护法深入实施。

未成年人保护法是涉及社会各个方面的综合性法律。未成年人保护工作内容丰富，涉及面广，是一项社会系统工程，需要全社会齐抓共管。

各级党委和政府要大力支持未成年人保护工作，把未成年人保护法作为“四五”普法教育和精神文明建设的一项重要内容，纳入计划，加强宣传教育。对农村、乡镇等一些薄弱地区和流动人口中的普法盲点，尤其要加大宣传教育工作力度。

司法机关要依法严厉打击侵害未成年人合法权益的犯罪行为。对制黄贩黄等毒害青少年和绑架、拐卖未成年人等严重刑事犯罪，要依法从严惩处。对违法犯罪的未成年人要坚持教育为主、惩罚为辅的原则。

共青团、妇联等群众团体要发挥联系未成年人的桥梁纽带作用，要继续开展好创建优秀“青少年维权岗”、“希望工程”、“手拉手”、“春蕾计划”、青少年自护教育行动等群众性活动。

家长要切实履行监护职责和抚养义务，使未成年人有所养、有所学。家长要以健康的思想、品行影响、熏陶未成年人，以科学的方法教育未成年人，帮助未成年人形成良好的性格、品德、行为和生活方式。

学校担负着教育未成年人的重要责任。要全面贯彻国家的教育方针，实行素质教育，对未成年人进行德育、智育、体育、美育教育以及社会生活教育和青春期教育。

新闻单位要加大未成年人保护法、未成年人保护工作的宣传力度，营造人人爱护未成年人、个个帮助未成年人健康成长的良好社会氛围。

各级人大及其常委会是推动未成年人保护法深入实施的

一支重要力量。我们既有立法责任，又有监督法律实施的责任。对法律的实施情况进行检查监督，既是法律赋予人大及其常委会的重要职责，也是人大及其常委会积极参与未成年人保护工作的有效形式。各级人大及其常委会要继续加强这方面的工作，通过组织代表、委员视察，听取专项汇报，开展执法检查和调查研究等多种形式，进一步了解、评估未成年人保护法实施的情况和存在问题，督促有关部门改进执法工作。

同志们，未成年人保护法是培养接班人的重要法律，未成年人保护工作是培养接班人的崇高工作。我们要真抓实干，齐心协力，推动未成年人保护法深入实施，促进未成年人健康成长，为造就大批社会主义事业的可靠接班人而努力。

提高气候研究水平，服务经济社会发展*

（二〇〇二年四月五日）

党和国家历来十分重视气候工作在经济和社会发展中的重要作用，关心气候事业。全体气候工作人员，在气候研究、追踪国际气候的研究动态、保护生态和环境等方面都做出了很好成绩，为我国实施可持续发展战略作出了积极贡献。

我国现代化建设事业对气候工作提出了更高要求。我们必须与时俱进，发挥自己的优势，加强国际交流和合作，提高气候研究工作的水平，为国民经济建设、社会发展和广大人民群众提供更好的服务。

我衷心希望这次会议能够为开创我国气候工作的新局面，促进我国气候工作的发展作出更多更大贡献。

---

* 这是李鹏同志致首届中国气候大会贺信的主要部分。

发展载人航天，增强综合国力*

（二〇〇二年五月九日）

今天看到神舟三号飞行试验所取得的成果，感到非常高兴，首先向你们表示热烈的祝贺和衷心的感谢。

我作为载人航天工程的参与者，回想工程十多年来的发展进程，深切感受到在以江泽民同志为核心的第三代领导集体的亲切关怀和领导下，在解放军总装备部、航天科技集团公司、中国科学院各级领导和广大科技人员的共同努力下，取得现在这样的成果，确实是来之不易的。我有三点感想。

第一，二十世纪九十年代初，中国的航天事业已经取得了很大的成就，把同步卫星和通信卫星都送上了天。但进一步怎么发展？如果不进一步发展，就必然要落后于世界，落后于美国和俄罗斯。因此，在当时我们国家还比较困难的情况下，中央果断决策开展载人航天工程。目的不仅仅是为了飞船能够上天，而且是要带动整个空间技术的发展，以及相关的科学技术发展，如通信技术、生命科学、材料科学等。从这一点上说，如果没有项目带动，科研本身不容易发展起来；反过来说，如果没有科研的支持，项目也不可能顺利完成，这是相辅相成的。实践证明，我们的载人航天工程已经达到了这个目的。

---

* 这是李鹏同志在视察神舟三号飞船返回舱时的讲话。

第二，载人航天工程培养了大批的人才，这是非常宝贵的。中国老一代航天工作者作出了巨大贡献，使我们能够在世界航天领域占有一席之地。毛主席讲过，如果没有原子弹、导弹，中国就不会有今天的国际地位。但是事业的发展特别需要新生力量，今天看到一批三四十岁的年轻同志已经成长起来了，并承担着主要的科研和管理工作，可以说，保证了我们的事业持续发展、后继有人，我感到特别高兴。

第三，发展载人航天及相关应用技术，不仅有很强的社会效益、潜在的经济效益，而且对增强国防实力、准备打赢一场高技术条件下的局部战争具有重要意义。和平与发展是时代的主流，但天下并不太平。中国人民爱好和平，为了保卫祖国，必须要提高我们的防卫能力。航天技术应用于军事，必然会增强我们的国防实力。只有这样，才能更好地进行有中国特色的社会主义现代化建设。

大家要再接再厉，努力圆满完成好今年底的第四次无人飞行试验，尽早实现首次载人飞行。广大国防科技工作者要认清使命，努力工作，为国民经济的发展和巩固国防、加强军队现代化建设作出更大的贡献。

最后，希望大家百尺竿头，更进一步。

要加强农村义务教育*

（二〇〇二年六月六日）

要加强农村义务教育，这关系到科教兴省，无论如何不能放松。要保障教师工资，消灭学校危房。二十世纪八十年代后期和九十年代初期，教育工作的重点就是学校危房改造。当时我们曾经讲过：农村最好的房子应该是学校，教师应成为人人羡慕的职业。现在，教师的待遇、地位都较前提高了，要进一步提高他们的积极性，以确保农村义务教育的实施。

* 这是李鹏同志考察山西时在太原听取山西省委省政府工作汇报后讲话的一部分。

加强职业教育，提高技术工人素质*

（二〇〇二年六月十七日）

我们中国搞现代化，当然要科教兴国，要重视技术人员的作用。一个重大的技术发明可以推动生产发展，但是要把技术发明变成产品，还要经过繁多的加工程序。产品的质量水平，往往要取决于技术工人的素质。技术工人的素质如果提不上去，就制造不出好的特别是精细的产品。培养训练出一大批熟练的高级的技术工人，对于发展高新技术产业，是非常重要的。所以，今后应该进一步加强职业教育。

* 这是李鹏同志考察山东时在青岛听取山东省委、省政府、省人大工作汇报后讲话的一部分。

促进人的素质的提高*

（二〇〇二年六月二十九日）

普及科学知识既是实施科教兴国战略的重要任务，也是精神文明建设的重要内容。愚昧是建设不了有中国特色的社会主义现代化国家的。一段时间以来，一些地方忽视科普教育，迷信盛行，部分群众甚至受到邪教的毒害，这些教训充分说明了弘扬科学精神、传播科学思想、提高全体人民科学文化素质的重要性和紧迫性。因此，对本次会议通过的科学技术普及法，要广泛宣传、认真贯彻，努力使广大人民群众掌握基本的科学知识，促进人的素质的提高，以推动经济发展和社会进步。

* 这是李鹏同志在九届全国人大常委会第二十八次会议上讲话的一部分。

制定民办教育促进法，促进民办教育发展*

（二〇〇二年八月二十四日——十二月二十八日）

一

关于民办教育促进法的名称，我建议还是保留“促进”两个字。我们是提倡民办教育，它是公办教育的一种补充，目前还没有上升到重要组成部分的地位。中国的教育总的来讲还不是学校多了，还是需要求学的人多了。义务教育法制定后，义务教育成了政府行为。但在政府行为之外，民办教育可以作为一种补充。所以“促进”两个字还是必要的。关于有争议的“合理回报”问题，应该处理好和教育法的关系。教育法讲教育是公益事业，不能以营利为目的，这个总的精神到现在为止也是正确的。民办教育有别于公有制办学形式，应该鼓励，但合理的回报是否值得提倡，还应慎重考虑。公益事业是一种社会事业，是对国家的一种贡献。学校赢利了，应该进一步改善办学条件，进一步降低收费，甚至给教师比较高的报酬，促使民办教育事业向好的方向发展。同时要遏制当前部分民办学校乱发文凭，以至于教育质量不

* 这是李鹏同志四篇文稿的节录。

合格的现象。教育的质量合格不合格，最后就看人才，看培养出来的学生对社会的贡献如何。希望全国人大法律委员会、教科文卫委员会把这个关系处理好，我主张对民办教育有一点鼓励政策，但更多地要提倡办教育就是对国家的一种奉献。比如，香港一位工商界知名人士捐建了三所大学，完全是为社会奉献，也提高了自己的知名度，他的社会地位有所提高，对他的商业事业也可能有帮助，就是这样一种利益循环的关系。强调民办教育不以营利为目的，可能会打击一些人的办学积极性，但也会遏制一些社会上不良的现象。

（二〇〇二年八月二十四日在九届全国人大常委会第二十九次会议分组审议民办教育促进法草案时讲话的要点）

二

我们提出科教兴国，而教育是科技的基础。因此，无论是党和政府还是全社会，对教育事业都十分重视。民办教育是整个教育体系中的一个组成部分，也同样是为国家培养人才的公益性事业，是利国利民的高尚事业，对此必须有清醒明确的认识。促进民办教育的健康发展不但有社会上的实际需求，而且也有利于进一步加快教育事业的发展。同时也要看到，民办教育有其特殊性，应该允许民办教育的出资人有一定的、合理的经济利益上的回报，当然也必须明确，不能使单纯追求利润成为投资民办学校的目标。

（二〇〇二年十二月一日考察河北就民办教育促进法草案进行立法调研时讲话的要点）

三

我的看法，首先要强调民办教育是公益事业，要服务于社会主义教育事业；另一方面，市场经济应允许合理回报，如果没有这一条，不但积极性调动不起来，而且现在已经办的、正在办的或者是办得比较好的民办教育可能维持不下去。民办教育还是要从实际出发，目前还有很多人想上学上不了，而且希望学校的质量有所改善。当然对民办教育有些问题也要给予重视和考虑，比如有的人以办学为手段赚钱、骗钱，教学质量不高等，这些应加以纠正。国务院应制定一些实施细则，比如规定什么是“合理回报”，什么是优惠等。总的来说，民办教育促进法是人民群众所盼望的，它的出台必定会促进民办教育事业的健康发展。

（二〇〇二年十二月二十三日在九届全国人大常委会第三十一次会议分组审议民办教育促进法草案时讲话的要点）

四

本次会议通过的民办教育促进法，是一部非常重要的法律，对于促进我国的教育事业，提高中华民族的素质，推动科教兴国战略的实施，具有重要意义。这部法律的核心内容，是促进民办教育的发展，要紧紧把握住这个核心内容，全面贯彻实施好这部法律。

（二〇〇二年十二月二十八日在九届全国人大常委会第三十一次会议结束时的讲话）

母亲的一生是从事教育事业的一生*

（二〇〇二年十月十八日）

据我所知，对我母亲一生影响最大的有三个人。第一位就是她的五哥赵世炎烈士。赵世炎是中国共产党早期的领导人之一，是马克思主义在中国的传播者，是工人运动的领袖。她和赵世炎自幼在一起读书，一起玩耍，兄妹感情至深。赵世炎天赋聪慧，勤奋好学，品行端正，为同学所敬仰。赵世炎教她识文断句，背诵诗词，是她的启蒙老师。一九一九年，赵君陶随家迁居北京，赵世炎向她灌输了反帝反封建、求民主爱科学的思想，带领她参加爱国学生运动，引导她信仰共产主义，加入中国共产党，走上革命的征途。赵世炎和周恩来一起领导了震惊世界的上海工人三次武装起义，并取得胜利。一九二七年，蒋介石发动了“四一二”反革命政变，赵世炎因叛徒出卖被捕，英勇牺牲。当我的母亲从南昌归来，在她的三哥赵世炯那里，得知五哥赵世炎牺牲的消息后，万分震惊，悲痛欲绝，昏厥过去。她没有因为五哥牺牲而挫伤革命意志，她也没有被敌人的屠刀所屈服，反而更加坚定了她实现烈士理想的决心。

第二位对我母亲一生影响最大的人是我的父亲李硕勋烈

---

* 这是李鹏同志在二〇〇三年一月二十一日《人民日报》上发表的文章《纪念我的母亲赵君陶》的主要部分。

士。一九二五年，他们相识于杭州西子湖畔，互相萌发了爱慕之心。以后他们又同时就读于上海大学社会系，这是一所大革命时期中国共产党培养干部的学校。李硕勋是学生领袖，全国学生联合会的会长。赵君陶认真攻读革命理论，是品学兼优、思想进步的学生，并于一九二六年加入了中国共产党。两人情投意合，在上海大学结成良缘。从他们的结婚照片可以看到，母亲相貌端庄，温柔文雅，坐在一个大椅子上，父亲身材修长，刚强坚毅，坐在母亲之旁。这张照片我母亲一直珍藏在身边，留下了这幸福而永恒的纪念。从此以后，在艰难的岁月里，他们俩战斗在各自的革命岗位上。

轰轰烈烈的大革命开始了。一九二六年冬，他们由上海转战到当时革命的中心武汉。李硕勋投笔从戎，在号称“北伐先锋铁军”的叶挺部队担任师政治部主任，而赵君陶则担任湖北妇女协会宣传部长，动员妇女支援北伐铁军。一九二七年，李硕勋参加了八一南昌起义，赵君陶也紧随其后。起义失败后，两人在南昌分别，不久又在上海会合，此后长期在上海做地下工作。李硕勋先后担任中央军委委员、江南省委军委书记，赵君陶则是中央妇委的秘书。当时我党处于白色恐怖之下，党的工作者随时都有丧失性命的危险。李硕勋、赵君陶多次遇到险情，但总能沉着应对，机智勇敢，配合默契，化险为夷，既保护了自己，又保护了同志们和地下党机关的安全。一九三一年五月，李硕勋奉党中央命令去南方，担任两广军委书记，机关设在香港。同年七月，赵君陶携带着他们三岁的男孩——自然就是我，由上海到香港。我们在香港的团聚是短暂的。七月，李硕勋到海南岛召开军事会议，不幸被捕入狱，遭受严刑拷打，英勇不屈，于一九三一年九月十六日在海口从容就义。李硕勋临刑前写了致我母亲“陶”的遗书。这封遗书体现了一个共产党员大义凛然、视死如归的英雄气概，正如郭沫若所书：“这是中国人民革命成功的左券，是训育革命后进的不朽教材。”

我父亲就义时，年仅二十八岁，正当英年。我母亲与之同年，也算得才貌双全，风华正茂。但是多少年过去了，母亲终身没有再婚。难道这是因为她受封建道德束缚，信守“一女不二嫁”的旧礼教吗？不是的，绝不是！她从青年时代起就是反对封建婚姻、谋求妇女解放的先驱。对一些再婚的战友和同事，她也绝无轻视和反感。唯一能解释的原因是，她对我父亲爱得太深了。父亲的遗像始终摆在她的床头或书房，她经常面对遗像，静坐沉思，一坐就是好几个小时。一本载有详细介绍李硕勋革命事迹的书——《红旗飘飘》总是放在她的枕下，经常取出反复阅读。在任何险恶的环境下，她都像爱护自己的生命一样爱护父亲的遗书，所以遗书才能完好保存至今。直到她去世后，我和朱琳将遗书的原件送交中国人民革命军事博物馆保管陈列。

二十世纪八十年代初期，我的母亲赵君陶已病魔缠身，她希望有生之年再到西湖一次，那里毕竟是她和父亲初识之地。她终于如愿以偿，在疗养院度过了一个夏天。在我的母亲弥留之际，我和她所疼爱的儿媳朱琳均不在她的身旁，这是我们引为终身的憾事。当时我的妹妹李琼和我的子女们、亲友们守候在她的身旁。她在临终的昏迷中偶尔苏醒过来就问：“儿子怎么还没有来？”她最后的话是：“是我把他们拉扯大的”，“不容易啊”，又以微弱的声音说，“要防‘狗’，要防‘狗’啊”，就溘然去世了。我明白她的意思，“狗”就是指特务和叛徒。她是在告诫我，不要忘记过去“狗”的危害，也要警惕可能产生的新“狗”。六十年代初，吴玉章同志，我父亲的这位老师和战友，在悼念李硕勋烈士的诗中写道：“遗骨琼州何处觅，喜看红日照天涯。”母亲多次嘱咐我和朱琳，身后把她的骨灰撒在琼州海峡。我们完成了她的夙愿，她的骨灰终于被安放在海口李硕勋烈士纪念亭内。

第三位对我母亲一生影响最大的人是她的三姐赵世兰。赵世兰是党内最著名的几位老大姐之一，是中国妇女运动的先驱，出色的党的工作者。大家也许熟知鲁迅先生写的《记念刘和珍君》的文章，刘和珍和赵世兰都是当时北京女子师范大学的学生，都是学生会的领导人。为了反对反动校长杨荫榆推行恢复封建旧礼教的种种倒行逆施，女师大学生开展了一场震撼北京乃至全国的学生运动。赵君陶和赵世兰姐妹自幼生活在一起，学习在一起，长大成人后，同在北京读书，同时接受进步思想，同时加入中国共产党，同时参加了轰轰烈烈的大革命。赵世兰还参加了一九二七年在武汉召开的中国共产党第五次代表大会。大革命失败后，革命进入低潮时期，她俩都奉党组织之命先后回到四川成都，在她们二哥赵世双家里隐蔽下来，都以教书为生，伺机宣传进步思想和党的主张。一九三五年，那是中国革命史上最困难的年代，红军正在进行二万五千里的长征，许多党的地下组织遭受破坏，她俩也与党组织失去了联系。有一个叛徒，后来当了国民党的特务，在成都发现了她们，对她们进行追踪和威胁。在这种险恶的情况下，她们机智勇敢地与特务作斗争，终于化险为夷，逃出特务的魔掌。就因为这件事，她们在“文化大革命”中，被诬陷为“大叛徒”，都错误地受到批判、斗争、抄家等种种折磨。赵世兰年老体弱多病，受不住这样的身心摧残，于一九六九年一月八日含冤去世。而那时赵君陶已被关进北京化工学院“牛棚”，正在接受批斗审讯。朱琳冲破了重重阻碍，终于见到婆婆。婆婆面容憔悴了许多，身体十分虚弱。对此，朱琳心如刀绞，禁不住流下了眼泪。婆婆对朱琳说了一段被审讯的经过：专案组问她：“你丈夫都牺牲了，你为什么能活下来?”赵君陶回答：“如果干革命的都死了，哪里有今天革命的胜利。”正义的声音驳得那帮人哑口无言。朱琳深为婆婆的浩然正气所鼓舞。当赵君陶从“牛棚”里释放出来，才得知与她相依为命的姐姐赵世兰去世的噩耗，她决心竭尽全力在有生之年为赵世兰昭雪平反。党的十一届三中全会之后，赵世兰的冤屈才得以昭雪，她的名誉和尊严得以恢复，流芳于后人。

我始终感谢母亲对我的养育之恩。她是一位不寻常的母亲，首先，她是党的忠诚战士；其次，她又是一位慈祥而严格要求子女的母亲。她为了抚养我们兄妹，真可谓含辛茹苦，饱经磨难。父亲牺牲以后，她带着才三岁的我和遗腹妹妹从上海回到成都。在那白色恐怖的年代，她既要随时防止特务的迫害，又要携儿带女自谋生计。我幼年时代是在成都二舅赵世双家度过的。我们的经济条件并不宽裕，有时还相当困难，但我的母亲仍把我送到当时成都最好的成都实验小学读书，使我受到良好的启蒙教育。受环境所迫，母亲经常更换执教的地方和学校。我的童年与母亲时而在一起，时而分离，不断承受母子分离的痛苦，但我也因此得到锻炼。从小学四年级起就在学校住读，自幼养成独立生活、应付各种环境的能力。

我要感谢母亲在几个关键时刻对我的帮助。一九四一年，在我十三岁的时候，她就毅然决定把我送到革命圣地延安去学习，使我受到党的教育，像父母一样，成为一名共产党员。

我要感谢母亲让我受到高等教育。在建国前夕，党中央决定派遣一批青年到苏联学习经济建设的专业知识。我原来不想去，而她极力主张我去。为此，我们母子之间发生了第一次，也是最后一次冲突。她批评我目光短浅，有自满情绪。最后，我听从她的劝告，服从组织决定，到苏联学习了水力发电专业。

朱琳自幼丧母，失去了母爱，是她的婆婆赵君陶给了她第二次真正的母爱。一九五九年，朱琳怀上我们第一个孩子，住在北京协和医院。不幸的事情发生了，她遇到早产和难产，母亲终日守护在她的身旁。林巧稚大夫问我的母亲："你是要大人，还是要孩子?"母亲毅然回答："大人也要，孩子也要。"她的语气是那样的坚决，那样的诚恳，使林大夫深受感动。在林大夫的精心治疗下，朱琳终于顺利产出我们的第一个男孩。人到老年都喜欢自己的孙子，所谓含饴弄孙乐，隔代亲，母亲也不例外。但她在疼爱孙子孙女的同时，也对他们提出严格的要求，把她自己的品德和学识，通过言传身教留给他们。晚年，我母亲以练书法为乐，写得一手娟秀的"赵"体字。她为孙子和孙女们亲手书写的几篇赠言，充满了对后代希望之情，如今还完整地保存下来。母亲对我们子孙两代的教养之恩，当永远铭记在我们心中。

一九五五年，我从苏联学成回国，分别多年的母子又得重逢，她是多么想能与儿子生活在一起，共享天伦之乐。然而，当她得知组织上分配我到东北基层工作，以便受到更多的磨炼，她放弃了自己的愿望，又一次毅然送我走上了新的征途。在东北基层的锻炼，对我的成长是多么重要，我要感谢她的智慧和远大的眼光。

我和母亲生活在两地，平常只有书信来往，偶尔我到北京出差，才有见面叙谈的机会。一九六〇年初冬，我突然接到母亲的电报，要我速到青岛某疗养所去见她。这是很不寻常的事，因为母亲从来没有要求我专门去看望她、陪伴她。我和朱琳甚至想到她的身体遇到什么不测。当时朱琳已怀上我们的第二个孩子，行动不方便，我就独自一人乘火车从吉林市赶赴青岛。我找到她的住所，母子再次相逢。经过一番长谈我才知道，在一九五九年后党内“反右倾”的斗争中她受到了批评，指责她不支持在化工学院大办钢铁，搞“兴无灭资”和“拔白旗”。运动过去了，她只受到批评，没有给什么处分。我们母子可谓“同病相怜”，我也在“反右倾”斗争中受了批判。也许母亲听到了什么风声，才急忙找我来了解情况，以她丰富的党内斗争经验，告诫我要以宽广的胸怀来正确对待同志们的批评，勉励我既要坚持真理，又要接受教训。她的谈话给了我很大的鼓励和勇气，使我满怀信心地走上新的工作岗位。

我的母亲是学教育的，她热爱教育事业，矢志不渝。在大革命时代，她从事妇女工作，也曾在工人夜校教过书。父亲牺牲后，她回到四川，就选择以教育为职业，既谋生计，又继续为党工作。从一九三三年至一九三八年，在短短的六年中，她换了几所学校执教。就我所能记忆起的，她先后在成都、金堂、简阳、五通桥教过书。最近又查到，她还在合川、雅安教过书。她到哪里，就给哪里带来一股清风。学生们都为赵老师渊博的学识、高尚的品德、循循善诱的教学方法所折服。她到哪里，哪里就播下革命的火种，教育出一批又一批具有进步思想的学生，有的学生还加入了中国共产党。一九三七年，李一氓同志奉命到四川做统战工作。从此，赵世兰和赵君陶接上了党的组织关系，使她们度过了生平最困难的时期。她们的工作更有了明确的方向和具体任务。

一九三九年初，南方局决定赵君陶到保育院工作。抗战时期的保育总会是在共产党和民主人士推动下，为收容抗战难童成立的组织，下属若干保育院。邓颖超同志推荐她到重庆第三保育院任院长。赵君陶在第三保育院工作长达六年零九个月之久，直到抗战胜利。她和她的同事共抚养了八百多名因战争而流离失所、在死亡线上挣扎的、年岁不齐的儿童，使他们恢复了健康，受到良好的教育，完成了学业，走向了社会。孩子们都亲切地称她为赵妈妈。邓颖超是赵君陶的直接领导人，对她在第三保育院的工作给予高度的评价，亲笔写下："在抗日烽火中以伟大慈母般的爱培育下一代"。由于赵君陶机智灵活，又有丰富的地下工作经验，第三保育院中共党组织始终没有被特务发现和破坏，还为党输送了一批新党员。她在第三保育院工作时，结合实际情况实行了德智体美劳全面发展的办学方法，提倡生活即教育，社会即学校。院里经费十分困难，她就发动师生自己动手搞生产自救，克服种种困难，使孩子们得以生存下来，得到健康成长。在爱国进步人士眼里，第三保育院是"国统区的延安小学"。

解放战争时期，她到了哈尔滨。她是一九二六年入党的老党员，熟知她的蔡畅同志曾告诉我，组织上本来准备分配她在东北妇联或政府担任重要职务，但她热爱教育事业，执意要到中学教书。后来如愿以偿，赵君陶担任了哈尔滨第四中学的校长。如今四中颇负盛名，成为该市的重点中学，为党和国家培养出许多栋梁之才。赵君陶的铜像安放在校园之中，以寄托师生们对她的思念。

建国以后，赵君陶继续从事教育工作。她对工农出身的干部有着深厚的感情。在中南教育部工作时期，她首先创办了工农速成中学，继而在天津创办南开大学工农速成中学。来到北京后，又参加了北京化工学院的创办工作。党的十一届三中全会后，她担任过两届全国政协委员，也都是在教育界别。她每次开会，都积极参加讨论，为中国教育事业的改革和发展提了不少中肯的建议。

我的母亲赵君陶的一生是平凡的一生，是革命的一生，是从事教育事业的一生。她没有做过什么轰轰烈烈的大事，也没有特别的功绩。她淡泊名利，从不计较个人的得失。但是，她一生却为党和国家培养出一批又一批有用的人才。在她身后，她的学生和同事写了许多思念她的文章，颂扬她的高尚品德、高风亮节，以及她诚恳待人的感人肺腑的事迹。

贡献科技成果和优秀人才，推动航空航天事业发展*

（二〇〇二年十月二十六日）

北京航空航天大学是新中国建立的一所航空航天高等学府。在半个世纪的办学历程中，培养了大批高素质人才，创造了大批科技创新成果，积累了丰富的办学经验。历届毕业生已成为我国国防、航空、航天和国民经济各个领域的优秀人才，在社会主义建设事业中取得了优异成绩。

二十一世纪是高科技时代，科学技术在经济社会发展中起着积极的推动作用。五十年来，北航担负着航空、航天等领域重要的教学、科研任务，为国防现代化建设、国民经济建设和祖国的腾飞作出了贡献。

回首过去，成绩显著；展望未来，任重道远。希望北航师生不辜负江泽民总书记的殷切期望，在新的世纪，以五十周年校庆为新的起点，认真贯彻“三个代表”重要思想，与时俱进，深化改革，抓住机遇，加快发展，努力把北京航空航天大学建设成为“国内一流、世界知名”的高水平大学，为建设有中国特色社会主义事业、实现中华民族的伟大复兴作出更大贡献。

---

* 这是李鹏同志在北京航空航天大学建校五十周年庆祝大会上讲话的要点。

发扬优良革命传统，培养更多优秀人才*

（二〇〇二年十一月一日）

中国人民大学是我们党和中央人民政府创立的第一所新型大学。六十五年来，中国人民大学为中国革命和建设事业作出了重要贡献，培养了大批优秀人才。中国人民大学是一所有着优良革命传统的学校，这个传统可以概括为坚定正确的政治方向，理论联系实际的学风和为人民服务的人生观、价值观，希望这种优良传统在新的时代得到继承和发扬。

人文社会科学与自然科学是“车之两轮”、“鸟之双翼”。科学技术是第一生产力，人文科学、社会科学和管理科学也同样可以转化为生产力，在以经济建设为中心的今天，这一点非常重要。在一定意义上说，管理就是改革，就是要调整和处理好生产力和生产关系之间的关系，这就要求实现管理的科学化。中国人民大学要发挥自身优势，在人文科学、社会科学和管理科学研究与人才培养方面作出新的努力和探索。

中国人民大学建校以来为国家培养了十七万名优秀的各类专门人才，希望今后继续为建设有中国特色社会主义事业培养更多优秀人才，为中华民族的伟大复兴，为建设一个富强、民主、文明的社会主义现代化国家作出更大的贡献。

---

* 这是李鹏同志在中国人民大学六十五周年校庆大会上讲话的要点。

加强科技立法与监督工作*

（二〇〇二年十二月二十八日）

全国人大常委会要进一步加强科技立法工作，以及对科技法律实施的监督工作，推动建立适应社会主义市场经济体制和科技自身发展规律的新的科技体制，充分发挥科学技术进步对经济社会发展的巨大推动作用，为我国科技法制建设作出新的贡献。

科学技术是第一生产力，是经济和社会发展的决定性因素。世界各国综合国力的竞争，首先表现在科技实力的竞争上。我国要在新世纪新的历史阶段，全面建设小康社会，加快推进社会主义现代化，实现中华民族的伟大复兴，就必须始终把大力发展科学技术、加速全社会科技进步放在经济社会发展的突出位置，进一步实施科教兴国战略，大大提高全民族的科学文化素质。

科技活动是人类认识世界、改造世界的重要社会实践。通过法律来确定和规范人类科技活动所形成的社会关系，对于促进科技发展具有重要意义。历史和现实都表明，一个国家科技法制状况如何，直接影响着它的科技进步和国家创新体系的建设，也进而影响它的经济增长质量和效益。改革开

---

* 这是李鹏同志在九届全国人大常委会第三十次法制讲座上讲话的要点。李鹏同志当时任第九届全国人大常委会委员长。

放以来，我国科技法制建设取得了显著成绩。全国人大及其常委会制定了科学技术进步法、农业技术推广法、促进科技成果转化法、科学技术普及法、计量法、标准化法、专利法等科技方面的法律。国务院及其有关部门制定了计算机软件保护条例、植物新品种保护条例等上百项有关科技的法规、规章及规范性文件。我国还加入了有关工业产权、集成电路知识产权、专利合作等方面的国际条约和协定。目前，我国科技发展的各个领域，包括推进科学技术进步、研究开发、科技成果保护和科技奖励、技术市场管理与技术贸易、促进高技术产业、科技物质保障与环境保护、加强国际科技交流与合作等方面，基本上做到了有法可依，科技法律制度初步形成。

我们正处于科学技术飞速发展、科技成果日新月异的时代，科技创新越来越成为经济和社会发展的主导力量。适应这一要求，我们迫切需要将现代科技发展的客观规律、成功经验，以及科技创新政策和措施，用立法的形式确定下来，并不断完善。

为实现中华民族的飞天梦想作出更大贡献*

（二〇〇二年十二月三十日）

刚才，我们共同经历了一个激动人心的时刻，举世瞩目的神舟四号飞船顺利升空了。这是一件长民族志气、振国威军威的大喜事，举国为之骄傲，为之振奋。我代表吴邦国、贾庆林、曹刚川、宋健等领导同志向参加载人航天工程研制试验的全体科技人员、干部、工人和解放军指战员，表示热烈的祝贺和诚挚的问候。

这次发射成功，是在全党全军全国人民认真学习贯彻党的十六大精神、意气风发开创新局面的大好形势下，在神舟三号飞船成功发射仅九个月的时间里取得的，意义非常重大。这是党中央科学决策、正确领导的结果，是全体参试人员团结协作、奋力拼搏的结果。这次发射成功，标志着我国载人航天技术日臻成熟，标志着我国综合国力、科技实力显著提高，充分展示了中国人民万众一心实现民族伟大复兴的坚强信心。这次发射成功，不仅对我国载人航天工程的发展是个巨大的推动，而且对全国各条战线都是个巨大的鼓舞。实践再一次证明，党中央下决心搞载人飞船的决策是非常正确的。我们要按照既定的目标坚定不移地走下去，为人类开

* 这是李鹏同志在酒泉卫星发射中心神舟四号飞船发射现场讲话的要点。

发利用太空作出应有的贡献。

党的十六大为我们国家的发展确立了新的奋斗目标，描绘了新的宏伟蓝图。载人航天工程是国家的重点工程。大力推进这一重点工程，突破和发展我国的载人航天技术，对于全面建设小康社会、推进中国特色社会主义伟大事业，意义重大，影响深远。在这条战线工作的同志们是无上光荣的，你们付出的辛劳和汗水，党和人民永远不会忘记，你们的功绩，将永载史册。载人航天工程的后续任务还很重。希望参加研制试验的全体同志，认真学习贯彻党的十六大精神，全面贯彻落实“三个代表”重要思想，大力弘扬“两弹一星”精神，保持和发扬航天战线的优良传统和顽强作风，再接再厉，乘势而上，扎实细致工作，坚持质量第一，确保载人飞行试验取得圆满成功，为实现中华民族的飞天梦想，实现党的十六大提出的奋斗目标作出更大的贡献。

抢占世界航天科技的制高点*

（二〇〇二年十二月三十日）

神舟四号飞船发射成功，标志着我国载人航天取得了实质性进展，中国人千百年来的飞天梦想很快就会实现。这是我国综合国力显著提高的重要体现，是社会主义能够集中力量办大事的充分展示。

载人航天工程的实施，已经在我国政治、经济、科技和国防建设等各个领域取得显著成效。实践充分证明，党中央、国务院下决心搞载人航天工程的决策是非常英明和正确的，这对于加快推进我国经济建设、社会进步、科技发展，对于牢固确立我国在世界上的大国地位，对于全面建设小康社会、开创中国特色社会主义事业新局面、实现中华民族的伟大复兴都具有十分重要的意义。

酒泉卫星发射中心是我国组建最早的航天发射试验基地，曾创造了中国航天史上“九个第一”的辉煌业绩。就是在这里，我国第一颗人造地球卫星、第一颗科学探测和返回式技术实验卫星飞向太空；我国第一代导弹和远程火箭发射成功；我国第一次导弹核武器结合试验和“一箭三星”发射成功。还是在这里，神舟号飞船四战四捷，尤其是在今年短

---

* 这是李鹏同志在酒泉卫星发射中心会见参加神舟四号飞船发射的科技人员和部队官兵代表时讲话的要点。

短的九个月时间里，神舟号飞船连续两次发射成功，令人振奋，使人鼓舞。这些成就的取得，是党中央英明决策、正确领导的结果，是全国各方面鼎力支持、大力协同的结果，是全体研制试验人员团结奋战、刻苦攻关的结果。江泽民同志今年在观看神舟三号飞船发射时，高度赞扬了同志们为我国航天事业所作出的重要贡献，你们的功绩将载入共和国史册，党和人民永远不会忘记你们。最近，党中央、国务院、中央军委决定，加强载人航天工程人才队伍建设和军队实施“高新工程”人才特殊津贴，这既是党中央、国务院、中央军委对你们的关心，也是对你们的褒奖。

当今世界，科技进步日新月异，综合国力竞争日趋激烈。虽然我国航天事业取得了很大成绩，但要抢占世界航天科技的制高点，牢牢掌握主动权，还需要付出更艰苦的努力，任重而道远。航天战线的同志们一定要认真学习贯彻党的十六大精神，全面落实“三个代表”重要思想，瞄准世界科技发展的前沿，抓住机遇，锐意进取，加速推进我国航天事业的跨越式发展；一定要努力提高航天科技和发射试验的自主创新能力，突破一批航天关键技术，培养造就一支勇于开拓、不断创新的航天科技队伍；一定要大力发扬“两弹一星”精神，艰苦奋斗、顽强拼搏，严肃认真、科学求实，团结协作、集智攻关，当科技尖兵，做航天先锋，不断夺取载人航天工程建设的新胜利，不断谱写中国航天事业和国防科技发展的新篇章，为实现党的十六大确立的宏伟目标而努力奋斗。

高科技的开发研究要和产业相结合*

（二〇〇三年二月十四日）

今天我去看了三家高新技术企业，都很满意，觉得很有发展前途。根据美国、日本和欧洲大跨国公司的经验，大的科研机构特别是研发机构都是设在大企业里。而在我国，过去的科研机构与企业是分家的。对此，我们很早就提出这样一个口号，就是要把科研机构、应用研究机构放在大企业里。现在，这三个企业就做到了这一点，企业再不是过去那种单纯的企业，也不是单纯的研发机构，而是能够经过自己的研发以后，生产出属于自己的有自主知识产权的最终产品。这是企业今后发展的一个很重要的途径。总之，高科技的开发研究要和产业相结合，高科技要和高新技术产业紧密结合。总体来说，深圳的这条路子是正确的。当然也应该有一些做基础研究的机构，不能要求所有高等学校把各项研究课题都与产业结合，有些就是理论性的、纯粹做科学研究的，这也是必需的。

* 这是李鹏同志考察广东时在深圳听取广东省委省政府及深圳市委工作汇报后讲话的一部分。

科学知识要产业化*

（二〇〇三年二月十九日）

巴蜀文化源远流长，四川有很丰富的人才资源，群众受教育程度比较高，教育也比较普及，无论是基础教育还是高等教育、职业教育都较为普及，也很有特色。宜宾的一些学校教学水平相当不错，学生们都非常精神，说起话来有板有眼。科教兴国的根本出路是在于掌握科学知识的人才。要把科学知识转变为知识产权，进而实现产业化，这也是一个很长的链条。首先从娃娃抓起，让他们成才，再让他们出科研成果，最后出真正的产品。在深圳和珠海，许多公司和高校联合搞科技研发中心，由这个孵化器提供比较好的生活和工作环境，加强产学研结合，一旦有了研究成果，马上就能转化为产品。提倡大企业有自己的研发中心，不断开发新的产品。从事研究的专门机构有了成果以后办企业，这也是一条路子。

---

* 这是李鹏同志考察四川时在成都听取四川省委省政府工作汇报后讲话的一部分。

缅怀革命先烈，为全面实现小康社会的各项目标而努力奋斗*

（二〇〇三年二月二十日）

中共四川省委今天在这里隆重集会，纪念李硕勋同志诞辰一百周年。我和朱琳同志代表我的家人，向出席今天大会的四川省和上海、江苏、浙江、江西、湖北、广东、海南、重庆等省市的负责同志，以及参加会议的各位同志表示衷心的感谢。

李硕勋同志出生的那个年代，中国人民正处在苦难深重的半殖民地半封建社会。无数革命前辈和革命先烈经过前仆后继的英勇斗争，推翻了三座大山，建立了中华人民共和国，才有了我们今天的幸福生活。我们在缅怀李硕勋烈士的时候，也不应该忘记其他的更多的革命前辈和革命先烈，李硕勋仅仅是无数革命前辈和革命先烈中的一员，用他自己的话来说就是："在前方，在后方，日死若干人，余亦其中之一耳。"因此，我们在纪念李硕勋烈士的时候，更要纪念更多的革命前辈和革命先烈，缅怀他们对中国革命事业所做出的丰功伟绩。

巴山蜀水，人杰地灵。建国以来，特别是改革开放以

* 这是李鹏同志在成都举行的纪念李硕勋同志诞辰一百周年大会暨《革命先驱李硕勋》出版揭幕仪式上的讲话。

来，四川发生了翻天覆地的变化，经济发展实力增强，人民生活水平提高。四川是我的家乡，我曾经多次回到四川，亲眼目睹了这些变化，倍感欣慰。党的十六大向全党和全国人民提出了新的奋斗目标。大家要在过去取得的成绩基础上，继续努力，同时也要清醒地看到我们所存在的差距和困难。我期望全川的父老乡亲在中央和四川省委的领导下，全面贯彻“三个代表”重要思想，奋力推进四川跨越式发展，为把四川建设得更加美丽富饶，为全面实现小康社会的各项目标而努力奋斗。

载人航天工程方案决策和实施过程*

（二〇〇三年十月二十五日）

首先对载人航天飞船的成功发射表示热烈祝贺。

我国的载人航天工程是党中央从国家、民族利益的高度，从凝聚民心的高度，作出的科学决策。

一九九一年三月十五日，在会见全国重大技术装备会议代表后，我和航天专家任新民谈载人航天飞船问题。任新民同志说，载人航天飞船有四个关键问题要解决，我们已掌握三个，即我们已有长征二号捆绑式火箭，发射能力达到八吨，飞船的控制技术和回收技术均已掌握，只是载人技术尚未解决。

一九九二年一月八日，中央专委会召开第五次会议，讨论载人航天工程立项问题。专委会每个同志都发了言。大部分委员都赞成采用载人航天飞船方案，理由是我国自行研制的长征二号火箭已经成熟，具备把小型飞船送上太空的能力。也有个别同志提出采用小型航天飞机的方案，理由是技术超前。会议决定采用载人航天飞船方案，责成国防科工委对载人航天飞船的技术和经济可行性进行论证，再报中央审批。

---

* 这是李鹏同志会见我国首位进入太空的航天员杨利伟和总装备部有关领导时谈话的要点。

一九九二年八月一日，我主持召开中央专委会第七次会议，原则通过载人航天工程分三步走的方案：第一步，到本世纪末有宇航员乘飞船上天；第二步，再用几年的时间掌握对接技术；第三步，建成空间试验站。中央专委每一个成员都签了名，以示对国家负责。

一九九二年九月二十一日，中央政治局常委会开会，一致通过中央专委会关于载人航天工程的方案。中央军委已表示同意。江泽民总书记说，发展载人航天，这是件大事，大家同意，我完全同意，要下决心搞，发展我们自己的载人航天。

一九九二年一月中央专委会讨论载人航天工程方案，同年九月二十一日中央政治局常委会同意中央专委会第七次会议关于载人航天工程的方案，这两个时间巧合，故将载人航天工程称为“九二一”工程。

二〇〇二年十二月二十九日，我和朱琳同志专程到东风航天城考察，总装备部部长李继耐汇报了“九二一”工程进展情况。三十日凌晨零时四十分，神舟四号飞船发射成功。此前三艘无人飞船已发射成功，预定二〇〇三年十月发射神舟五号载人飞船。

二〇〇三年十月十六日，中国第一艘载人航天飞船——神舟五号成功发射，并于次日返回，完成了中国载人航天工程的第一步。杨利伟同志成为中国第一位进入太空的航天员。

这次载人航天飞船成功上天，标志着我国航天事业已取得重大成果，不但壮了国威，也壮了军威，给全国人民极大的鼓舞。但是，我们要完成载人航天工程“三步走”的任务，还要经过极大的努力。希望航天界的领导和技术人员戒骄戒躁，踏实工作；军民组成的团队密切配合，不断创新，克服困难，逐步完成载人航天工程“三步走”的任务。

实施科教兴国战略，发展电力工业*

（二○○五年五月二十八日）

二十一世纪是科学技术突飞猛进的时代，电力工业也要紧紧跟上这一时代的潮流，用科学的发展观指导实践，积极应用新技术、新设备、新材料，使电力与国民经济、社会事业保持同步协调发展。要特别重视应用现代信息技术改造传统的电力工业，采用大容量超超临界机组和更高电压的交流和直流输电技术，以提高电力工业的可靠性和安全性，降低损耗，降低成本，提高效率。要对环境保护提出更严格的要求，坚持行之有效的“三同时”规定，即要求环保设施与建设项目同时设计、同时建设、同时投产。要努力采用新的环保技术来实现可持续发展。还要重视可控核聚变、海底可燃冰等可能引发能源革命的科技研究和开发实验。

电力工业的发展关键在于人才，要重视各类电力科技人才、技能人才、管理人才和建设人才的培养，使他们成为新一代有理想、有技能、有敬业和奉献精神的电力工作者，使我们电力事业开拓进取、后继有人。

---

* 这是李鹏同志为《电力要先行·李鹏电力日记》一书所作前言的一部分。

提高极地考察能力*

（二〇〇八年六月二十三日）

今天，我和大琳会见国家海洋局和南极考察队的负责同志，并和他们作了长时间谈话。我和大琳曾多次接见、慰问极地考察队员，并经常向南极考察队寄贺年卡和书信，表达对南极科考队员的牵挂和对南极科考事业的关心。

我一直关注极地考察和海洋事业，早在一九八四年，就多次听取国家海洋局关于南极科考筹备情况的汇报，协调推动了中国第一座南极考察站——长城站的建设。我国南北极考察的主力船只“雪龙”号科学考察船，就是使用总理预备金，一九九三年从乌克兰购买的，当时是一艘破冰船，加以改造后作为科学考察船使用。这是我国目前仅有的一艘具有极地破冰能力的大型科学考察船。我到人大工作后，又主持全国人大常委会审议通过了海域使用管理法。

他们这次带来了南极石和南极考察纪念封，我们表示感谢。谈话中，我提出了几个一直关心的问题。

我问：二氧化碳对气象有多大影响，人类经过冰川时代和河川时期，大热大冷都经过，这些能都是二氧化碳排放的影响吗?

他们说：这确是全球科技界有争论的问题。事实上，排

---

* 这是李鹏同志的一则日记。

放的二氧化碳气体是扩散到全大气层，海水温度变化对气温的影响更大一些。

我问：现在我们在南极的考察力量如何？

他们介绍：已建立了两个极地站，还争取在极顶再建一个。有一艘“雪龙号”破冰船，船体和动力是从乌克兰低价购买的，然后中国自己装了先进的考察技术装备，船的排水量已达二万多吨。俄罗斯在南极的考察站最多，有十个站，随着国力的增强，又恢复了活动。美国有五个站。

我问：你们在南极是否发现可燃冰？

他们说：其实在中国南海海平面下一千多米深处就有可燃冰，就是固体甲烷，由高压低温生成，但目前尚没有到实用阶段。

北极确实气温有所上升，有几个月已无海冰存在。中国已经在挪威斯匹次卑尔根群岛的新奥尔松地区建成了一个北极科考站。

我问：南极臭氧层空洞有无扩大趋势？

他们说：空洞是动态的，有时大，有时也小一点，对人类生活没有大的影响。

听完介绍后，我说：极地考察工作和海洋事业在经济社会发展中具有重要战略地位，近年来我国海洋事业不断进步，极地考察工作获得了丰硕成果。我对同志们在极地考察、海洋与全球气候变化关系的研究、大洋矿产资源调查和维护国家海洋权益等方面所取得的成就表示祝贺。希望广大科考工作者继续发扬艰苦奋斗、顽强拼搏、无私奉献的精神，不断提高考察能力，为我国成为海洋大国作出贡献。

会见后，我和大琳与他们合影留念。

附录：致中国南极考察队的信*

（二〇〇八年三月十九日）

中国南极考察队的同志们：

在这春回大地万木复苏的时候，李鹏同志和我最近又一次收到了两枚发自中国第二十四次南极考察长城站和中山站的珍贵纪念封，感到十分喜悦。如同我们节日期间收到许多新年贺卡，今天，看到这两张盖有多达八枚纪念戳和他国邮戳的首日封，感到其中特别厚重的含义。

翻阅连续多年来以“中国南极考察队”集体名义寄来的首日封，我们发现每年收信人姓名的填写者的笔迹都不相同，因此感到一茬茬不同年代的考察队员对我们的挂念，如同对我每年万里远征去南极大陆进行科学考察的祖国亲人的挂念。今天，借用放大镜观察两枚首日封封面建筑物的图案，我们欣喜地看到了南极科学考察站日新月异的进步；每次听到中国南极考察队“为人类和平利用南极作出贡献”的消息，我们为能够在一九八四年起就成为南极科学考察的积极支持者感到自豪。

我还上网查阅了许多有关中国南极考察队的消息。中国第二十四次南极科学考察队去年十一月十二日已由中国极地考察国内基地码头，乘坐改装一新的“雪龙”号极地科学考

---

* 这是朱琳同志代表李鹏同志及本人致中国南极考察队的信。

察船，奔赴南极。这支队伍由一百八十八名队员组成，为自一九八四年中国首次南极考察以来人数最多。我祝愿同志们身体健康，快乐安全，考察顺利，并盼望同志们早日凯旋。

李鹏同志还从他的日记中查出，有六段文字记述了中国南极考察队的成长经历。现摘录如下：

一九八四年六月十三日　星期三

海洋局局长罗钰如来谈设立南极观察站问题。第一次投资一千二百万元，设二十余人的夏季站，冬季不留人。我让他们向国务院打报告，要国家科委也联名。

一九八五年五月六日　星期一　晴

我国首次赴南极考察编队于去年十一月二十日从上海启程，历时四个多月，在南极建立了我国第一个南极科学考察基地——中国南极长城站，于今年四月十日回国。下午，我参加南极考察授奖大会并讲话。讲稿是我昨天起草的，主题为希望我国的海洋开发利用和极地考察事业有较快的发展。据介绍，南极洲及其附近的水域在地理上对许多科学实验与研究具有得天独厚的条件。我国于一九八三年成为南极条约的参加国。

一九八五年十一月七日　星期四　晴

下午，我在人民大会堂会见即将出征的第二次南极考察队的同志们。康世恩国务委员和相关方面的同志武衡、严宏谟、张序三、严东生参加了会见。考察队队长高钦泉说，这次是多学科综合性的考察，很多项目都有特点。我希望他们把考察工作做扎实，遇到困难时互相帮助。

一九八六年九月三日　星期三　晴

下午，我会见了第三次南极考察队的全体队员。国务委员兼科委主任宋健参加了会见。考察队总指挥钱志宏现任国家海洋局副局长，负责南极考察事务。他已五十九岁，近耳顺之年，实属不易。我仔细询问了“极地号”船的发动机、通信设备和航线险区问题。

一九八九年十二月十四日　星期四　晴

昨天，我以国务院总理的名义打电报给国际横穿南极大陆科学探险队，热烈祝贺探险队到达南极点。我主要赞扬队员们的英雄精神，强调为认识南极、保护南极和和平利用南极作出贡献。

一九九〇年三月三日　星期六　晴

今天，我致电祝贺国际横穿南极大陆考察队到达终点——苏联和平站。电文指出：在过去七个月中，考察队员们不畏艰难险阻，翻越雪岭冰隙，横穿南极大陆六千三百公里，揭开了南极考察史上光辉的一页。你们的壮举赢得了世界人民的注目与尊敬。

朱　琳

二〇〇八年三月十九日

图书在版编目(CIP)数据

李鹏论科教兴国/李鹏编著．—北京：中国电力出版社：中央文献出版社，2010.11

ISBN 978-7-5123-1058-2

Ⅰ.①李…　Ⅱ.①李…　Ⅲ.①李鹏-文集②科学研究事业-中国-文集 ③教育事业-中国-文集　Ⅳ.①G322-53 ②G52-53

中国版本图书馆 CIP 数据核字(2010)第 212193 号

李鹏论科教兴国

出版发行：中国电力出版社
　　　　　中央文献出版社
社　　址：北京市西城区三里河路 6 号　邮编：100044
　　　　　北京市西城区前毛家湾 1 号　邮编：100017
网　　址：http：//www.cepp.com.cn
　　　　　http：//www.zywxpress.com
印　　刷：北京盛通印刷股份有限公司
经　　销：新华书店
版　　次：2010 年 12 月第一版
印　　次：2010 年 12 月北京第一次印刷
开　　本：700 毫米×1000 毫米　16 开
印　　张：45.5
字　　数：478 千字
印　　数：00001—20000 册
书　　号：ISBN 978-7-5123-1058-2
定　　价：**86.00** 元